虚拟现实技术专业新形态教材

虚拟场景设计与表现

张泊平 主编 / 曹琨 王晓静 副主编

清华大学出版社
北京

内 容 简 介

本书主要研究了室内外场景设计与表现方法。本书以一栋别墅的设计为例，说明了室内中式设计风格、欧式设计风格、室外漫游动画等场景的表现方法。以 3ds Max 2021 和 VRay 5.0 为例，研究了室内外场景的多边形建模、VRay 材质、VRay 贴图、VRay 灯光、渲染等技术。

本书案例源于编者十多年来对场景设计的研究和实践，对于提高学习者的三维场景设计能力具有一定的指导意义。同时，编者针对学习者的特点力求理论表述通俗易懂，内容新颖实用，尽量用实例来诠释概念和方法，使读者能够轻松地掌握室内外场景设计的方法和技巧，进而在工作岗位上快速进入角色。

本书配套了丰富的课程资源，作为提升性案例，也提供了室内外虚拟场景交互系统开发资源。本书可以作为高等院校数字媒体技术、数字媒体艺术、环艺设计、风景园林等相关专业的学习参考用书，也可作为虚拟现实爱好者、虚拟现实技术应用研究人员的参考资料。

图书在版编目（CIP）数据

虚拟场景设计与表现 / 张泊平主编 . — 北京：清华大学出版社，2023.3
虚拟现实技术专业新形态教材
ISBN 978-7-302-62894-1

Ⅰ. ①虚… Ⅱ. ①张… Ⅲ. ①三维动画软件—高等学校—教材 Ⅳ. ① TP391.414

中国国家版本馆 CIP 数据核字（2023）第 035328 号

责任编辑：郭丽娜
封面设计：常雪影
责任校对：袁 芳
责任印制：宋 林

出版发行：清华大学出版社
网 址：http: //www.tup.com.cn，http: //www.wqbook.com
地 址：北京清华大学学研大厦A座 **邮 编：**100084
社 总 机：010-83470000 **邮 购：**010-62786544
投稿与读者服务：010-62776969, c-service@tup.tsinghua.edu.cn
质量反馈：010-62772015, zhiliang@tup.tsinghua.edu.cn
课件下载：http://www.tup.com.cn,010-83470410
印 装 者：三河市龙大印装有限公司
经 销：全国新华书店
开 本：185mm×260mm **印 张：**18.75 **字 数：**454千字
版 次：2023年4月第1版 **印 次：**2023年4月第1次印刷
定 价：89.00元

产品编号：096357-01

丛书编委会

丛书序

近年来信息技术快速发展，云计算、物联网、3D 打印、大数据、虚拟现实、人工智能、区块链、5G 通信、元宇宙等新技术层出不穷。国务院副总理刘鹤在南昌出席 2019 年“世界虚拟现实产业大会”时指出“当前，以数字技术和生命科学为代表的新一轮科技革命和产业变革日新月异，VR 是其中最为活跃的前沿领域之一，呈现出技术发展协同性强、产品应用范围广、产业发展潜力大的鲜明特点。”新的信息技术正处于快速发展时期，虽然总体表现还不够成熟，但同时也提供了很多可能性。最近的数字孪生、元宇宙也是这样，总能给我们惊喜，并提供新的发展机遇。

在日新月异的产业发展中，虚拟现实是较为活跃的新技术产业之一。其一，虚拟现实产品应用范围广泛，在科学研究、文化教育以及日常生活中都有很好的应用，有广阔的发展前景；其二，虚拟现实的产业链较长，涉及的行业广泛，可以带动国民经济的许多领域协作开发，驱动多个行业的发展；其三，虚拟现实开发技术复杂，涉及“声光电磁波、数理化机（械）生（命）”多学科，需要多学科共同努力、相互支持，形成综合成果。所以，虚拟现实人才培养就成为有难度、有高度，既迫在眉睫，又错综复杂的任务。

虚拟现实一词诞生已近 50 年，在其发展过程中，技术的日积月累，尤其是近年在多模态交互、三维呈现等关键技术的突破，推动了 2016 年“虚拟现实元年”的到来，使虚拟现实被人们所认识，行业发展呈现出前所未有的新气象。在行业的井喷式发展后，新技术跟不上，人才队伍欠缺，使虚拟现实又漠然回落。

产业要发展，技术是关键。虚拟现实的发展高潮，是建立在多年的研究基础上和技术成果的长期积累上的，是厚积薄发而致。虚拟现实的人才培养是行业兴旺发达的关键。行业发展离不开技术革新，技术革新来自人才，人才需要培养，人才的水平决定了技术的水平，技术的水平决定了产业的高度。未来虚拟现实发展取决于今天我们人才的培养。只有我们培养出千千万万深耕理论、掌握技术、擅长设计、拥有情怀的虚拟现实人才，我们领跑世界虚拟现实产业的中国梦才可能变为现实！

产业要发展，人才是基础。我们必须协调各方力量，尽快组织建设虚拟现实的专业人才培养体系。今天我们对专业人才培养的认识高度决定了我国未来虚拟现实产业的发展高度，对虚拟现实新技术的人才培养支持的力度也将决定未来我国虚拟现实产业在该领域的影响力。要打造中国的虚拟现实产业，必须要有研究开发虚拟现实技术的关键人才和关键企业。这样的人才要基础好、技术全面，可独当一面，且有全局眼光。目前我国迫切需要建立虚拟现实人才培养的专业体系。这个体系需要有科学的学科布局、完整的知识构成、成熟的研究方法和有效的实验手段，还要符合国家教育方针，在德、智、体、美、劳方面实现完整的培养目标。在这个人才培养体系里，教材建设是基石，专业教材建设尤为重要。虚拟现实的专业教材，是理论与实际相结合的，需要学校和企业联合建设；是科学和艺术融汇的，需要多学科协同合作。

本系列教材以信息技术新工科产学研联盟2021年发布的《虚拟现实技术专业建设方案（建议稿）》为基础，围绕高校开设的“虚拟现实技术专业”的人才培养方案和专业设置进行展开，内容覆盖专业基础课、专业核心课及部分专业方向课的知识点和技能点，支撑了虚拟现实专业完整的知识体系，为专业建设服务。本系列教材的编写方式与实际教学相结合，项目式、案例式各具特色，配套丰富的图片、动画、视频、多媒体教学课件、源代码等数字化资源，方式多样，图文并茂。其中的案例大部分由企业工程师与高校教师联合设计，体现了职业性和专业性并重。本系列教材依托于信息技术新工科产学研联盟虚拟现实教育工作委员会诸多专家，由全国多所普通高等教育本科院校和职业高等院校的教育工作者、虚拟现实知名企业的工程师联合编写，感谢同行们的辛勤努力！

虚拟现实技术是一项快速发展、不断迭代的新技术。基于虚拟现实技术，可能还会有更多新技术问世和新行业形成。教材的编写不可能一蹴而就，还需要编者在研发中不断改进，在教学中持续完善。如果我们想要虚拟现实更精彩，就要注重虚拟现实人才培养，这样技术突破才有可能。我们要不忘初心，砥砺前行。初心，就是志存高远，持之以恒，需要我们积跬步，行千里。所以，我们意欲在明天的虚拟现实领域领风骚，必须做好今天的虚拟现实人才培养。

周明全

2022年5月

前　言

一、关于本书

虚拟场景设计依据建筑物的特点，建立能够反映各自特征的三维模型，构建出建筑物的外形、光照、质感等对象模型，尽可能真实地表现室内外设计效果，制作建筑动画。场景设计是虚拟现实的基础，随着虚拟现实技术难题的不断突破，三维数字化设计将会在教育、军事航天、娱乐休闲等领域具有更深入广泛的应用。针对场景设计众多实际项目中，从业者作品缺乏创意、不知如何下手的现象，编者根据十多年来场景设计教学与研究的实践经验，精心编写了本书。

二、本书内容

为了适应当前教学的发展要求，满足数字媒体技术、数字媒体艺术、风景园林、环境设计、城乡规划等专业的教学需求，编者根据数字媒体技术专业相关教学大纲要求，结合国际和国内的先进方法与诸多案例，并参考同类教材编写本书。全书以一栋别墅设计的实际项目为例，从建筑空间设计的基本流程入手，逐步介绍别墅空间中的三维建模、材质、贴图、渲染、场景动画等技术，并给出每一个建筑空间详细的设计过程，方便读者自学和创新。本书编写考虑读者所掌握三维数字建模技术理论与方法的完整性、系统性，以及循序渐进的教学梯度，可使读者对 3ds Max 的建模环境、VRay 5.0 渲染器有全面且深入的认识。

三、本书特点

强调实例分析和应用训练是本书的主要特色。本书内容安排新颖实用，突出工程应用。针对初学者的特点力求理论表述通俗易懂，尽量用实例来诠释概念和方法，使读者能够轻松地掌握建筑场景的设计方法，进而在建筑动画工作中灵活运用，成为优秀的动画设计师。

全书分为 13 章，第 1~3 章由王晓静撰写，第 4 章、第 6~9 章、第 11 章由张泊平撰写，第 5 章、第 10 章、第 12 章、第 13 章由曹琨撰写。

为方便教师教学和读者学习使用，本书配套了教学课件、微课视频、工程文件等资源，可自行扫码观看使用。

由于编者时间有限，本书不足之处在所难免，欢迎广大读者批评、指正，并提出宝贵的意见，在此一并表示感谢。

编　者

2023 年 1 月

素材文件

目 录

第1章

虚拟场景设计基础

本章学习重点

- 色彩构成
- 光与影的分类
- 室内构图
- 别墅室内模型的制作方法
- 室内空间表现的基本流程

本章主要讲解虚拟场景设计中色彩构成、室内构图、别墅室内模型制作方法、室内空间表现的基本流程。通过本章的学习，读者可以了解室内空间表现的一般方法，掌握室内设计的基本知识，在实际项目应用中做到有的放矢。作为构图知识应用，本章带领读者完成别墅案例的白模设计。

1.1 色彩构成

色彩能够丰富人们的视觉感受，在各个行业中都得到了广泛应用，特别是在室内空间艺术设计过程中，高质量的色彩构成能够提升人们的居住体验，有益于人们的身心健康。色彩构成是室内环境设计的核心，设计师通过运用不同的色彩搭配，能够让室内的空间感、舒适度以及环境氛围得到很大改善。

1.1.1 色彩构成的含义

色彩构成是指色彩的产生、原理与应用。色彩在不同空间按不同比例组合，能够形成一定的视觉效果，营造一种色彩画面，给人以美的享受。色彩构成是艺术设计的基本理论，它与平面构成、立体构成有着不可分割的关系。色彩不能脱离形体、空间、位置而独立存在。

色彩构成是以科学的色彩理论为前提的色彩方案，其精髓是将创造色彩的各种因素，根据色彩的组合规律、色彩平衡、色彩的节奏与韵律，有机地融合在一起，并灵活应用色彩的主次、呼应、互补、点缀等设计方法，探索出的一种符合美学的色彩方案。简单的色彩搭配，不等于科学的色彩构成。

色彩构成是从人体的知觉和心理感受出发，根据色彩相互作用的规律，构建理想的色彩方案。色彩构成除了客观因素，还有色彩的视觉心理感受等一些主观因素。不同波长的光作用于人的视觉器官，通过视觉神经传入大脑后，经过思维，与以往的记忆及经验产生联想，从而形成一系列色彩心理反应。在大多数人的认知当中，红色、橙色、黄色等颜色被视为暖色，而紫色、黑色、蓝色等颜色被视为冷色。

1.1.2 色彩基础

色彩包括有彩色和无彩色两种。有彩色就是人们常说的七色光中的颜色，即红、橙、黄、绿、青、蓝、紫。无彩色包括黑、白、灰。有彩色由于具备光谱上的某种色相，统称为彩调，也称色相。无彩色不具备彩调，但是照射到人眼时能够引起明暗程度的变化，表现为黑、白、灰，称为色调，也称明度。彩色的纯度和彩度表示该颜色的强度，称为饱和度。色相、明度、饱和度称为彩色的三要素。

1. 色相

色相即色彩的相貌，是区别色彩种类的名称。色相是色彩的首要特征，是区别各种不同色彩的最准确标准。不同波长的可见光给人不同的色彩感受，红、橙、黄、绿、青、蓝、紫等各代表一类具体的色相。红、黄、蓝称为三基色，由任意两种三基色调和生成的颜色称为间色，任意两种调和间色称为复色，间色与另一种原色互称为补色，如图 1.1 所示。

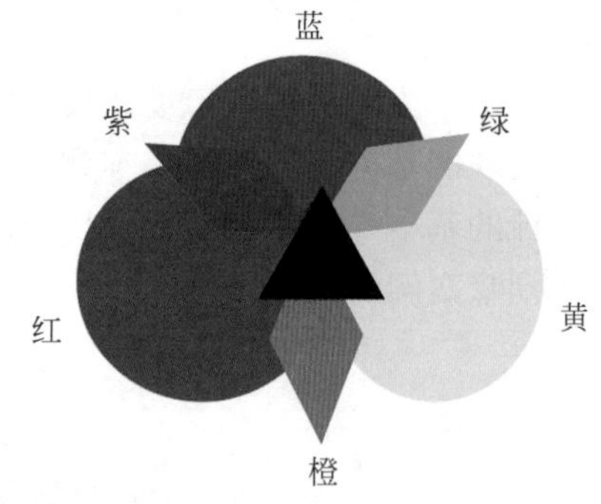

图 1.1 基色与间色

色相作为色彩应用过程中的基础属性，也是空间色彩最为直观的表现形式，不同类型色相内容的表达效果也存在较大差异。例如，在医院病房内装饰色彩选择中，将白色作为主要装饰色彩，可以营造整洁和安静的氛围，有利于患者的恢复。

在室内空间表现中，主色调搭配颜色不宜太多，鲜亮的颜色可以作为适当的点缀，面积不宜过大，这样既保证了整个空间的色调和谐，又不失灵动性。

2. 明度

明度表示色彩特有的亮度和暗度。在黑、白、灰三种色调中，白色的明度最大，黑色的明度最小，灰色的明度介于黑、白色调之间。有彩色的明度可以用加减灰色来调节，所以，有彩色的明度一般用无彩色等值的明度表示，也就是用灰度值表示。任何色彩加入白色则明度提高，加入黑色则明度降低。从光谱上可以看到，最明亮的是黄色，最暗的是紫色。越接近白色明度越高，越接近黑色明度越低，如图 1.2 所示。

在居住空间设计中，明度可以营造出良好的舒适感，在明暗关系的处理上，也能够带来丰富的视觉效果。而且色彩明度会给人的心理带来影响，合理应用色彩明度可以给人的心理带来积极引导。例如，如果室内空间的明度较高，此时则需要搭配明度较低的色彩以

缓和过于明亮的光线带来的刺目感，营造舒适的居住环境。

3. 饱和度

色彩饱和度就是指色彩的纯度。纯度越高，饱和度就越高，颜色表现越鲜明；纯度较低，饱和度就越低，颜色表现则越黯淡，如图 1.3 所示。对于同一种有彩色来说，色相是相同的，但饱和度和明度不同，视觉效果也不同。

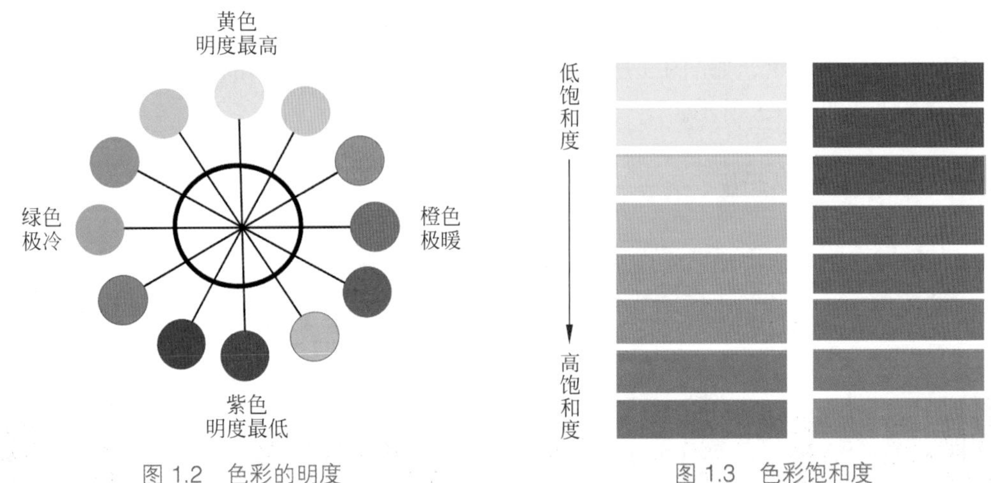

图 1.2　色彩的明度　　图 1.3　色彩饱和度

不同纯度的色彩在使用中，所能够营造的氛围环境也存在较大差异，例如，纯度较低的色彩所营造出的卧室氛围比较灰暗，带来比较消极的空间影响。所以在应用设计中需要对色彩饱和度进行优化设计，确保设计内容的适用性，从而更好地发挥色彩的价值，满足相应的使用需求。

1.1.3 色彩对比与搭配色彩的作用和效果

多种色彩组合后，由于色相、明度、饱和度等的差别，所产生的总体效果也会有所不同。设计师在进行多种色彩综合对比时要强调、突出色调的倾向，或以色相为主，或以明度为主，或以饱和度为主，使某一主面处于主要地位，强调对比的某一侧面。

1. 色彩的冷暖对比

在色彩学中，色彩分为冷色系和暖色系，红、橙、黄等为暖色系，青、蓝、紫等为冷色系，如图 1.4 所示。

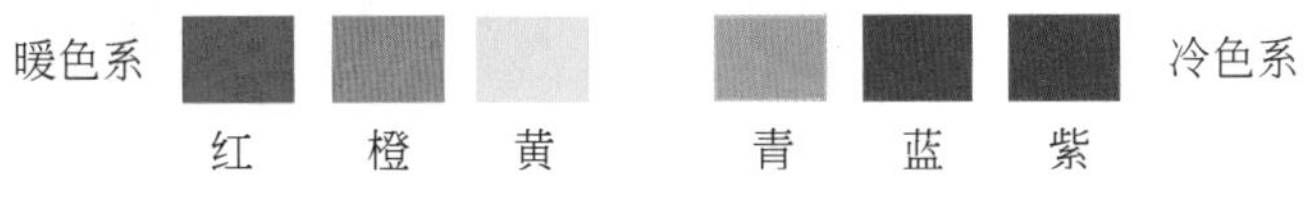

图 1.4　色彩的冷暖对比

色彩的冷暖与明度、饱和度也有关。高明度的色一般有冷感，低明度的色一般有暖感。高饱和度的色彩一般有暖感，低饱和度的色彩一般有冷感。无彩色系中白色有冷感，黑色有暖感，灰色适中，如图 1.5 所示。

色彩的冷暖是相对的。与橙色相比，红色偏冷，而与紫色相比，红色较暖，如图 1.6 所示。

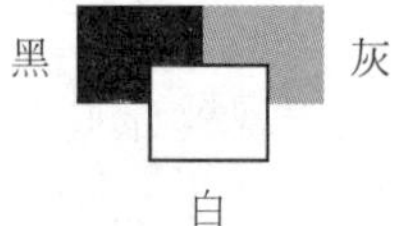

图 1.5　黑白灰的冷暖对比

图 1.6　色彩的相对冷暖

在建筑装饰设计中，可以利用色彩的物理作用调节空间的温度感。暖色调的室内空间宜形成热烈的环境气氛，如图 1.7 所示。以青、蓝等冷色作为空间的主色调，会给人以清凉舒爽的感觉，如图 1.8 所示。

图 1.7　暖色调的室内空间

图 1.8　冷色调的室内空间

2. 色彩的轻重对比

色彩的重量感主要取决于色相、明度和饱和度。明度高的色彩感觉轻，明度低的色彩感觉重。在同明度、同色相条件下，色彩的饱和度越高感觉越轻，饱和度越低感觉越重。当然，在色相方面也有一定差异，暖色给人的感觉较轻，冷色感觉较重。黄色和绿色给人的感觉最轻，且黄色轻于绿色。红色、蓝色给人的感觉最重，且红色重于蓝色。此外，紫色、灰色给人的感觉也较重。较亮的色彩较轻，较暗的色彩较重，如图 1.9 所示。例如，与洋红色相比，黄色明度较高，看起来较轻；与棕色相比，黑色看起来较重。浅蓝色、蓝色、深蓝色在对比时，深蓝色看起来最重。

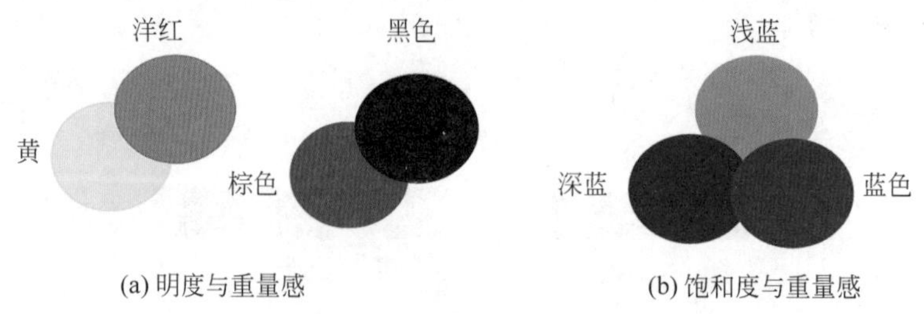

图 1.9　色彩的轻重对比

在一般情况下，室内空间的天花板宜采用浅色，地面宜采用稍重一些的色彩，以避免头重脚轻的感觉，如图 1.10 所示。

图 1.10　室内地板与天花板配色对比

1.1.4　色彩在场景设计中的应用

将色彩构成应用于室内艺术设计之前，一定要考虑室内空间设计的主题颜色，所属的风格，针对实际的精神需求以及生活应用需求的使用要点。设计师应根据不同的使用原则搭配出不同的色彩构成，从而使自己的室内设计方案与居住者的需求高度契合，形成一种全新的设计理念。在此过程中，将色彩的高纯度和多样性展示出来，创造一幅全新的色彩画面。当需要对室内空间进行色彩设计时，也要遵循事先分析的色彩构成主题，以某一明亮鲜艳的颜色，或者低调含蓄的颜色作为主体颜色；在其他色彩搭配设计中，应通过融合颜色不同但相近的色彩，达到既有色彩变化又不失和谐统一的效果。

一般情况下，色彩在场景设计中应遵循以下原则。

1. 具体问题具体分析原则

色彩设计主要是满足功能要求和精神需要，使人感到舒适。其中空间的大小、位置、使用目的等因素都要慎重考虑。如北方较为寒冷，所以暖色系会比较常用，黄色系、红色系等能使人感觉温暖、舒适；而南方炎热，蓝绿色系能使人感到凉爽。小空间使用冷色系会给人以宽敞、清静之感；大空间使用暖色系使人觉得饱满、热情。在色彩应用中，设计师常常会根据空间的使用频率和使用时长进行相应地设计，例如，对于书房、卧室、客厅等使用总时长较长的区域，在色彩选择上会优选明度较高、纯度较低的色彩，以起到缓解眼疲劳的作用。

2. 协调统一原则

将色彩应用于居住空间设计时，需要遵循整体的协调统一原则。从实际应用情况来看，设计师需在色彩设计过程中保持较强的节奏感与韵律感，以提升设计内容的装饰效果，从而获得最佳视觉效果。应用色彩进行协调设计时，需要参考室内陈设情况来确定基础基调，同时在设计过程中也需要根据业主的工作性质、生活品位、个人性格等内容来完成内容优化，以提升室内装饰效果，满足室内结构的协调性需求。

3. 对比均衡原则

室内空间设计还需要遵循对比均衡原则，这也是提升色彩构成合理性的重要保障。在具体的应用设计中，我们应依托感官的协调性来达到心理层面的对比均衡，带来更加丰富的感官感受。在设计过程中，需要对协调与对比内容进行适度整理，从而提升设计结果的可靠性。而在居住空间设计过程中，需要做好色彩搭配处理，在此过程中需要对室内面积、居住方向、材料相对位置等内容进行客观分析，借此获取到更加合理的设计结果。

1.1.5 色彩与空间表现风格

室内空间表现是设计师通过设计手段，使居住环境和室内环境符合人们预期的一种活动，其主要依据是建筑结构和空间环境，包括室内设计和室内设计风格两个方面。室内空间表现有着浓厚的时代特征，会随时间、环境的变化而变化。目前，随着社会的快速发展，人们大多追求个性化表现，因此，室内空间表现风格极大地满足了人们对生活环境、生活品质、智慧生活的需求。掌握色彩与室内空间表现的内在规律，才能更好地完成后期室内设计工作。

室内设计是经济发展的体现，随着生活水平的提高，人们对居住环境的要求也越来越高，不仅要求环境宜居，还要融入文化元素，彰显居住城市的文化底蕴。一方面，室内空间设计与居住者相互影响，如光线、室温、噪声等因素对居住者生理上会产生影响，室内的摆设、植物等因素对居住者心理也会有影响。另一方面，室内设计与人们的生活品质息息相关，室内空间设计融合空间艺术、文化艺术、装饰艺术等多种艺术为一体，在给人们带来美感的同时，也能够提升人们的生活品位。在科技高速发展背景下，室内空间设计还会融入科技因素，使人们的生活更便捷。材料的种类更加多样化，设计思维更加活跃，设计手段更加丰富，从而使后期改造相对容易。

室内设计风格是指室内设计所反映的总体特征，是室内空间设计的表象，通过室内空间设计营造出来，满足人们的居住需求以及心理需求。室内设计风格具有明显的时代特色，与当前流行的社会文化以及艺术特性息息相关。现阶段常见的室内设计风格有现代简约风格、恬淡田园风格、新中式风格、欧式古典风格、地中海风格等。下面我们分别介绍这几种室内设计风格。

1. 现代简约风格

现代简约风格室内设计有着规整的空间划分，具备简洁的硬装线条、合理的软装搭配，符合现代人快速的生活节奏，并给人清晰、舒缓的感觉，如图 1.11 所示。

2. 恬淡田园风格

恬淡田园风格重在对自然的表现，但由于田园风格种类多样，因此衍生出了中式、欧式等多种风格，甚至还有南亚的田园风格。这些田园风格各具特色，各有美感。图 1.12

图 1.11　现代简约风格

图 1.12　恬淡田园风格

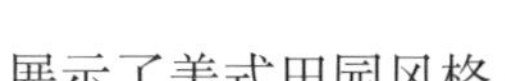

展示了美式田园风格。

3. 新中式风格

新中式风格是中式元素与现代材质的巧妙融合。新中式风格以中国传统文化为背景，注重对称和均衡。表现手法比较自由，红木、青花瓷、紫砂茶壶以及一些红木工艺品都是常见的陈设，装饰品包括绿植、布艺、装饰画，以及不同样式的灯具等，如图 1.13 所示。这种极简主义的风格彰显了东方华夏几千年的文明。很多人都非常喜欢这种设计风格，它不太容易过时。

4. 欧式古典风格

欧式古典风格主要是指西洋古典风格。这种风格强调以华丽的装饰、浓烈的色彩、精美的造型达到雍容华贵的装饰效果，如图 1.14 所示。

图 1.13　新中式风格

图 1.14　欧式古典风格

5. 地中海风格

地中海风格具有独特的美学特点，一般有三种典型的颜色组合。蓝色和白色是非常典型的地中海颜色组合，此外，黄色、紫色和绿色是意大利南部、法国和其他地区广泛使用的颜色组合，土黄色和赤褐色是北非特有的沙漠和岩石颜色。一般选择自然的柔和色彩，在组合设计上注意空间搭配，充分利用每一寸空间，集装饰与应用于一体，在组合搭配上避免琐碎，显得大方、自然，散发出古老尊贵的田园气息和文化品位。如图 1.15 所示。

图 1.15　地中海风格

1.2 光　与　影

光与影是一种由自然创造的事物。光与影是建筑设计过程中的一种极富表现力的元素，对光与影的追求一直是建筑设计的主题，虽然技术水平存在限制，但人们对光与影的控制和思考仍然极为谨慎、细致，并且一直对光与影的运用持保留态度。但无论如何，利用与把握空间中的光与影始终是优秀设计师追求的目标之一。

1.2.1 自然界的光

光是一种电磁波，被称作光波。光是以波动的形式进行直线传播的，具有波长和振幅两个属性。波长为 0.39~0.77 微米的电磁波，能引起人们的视觉感受，被称作可见光。而波长不在此范围内的紫外线、红外线等均为不可见光，通过仪器才能观测到。

光是万物生存的必要条件和核心动力。广义上，光分为“自然光”与“人造光”两种。自然光也称天然光（简称天光），任何非人工光源的光都可以称为自然光，本书中的自然光是指太阳光。自然光是室内空间设计需要表现的主要因素。自然光不但可以节省能源，也会为居住者带来更舒适的视觉感受，有利于提高居住空间内容的合理性。在空间的设计过程中，不同类型的空间对于采光度需求存在较大差异，即便是同一户型，由于楼层、位置的不同，其对于采光度的需求程度也不同。这就要求设计师在具体的设计中，充分结合太阳光，体现多层次的空间感，力求设计美观、舒适度良好。

人造光是指由具有发光特性的光源发出的光。室内空间设计中所用的光源全部是人造光。人造光的布光方法遵循经典的三点光原理，即在场景中布置主光、辅光和背光。主光生成场景的主要光亮部分，较其他光源，一般需要添加阴影。辅光使主光形成的光亮部分变得柔和并得以延伸，可以模拟反射光源或次要光源，但不能添加阴影。背光则在物体边缘生成一个边界，用来区分物体和背景。把握好人造光的设计工作也是室内空间设计的重要任务，充分利用人造光在空间设计中的补充作用，提高居住空间内容的科学性。不同室内空间的采光度需求差异较大，需要综合分析光源的大小、位置、颜色等因素的影响，提高布光的科学性。

1.2.2 阴影

自然光分可见光与不可见光。阴影是由可见光照射到物体上产生的。由于光是沿直线传播的，传播时遇到不透明的物体，会形成一个光线无法到达的黑暗区域，也就是阴影。阴影可分为附着阴影和投射阴影，如图 1.16 所示。

(a) 附着阴影

(b) 投射阴影

图 1.16　阴影分类

人们可以强烈地感受到光与影所产生的各种艺术效果。附着阴影由于尺寸较大而没有被广泛使用。投射阴影在空间中的运用更加灵活多变，也是创造空间意境的主要手段，能够产生投影效果的构件包括通透的遮阳构件、建筑的结构构件或是采光口，同时，可以使用对象表面的变化（例如墙壁、圆柱和地面的纹理）使对象的阴影更加多样化。

1.3 室内空间构图

1.3.1 室内空间的概念

建筑空间是指人们为了实现某种目的，采用一定的技术手段从自然空间中围隔出来的、适合人类生存的空间。建筑空间可分为室内空间和室外空间。典型的室内空间是由顶盖、墙体、地面（楼面）等界面围合而成的。但在特定条件下，室内外空间的界限似乎又不是泾渭分明的，一般将有无顶盖作为区别室内外空间的主要标志，比如四面敞开的亭子、透空的廊道图，具备了室内空间的要求，属于敞开性室内空间，如图 1.17 所示。

图 1.17 四面敞开的亭子

1.3.2 室内空间构图的法则

室内空间构图包含很多要素，比如室内物理空间、家具、陈设、绿化等。这些要素分别以点、线、面、体的表现形式占据、围合形成室内空间，它们的形状、色彩、位置、方向等都会对室内空间产生影响，在整个空间中相互联系、呼应、对比、衬托，从而形成一定的空间构图关系。

空间构图是一种视觉艺术，并没有固定的规则或形式，只有这样才能获得新颖、独特、富有个性的设计。尽管如此，一些基本的构图法仍是普遍存在的，是任何设计都必须遵守的。

1. 协调

设计应遵循的最基本原则是协调原则，设计师应将所有的设计因素和原则结合在一起去创造协调的效果。协调就是要强调相互之间的呼应关系，具有主次之分，以次要部分烘托主要部分，并利用家具、陈设、造型、色彩、材质等元素形成差异化统一，如图 1.18 所示。客厅和餐厅造型相互呼应，以客厅为中心，整个室内家具、色彩搭配协调统一。

2. 比例

室内空间比例表现在两个方面，一是空间自身的长、宽、高之间的比例关系，二是室内空间与家具、陈设之间的比例关系。房间的大小和形状决定家具的总数和大小。如果一个很小的房间挤满重而大的家具，既不实用也不美观。另外，色彩、质感和线条也会影响空间比例关系的视觉效果。在现代社会，人们倾向于在室内摆放少量尺度相当小的家具，以保持室内空间的开阔，同时也要避免室内的家具看起来似乎无关紧要。只有家具、材质、色彩等比例与室内空间协调，才能获得明快、活泼的场景效果，如图 1.19 所示。

图 1.18　室内陈设与材质相互呼应

图 1.19　室内空间比例

3. 均衡

均衡是指空间构图中各要素之间的一种等量不等形的力平衡关系。当各部分的质量围绕一个中心而处于视觉平衡状态时称为均衡。均衡能带来视觉上的愉快。室内的家具和其他物体“质量”，是由其大小、形状、色彩、质地决定的。对称构图最容易取得均衡效果，非对称构图变化丰富，其均衡感来自一个强有力的均衡中心，从而营造出轻快活泼的效果。图 1.20 中的酒吧采用了对称式布局，达到了均衡的效果。

4. 节奏与韵律

节奏是有规律的重复。韵律是有规律的变化，韵律美是一种具有条理性、重复性和连续性的美的形式。人的视线能够从一部分自然流畅地移动到另一部分，得益于韵律的设计。

通常情况下，室内的设计中包含许多线条元素。连续线条具有流动的特质，在室内经常用于踢脚板、挂镜线、装饰线条的镶边，以及各种由同一高度的家具陈设所形成的线条，如画框顶和窗框的高度一致，椅子、沙发和桌子高度一致等。图 1.21 是健身房设计效果图，通过连续的金属框产生的韵律。

图 1.20　酒吧的均衡效果

图 1.21　健身房设计中的连续韵律

下面是空间构图中产生韵律的几种方法。

（1）连续。连续的线条具有流动的特质，可体现韵律美。

（2）渐变。可通过线条、形状、明暗、色彩的渐变获得韵律感。渐变元素的韵律感要比连续元素的韵律感更强，更吸引人。

（3）交替。各种要素都可按一定规律交错重复、有规律地出现，如明暗、黑白、冷暖、大小、长短等的交替，可产生自然生动的韵律美。

（4）重复。通过室内色彩、质地、图案的连续重复排列而产生韵律美。

1.4 室内空间表现流程

在进行场景建模之前，首先要分析 CAD 图纸，根据图纸规划明确制作区域，室内空间模型分为两部分，一部分是墙体、室内功能空间等结构模型，这一部分模型需要在 3ds Max 中创建，另一部分是需要导入的家具、陈设等模型。这些问题明确以后，设计师就可以开始制作场景模型了。

室内空间表现流程

一个完整的室内空间表现过程，主要步骤如图 1.22 所示。下面以别墅为例，详细介绍整理好 CAD 图纸之后每一步设计的具体任务。

1.4.1 设计并导入 CAD 图纸

1. 别墅室内设计

随着生活质量的提高，人们对居住环境的要求也越来越高。别墅设计根据建筑原来的形态，不仅要满足居住者对空间功能的要求，更要满足心理需求。同时，别墅设计要体现居住者的文化层次、性格爱好，需要设计者从整体上把握设计风格。本书的别墅设计以中式风格为主，设计着重体现每一个房间的差异。图 1.23（a）是一楼平面功能图，图 1.23（b）是二楼平面功能图。

2. 导入 CAD 图纸

CAD 图纸在设计室内效果图时，可以作为尺寸和材质的参考。设计师可通过图纸数据制作与设计方案相符的效果图。为了保证导入 3ds Max 软件后物体的简洁性，在导入 CAD 图纸之前，需要对 CAD 图纸进行精简，保留墙体、门窗等主要建筑设计元素，把标注、注释、说明等与建模无关的图层删除，最后把所有保存下来的对象都合并到同一个图层中。

前期准备完成后，还需要在 3ds Max 中设置系统单位，依次执行以下菜单操作“自定义”→“单位设置”，把系统单位和显示单位都设置为毫米（mm）。

然后就可以导入 CAD 图纸了。依次执行以下菜单操作“文件”→“导入”→“导入”，在“选择要录入的文件”对话框中选择 .dwg 文件类型，导入需要的图纸文件“别墅一楼平面布置图 .dwg”和“别墅二楼平面布置图 .dwg”。需要注意的是，AutoCAD 的坐标原点和 3ds Max 的坐标原点不一定重合，所以，需要调整导入图像的坐标。

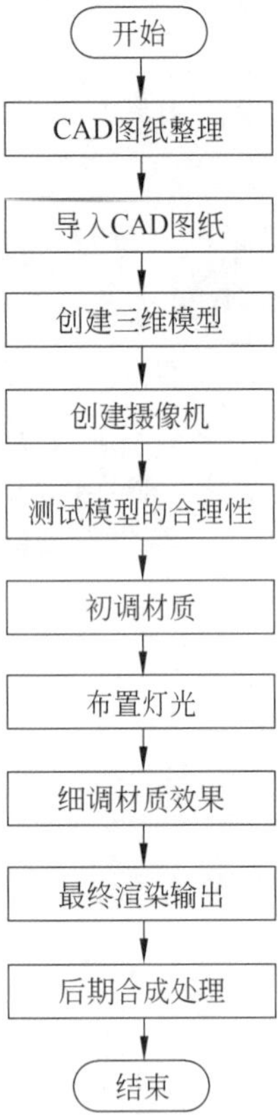

开始 → CAD图纸整理 → 导入CAD图纸 → 创建三维模型 → 创建摄像机 → 测试模型的合理性 → 初调材质 → 布置灯光 → 细调材质效果 → 最终渲染输出 → 后期合成处理 → 结束

图 1.22　别墅室内空间表现流程

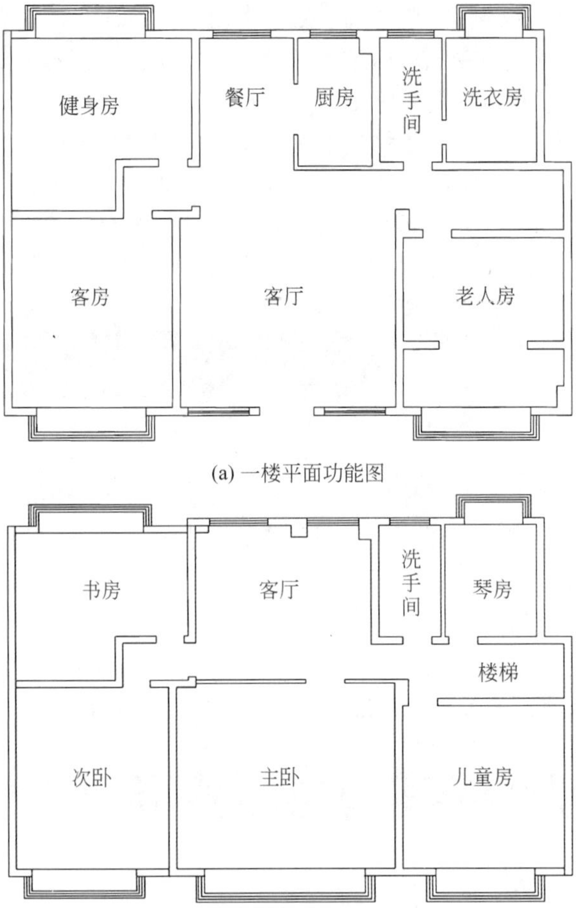

健身房　餐厅　厨房　洗手间　洗衣房
客房　客厅　老人房

(a) 一楼平面功能图

书房　客厅　洗手间　琴房
楼梯
次卧　主卧　儿童房

(b) 二楼平面功能图

图 1.23　一楼和二楼的平面功能图

1.4.2　创建三维模型

建模是场景设计的基础，所有三维空间效果都需要建立模型。3ds Max 提供了多种建模方式，可以先创建基本三维模型，再通过修改器来制作成需要的模型，也可以利用二维图形专业的修改器创建三维模型。如果是外部合并的模型，可以先将外部模型转换为可编辑多边形后再导入场景。

本小节将创建别墅的三维模型，也就是别墅白模，如图 1.24 所示。

图 1.24　别墅白模

1. 制作别墅模型

别墅场景建模过程中，为了保持图纸不被破坏，需要先将导入的 CAD 对象冻结，然后单击工具栏中的捕捉开关，打开捕捉功能。在捕捉开关上右击，打开“栅格和捕捉设置”对话框，在“捕捉”标签下设置捕捉对象为顶点，勾选“选项”选项卡的复选框“捕捉到冻结对象”。

在创建面板中单击“图形”面板，选择“线”命令线，在顶视图中，沿CAD图纸的室内线条部分勾画出一楼的室内轮廓，并将其命名为“别墅室内墙体”，如图1.25所示。这里只勾画了一楼的墙体轮廓，二楼的墙体可以由一楼的挤出得到。注意，使用“顶点焊接”命令保持线条封闭。

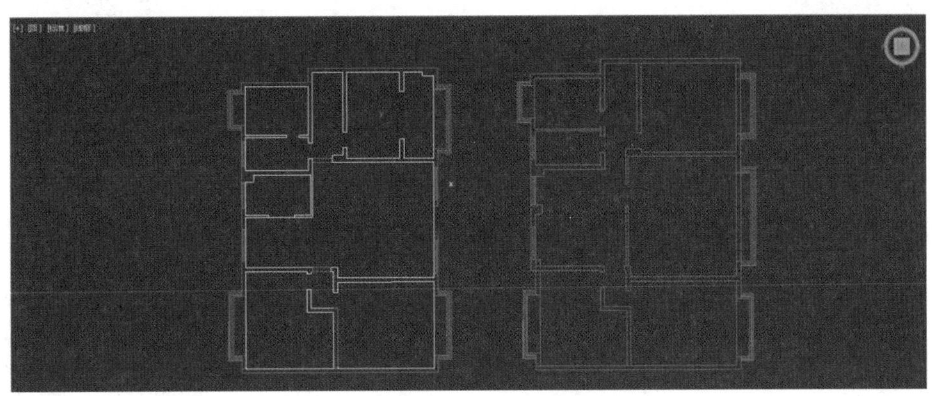

图1.25 勾画出的一楼室内轮廓

为“别墅室内墙体”对象添加“编辑多边形”修改器，如图1.26所示。注意，如果添加“编辑多边形”修改器后看不到任何对象，说明勾画的线条没有封闭，需要进行顶点焊接。

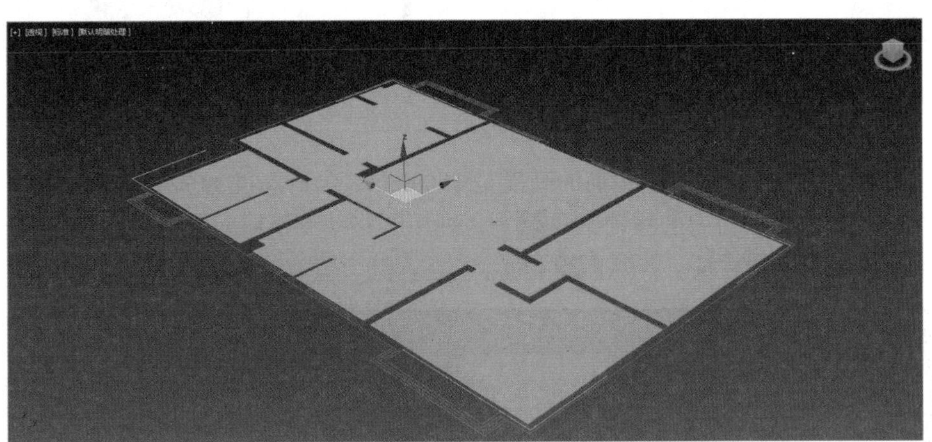

图1.26 添加“编辑多边形”修改器

进入多边形级别，选择别墅多边形，执行“挤出”命令，第一次挤出3000mm，作为别墅的一层；再次挤出3000mm，作为别墅的二层，如图1.27所示。

2. 制作别墅的门

在编辑多边形的线段级别，选择前门两边的线，执行“连接”命令，连接分段为1，如图1.28所示。

图 1.27　别墅多边形挤出效果

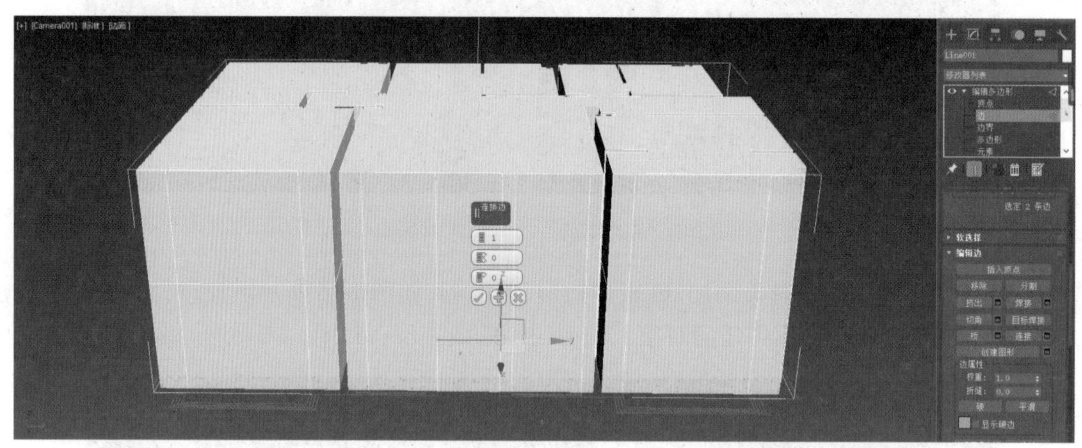

图 1.28　连接门的线

选择新生成的连接线，它目前的高度是 1500mm，门的高度为 2200mm，需要向上移动 700mm。右击工具栏中的移动工具上，弹出“移动变换输入”对话框，在 Z 轴上输入 700mm，并按下回车键，如图 1.29 所示。

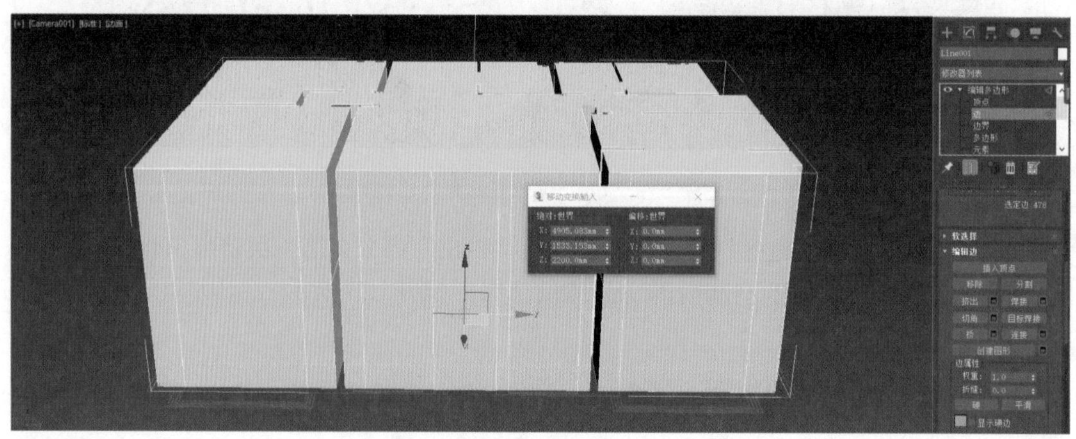

图 1.29　将连接线上移

在编辑多边形的多边形级别，选择门所在的多边形，执行“插入”命令，插入大小为100mm，这是门框的宽度，如图 1.30 所示。

图 1.30 插入多边形得到门框

选择门所在的多边形，执行“分离”命令，将分离对象命名为“前门”，如图 1.31 所示。

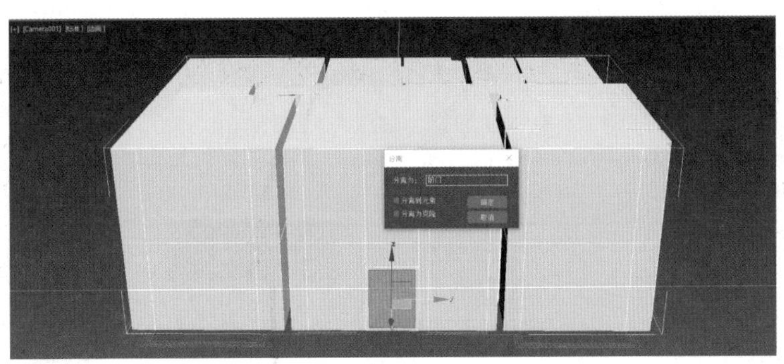

图 1.31 分离多边形得到门

选择门框所在的多边形，执行“分离”命令，将分离对象命名为“前门框”，如图 1.32 所示。

图 1.32 分离多边形得到门框

这样，门和门框就制作完成了。制作完成后可以将门和门框隐藏起来，让场景看起来比较清晰。

3. 制作别墅的飘窗

别墅的飘窗主要分布在一楼老人房、客房、洗衣房，以及二楼的主卧、次卧、客房、书房、琴房。这些飘窗的制作方法大致相同，下面以一楼老人房为例，描述飘窗的制作过程。

选择一楼老人房飘窗的左右两个边，执行“连接”命令，在分段中输入 2，如图 1.33 所示。

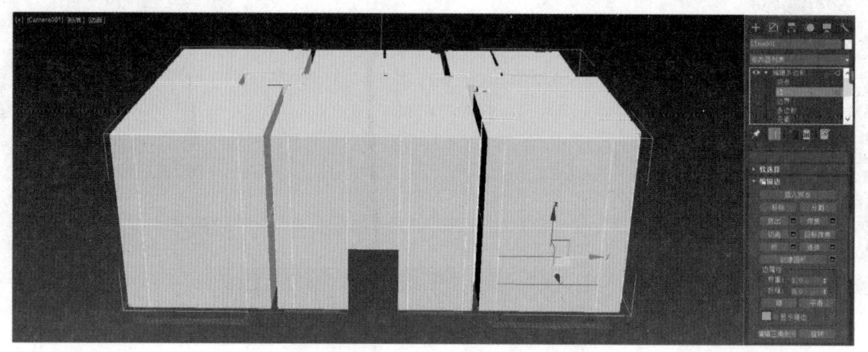

图 1.33　连接飘窗的左右两条线段

选择飘窗的上边框，在“移动变换输入”对话框中设置向上移动 700mm，如图 1.34 所示。

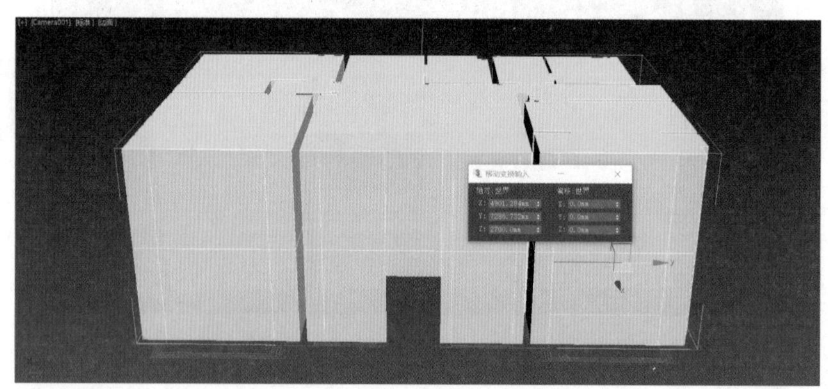

图 1.34　移动飘窗的上边框

选择飘窗的下边框，在“移动变换输入”对话框中设置向下移动 700mm（即 −700mm），如图 1.35 所示。

图 1.35　移动飘窗的下边框

分别选择飘窗左右两条边，执行“连接”命令，在分段中输入 3。选择上下两条边，执行“连接”命令，在分段中输入 2，如图 1.36 所示。

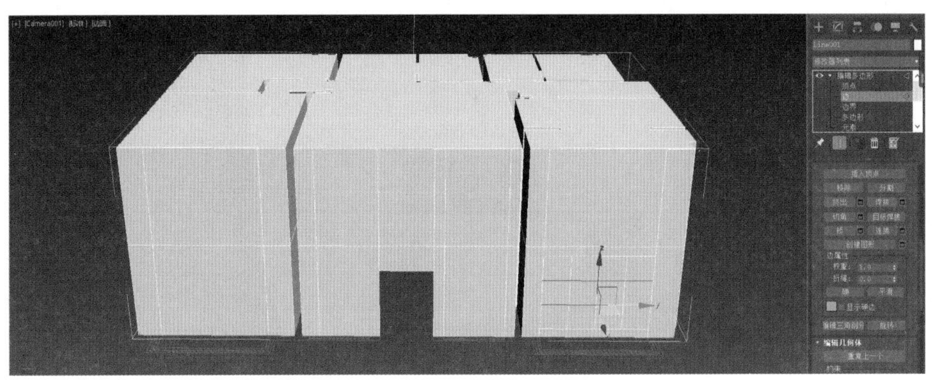

图 1.36 飘窗上下方向上线段连接

进入多边形级别，选择飘窗所在多边形，向外挤出 700mm，如图 1.37 所示。

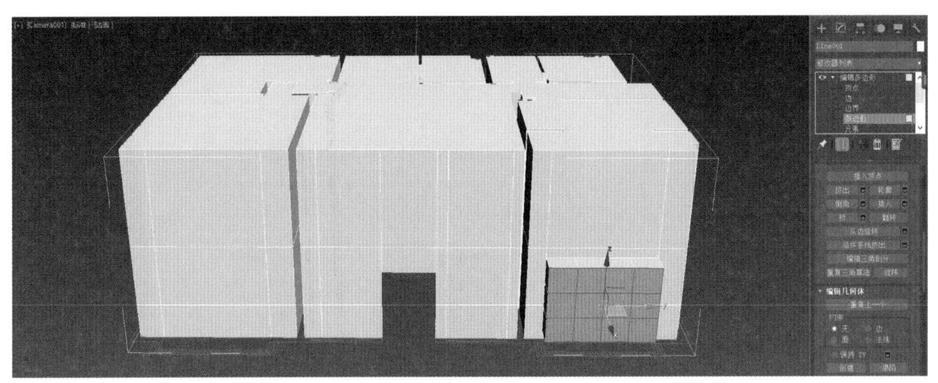

图 1.37 向外挤出飘窗

根据玻璃大小，选择飘窗的多边形，执行“插入”命令，插入值为 50mm。每次插入多边形时根据需要选择按组插入或按多边形插入，经过多次插入后的效果如图 1.38 所示。

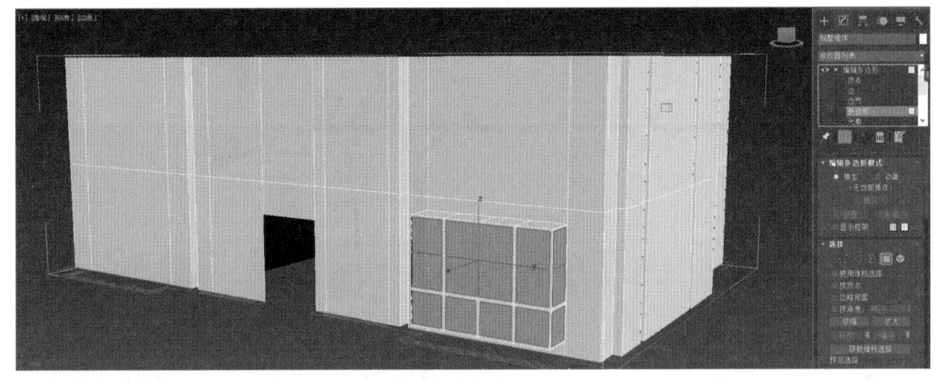

图 1.38 插入多边形

选择飘窗的玻璃部分的多边形，执行“分离”命令，并将其命名为“老人房玻璃”。

选择飘窗的窗框部分的多边形，执行“分离”命令，并将其命名为“老人房窗框”，如图 1.39 所示。

图 1.39　老人房窗框

用同样的方法，制作别墅的其他飘窗，如图 1.40 所示。需要说明的是，主卧与一楼的门结构不同，一部分边线是不需要的，在进行窗户建模前需要先把不需要的线条移除。

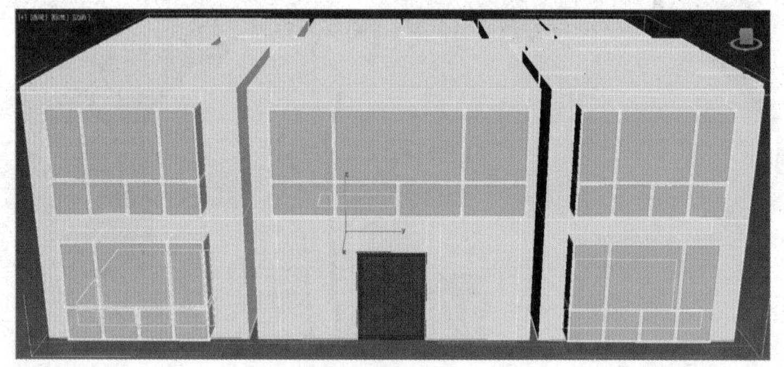

图 1.40　别墅的飘窗制作

4. 制作别墅的普通窗户

别墅的普通窗户包括一楼的衣帽间、餐厅、厨房、洗手间的 4 个窗户，二楼的吧台、健身房的 2 个窗户，以及洗手间的 4 个窗户，共 10 个窗户。

首先制作一楼的窗户。选择窗户左右两侧的边，执行“连接”命令，在分段中输入 2，如图 1.41 所示。

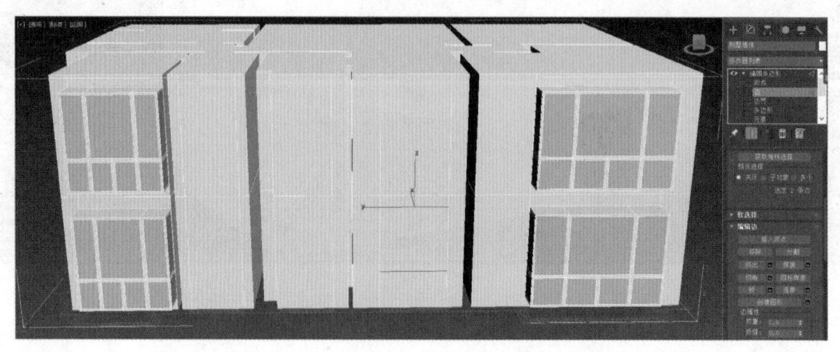

图 1.41　连接窗户左右两侧的边

选择窗户的上边框，在“移动变换输入”窗口中向上移动 700mm，如图 1.42 所示。

图 1.42 移动变换输入窗口

选择窗户上下两条边，执行“连接”命令，在分段中输入 1，如图 1.43 所示。

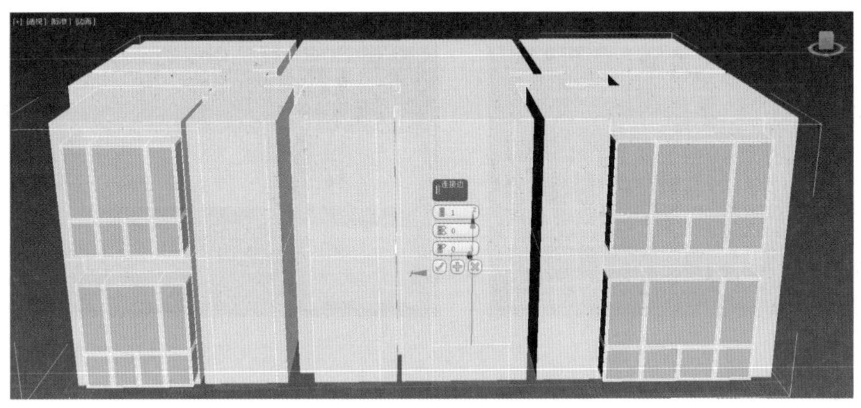

图 1.43 窗户上下两条边的连接

制作窗框。选择窗户所在的多边形，执行“插入”命令，按组方式插入，将数值设置为 50mm，如图 1.44 所示。

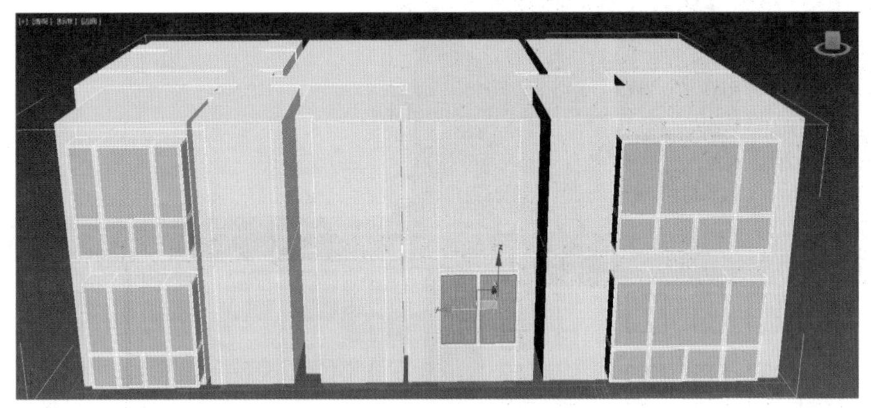

图 1.44 按组方式插入多边形

保持多边形选择不变，选择“按多边形”方式继续插入多边形，将数值设置为

50mm，如图 1.45 所示。用同样的方式制作别墅的其他普通窗户。

选择别墅模型中天花板所在的多边形，执行“分离”命令，并将其命名为“天花板”，复制出一楼的天花板和地板。注意法线方向。

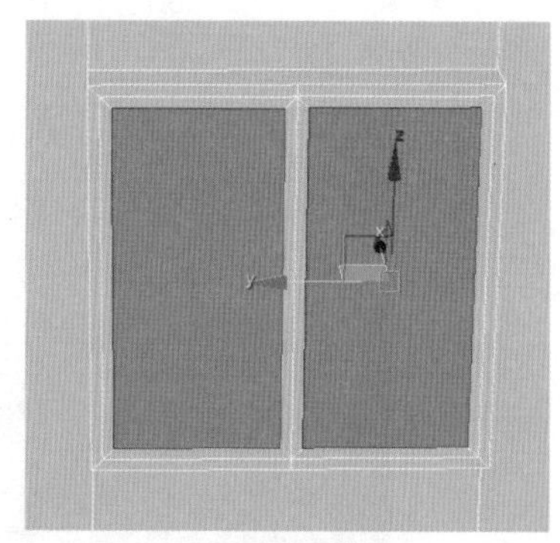
图 1.45　按多边形方式插入多边形

5. 合并同类材质对象

在别墅模型中有很多窗框、窗户玻璃。这些对象后期会被赋予相同的材质，因此可以把同类材质的对象合并为一个对象。

选择场景中所有窗框所在的多边形，执行“分离”命令，并将其命名为“窗框”。透视图效果如图 1.46 所示。

选择场景中的窗户玻璃，执行“附加”命令，将其命名为“玻璃”。透视图效果如图 1.47 所示。

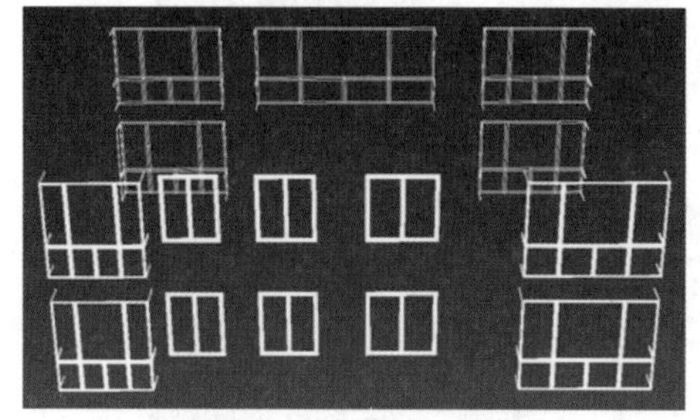
图 1.46　制作二楼的窗户

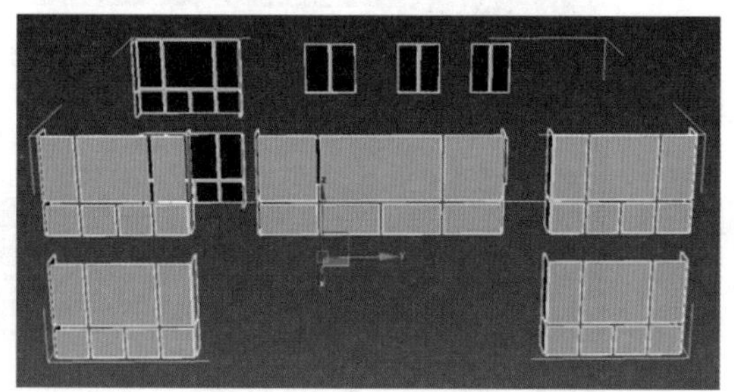
图 1.47　合并玻璃对象

6. 制作一楼天花板

选择“墙体”对象，进入“线段”级别，选择一楼和二楼交界线中的一条线段，选择“循环”命令，选中所有线段，效果如图 1.48 所示。

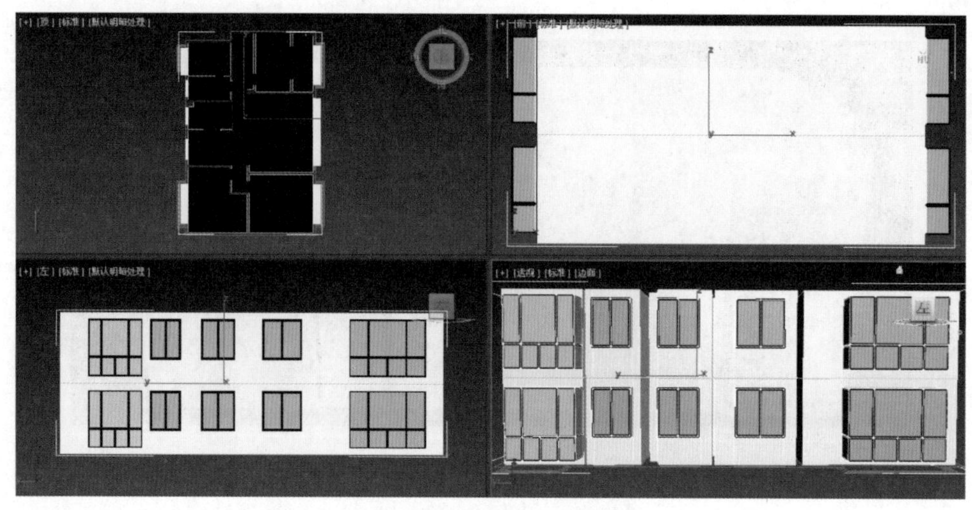
图 1.48　循环选择边

使线段保持选中状态，单击创建图形 创建图形 右侧的“设置”命令按钮，弹出如图 1.49 所示的对话框，单击“线性”单选按钮，单击“确定”按钮。

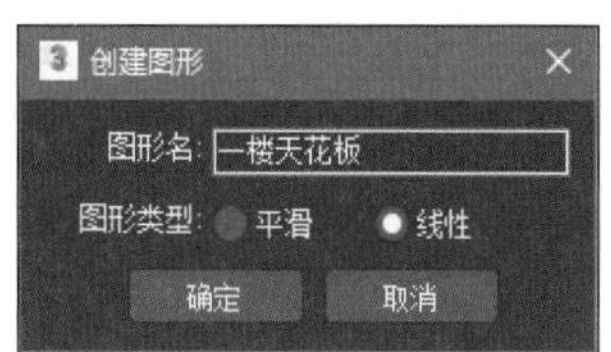

图 1.49 创建天花板图形

保持图形“一楼天花板”处于选中状态，检查图形是否封闭，添加“编辑多边形”命令。进入多边形级别，单击“挤出”命令，挤出 5mm，得到一楼天花板，同时也是二楼的地板。一楼天花板的视图效果如图 1.50 所示。

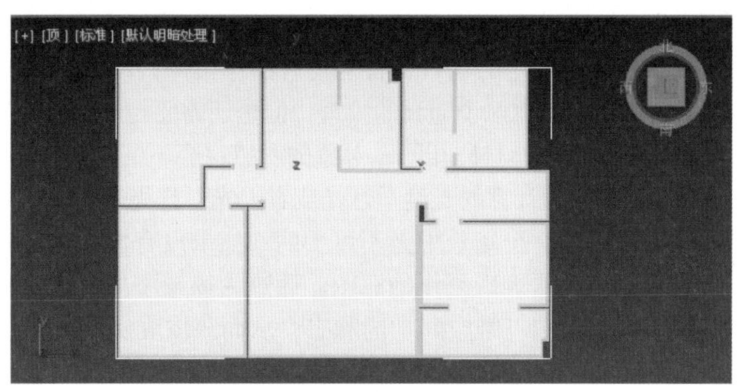

图 1.50 一楼天花板顶视图效果

7. 制作踢脚线

选择“墙体”对象，进入线段级别，分别在 150mm 和 3150mm 处添加切片平面，并执行“切片”命令。进入多边形级别，选择踢脚线对应的多边形，执行修改面板中的“分离”命令，分别得到一楼踢脚线和二楼踢脚线。

8. 制作室内门头

选择“墙体”对象，进入顶点级别，分别在 2750mm 和 5725mm 处添加切片平面。进入多边形级别，选择对应的多边形，执行编辑多边形面板中的“桥”命令，为每个门添加门头。如图 1.51 所示。如果选择多边形元素不方便，可以暂时隐藏一楼、二楼的天花板。必要时需要使用“切割”命令补充点，以获得桥接的多边形。

添加门头后的室内效果如图 1.52 所示。

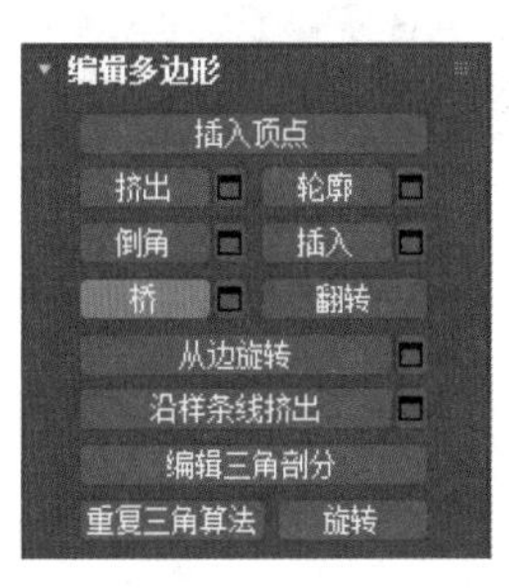

图 1.51 使用桥接命令制作门头

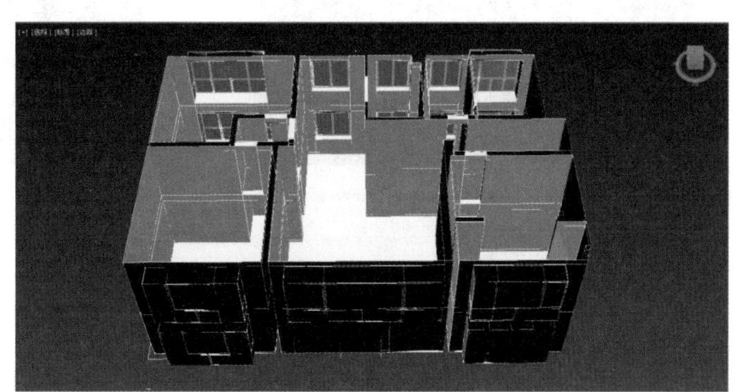
图 1.52 添加门头

1.4.3 创建摄像机

摄像机主要用于选取合适的场景视角和生成摄像机动画。摄像机按功能划分，可以分为动态摄像机和静态摄像机，动态摄像机在场景布置好后，位置参数会随场景物体移动而改变，静态摄像机在场景布置好后，位置参数不再改变。如果按有没有目标点划分，摄像机可以分为目标摄像机和自由摄像机，3ds Max 中还新增加了物理摄像机。目标摄像机指向前面一定范围内的可控制目标点，适用于摄像机目标始终不动的静态场景，也可用于制作摄像机动画。自由摄像机可直接观察摄像机所描述的方向。物理摄像机没有特定的目标物体。自由镜头适用于目标不确定的场合，特别适合制作摄像机动画。

材质虽然能够给场景中的对象赋予逼真的纹理，但是还需要与灯光密切配合，才能达到更好的效果。在不同灯光下，即使材质相同，对象的质感也会不同。3ds Max 既可以创建普通的灯光，也可以创建基于物理计算的光度学灯光或者天光、日光等真实世界的照明系统。

布置灯光和摄像机角度是一个场景中必不可少的，如果没有恰当的灯光与摄像机，场景就会大为失色，有时甚至无法表现创作的意图。通过为场景添加摄像机可以定义一个固定的视角，用于观察物体在虚拟三维空间中的状态，从而获取真实的视觉效果。

1.4.4 测试模型的合理性

场景的三维模型完成以后，为了防止对象有破面或漏光的现象，需要对场景进行模型检查。检查的方法是，在 VRay 的“全局开关”设置中，勾选“覆盖材质”，并为覆盖材质赋予一个标准的 VRay 材质，如图 1.53 所示。

渲染前需要检查 VRay 渲染设置。在“环境”设置中勾选“GI 环境”复选框，打开渲染环境光，如图 1.54 所示。

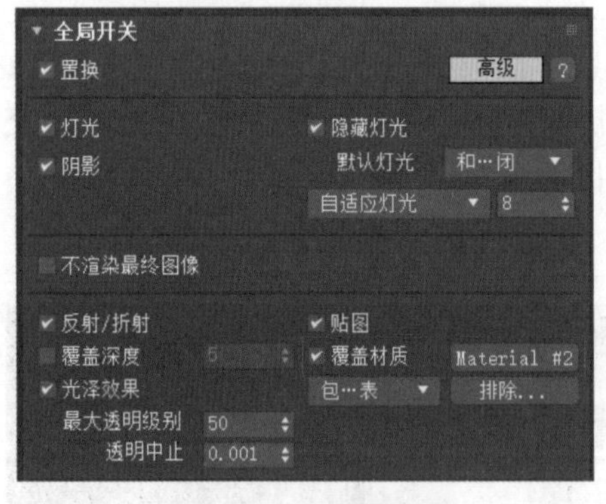

图 1.53 覆盖材质

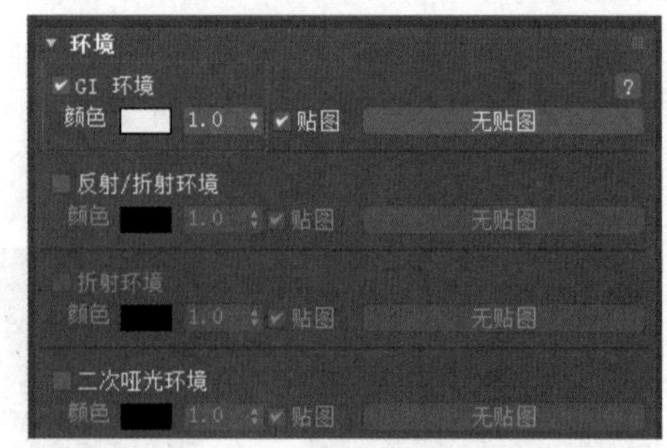

图 1.54 打开渲染环境光

单击“渲染”工具，查看 VRay 信息框，如图 1.55 所示。红色信息为系统错误，需要修改错误后重新渲染，绿色信息根据具体情况确定是否需要修改。

渲染后，查看渲染图像，如果图像灰度均匀，说明没有透光现象，否则就需要检查模型的点、线、多边形的分布是否合理。别墅的模型检查如图 1.56 所示。从图中可以看出，

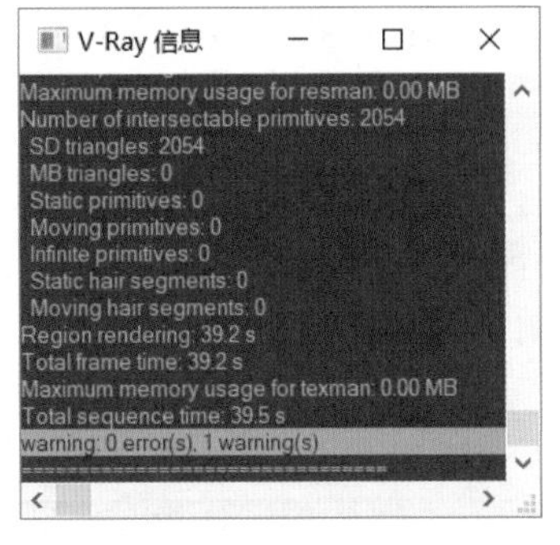

图 1.55　VRay 信息框

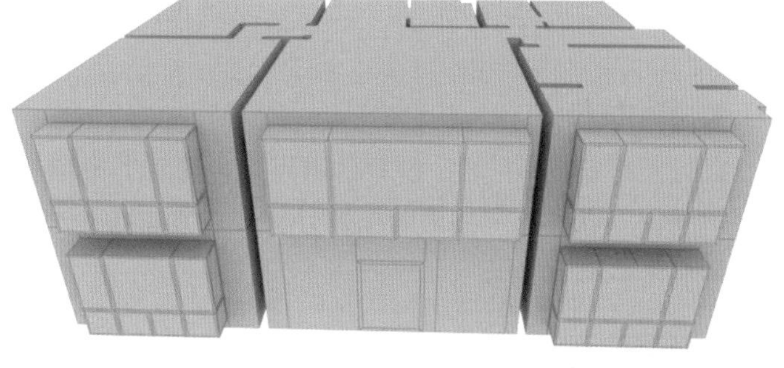

图 1.56　别墅的模型检查

没有出现透光、破面等问题。

室内空间设计主要表达室内的设计效果，所以，在场景模型创建完成并通过场景检查后，需要取消覆盖材质，并对别墅的所有对象添加“法线”修改器，目的是点亮室内空间。从这一步开始，室内空间的设计效果成为我们关注的重点。

1.4.5　初调材质

布置灯光之前，需要先给场景中面积较大的模型赋予材质，使场景模型具有颜色、纹理和透明度。这个过程为粗调材质。这个阶段不需要调节提高渲染效果的参数，因为在灯光还没有调整好之前，这些渲染参数是不能确定的。透明材质在这个阶段必须调制好，否则可能会影响灯光的效果。例如，如果没有调制好窗户玻璃的透明效果，那么室外的阳光就无法照射进来。

1.4.6　布置灯光

这一阶段的任务是在场景中布置灯光，设定照明效果。

1. 布光思路

在布置灯光前要胸有成竹，对最终的空间效果图有一个构想，并提前构思颜色、配景、光线、构图等的设计思路。从根本上说，布光过程只是一个对预定方案实现的过程。

2. 布光分析

布置灯光时要对灯光进行全面分析。一般情况下，日景的光源就是白天的自然光，因此布置天光或太阳光即可。太阳光很容易被认为是照射强度最强的光源，其实，对于室内空间而言，照亮整个场景的却是天光。主要原因是太阳光属于点光源，对室内的照射面积较小，而天光是面光源，属于阳光的间接光源，太阳光越强，天光也越强。

3. 色彩分析

根据周围环境以及房间的用途选择灯光的颜色，受光时间少的房间尽量使用暖色调，受光时间多的房间尽量使用冷色调；起居室应显得明亮；在同一个空间中，要使用明度搭配和谐的颜色。如一个房间以明黄色为主题，那么搭配明度较低的海蓝色更和谐。色彩纯

度要平衡。在一个空间中，如果选择了以紫色为主题，那就可以选择同样纯度的黄色作为搭配。

4. 渲染优化

在灯光布置调节阶段，观察的重点是色彩和明暗信息，不需要观察很细腻的渲染品质。通常情况，可以将渲染场景的图像分辨率设置得小一些，关闭抗锯齿和过滤贴图选项，从而获得较快的渲染速度。

1.4.7 细调材质效果

灯光布置完成后，需要根据灯光的强度调整材质的反射、高光、光泽度、透明度等参数，将材质的质感充分表现出来。需要结合渲染环境分析材质的物理特性，设置合适的材质参数，以达到最佳渲染效果。每一类材质都需要这个细调的过程，我们将在后面的章节中详细介绍。

1.4.8 最终渲染输出

完成上面的设置后，还需要渲染场景。这一步的任务是设置渲染输出图像的大小，提高渲染品质。通过设置渲染参数，添加灯光颜色或者环境效果，把预先设置好的材质合成在已经创建的模型上，以达到预期的效果。

1.4.9 后期合成处理

后期合成处理的主要任务是将渲染出来的图像进一步美化，使图像的亮度、对比度、色饱和度更加合理，也可以为图像添加特效和合成物品，如植物、小饰物、配景等。一般使用 Photoshop 进行修改，以去除由于模型或者材质、灯光等问题而导致渲染后出现的瑕疵，从而使效果图更为逼真。

这一阶段虽然不属于三维设计的范畴，但是它对于图像质量的提升还是非常必要的，甚至是必不可少的。

本章小结

本章主要介绍了虚拟场景设计的基础知识，包括色彩构成、光与影的搭配、室内空间构成和室内空间表现流程。

色彩构成部分主要阐释了色彩的基本概念，包括光与色、色彩三要素、色温、色彩与空间设计风格之间的关系等。色彩的物理作用包括温度感、距离感、重量感等，不同的色彩对人的心率、脉搏、血压等会产生不同的影响，也会对人的心理产生暗示。在场景设计中，色彩设计应首先确定场景的主色调，并做好配色处理，做好界面、家具、陈设的色彩选择与搭配。

光与影部分主要介绍了光与影的关系。光的特性包括照度、亮度、光色，光源类型包括自然光源与人造光源。自然光分可见光与不可见光。影是可见光照射到物体上产生的。巧妙地利用光与影的关系，会提高场景的视觉效果。

建筑空间可分为室内空间和室外空间。室内空间构图相互联系、呼应、对比、衬托，形成一定的空间构图关系，从而达到场景协调、比例合理、构图均衡，富有节奏与韵律。

室内空间表现流程部分是对前三部分构图知识的具体应用，完成了从别墅 CAD 图纸设计到三维模型的转换，从实例中可以体验三维模型设计的过程。

实践与探究

1. 完成本章别墅白模设计，搭建别墅室外场景。

2. 虚拟场景设计风格探究。

由于人们所处地理环境不同、生活方式各有差异，接触的历史、文化氛围多种多样，就形成了各地独具特色的设计风格。这些设计风格主要有中式风格、欧式风格、美式风格、地中海式风格等几种，随着现代生活节奏的变化，上述设计风格又演化出现代简约风格、恬淡田园风格、新中式风格、简欧古典风格、地中海风格等。

本题要求读者探究每一种设计风格的特点。

第2章

VRay 室内渲染技术

本章学习重点

- 掌握 VRay 的安装方法
- 了解 VRay 材质
- 熟悉 VRay 灯光系统
- 掌握 VRay 渲染输出的方法

本章主要介绍 VRay 渲染器的基础知识，包括 VRay 的安装、VRay 材质调制方法、VRay 灯光系统及其应用、VRay 渲染器参数设置。通过本章的学习，读者可以了解 VRay 渲染器的使用方法，为后面的室内空间表现打下基础。

2.1 VRay 简介

VRay 是由保加利亚著名的插件供应商 Chaos Group 公司开发的一款体积较小、功能强大的渲染器插件，有面向 3ds Max、Maya、Sketchup 等三维建模软件的不同版本。该渲染器与三维软件配合，利用全局照明计算方式进行渲染，能够渲染出极其逼真的照片级场景效果。

VRay 渲染器虽然只是一个渲染插件，但它比 3ds Max 自带的渲染工具要复杂很多。VRay 渲染器具备独立的摄像机、材质、光源及渲染系统，它的使用的流程也与普通的渲染工具不同。使用 VRay 渲染器，主要是想得到更好的渲染效果和真实的材质表现。VRay 渲染器在渲染一些特殊的效果时，如次表面散射、光迹追踪、焦散、全局照明等，表现更优秀，可用于建筑设计（室内设计和建筑动画）、灯光设计、展示设计、动画渲染等多个领域。未来 VRay 渲染器将向智能化、多元化、云计算方向发展。

2.2 安装 VRay

基于 3ds Max 的 VRay 渲染器有很多版本，主要有 VRay Adv 1.5 SP4 、VRay Adv 1.5 RC5、VRay 2.0、VRay 2.4、VRay 3.0、VRay 4.0、VRay 5.0。每一次版本升级都意味着算

法更优、渲染速度更快、功能更强大。每一个 VRay 渲染器都有一系列面向主流 3ds Max 的版本。VRay 渲染器安装时，必须安装到 3ds Max 所在的根目录下。初次安装时，系统会自动搜索到对应版本的 3ds Max 路径。本书主要应用的软件环境是 3ds Max 2021 和 VRay 5.0 版本以上，操作系统是 Windows 10。

在安装前，首先确保 3ds Max 的所有程序都已经关闭。如果之前安装过其他版本的 VRay，必须先卸载，然后打开 3ds Max 安装目录中的 Plugins 文件夹，删除 VRay 的相关文件。

双击安装程序，会弹出如图 2.1 所示的安装界面。勾选“I accept the Agreement”复选框，然后单击 INSTALL 按钮，开始安装 VRay 5.0 渲染器。

图 2.1　VRay 5.0 安装界面

安装完成后，会弹出如图 2.2 所示窗口，询问是否下载材质库。可以下载 VRay 的材质库，这里推荐单击 ABORT DOWNLOAD 按钮终止下载，可以安装完成后再下载材质库。

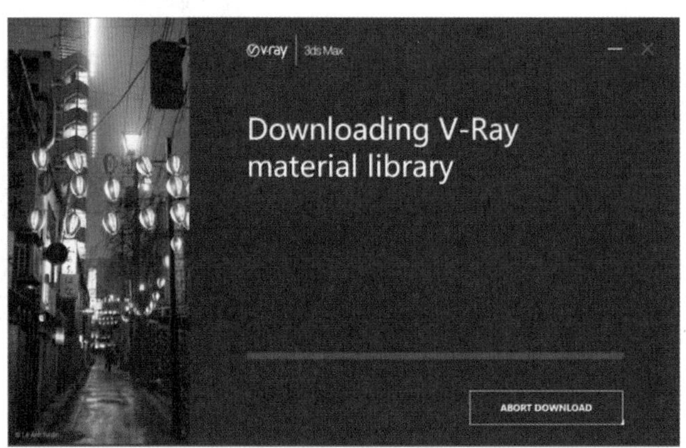

图 2.2　下载材质库

成功安装 VRay 渲染器后，需要在渲染器设置窗口中进行加载。启动 3ds Max 2021，在工具栏中单击“渲染设置”工具，打开“渲染设置”窗口，如图 2.3 所示。

单击“渲染器”列表框，在弹出的渲染器列表中选择 VRay 5.0，如图 2.4 所示。这样，VRay 的材质、灯光、渲染参数就可以使用了。

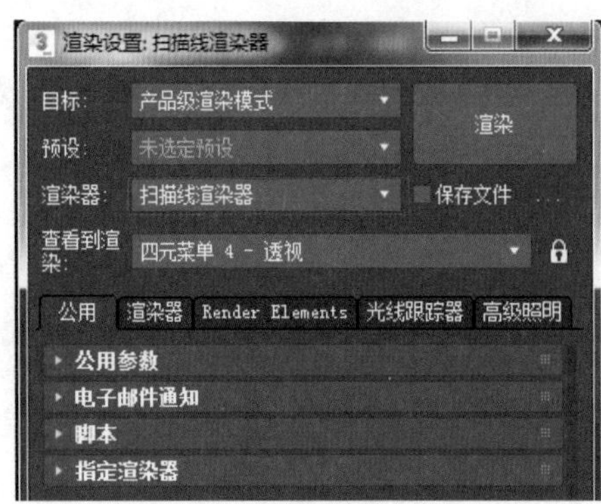

图 2.3 “渲染设置”窗口

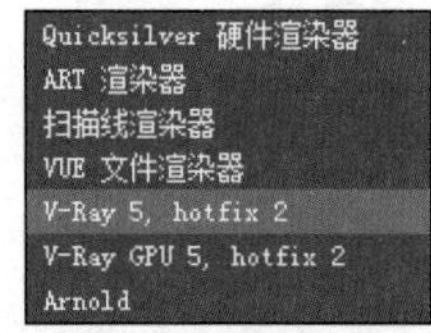

图 2.4 “渲染器”列表

VRay 5.0 有专门的工具栏，可以在工具栏左右两侧空白处右击，在弹出的快捷菜单中选择 VRay Toolbar 打开工具栏，如图 2.5 所示。

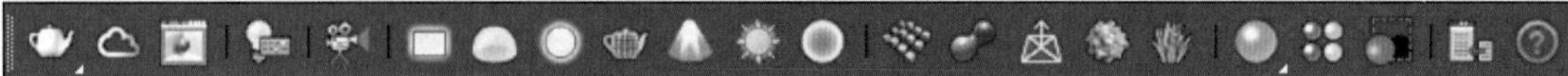

图 2.5 VRay 5.0 工具栏

2.3 VRay 渲染器设置

加载 VRay 5.0 渲染器后，“渲染设置”面板如图 2.6 所示。下面介绍每一个选项的主要用途。

图 2.6 VRay 5.0 “渲染设置”面板

2.3.1 “公用”选项卡

VRay 渲染器的“公用”选项卡与默认的“扫描线渲染器”中“公用”选项卡类似。这里重点说明下面三个问题。

1. 渲染输出大小

渲染输出像素设置，取宽度和高度较大的那个数值修改。小图渲染输出一般为 500~800 像素，大图的渲染输出一般大于 2000 像素。如果没有打印要求，小空间的渲染输出通常为 2500 像素，大型工装以及别墅空间的渲染输出设置为 3000 像素即可。

如果客户有打印需求，需要按照最低标准渲染，分别是：A4 纸打印输出 2000 像素；A3 纸打印输出 2800 像素；A2 纸打印输出 3500 像素；A1 纸打印输出 4200 像素；A0 纸打印输出 6500 像素。

2. 图像纵横比

单层室内空间的宽度数值通常相对会大一些，图像纵横比大于或等于1；复式楼空间或者层高较高的空间，高度数值会大于宽度数值，图像纵横比小于或等于1。图像纵横比确定以后，单击“锁”按钮🔒锁定比例。

3. 指定渲染器

VRay 5.0 是 VRay 的一次全面升级，其速度、功能、稳定性，都有很大提升。图 2.7 中的产品级渲染器包括 VRay 5.0 和 VRay GPU 5.0。VRay 5.0 通过计算机系统的 CPU 计算渲染参数，渲染图像。一般情况下，我们会选择该渲染器。VRay GPU 5 通过计算机的显卡进行渲染，并通过计算机的 GPU 计算渲染参数，因此要求显卡必须是英伟达，且性能较好。如果显卡性能一般，不建议选择这种渲染器。

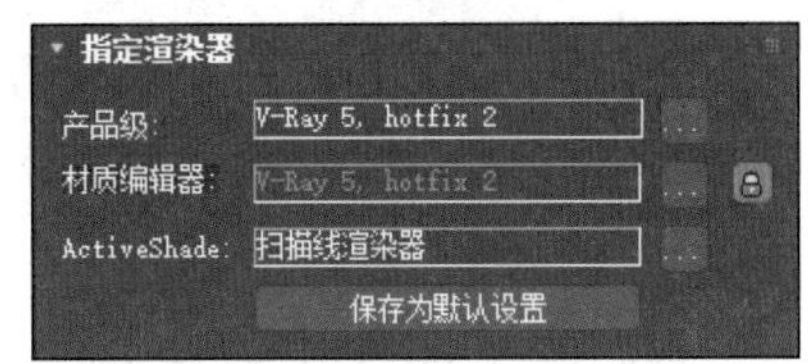

图 2.7 “指定渲染器”卷展栏

用户单击产品级文本框后面的“选择渲染器”命令按钮...，弹出渲染器列表窗口，选择 VRay 5.0 渲染器，就加载成功了。材质编辑器会自动加载 VRay 5.0 的材质库。

ActiveShade 是实时渲染器设置。用户可以使用默认的扫描线渲染器，也可以单击 ActiveShade 文本框后面的“选择渲染器”命令按钮...,在弹出的窗口中选择“Arnold 渲染器”。

VRay 5.0 实现了实时渲染，可以实时渲染视图。当用户在场景中调试灯光或材质时，可以实时刷新渲染效果。实时渲染器有两种，一种是默认的“扫描线渲染器”，另一种是 Arnold 渲染器。Arnold 渲染器是由 Solid Angle SL 公司开发的算法的电影级渲染引擎，具有很强的跨平台渲染能力，对计算机显卡要求很高。所以一般情况下，ActiveShade 这一项选择默认的“扫描线渲染器”就能够满足 VRay 的需要。

2.3.2 VRay 选项卡

VRay 选项卡是渲染器设置的重要部分，包含 10 个卷展栏，主要用于渲染环境设置，如图 2.8 所示。下面介绍每一个卷展栏的功能与应用。

1. “帧缓存区”卷展栏

帧缓存区参数选项如图 2.9 所示。勾选“启用内置帧缓存区”复选框后，渲染时将启用 VRay 渲染器的窗口。该窗口独立于 3ds Max 而存在，渲染的图像暂存在内存中，渲染图像的伽马值为 2.2，伽马值用于设定场景的亮度，伽马值越大，场景越亮。如果不启用该选项，就使用 3ds Max 默认的渲染窗口。

勾选“从 MAX 获取分辨率”复选框后，渲染图像与 3ds Max 的分辨率相同。取消勾选后，用户可以根据需要设置渲染图像的分辨率。建议取消勾选以释放系统资源，从而获得更快的渲染速度。

勾选“VRay 原始图像文件”复选框后，渲染后的图像将存储到 VRay 的 RAW 文件中。RAW 是原始的图像，数据存储格式，此格式为了适应以非文档格式存储的图像而设计的。取消“渲染到内存帧缓存”后，用户可以把渲染图像保存为“VRay 自身的文件 .vrimg”。勾选“单独的渲染通道”复选框后，渲染图像可以保存为 RGB 值、Alpha 等单通道文件。

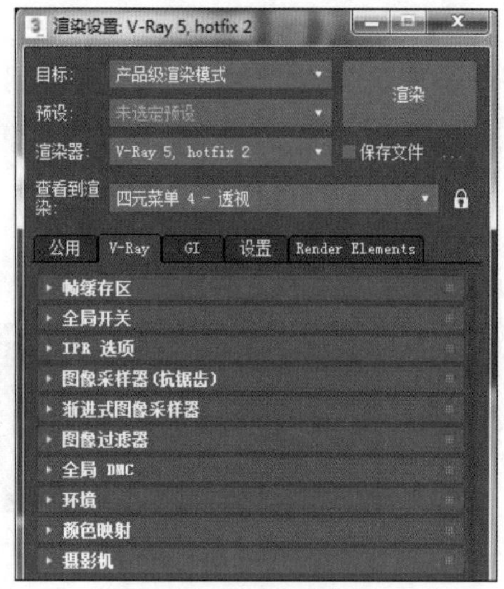

图 2.8　V-Ray 选项卡

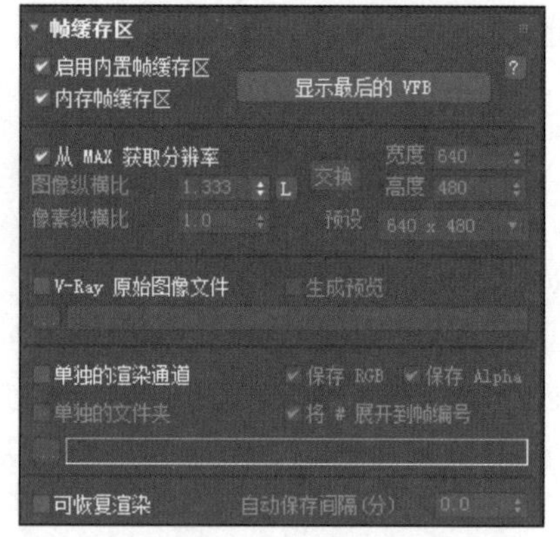

图 2.9　帧缓存区参数选项

勾选“启用内置帧缓存区”复选框后，渲染时会打开 VRay 帧缓存（简称 VFB）渲染窗口，如图 2.10 所示。VFB 视口的打开方式有以下三种，读者可以根据个人的习惯进行选择。

（1）在 VRay 工具栏中单击“最后的 VFB”工具。

（2）在视口中右击，在弹出的菜单中单击 VRay VFB 按钮。

（3）在“帧缓存区”卷展栏中单击“显示最后的 VFB”命令按钮。

图 2.10　VFB 窗口

从图 2.11 可以看出，VFB 具有直观的用户界面、渲染历史能力、强大的色彩调整引擎。

1）VFB 历史窗口

VFB 窗口左侧是历史窗口。历史记录用于保存一些临时文件，也可以保存图像的所有渲染信息，用来比较两次渲染图像的效果。

单击“保存到历史”按钮可以添加一个 VFB 帧缓存文件，后缀名为 .vfbl，该文件包含所有渲染元素和 G- 缓冲区通道。

单击“图像比较”按钮可以使用不同的拆分 A/B 模式比较不同的图像。单击右下角的箭头，可以设置对比方式。

单击“载入到 VFB”按钮，可以使用胶片带查看所有存储的图像，把一幅已有的 VFB 图像载入历史窗口。

单击“删除”按钮，可以删除 VFB 窗口中的历史图像。

搜索工具 搜索过滤 用于查找已有的后缀名为 .vfbl 的 VFB 帧缓存文件。

应用技巧

需要注意的是，如果 VFB 历史窗口按钮呈灰色，这时是不能执行保存操作的，可以在 VFB 窗口中单击“选项”菜单，再单击 VFB Settings 子菜单，弹出 VFB 设置窗口后，在“历史”选项卡中勾选“启用”复选框，并设置 VFB 图像保存路径，就可以激活历史窗口，如图 2.11 所示。

关闭历史窗口有两种方法，第一种方法是把鼠标放在历史窗口和渲染窗口的交界处，当鼠标呈现双箭头状态时，向左侧推动鼠标，直至历史窗口消失。第二种方法是直接双击历史窗口关闭。

关闭后再打开历史窗口，可以把鼠标放在渲染窗口的最左边，当鼠标呈现双箭头状态时，向右侧拖动鼠标，也可以直接双击渲染窗口打开。

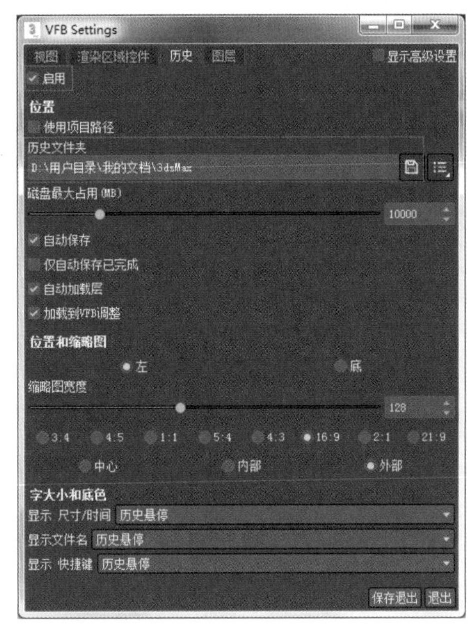

图 2.11 VFB 设置窗口

2）VFB 渲染窗口

VFB 窗口中间的区域是渲染窗口。上面是文件、渲染、图像、窗口、选项 5 个菜单，下面是主要工具，菜单的主要功能在工具中独立列出来，通常用工具实现操作。

单击“通道”工具 RGB 颜色，可以切换显示 RGB 值通道和 Alpha 通道图像。

单击“保存”按钮可以保存当前的渲染图像。单击右下方的箭头，还可以将文件保存为通道文件。

单击“跟随鼠标”按钮，将启用鼠标跟随动态渲染模式，只渲染鼠标指针滑过的区域，右击图片并选择“锁定块起始点”，锁定该渲染区域。

单击“测试分辨率”按钮，显示渲染图像的分辨率，一般使用默认值。

单击“区域渲染”按钮，指定需要渲染的区域。

“IPR 调试着色”按钮下方有七种功能，单击右下方箭头，可以看到它的全部功能。

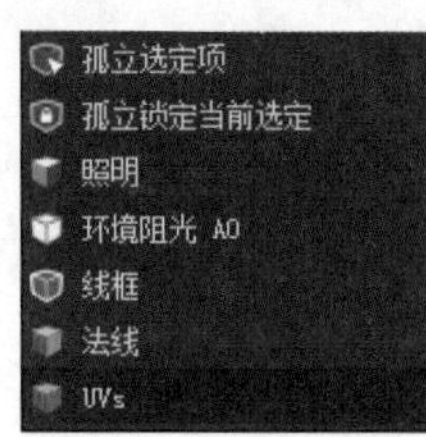

图 2.12 “IPR 调试着色”功能

这些功能只能在交互式渲染下应用，如图 2.12 所示。

七种着色效果如图 2.13 所示。

- 孤立选定项：用于渲染选定的三维模型和灯光。这个功能只能在交互式渲染下使用。
- 孤立锁定当前选定：用于锁定当前选择的对象。
- 照明：用于整个渲染场景只显示场景的照明情况，不受材质干扰。
- 环境阻光 AO：用于渲染场景的阴影效果。
- 线框：用于渲染场景模型的线框效果，便于查看场景模型。
- 法线：用于渲染法线方向上的灯光效果。
- UVs：用于 UV 方向上的灯光效果。

(a) 孤立选定项

(b) 照明

(c) 环境阻光AO

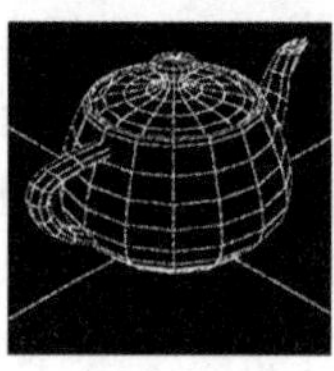

(d) 线框

(e) 法线

(f) UVs

图 2.13 IPR 调试着色效果

打开“交互式渲染”按钮。当场景中的模型、材质、灯光发生变化时，实时刷新渲染窗口效果。第一次单击后，按钮会变成刷新状态。如果交互式渲染按钮不可用，需要在渲染设置窗口中单击“开启交互式产品级渲染 IPR”打开该工具。交互式渲染一般用于查看渲染参数设置效果，不能渲染最终图像。

“终止渲染”按钮用于终止交互式渲染。

单击“渲染”按钮启动产品级渲染。

3）VFB 色彩调整引擎

VFB 窗口的右侧是色彩调整引擎，实现灯光混合，主要用于图像后期效果调整。这个功能是 VRay 5.0 的新增模块，模拟 Photoshop 中进行渲染图像的后期效果处理。下面认识面板上各个选项的功能。

VFB 色彩调整引擎中有“统计”和“图层”两个选项卡。

（1）“统计”选项卡。“统计”选项卡主要用来统计系统的渲染引擎、设备、性能、内存应用情况等详细参数，如图 2.14 所示。

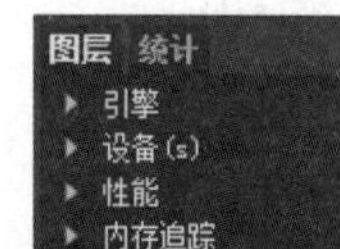

图 2.14 “统计”选项卡

（2）“图层”选项卡。“图层”选项卡的功能是在 VRay 帧缓冲区中微调渲染后的图像，如图 2.15 所示。它的应用方法与 Photoshop 的图层应用相似。

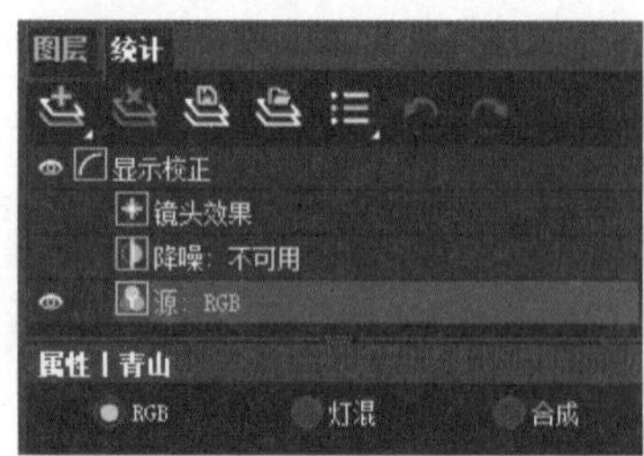

图 2.15 “图层”选项卡

“源：RGB 值”是指通过渲染形成的 RGB 值图像。“图层”选项卡中还有两个选项“光混合”和“合成”，显示当前图像的生成方式。

“光混合”在渲染图像时直接产生光信息传递，只需要把灯光加入混合窗口，就可以自动混合。“光混合”主要用于测试场景的灯管方案。这种渲染方式是根据采样点计算光混合效果，而“发光贴图”是自适应细分渲染，不是采样点运算。这样，GI 参数中“主要引擎”就不能设置为“发光贴图”，所以需要使用“BF 算法”。

“合成”是指手动调节当前的材质灯光混合参数，得到渲染图像。这种方式需要在渲染元素中手动添加需要合成的元素。

应用技巧

调整好灯光混合效果后，渲染大图时，由于 GI 参数中“BF 算法”渲染速度比较慢，所以可以将“主要引擎”重新设置为“发光贴图”。

单击“显示校正”按钮后可以调整曝光量。如果此时再单击工具栏中的“创建图层”按钮，可以创建色调、饱和度、色彩平衡、曲线等图像编辑图层。

“镜头效果”用于为场景中增加光圈、光晕、划痕、灰尘等镜头效果。

“降噪”用于在不提高渲染参数的情况下，提高渲染图像的质量。必须在渲染设置的渲染元素 Render Elements 中加载“VRay 降噪器”，并重新渲染图像，才能启用“降噪”功能。

色彩调整引擎功能非常强大，且应用广泛，渲染最终图后还可以再加载其他辅助图像到 VFB 中进行后期调整，比如与加载环境阻光图像叠加，可以充分显示阴影效果。后期制作中会经常用到该引擎，有关它的更多应用，我们将在后面的案例中学习。

2. “全局开关”卷展栏

“全局开关”卷展栏参数控制着全局渲染参数，各项参数的勾选与否，决定了渲染器是否计算相应的信息，如图 2.16 所示。

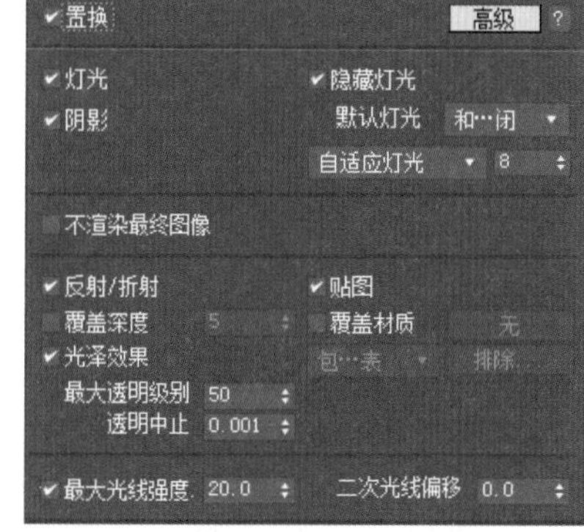

图 2.16 “全局开关”卷展栏

“置换”复选框。VRay 中存在两种置换系统：一种是材质贴图中的置换通道，另一种是 VRay 置换修改器，勾选该选项时使用 VRay 自带的置换贴图，不会影响 3ds Max 的置换贴图。

灯光选项组通过设置参数对场景照明进行控制。

- 灯光：是 VRay 场景中手动设置灯光的总开关，不勾选时 VRay 将不渲染手动建立的灯光，不包括 3ds Max 场景中默认的灯光。
- 隐藏灯光：定义是否渲染隐藏的灯光。
- 阴影：控制在渲染灯光时是否产生阴影。
- 默认灯光：控制在渲染图像时是否启用 3ds Max 系统默认灯光。注意：如果在场景中手动设置了直接灯光对象，系统的默认灯光将自动关闭。

图 2.17 灯光采样列表框

灯光采样列表框有三种采样方式控制着多个灯光的采样策略，如图 2.17 所示。“全局灯光评估”会在每一个着色点计算全部的灯光。“灯光树”随机选择若干灯光计算着色。“自适应灯光”是默认选项，是指使用来自灯光缓存的信息来决定采样哪些灯光，

如果没有使用灯光缓存，则均匀采样。

“不渲染最终图像”复选框控制是否渲染最终图像。处于选中状态时，VRay 将计算全局光照各个渲染引擎的光子贴图而不渲染最终图像。该功能通常用于计算图像尺寸较小的发光贴图和光子贴图。

应用技巧

VRay 对场景进行渲染时，为了节省时间，可以先设置较小的图像尺寸来输出发光贴图和光子贴图并进行存储，而后再拾取输出的贴图文件，设置较大的图像尺寸，渲染最终图像。这样可以大幅度减少渲染所耗费的时间。

材质选项组用于控制场景中对象材质的反射、折射和贴图过滤。

- 反射 / 折射：控制在图像渲染时是否计算场景中材质的反射和折射效果。
- 贴图：控制渲染时是否计算对象贴图通道中的程序贴图和纹理贴图。
- 覆盖深度：设置材质反射 / 折射的最大反弹次数。
- 覆盖材质：为场景中所有对象赋予同一材质，一般用于检查模型。单击下面的“排除”命令可以排除列表、层、对象不受此覆盖材质效果的影响。
- 光泽效果：用于控制是否对材质进行反射或折射模糊等优化。
- 最大透明级别：控制透明材质被光线追踪的最大深度。值越大光线追踪效果越好。
- 透明中止：用于控制渲染器对透明材质的追踪终止阈值。
- 最大光线强度：用于设置直接光线强度，默认值为 20。
- 二次光线偏移：用于设置辅助引擎光线偏移终止阈值。

应用技巧

在对场景中模型的合理性以及太阳光照方向进行测试时，通常勾选“覆盖材质”，这样可以节省渲染时间。如果没有指定材质，3ds Max 将赋予标准材质。

3.“IPR 选项”卷展栏

“IPR 选项”卷展栏用于开启交互式产品渲染，如图 2.18所示。

图 2.18 “IPR 选项”卷展栏

“适配分辨率到 VFB”复选框启用时，IPR 模式会把渲染分辨率适应到当前 VFB 的窗口大小，并遵守渲染设置中的图像宽高比。取消勾选，会使用完整分辨率进行渲染。

“强制渐进式采样”复选框启用时，无论当前选择哪种图像采样器，强制 IPR 使用渐进式采样方式。噪点阈值和最大细分仍然从当前选择的采样器中读取。如果选择的是块采样器，不会受时间限制。

4.“图像采样器（抗锯齿）”卷展栏

“图像采样器（抗锯齿）”卷展栏主要用于控制采用何种图像采样方式和抗锯齿过滤器对场景进行二维图像渲染，如图 2.19 所示。图像采样把一幅连续图像分割成 $m \times n$ 个网格，每个网格称为一个像素，用一个亮度值来表示。图像采样的实质是用多少点来描述这一幅图像，采样质量的高低用图像的分辨率衡量。

“类型”列表框有“块”和“渐进式”图像采样器两种，选择采样器后，对应采样器的卷展栏会出现在下面卷展栏中。“块图像采样器”使用矩形区域渲染图像，效率高，更适合分布式渲染。“渐进式”图像采样器一次渲染整张图像，适合渲染效果图。

勾选“渲染遮罩”复选框时会启用渲染蒙版，允许用户自定义参与运算的图像，其他像素保持不变。

“最小着色率”允许用户控制投射抗锯齿涉及与其他效果的比值，数值设置越高图像质量越好。

5. “渐进式图像采样器”卷展栏

“渐进式图像采样器”卷展栏如图 2.20 所示。

图 2.19 “图像采样器（抗锯齿）”卷展栏

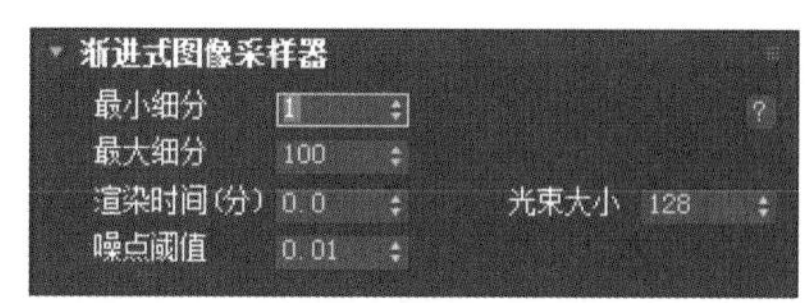

图 2.20 “渐进式图像采样器”卷展栏

- 最小细分：一个像素使用的最小样本数，范围在 1~10000，默认值是 1。
- 最大细分：一个像素使用的最大样本数，实际采样数量是细分值的平方。
- 渲染时间：设置按分钟计算时渲染最长时间，0 表示不限制时间。该数值但不包括灯光缓存、发光贴图等。
- 噪点阈值：设置想要图像达到的噪点级别。0 表示整张图像均匀采样，达到 3ds Max 最大细分值，或者达到了渲染时间上限。

6. “图像过滤器”卷展栏

“图像过滤器”卷展栏用于控制场景中的材质贴图过滤方式，如图 2.21 所示。系统设置有 3ds Max 过滤器和 VRay 过滤器，建议使用默认的 VRay 过滤器。

7. “全局 DMC”卷展栏

“全局 DMC”卷展栏设置 VRay 渲染器的采样方法为确定性蒙特卡罗（Deterministic Monte Carlo，DMC）。DMC 采样是一种评估“模糊”值方法的变体，包括景深、间接照明、区域光、光泽反射 / 折射、半透明、运动模糊等平均值，如图 2.22 所示。

图 2.21 “图像过滤器”卷展栏

图 2.22 “全局 DMC”卷展栏

启用“锁定噪点图案”复选框，对动画帧强制使用相同的噪点分布形态。如果动画看起来像是在噪点下面移动，则需要取消勾选该复选框。设计效果图时取消勾选。

启用“蓝色噪点采样”复选框，设置想要图像达到的噪点级别。0 表示整张图像均匀采样，达到 3ds Max 最大细分值，或者达到了渲染时间上限。

8. “环境”卷展栏

“环境”卷展栏下用户可以对室外环境进行具体的设置，如图 2.23 所示。

GI（global illumination）是全局光照，“GI 环境”复选框主要用来设置环境光、环境光反射、环境光折射的颜色、倍增（强度）和贴图（指定贴图后，天光的颜色由贴图控制）。

“二次哑光环境”复选框将指定的颜色和纹理用于反射 / 折射中可见的遮罩物体。

应用技巧

这是用于户外环境的值，对室内环境或单个模型没有效果。如果是一个户外场景，模型里必须有窗口或是玻璃能透光，效果会更明显。

如果场景较暗，试着改变以下数值：第一个是天光，从默认的 1 加到 10，看看会不会亮；第二个是环境反射，加大后，相当于反射环境的贴图或是颜色多了一个值，能增大。

9. “颜色映射”卷展栏

“颜色映射”卷展栏是 VRay 渲染器定义图像色相领域的重要工具，如图 2.24 所示。

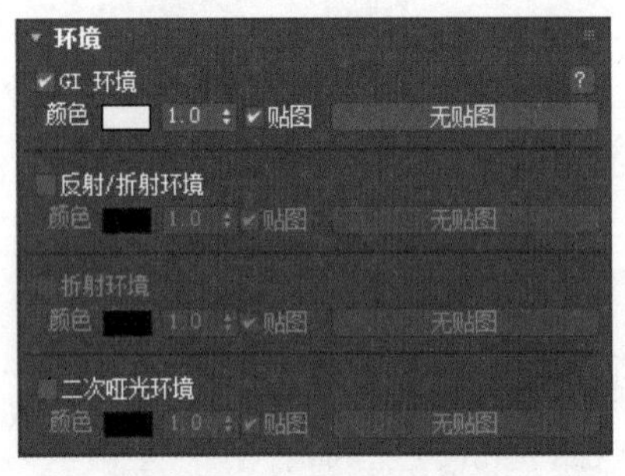

图 2.23 “环境”卷展栏

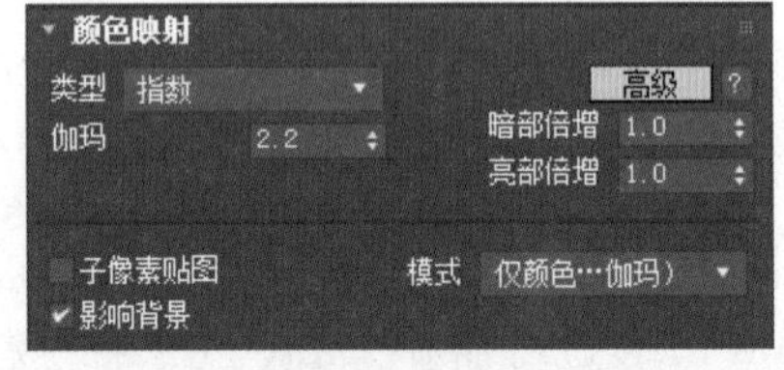

图 2.24 “颜色映射”卷展栏

- 类型：包含了七种颜色映射的类型，不同的颜色映射类型控制不同的画面颜色饱和度和照明强度，这是全局照明的重要环节，与间接照明中的后期处理命令栏是互相补充促进的。通常情况下会选择指数映射方式。
- 伽玛：使用了颜色映射后，将为输出图像调整伽玛值，从而调节图像的亮度。
- 暗部倍增：用于调节暗部区域颜色的强度。
- 亮部倍增：用于调节亮部区域颜色的强度。
- 子像素贴图：控制着颜色映射作用在最终图像还是作用在每一个子像素。渲染最终图像时一般是取消勾选的。开启后，可以消除画面物体边缘由于边缘计算样本不充分引起的光斑，尤其适合于发光贴图场景的计算。
- 模式：用于指定颜色和亮度值输出的方式。

• 影响背景：被勾选时，色彩贴图会影响场景的背景贴图颜色。默认为开启状态。

10. “摄影机”卷展栏

“摄影机”卷展栏用于设置摄影机的类型、景深效果、特效等，如图 2.25 所示。

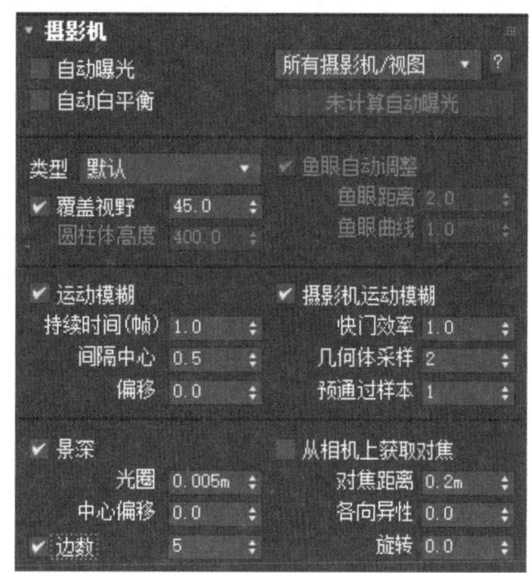

图 2.25 “摄影机”卷展栏

VRay 物理摄影机和 3ds Max 本身带的摄影机相比，它能模拟真实成像、能更轻松地调节透视关系。单靠摄影机就能控制曝光，另外还有许多非常不错的其他特殊功能和效果。

图 2.25 中，各参数选项的意义如下。

• 自动曝光：勾选该复选框后，VRay 物理摄影机自动曝光。后面的列表框用于设定是否所有摄影机都自动曝光。
• 自动白平衡：勾选该复选框后，无论环境的光线影响白色如何变化都以这个白色定义为白色。
• 类型：摄影机的类别，这个参数在动态模糊上会产生不同的效果。
• 运动模糊：勾选“运动模糊”复选框和“摄影机运动模糊”复选框后，运动的物体会产生模糊效果。
• 摄影机运动模糊：勾选该复选框后，运动的摄影机会产生模糊效果。
• 快门效率：快门速度的倒数，所以数字越大越快。快门速度越小实际速度越慢，通过的光线更多主体更亮更清晰。快门速度和运动模糊成反比，值越小越模糊。
• 景深：勾选该复选框后，能够渲染出摄影机的景深效果。
• 光圈：主要用于控制摄像机的光圈大小。光圈越大，快门曝光时间越短，景深越小；光圈越小，快门曝光时间越长，景深越大。
• 中心偏移：主要用于控制模糊中心的位置。当该值设置为 0 时，物体边界可以均匀向两边模糊；当该值设置为正数时，模糊中心的位置偏向物体内部；当该值设置为负数时，模糊中心的位置偏向物体外部。
• 从相机上获取对焦：当启用该选项时，会自动采样摄影机的焦距。默认为禁用，拍摄距离越远景深越大，距离越近景深越小。
• 对焦距离：主要用来控制焦点到所关注物体的距离，远离视点的物体将被模糊。焦距越大景深越小，焦距越小景深越大。
• 各向异性：该选项决定用于景深物效的采样点的数量，数值越大效果越好，随之渲染时间也会增加。
• 旋转：该选项决定从摄影机获取的景深效果旋转数量。
• 边数：当启用该选项时，可以设置多边形的边数来模拟多边形光圈模糊。如果不勾选，将以圆形的光圈进行模糊。如果勾选，可以在旋转文本框中输入数值。默认为禁用。

2.3.3 GI 选项卡

GI 选项卡用于控制全局光照计算引擎和具体的参数调整，如图 2.26 所示。

- 启用 GI：被勾选时，渲染器启用全局光照。
- 主要引擎：有发光贴图、BF 算法、灯光缓存三种，通常情况下，渲染效果图像时使用发光贴图引擎，测试场景光混合效果时通常使用 BF 算法。被选择引擎的卷展栏会在下面显示。
- 辅助引擎：用于设置次级反射反弹的计算方法，当着色点被用于 GI 计算时，就是计算次级反弹。

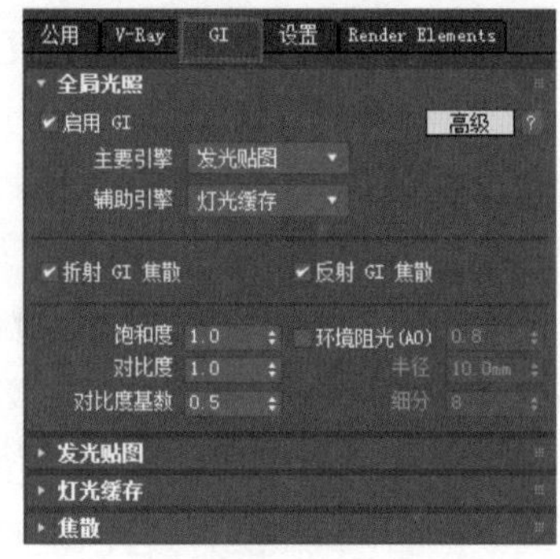

图 2.26 GI 选项卡

应用技巧

设计室内效果图时，通常辅助引擎设为“灯光缓存”，对应的颜色映射类型设定为指数，其他颜色映射参数不用调整，这种搭配得到的光影效果比较柔和自然，是目前流行的搭配。

- “折射 GI 焦散”复选框启用时，间接光可以穿透透明物体。
- “反射 GI 焦散”复选框启用时，间接光可以被镜面反射物体反射。这种光线通常对最终照明贡献度较小，容易产生不必要的噪点。
- 饱和度：其值控制 GI 的饱和度，默认值为 1，表示 GI 结果没有被修改；数值设为 0 时表示 GI 结果为灰度值；数值大于 1 时会增强 GI 的色彩。
- 对比度：与对比度基数一起控制 GI 的对比度。“对比度”为 0 时，GI 结果完全变成对比度基数的色值；“对比度”为 1 时，GI 结果没有被修改；“对比度”大于 1 时，GI 结果会加强对比度。
- 对比度基数：决定了加强对比度的基准值。
- “发光贴图”和“灯光缓存”卷展栏对于初学者来说，只需要设置级别，更多参数在具体案例中讲解。
- “焦散”卷展栏：用于控制由全局光照产生的焦散效果，有反射焦散和折射焦散两种。反射焦散效果如图 2.27 所示。折射焦散效果如图 2.28 所示。

(a) 未开启反射焦散效果

(b) 开启反射焦散效果

图 2.27 反射焦散效果

(a) 未开启折射焦散效果

(b) 开启折射焦散效果

图 2.28　折射焦散效果

2.3.4　“设置”选项卡

“设置”选项卡用于显示 VRay 5.0 的授权信息、版本信息、颜色管理方案、渲染模式、设置置换的尺寸和精度，如图 2.29 所示。该选项卡参数一般不进行调整。

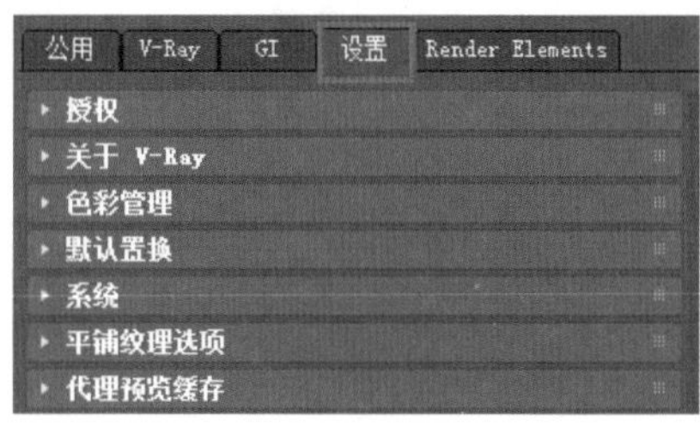

图 2.29　“设置”选项卡

2.3.5　Render Elements 选项卡

Render Elements 选项卡能够根据不同类型的元素，将其渲染为单独的图像文件，每个图像可以保存为一个单独的外部文件（*.RPF），而 *.RPF 可以在后期效果处理软件中处理输出，如图 2.30 所示。单击“添加”命令按钮，会弹出很多渲染元素，可以选择需要的渲染元素，在渲染后的效果图中能看到效果。

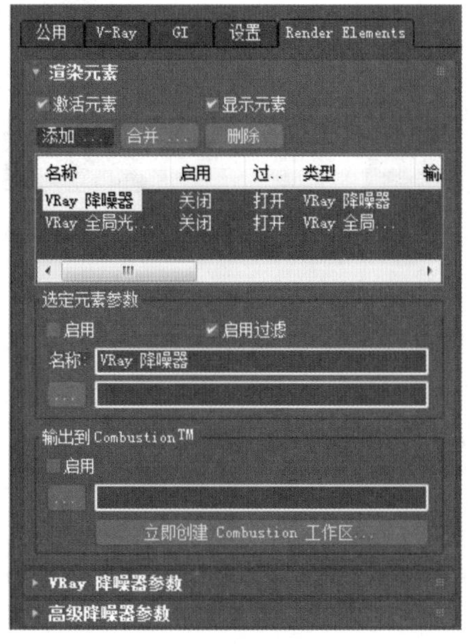

图 2.30　Render Elements 选项卡

2.4 VRay 常用材质调制

一个有创意的三维场景，离不开形、色、影的表达。形即形状，可以通过建模来表现；色即材质；影即光影，材质和光影都需要通过 VRay 渲染器来表现。VRay 5.0 具有专门的材质和贴图，且种类很多，本节将介绍 VRay 材质相关知识。

2.4.1 VRay 5.0 材质概述

1. 基础材质

调制材质就是要指定对象的物理特性和物理属性。

物理特性是指物体表面的纹理和颜色。颜色是物体的固有色，在 3ds Max 中通过“材质编辑器”的漫反射颜色来控制，如图 2.31 所示。纹理是材质表面的纹路和凹凸效果，通常在“材质编辑器”的贴图通道中调制。

物理属性是指物体的发光、透明、光滑、折射、反射、高光等属性。

发光属性是指物体自发光特性，如灯泡，不受周围环境和灯光的影响。在 3ds Max 中，可以通过自发光参数项进行控制，VRay 通过 VRay 发光材质进行控制，如图 2.32 所示。

图 2.31　漫反射参数

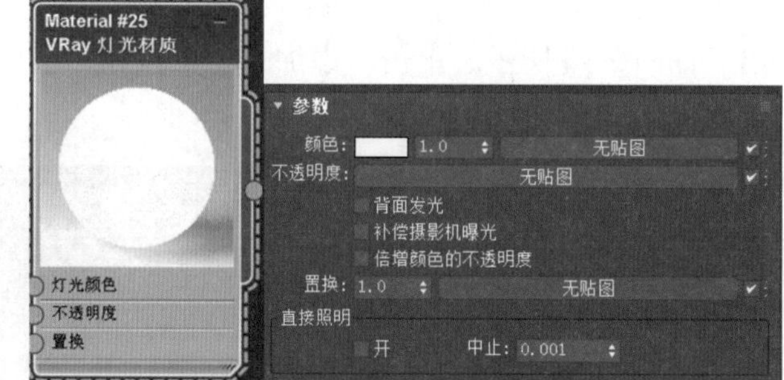

图 2.32　自发光参数项

透明属性是指透明的物体所具有的折射特性，如玻璃、水、蜡烛等。在材质编辑器中，通过透明参数选项调整对象的不透明度，如图 2.33 所示。折射的颜色、贴图对物体的不透明度影响很大。当一个物体的材质透明时，就会产生折射。折射率（index of refraction，IOR）参数用于设置折射贴图和光线跟踪所使用的折射率，在材质编辑器中，一般用折射率控制折射。如水的折射率为 1.33，玻璃的折射率为 1.5~1.7，钻石的折射率为 2.4。漫反射对透明物体的颜色影响较小，一般设置为黑色。

光滑属性指材质表面的粗糙或平滑的程度。光滑程度与反射强度有关，越光滑的物体反射强度越大。在材质编辑器中，用“粗糙度”参数控制对象的光滑度。

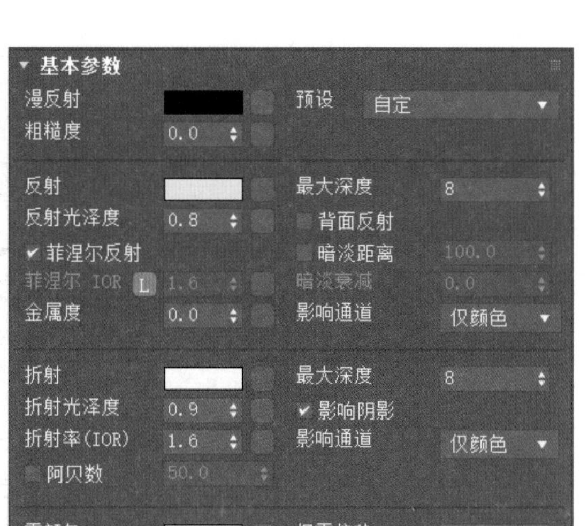

图 2.33 对象的物理属性参数

反射属性包括镜面反射和菲涅尔反射两种。在日常生活中，除了金属材质以外，大部分材质都属于菲涅尔反射。在材质编辑器中，通过调整反射的颜色、反射光泽度等参数控制物体的反射强度，反射颜色越浅，对象的反射强度越大，反射颜色越暗，对象的反射强度越小。

镜面反射只需要通过反射的颜色来控制，把反射颜色调整为白色时产生的反射就是镜面反射。

高光属性是由对象材质反射高亮物体而生成的，只有反射属性的物体才会有高光效果。

VRay 5.0 有 20 多种材质，其中 VRayMtl 是最基础的材质，也是最能让用户发挥创造力的材质。使用时首先单击 VRayMtl，然后在 Slate 材质编辑区中拖动出一个材质球，双击材质球，在右侧的参数面板中按需要修改参数。

2. 材质库

VRay 5.0 也有自带的材质库，材质库内置了 1000 多种扫描材质，包含了室内外常用到的材质，如砖头、车漆、瓷、混凝土等，并且提供相应的匹配贴图，让用户能够快速地直接使用，提高整体的工作效率，使用非常方便。

如果用户已经安装了 VRay 5.0 材质库，单击 VRay 5.0 工具栏中“V-Ray 资源库”的材质库，即可选择所需要的材质。

如果还没有安装 VRay 5.0 材质库，可以按照以下步骤进行安装。

第 1 步，下载 VRay 5.0 材质库，解压后放在“C:\Users\Administrator\Documents\V-Ray Material Library”路径下，如图 2.34 所示。

第 2 步，在开始菜单中依次找到 V-Ray 5 for 3ds Max 2021 → VRay Material Library downloader 子菜单，如图 2.35 所示。

第 3 步，单击 Download（下载）命令按钮。由于这个材质库是官方强制更新的，所以此时会自动更新材质库升级的内容。

第 4 步，下载完毕，单击 Close（关闭）命令按钮。

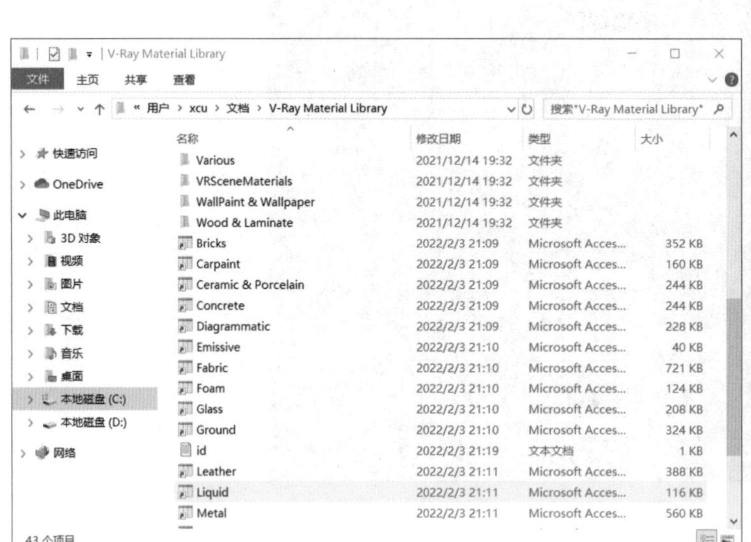

图 2.34 VRay 5.0 材质库安装第 1 步

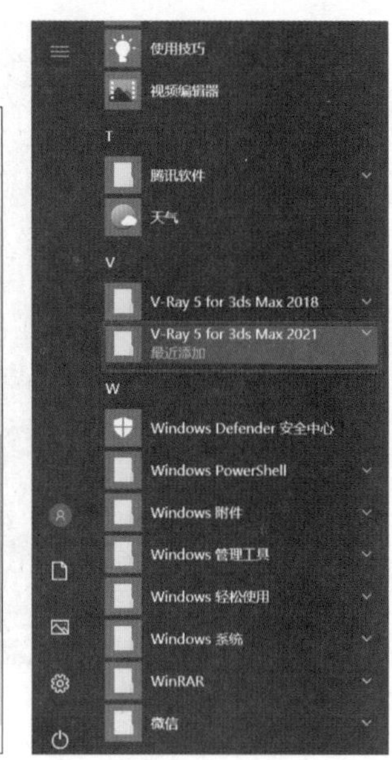

图 2.35 VRay 5.0 材质库安装第 2 步

第 5 步，完成后打开 3ds Max 软件，单击 VRay 5.0 工具栏中“V-Ray 资源库”的材质库，即可选择所需要的材质，如图 2.36 所示。选择其中一种材质，右击，在弹出的菜单中选择“添加至场景”，该材质就应用到场景中了。

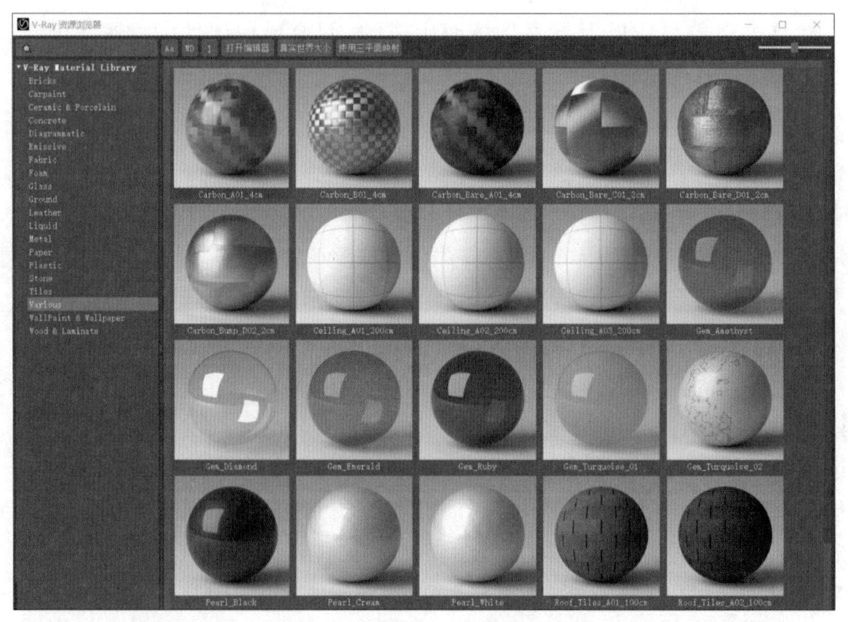

图 2.36 VRay 5.0 材质库

3. VRay 渲染信息窗口

VRay 5.0 渲染时，会弹出一个信息窗口，如图 2.37 所示。这是渲染提示信息，一般情况下，信息框中的白色字体是正常的渲染信息，绿色字体的信息是警告信息，可能是版本不兼容、渲染引擎与灯光等错误，用户可以根据实际情况决定是否纠错；红色字体的信息是错误信息，用户需要谨慎处理才能正确渲染。

如果 VRay 5.0 信息窗口被关闭需要再次打开，可以单击渲染窗口右下角的“日志”按钮，如图 2.38 所示。

也可以在设置选项卡中的“日志窗口”列表框中设置，如图 2.39 所示。

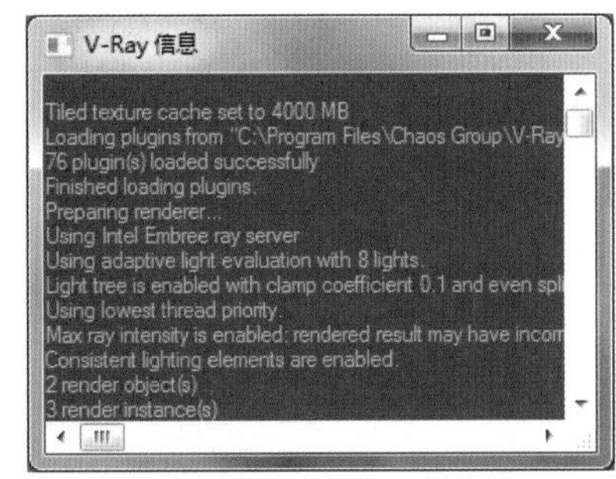

图 2.37　VRay 5.0 渲染信息窗口

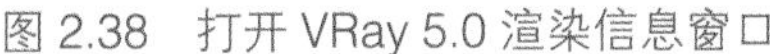
图 2.38　打开 VRay 5.0 渲染信息窗口

图 2.39　“日志窗口”列表框

2.4.2　低反光材质

为了便于学习 VRay 5.0 常用材质，我们创建一个简单的场景“咖啡杯 - 原始素材 .max”，以便理解材质在整体场景中的设置效果。

在场景设计中，低反光材质的物体是指衣服、布料、地毯等反光强度较低的物体。这类材质主要参数包括漫反射、粗糙度、反射等。下面以地毯为例说明低反光材质的调制方法。

打开素材文件“咖啡杯 - 原始素材 .max”，如图 2.40 所示。

选择“地毯”对象，打开 Slate 材质编辑器对话框，将 VRayMtl 材质添加至活动视图，并重命名为“地毯”，赋予场景中的“地毯”对象，由于地毯较为粗糙，所以将粗糙度设置为 1.0，从漫反射贴图通道导入图片“地毯 .jpg”，设置材质表面纹理，从凹凸贴图通道中导入图片“地毯图案 .jpg”文件，设置材质凹凸值为 200。地毯材质参数设置及效果，如图 2.41 所示。

应用技巧

打开已有的场景时，可能场景应用的是 VRay 的较低版本设计，为了在高版本 VRay 中正常显示已设置的材质，可以先切换到扫描线渲染器，然后切换到 VRay 5.0 渲染器，这样相当于重置了 VRay 参数，与低版本的 VRay 参数拟合，场景运行会更加流畅。

图 2.40　室内一角原始场景

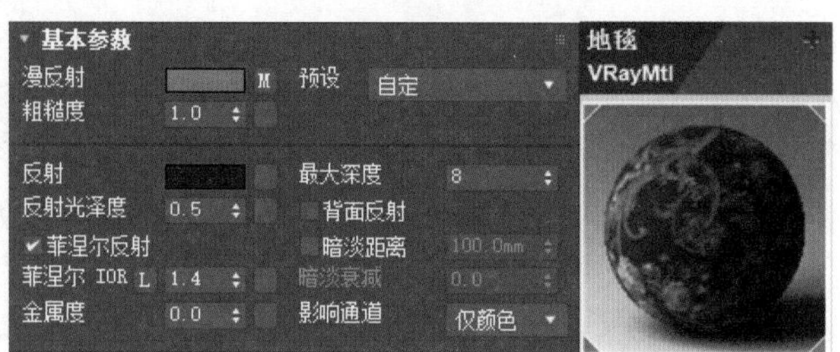

图 2.41　地毯材质参数设置及渲染效果

2.4.3　中高反光材质

在场景设计中，中高反光材质物体是指陶瓷、油漆、壁纸等反光强度中等的物体。这类材质主要参数包括漫反射、反射、清漆层参数等。下面调制陶瓷材质。

打开素材文件“咖啡杯 - 源文件 .max”。该场景中的咖啡杯、地板属于陶瓷类材质。墙壁、茶几底座、衣架属于油漆类材质。

陶瓷材质属于菲涅尔反射，设置漫反射为白色，漫反射贴图为“陶瓷贴图 .jpg”。反射颜色为浅灰色，反射贴图选择“衰减”贴图，光泽度设置 0.8 左右，注意勾选“菲涅尔反射”复选框，折射率设置为 1.4。清漆层参数模拟油漆表面的釉层，使材质看起来有一层光亮。

“清漆层参数”卷展栏用于设置陶瓷表面釉或清漆的厚度、颜色、高光等效果。“清漆层数量”表示清漆的厚度，这里设置为 0.75；“清漆层光泽度”数值越大高光面积越小，数值越小高光面积越大，这里设置为 0.85；“清漆层 IOR”表示清漆的折射率。材质参数设置及渲染效果，如图 2.42 所示。

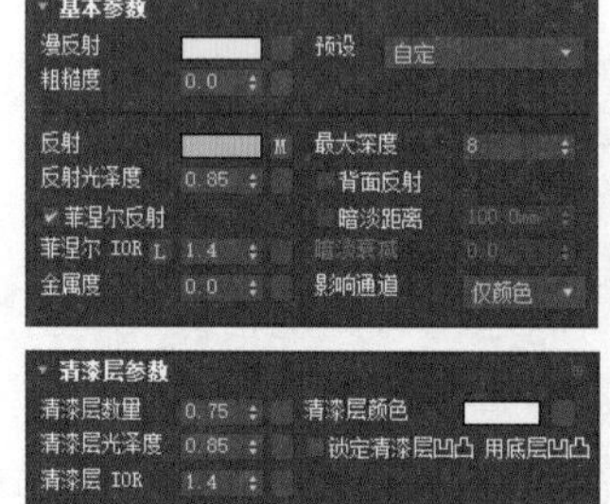

图 2.42　陶瓷材质参数设置及效果

陶瓷材质是菲涅尔反射的代表，学习陶瓷材质调制后，就可以调制大理石、塑料、油漆等材质了，它们的相似之处在于表面光滑，折射率均为 1.4。相同折射率的材质可通过调整反射颜色进行区别。

2.4.4　高反光材质

金属是高光反射材质的代表，不锈钢和黄金是典型的金属。它们的特征是具有很强的反射效果。下面通过调制一个镜面反射效果来讲解不锈钢材质和黄金材质。

1. 调制金属材质

打开素材文件“金属材质 - 源文件 .max”。该场景中的茶壶、茶盘属于不锈钢材质，金币具有金子的光泽，桌面属于油漆类材质。

选择茶壶和茶盘，调制一个黑色的镜面金属效果。打开材质编辑器，创建一个材质球，将漫反射颜色设置为黑色，反射颜色设置为白色，在反射中，黑色代表完全没有反射，白色代表完全反射，其他颜色代表部分反射。由于金属材质不是透明的，所以不需要勾选“菲涅尔反射”复选框，也不需要设置清漆层卷展栏参数，参数设置如图 2.43 所示。

2. 调制黄金材质

黄金材质效果是金属的磨砂效果。磨砂金属材质可以通过两个属性进行控制，一个是“反射光泽度”，反射效果好，但是速度较慢；另一个是“贴图”卷展栏中的凹凸属性。

选择茶盘上的金币，打开材质编辑器，创建一个材质球，将漫反射颜色设置为金黄色，反射颜色设置为浅灰色，“反射光泽度”设置为 0.8，取消勾选“菲涅尔反射”复选框，不需要设置清漆层参数卷展栏里的参数。在凹凸贴图通道中贴入“金币凹凸 .jpg”，设置凹凸值为 108%。参数设置如图 2.44 所示。

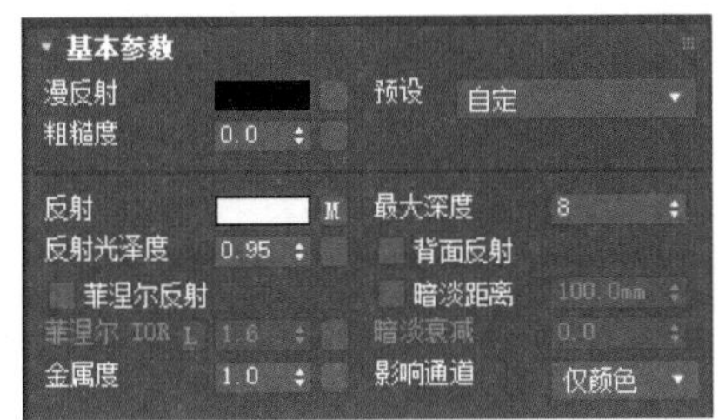

图 2.43 不锈钢金属材质参数设置

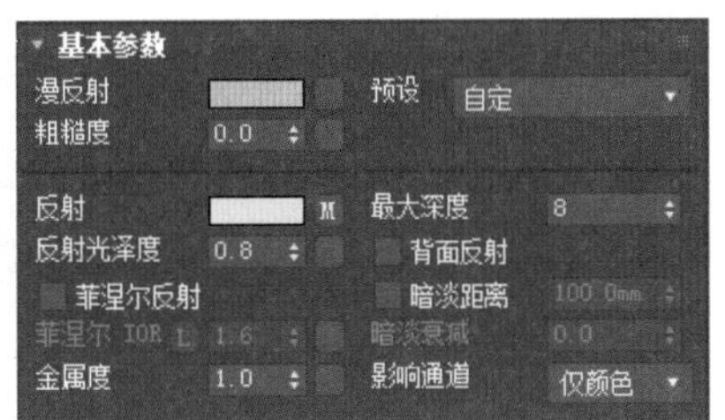

图 2.44 黄金材质参数设置

场景中的桌面材质属于油漆材质，反射强度比 2.4.3 小节的陶瓷弱一些，反射光灰度值大一些，注意设置清漆层参数卷展栏中的选项。

为了获得更好的反光效果，为场景添加一个环境贴图。执行以下菜单操作“渲染”→“环境”→“环境贴图”，导入 hdr-039.hdr，渲染效果如图 2.45 所示，详细参数设置请参考完成文件。

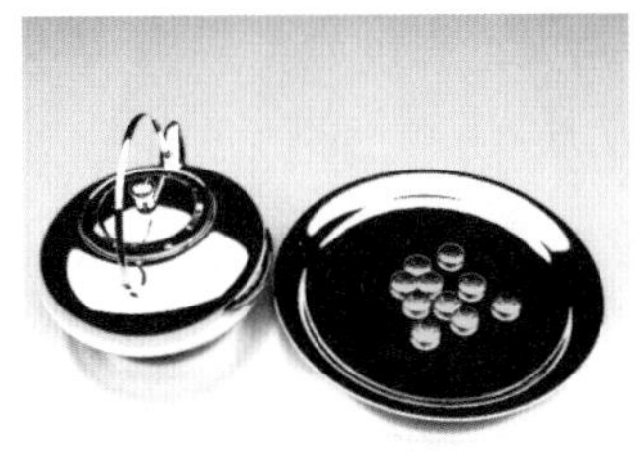

图 2.45 金属材质渲染效果

应用技巧

VRay 渲染器渲染出的最终颜色，是漫反射、反射、折射相互作用的结果，渲染的颜色可能不会马上判断出来。这是因为在材质的“选项”参数组中，有一个“保存能量”参数，如图 2.59 所示。该参数有“RGB 值”和“单色”两种选项，“RGB 值”是漫反射、反射、折射等多种色时光共同作用的结果，是系统的默认设置，为了更直观地判断出渲染场景的颜色，可以选择“单色”选项，只保存反射光的能量，这样场景的色调就由反射光确定，用户容易判断。

2.4.5 透明材质

玻璃材质是透明的，具有折射和菲涅尔反射效果。玻璃的种类很多，按颜色分类包括红色玻璃和蓝色玻璃。也可以分为实心玻璃和空心玻璃。

下面我们调制玻璃材质的折射属性。

打开素材文件“玻璃材质 - 源文件 .max”。打开 Slate 材质编辑器，创建一个材质球，将漫反射颜色设置为黑色，反射颜色设置为灰色，“反射光泽度”设置为 0.8，折射颜色设置为白色。在折射中，黑色代表完全不透明，白色代表完全透明，其他颜色代表半透明。折射光泽度控制折射高光面积，值越小高光面积越大，值越大高光面积越小。勾选“菲涅尔反射”复选框，并勾选“影响阴影”复选框，使透明度影响阴影效果，设置“折射率（IOR）”参数为 1.2，设置“最大深度”参数为 10，表示折射的最大折射次数。“阿贝数”保持默认值 50.0，“阿贝数”也称“色散系数”，用来衡量透明介质的光线色散程度，渲染时会出现五彩斑斓的效果。介质的折射率越大，色散越严重，阿贝数越小；反之，介质的折射率越小，色散越轻微，阿贝数越大。渲染效果如图 2.46 所示。详细参数设置请参考完成文件。

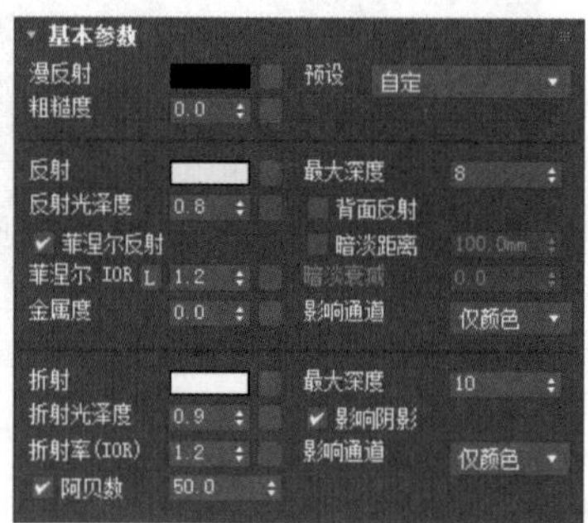

图 2.46　玻璃材质参数设置及渲染效果

玻璃的颜色通常通过折射颜色和烟雾颜色调制，玻璃折射产生的颜色比较均衡。烟雾颜色用于降低或提高颜色的饱和度，会产生渐晕的效果，即在玻璃较厚的地方，颜色的饱和度较低，在玻璃较薄的地方，颜色的饱和度较高。

“烟雾偏移”参数用于间接控制玻璃的颜色和饱和度，偏移越大饱和度越低，偏移越小饱和度越高。“烟雾倍增”参数用于调整颜色的比例，如图 2.47 所示。

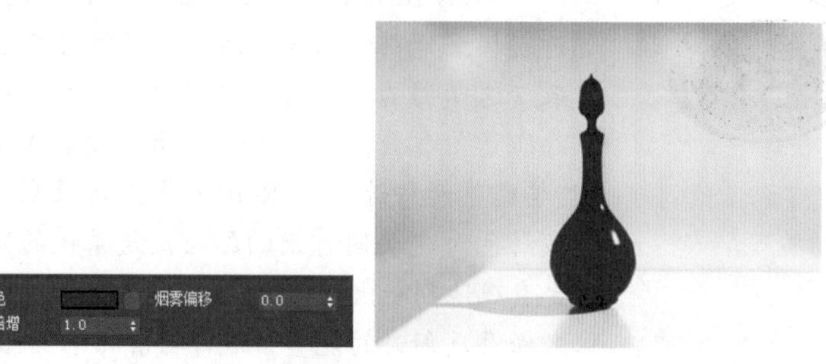

图 2.47　烟雾颜色参数及渲染效果

2.4.6 双面材质

VRay 双面材质用于表现两面不一样的材质贴图效果，可以设置其双面相互渗透的透明度。图 2.48 是双面塑料胶片的渲染效果。下面介绍双面材质的调制过程。

打开素材文件“双面材质 - 源文件 .max”。选择双面对象，打开 Slate 材质编辑器，选择“VRay 双面材质” VRay 双面材质，创建一个材质球，如图 2.49 所示。

图 2.48 双面塑料胶片渲染效果

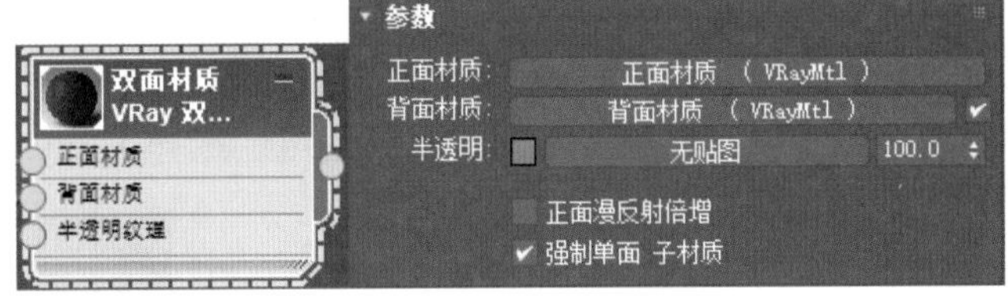

图 2.49 双面材质

- 正面材质：用于设置物体前面的材质为任意材质类型。
- 背面材质：用于设置物体背面的材质为任意材质类型。
- 半透明：设置两种以上两种材质的混合度。当颜色为黑色时，会完全显示正面的漫反射颜色；当颜色为白色时，会完全显示背面材质的漫反射颜色；也可以利用贴图通道来进行控制。

单击正面材质通道，赋予 VRayMtl 材质，正面塑料材质相对于背面较亮，将漫反射颜色设置为绿色，反射颜色设置为灰色，“反射光泽度”设置为 0.8，勾选“菲涅尔反射”复选框，设置反射率为 1.4，增加凹凸贴图，注意修改凹凸比例，设置清漆层参数，如图 2.50 所示。

单击背面材质通道，赋予 VRayMtl 材质，背面塑料材质相对于正面较暗，将漫反射颜色设置为深绿色，反射颜色灰度值比正面大，“反射光泽度”设置为 0.75，勾选“菲涅尔反射”复选框，设置反射率为 1.5，增加凹凸贴图，注意修改凹凸比例，设置清漆层参数，如图 2.51 所示。

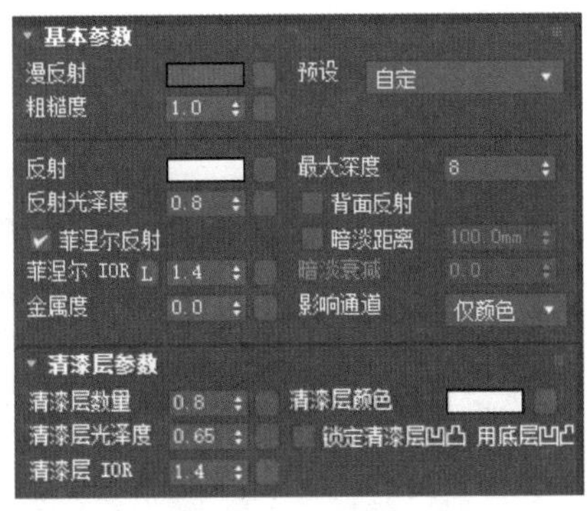

图 2.50 正面材质参数

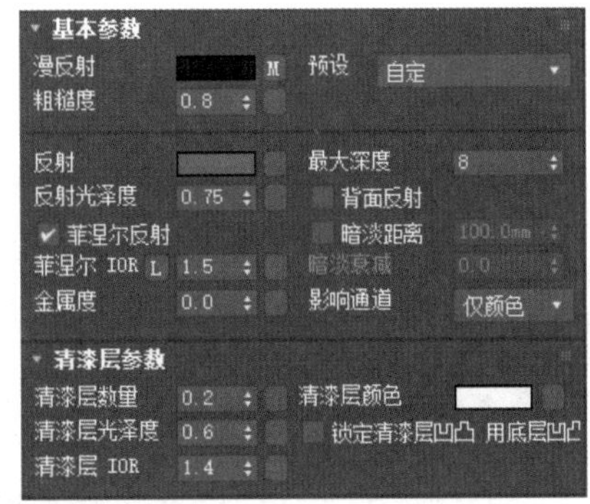

图 2.51 背面材质参数

上述材质调制完成后，渲染“VR 摄影机 001”视图，观察当前材质效果，可以看到

当前对象正反两面，显示不同的材质。详细材质参数设置请参考完成文件。

2.4.7　材质包裹器

在使用 VRay 渲染器设置场景时，有时某种对象的反射会影响到其他对象，产生颜色溢出现象，影响到其他对象的材质表现。一般情况下，深色对象材质影响浅色对象材质，使用材质包裹器可以有效地避免色溢现象。如红色的墙纸会使整个房间都呈现红色调。

VRay 包裹材质主要用于控制材质的全局光照、焦散和不可见对象。

打开素材文件“机器人 - 源文件 .max”。场景中的蓝色背景会影响到白色机器人对象的材质。选择背景对象，打开 Slate 材质编辑器，选择“VRay 材质包裹器” VRay 材质包裹器，创建一个材质球，单击“基础材质”通道，选择 VRayMtl 材质，参数设置如图 2.52 所示。

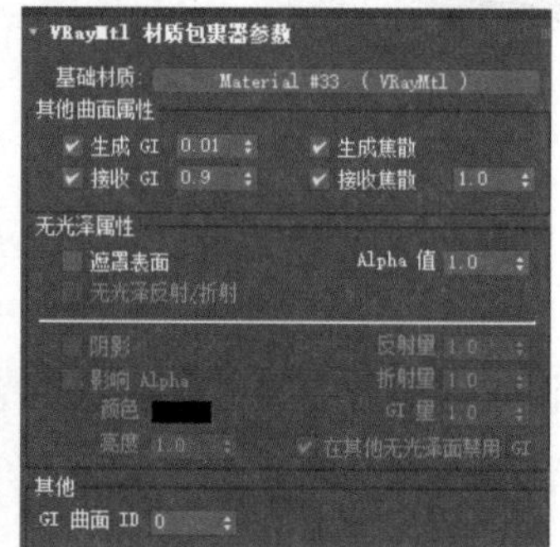

图 2.52　VRay 材质包裹器参数设置

图 2.52 中，“基础材质”用于设置嵌套的材质。参数设置如图 2.53 所示。

- 生成 GI：用于设置产生全局光照及其强度，根据包裹效果适当降低。本例设置为 0.01。
- 接收 GI：设置接收全局光照及其强度，根据包裹效果适当降低。本例设置为 0.9。
- 生成散焦：设置材质是否产生焦散效果。
- 接收散焦：设置材质是否接收焦散效果。

上述材质调制完成后，渲染“VR 摄影机 001”视图，观察当前材质效果，如图 2.54 所示。可以看到机器人材质不再受背景材质的影响。详细参数设置请参考完成文件。

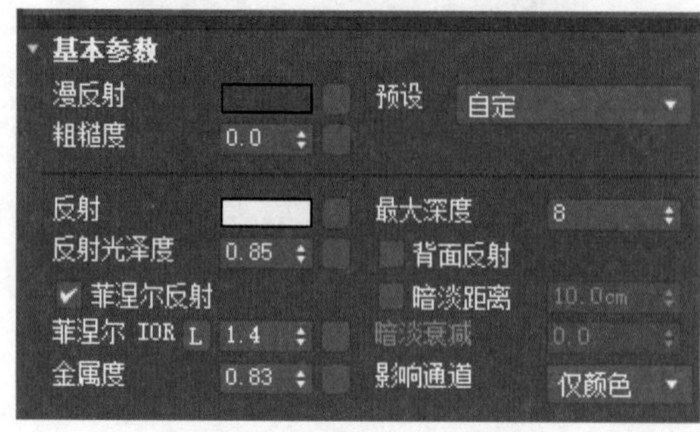

图 2.53　“基础材质”参数设置

图 2.54　材质包裹器渲染效果

2.4.8 VRay 灯光材质

VRay 灯光材质是一种自发光的材质，通过设置不同的倍增值可以在场景中产生不同的明暗效果。可以用来做自发光的物件，如灯带、电视机屏幕、灯箱等，只要你想让那物体发光就可以做。

打开素材文件“落地灯 - 源文件 .max”。首先给场景中的对象赋材质。

场景中的红色地毯背景会影响到白色墙体的材质。选择“地毯”对象，打开材质编辑器，选择“VRay 材质包裹器”，创建一个材质球，单击“基础材质”通道，选择“VRaymtl”材质，设置地毯的低反光材质，注意“生成 GI”参数值根据渲染效果适当降低。

选择“墙体”对象，赋予油漆中高反光材质。

选择“灯架”对象，赋予高反光不锈钢金属材质。

选择“灯罩”对象，赋予 VRay 灯光材质。打开材质编辑器，选择“VRay 灯光材质”，创建一个材质球，主要参数如图 2.55 所示。

- 颜色：用于设置自发光材质的颜色，如果有贴图，则以贴图的颜色为准，此值无效。文本框用于设置自发光材质的亮度，相当于灯光的倍增器。
- 不透明度：用于指定贴图作为自发光。有三个自发光选项，“背面发光”复选框用于设定背面是否发光，“补偿摄影机曝光”复选框用于设定摄影机曝光不足时，是否用该对象的自发光补偿，“倍增颜色的不透明度”复选框用于设定是否计算透明对象的颜色。
- 置换：用于为场景设定置换贴图。
- 直接照明：该参数组用于设置直接照明是否打开。打开时勾选“开”复选框，当直接照明低于 0.001 时，中止计算。

本例中，“灯罩”对象的设置参数如图 2.56 所示。

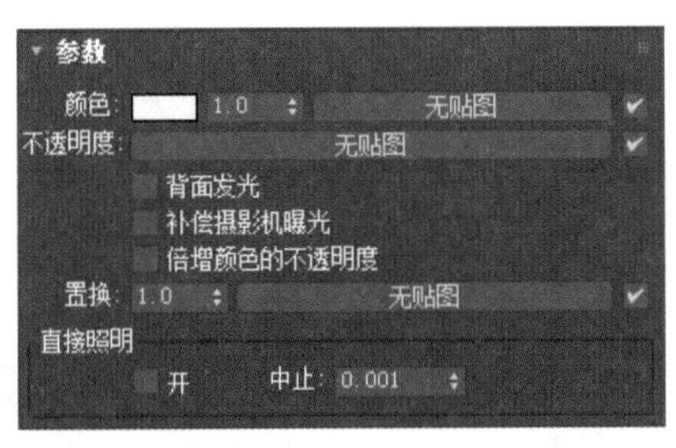

图 2.55 VRay 灯光材质主要参数

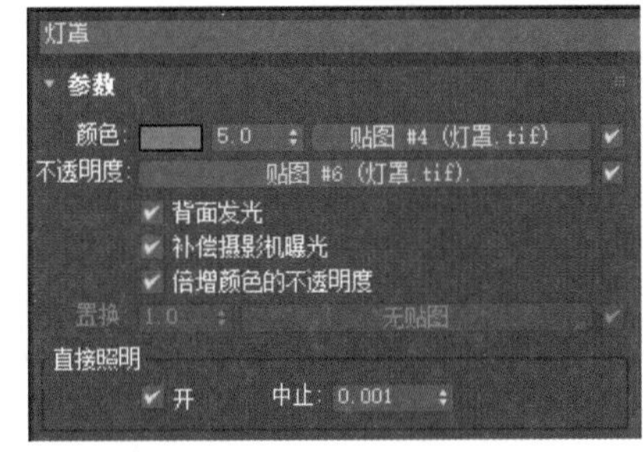

图 2.56 灯罩的自发光材质

“灯头”对象也是自发光物体。参数设置如图 2.57 所示。

其次进行渲染设置。由于场景中存在多个自发光对象和灯光对象，需要计算多个灯光的混合效果，所以渲染设置中 GI 的参数设置，主要引擎需要设置为“BF 算法”，辅助引擎设置为“灯光缓存”，如图 2.58 所示。注意，“发光贴图”引擎不能计算出灯光混合的效果。

经过以上材质调制和灯光混合，落地灯场景渲染效果如图 2.59 所示。详细参数设置请参考完成文件。

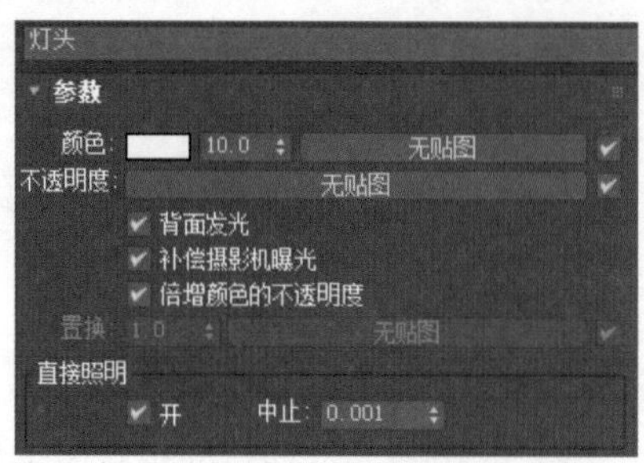

图 2.57 “灯头”对象材质

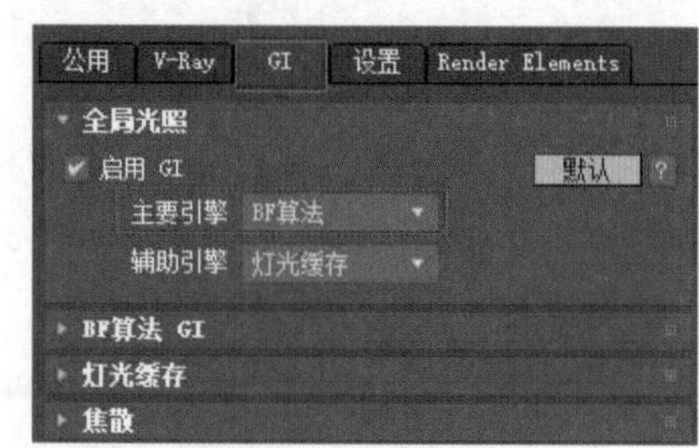

图 2.58 GI 参数设置

图 2.59 渲染参数设置及效果

2.5 VRay 灯光系统

自然界中的灯光系统可以分为自然光源和人造光源。自然光源包括太阳光、极光、萤火虫发出的光，以及月亮、星星、植物等的反射光。人造光源包括白炽灯、日光灯、射灯、蜡烛等。

VRay 渲染器是模拟真实光照的全局渲染器，对 3ds Max 提供的灯光类型有较好的兼容性，同时也提供自带的灯光类型。VRay 灯光系统参照自然界中的灯光类型，把灯光分为四种类型，分别是 VRay、VRayIES、VRay 环境光、VRay 太阳光。VRay 主要通过灯光类型、颜色、亮度等选项的控制来模拟真实环境中的光照效果。

在“创建”面板中可以创建 VRay 灯光。选择灯光，单击下拉列表，选择 VRay 灯光类型，会看到如图 2.60 所示的灯光系统。下面分别介绍每一种灯光机器应用方法。

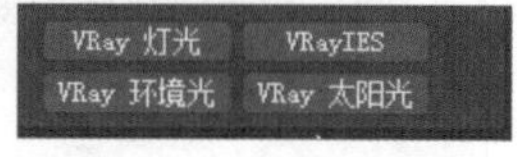

图 2.60 VRay 灯光

2.5.1 VRay 太阳光

VRay 太阳光用于模拟室外太阳照射的效果，模拟天空，下面了解 VRay 太阳光的主要参数和常用值。太阳光参数面板如图 2.61 所示。

- 启用：阳光的开关。

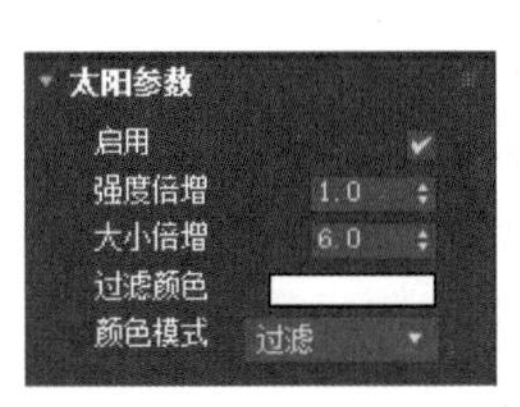

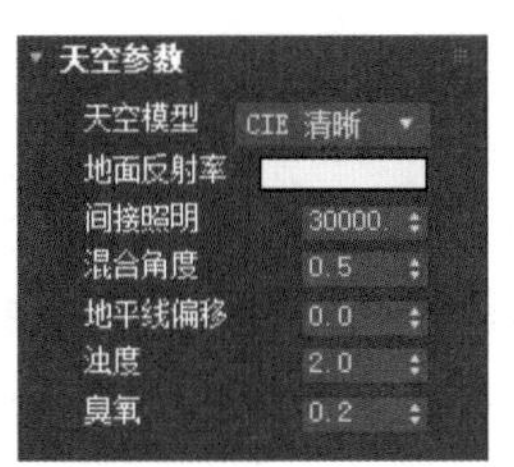

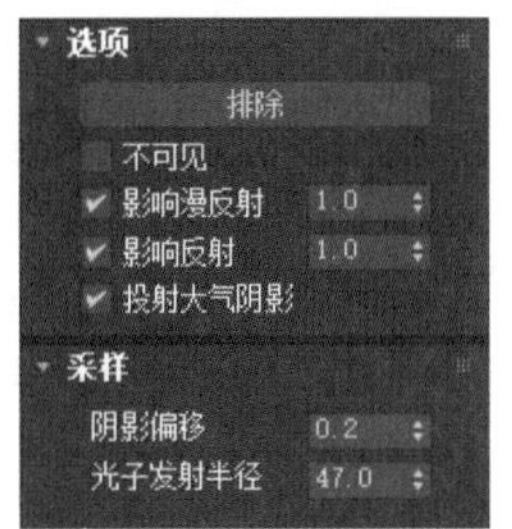

图 2.61　VRay 太阳参数设置

- 不可见：阳光不可见，但渲染时有效果
- 强度倍增：设置阳光的强度，如果使用 VRay 物理摄影机，一般为 1 左右，如果使用 3ds Max 自带的摄影机，一般为 0.002 ~0.005。
- 大小倍增：设置太阳的尺寸，值越大，太阳的阴影就越模糊。
- 浊度：指空气中的清洁度，浊度值越大，空气越不透明，光线会越暗，阳光的色调会变暖。一般情况下，早晨和黄昏的浊度较大，范围为 15~20，中午浊度较低，范围为 3~5，下午范围为 6~9。需要注意的是，阳光的冷暖也和自身与地面的角度有关，越垂直地面越冷，角度越小越暖。
- 臭氧：设置臭氧层的稀薄程度，值越小，臭氧层越稀薄，到达地面的光能越多，光的漫射效果越强。臭氧对阳光影响不大，对 VRay 的天光影响较大，有效值为 0~1，一般使用默认值。
- 阴影偏移：设置阴影的偏移距离。

打开素材文件“VRay 阳光 - 源文件 .max”。首先给场景中的对象赋材质。参考 2.4 节相关材质参数，为场景中的对象赋予合适的材质。

在有窗户的窗户一侧创建 VRay 太阳光。

然后调整 VRay 物理摄影机的焦距、感光度、光圈等参数，详细参数设置请参考完成文件。渲染效果如图 2.62 所示。

图 2.62　VRay 太阳光渲染效果

2.5.2　VRay 平面光源

“VRay 灯光”是 VRay 渲染器的主要光源，是一种较为常用的光源类型。“VRay 灯光”以一个平面区域的方式显示，以该区域来照亮场景，能够均匀柔和照亮场景，因此常用于模拟自然光源或大面积的反光，如天光或者墙壁的反光等。

“VRay 灯光”参数面板如图 2.63 所示。单击类型列表框，可以看到有平面灯、穹顶灯、球体灯、网格灯和圆形灯五种类型，本小节主要学习“VRay 平面灯”。

“VRay 平面灯”由光平面和箭头组成，箭头代表光线发出的方向。下面讲解“VRay 平面灯光”的重要参数。

- 开：打开或关闭 VRay 灯光。
- 类型：平面灯。“长度”和“宽度”用于 VRay 平面灯的长度和宽度。
- 单位：设置 VRay 光源的度量单位，有四种单位，如图 2.64 所示。
- 倍增：控制 VRay 光源在强度。
- 模式：控制由 VRay 光源发出的光线的颜色，有颜色和色温两种。
- 纹理：用于设置灯光贴图。可以设置分辨率，该值控制 VRay 用于计算照明的采样点的数量，值越大，阴影越细腻，渲染时间越长。
- 选项：单击“选项”卷展栏，打开 VRay 平面灯光选项参数设置，如图 2.65 所示。

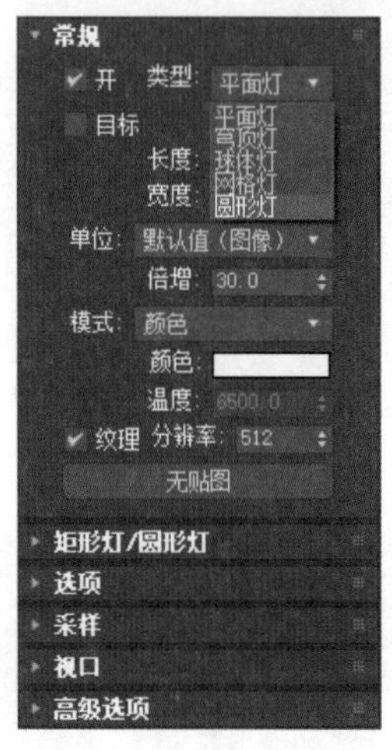

图 2.63 “VRay 灯光”参数面板

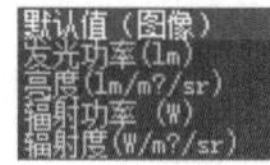

图 2.64 VRay 光源的度量单位

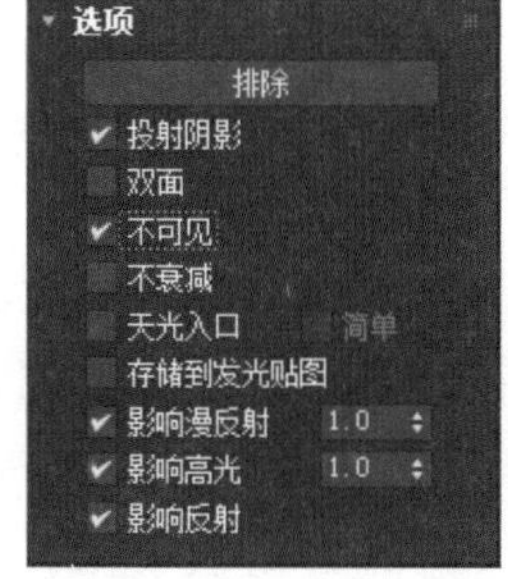

图 2.65 “选项”卷展栏

- 排除：排除灯光照射的对象。
- 投射阴影：设置当前平面光源是否产生阴影。一般主光源产生阴影。
- 双面：当 VRay 灯光为平面光源时，该选项控制光线是否从面光源的两个面发射出来（当选择球面光源时，该选项无效）。
- 不可见：该设定控制 VRay 光源体的形状是否在最终渲染场景中显示出来。当该选项打开时，发光体不可见，当该选项关闭时，VRay 光源会以当前光线的颜色渲染出来。
- 不衰减：当该选项选中时，VRay 所产生的光将不会随距离而衰减。否则，光线将随着距离而衰减（这是真实世界灯光的衰减方式）。
- 天光入口：设置灯光作为室内天光的入口，可以配合“矩形 / 圆形灯”卷展栏中的方向性设置。
- 存储到发光贴图：当该选项选中并且全局照明设定为 Irradiance map 时，VRay 将再次计算 VRayLight 的效果并且将其存储到光照贴图中。其结果是光照贴图的计算会变得更慢，但是渲染时间会减少。你还可以将光照贴图保存下来稍后再次使用。
- 影响漫反射：控制灯光是否影响物体的漫反射，系统默认是打开的。
- 影响高光：控制灯光是否影响物体的镜面反射，系统默认是打开的。
- 影响反射：控制灯光是否影响物体的反射，系统默认是打开的。

打开素材文件“卫生间 - 源文件 .max”。给场景中的对象初调材质，材质的调制参数可以参考完成文件，本例主要练习 VRay 平面光源的应用。

首先，在场景中添加室内照明光源。在顶视图中创建对象“VRay 灯光 001”，移动位置，放在天花板的下方，方向向下，“倍增”设置为 60，如图 2.66 所示。

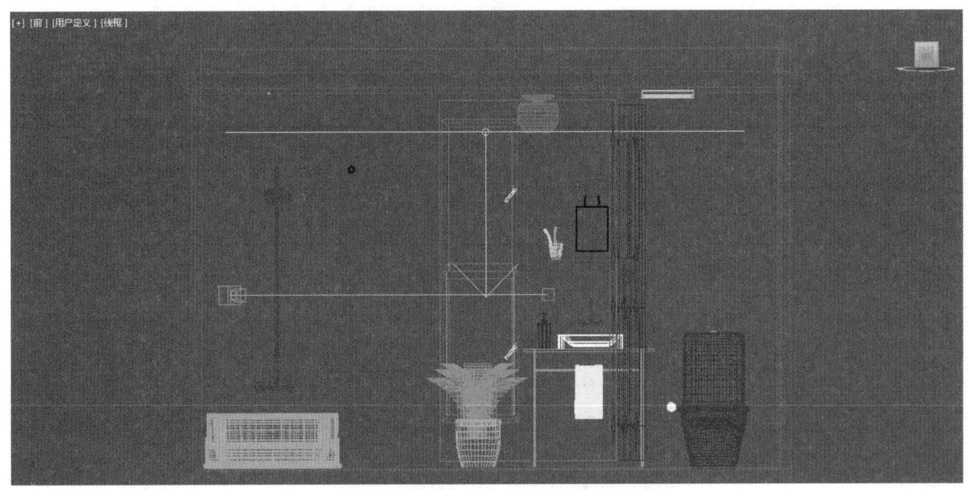

图 2.66 创建对象“VRay 灯光 001”

其次，在“选项”卷展栏中勾选“不可见”复选框，如图 2.67 所示。

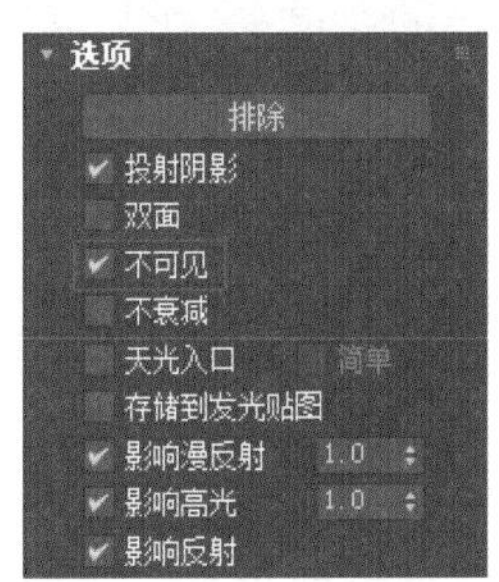

图 2.67 “选项”卷展栏设置

再次，在窗户外面增加 VRay 平面光源作为太阳光。进入后视图，打开“捕捉开关”，设置捕捉对象为顶点。在后视图中分别捕捉到窗户的左上角顶点和右下角顶点，创建“VRay 灯光 002”，光源大小与窗户大小一致，光源的方向应该朝向室内，所以沿 Y 轴方向镜像光源，如图 2.68 所示。

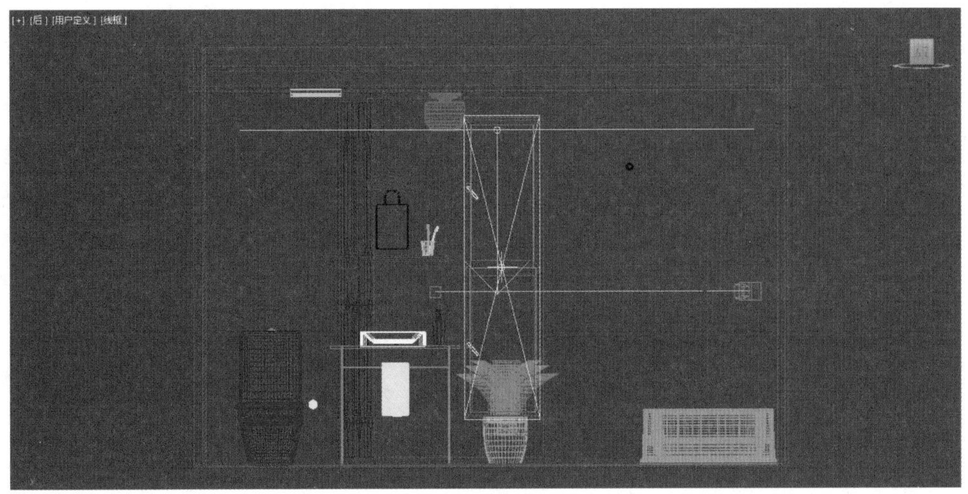

图 2.68 创建对象“VRay 灯光 002”

然后，在“选项”卷展栏中单击“排除”命令按钮，弹出“排除 / 包含”窗口，选择“玻璃”对象，单击“选择”命令按钮»，如图 2.69 所示。这样把玻璃和磨砂玻璃排除，光线就能进入室内了。

在“选项”卷展栏中勾选“不可见”复选框。

最后，调制渲染参数，渲染效果如图 2.70 所示。详细参数设置请参考完成文件。

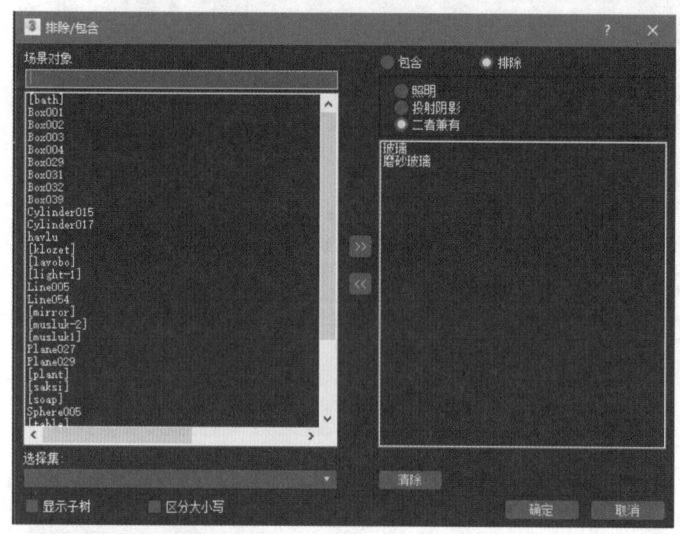

图 2.69 “排除 / 包含”窗口

图 2.70 洗手间渲染效果

2.5.3 VRay 穹顶光源

穹顶光源能够提供穹顶状的光源类型，该光源能够均匀照射整个场景，光源位置和尺寸对照射效果几乎没有影响，其效果类似于 3ds Max 中的天光。该光源常用来设置空间较为宽广的室内场景如教堂、大厅等，或在室外场景中模拟环境光。在室内使用时，若室内窗口较多，它可以自动从窗口射入光线，且使用一盏灯光即可，节省了系统资源。但穹顶灯光产生的噪点较多，不适合作为主光源。

穹顶灯光的参数与平面光源基本相同，穹顶灯参数如图 2.71 所示。如果未勾选“球形（完整穹顶）”复选框，灯光呈现半球形照射，灯光方向只能朝着某一个方向照射；如果勾选该选项，灯光呈现完整的球形，光线进行全局照射，光线变亮。

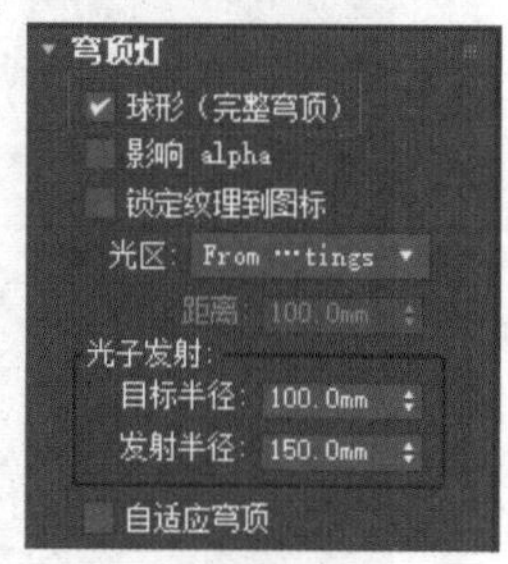

图 2.71 穹顶灯参数

打开素材文件“室外场景 - 源文件 .max”。在顶视图中创建对象“VRay 灯光 001”，并修改类型为“穹顶灯”，移动位置，“倍增”设置为 80.0。在“穹顶灯”卷展栏中勾选“球形（完整穹顶）”复选框。在“选项”卷展栏中勾选“不可见”参数项，如图 2.72 所示。

调制渲染参数，渲染效果如图 2.73 所示。详细参数设置请参考完成文件。

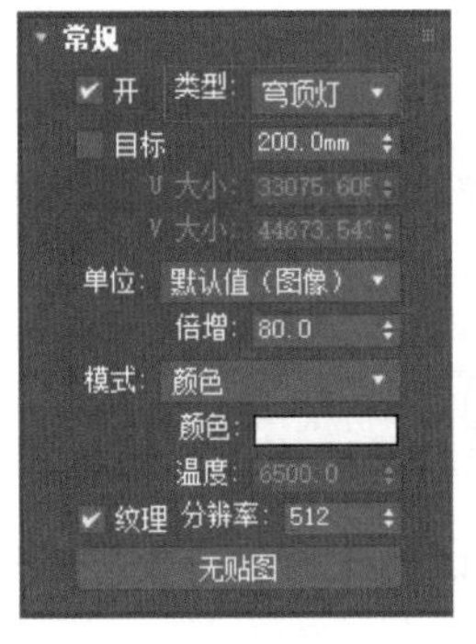

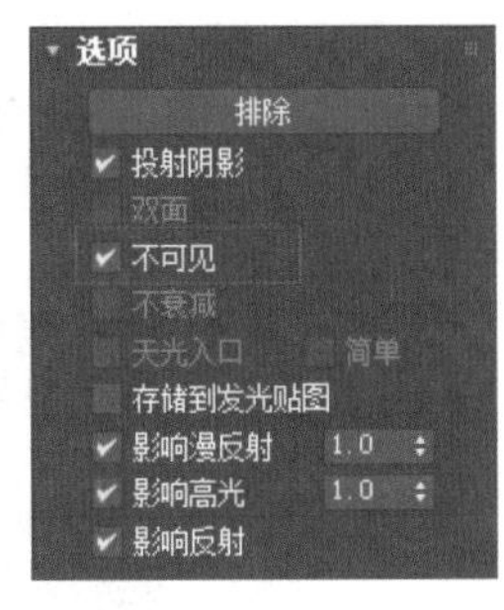

图 2.72 穹顶灯参数设置

图 2.73 穹顶光源效果

2.5.4 VRay 球形光源

VRay 球形光源就是在形态上呈现球形的光源。它以光源中心向四周发射，主要模拟点光源，其效果类似于 3ds Max 的泛光灯。该光源常用于模拟人造光源，例如，将球体光源放置在台灯的灯罩内，模拟灯泡。VRay 球体光照效果与球体半径成正比，半径越大灯光越亮。实际应用中，经常通过设置半径和倍增调整场景的亮度。

打开素材文件“烤箱 - 源文件 .max”。在顶视图中创建对象“VRay 灯光 001”，并修改类型为“球体灯”，移动位置，“半径”设置为 5.0cm，“倍增”设置为 500.0。在“选项”卷展栏中勾选“不可见”复选框，如图 2.74 所示。

调制渲染参数，渲染效果如图 2.75 所示。详细参数设置请参考完成文件。

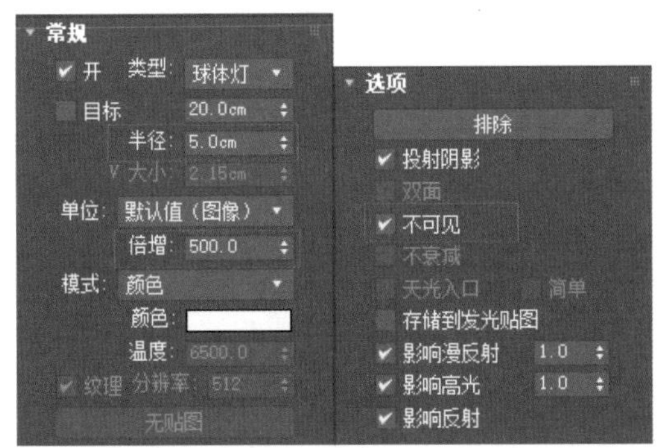

图 2.74 球体灯参数设置

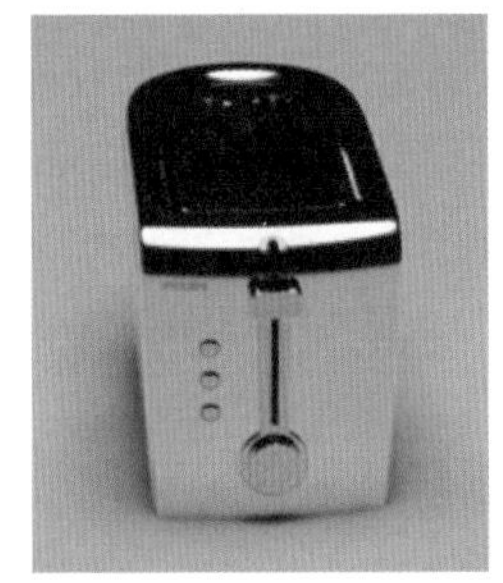

图 2.75 球体光源效果

2.5.5 VRay 网格光源

VRay 网格光源可以将三维实体对象指定为光源，然后将其作为普通的光源进行编辑，这一特点特别适合于建筑行业，例如，可以直接将灯的三维模型转化为光源，而不必另外创建光源，这样既准确又方便。

VRay 网格光源

打开 2.5.2 小节的完成文件“卫生间 - 完成 .max”。场景中的顶灯没有亮，下面为场景添加网格体光源。

在顶视图中创建对象“VRay 灯光 003”，灯光类型选择“网格”，移动位置，放在天花板的下方，“倍增”设置为 30。进入修改面板，在“网格灯光”卷展栏中，单击“Pick Mesh”命令按钮，鼠标变成“+”形状，在场景中拾取“灯头”对象，如图 2.76 所示。可以看到，灯头变亮了，如图 2.77 所示。

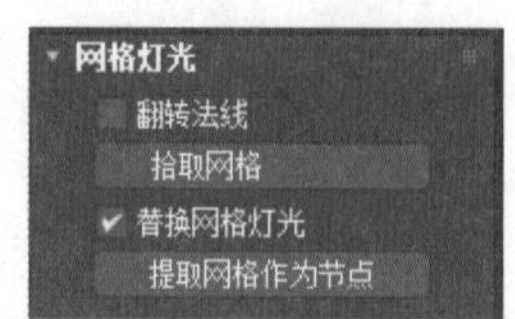

图 2.76　创建 VRay 网格光源

图 2.77　VRay 网格光源效果

2.5.6　VRayIES 光源

在室内设计中，常会使用一些特殊形状的光源，如射灯、壁灯等，为了准确真实地表现这一类的光源，可以使用 IES 光源导入 IES 文件来实现。

IES 文件包含准确的光域网信息。光域网是光源的灯光强度分布的 3D 表示，平行光分布信息以 IES 格式存储在光度学数据文件中。光度学 Web 分布使用光域网定义分布灯光。可以加载各个制造商所提供的光度学数据文件，将其作为 Web 参数。在视口中，灯光对象会更改为所选光度学 Web 的图形。

IES 光源包括灯光和目标点两个部分，目标点方向表示光源的照射方向。进入 VRay 灯光创建面板，单击 VRayIES ，在前视图中单击并向上拖动鼠标，创建 VRayIES001。选择“VR-IES001”，进入修改面板，显示该光源的编辑参数，如图 2.78 所示。

单击“IES 文件”后面的 None 通道，导入素材“射灯 .IES”文件。

打开素材文件“酒吧一角 - 源文件 .max”。场景中酒吧桌上有四个向下凹陷的灯槽，用于放置 IES 光源，场景中其他对象已经赋予了材质，照明灯光已经调制完成。下面增加 IES 光源。

在前视图中创建对象“VRayIES001”，向上拖动出目标点，灯光类型选择“网格体”，移动位置，放在天花板的下方，将“倍增”设置为 30，如图 2.79 所示。

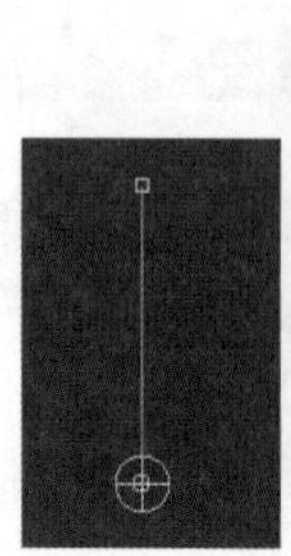

图 2.78　VRayIES001 及其参数面板

图 2.79　VRayIES 光源渲染效果

本 章 小 结

本章主要学习了 VRay 渲染器的基本配置、常用材质和灯光系统。要想获得优秀的渲染效果，需要具备高超的渲染技巧以及图片处理经验，这些是在项目设计中实现渲染创意的所必需的。好的渲染方法和技巧一定是长期积累的结果。

（1）一张好图不能缺少 Photoshop 的修复和美化。能够后期处理的图像效果尽可能不要利用渲染来完成，Photoshop、After Effects 等专业软件对图像和视频后期处理帮助很大。

（2）尽可能优化对象的面数，对象面数越多，渲染速度越慢，面数较多的物体可以使用 VRay 代理。尽量删除场景中不需要的物体或者空物体。

（3）对象贴图的分辨率不需要太高，如最终渲染图像 5000mm × 3500mm，就不需要使用 5000mm × 5000mm 的贴图。

（4）尽量使用自己调制的材质，不要使用材质库，尽量使用简单的漫反射、凹凸、75~95 的反射，避免使用太高的模糊反射和高光。

（5）精模的面数很多，一般在特写镜头或者离摄像机很近的对象中才会使用。

（6）焦散打开时，渲染时间会增加。

实践与探究

1. 练习本章中的所有实例。

2. 摄影机与灯光强度关系的探究。

灯光的倍增用来控制照明强度。在使用 VRay 渲染器时，灯光的照明强度一般要根据场景中的摄影机类型进行设置。如果场景中使用的时“VR 物理摄影机”，场景中灯光的倍增就需要设置得很大。如果场景中使用的是 3ds Max 自带的目标摄影机，场景中灯光的倍增只需要很小就可以场景亮度要求。读者可以自行探索物理摄影机的应用规律。

第3章

别墅中式书房夜景表现

本章学习重点

- 渲染参数的设置
- 灯光的布置
- 材质的调制
- 后期效果的处理

本章主要讲解别墅里的中式书房空间的夜景表现。案例效果图如图 3.1 所示。观察效果图会发现，书房场景室内灯光明亮，室外夜景优美。通过本章的学习，读者可以了解书房空间的表现手法及制作流程，掌握 VRay 材质、衰减贴图的应用，掌握 VRay 灯光和 VRayIES 光源的使用。

图 3.1　书房效果图

3.1　书房场景分析

书房是人们结束一天在外的工作之后，居家阅读、学习以及处理一些工作事务的空间，相当于另一种办公环境，因此，它既是办公室的延伸，又是家庭生活的一部分，需要有相对独立的安静环境。书房的家居陈设布置和色彩应以此为出发点，色彩上一般应选择稳重感的冷色或是带有蓝色调的明快色系，以利于集中精神和松弛情绪。

书房的空间面积不宜太大，一般以 12 平方米左右为宜，空间太大，容易使人分散精力。书房虽然需要安静，但不一定要私密。一般选择不经常有人走动的房间作为书房。如果同一层有多个房间，那它可以布置在私密区的外侧，或门口旁边单独的房间，如果它同卧室组成一个套间，则应挑选外侧的房间比较合适。

别墅书房灯光设计要柔和明亮，尽量避免眩光和频闪，应注意减少阅读区与其他区域的亮度对比，避免造成视觉疲劳和视力损伤。

本书别墅的书房设计在二楼，是与次卧隔壁的房间，相对私密与安静，设计风格与别墅二楼整体的欧式设计风格相同。此外，书房墙面颜色选择白色，这会显得柔和，使人平静。

3.2 初调书房材质

打开素材文件“别墅书房 - 白模 .max”场景文件。场景中已经设置好了摄影机。在初调材质之前，首先匹配渲染器，打开“渲染设置”窗口，将“产品级”渲染器设置为 VRay 5。

3.2.1 调制书房墙体材质

选择“墙体”对象，按 M 键打开“Slate 材质编辑器”，切换到 Slate 材质编辑模式，拖动出一个空白材质球，将其命名为“涂布墙面”，设置漫反射颜色为白色，单击漫反射参数后面的“贴图”通道按钮，在弹出的面板中选择“白色布纹 .jpg”贴图，目的是制作具有油漆效果的墙体涂布。设置反射灰度值为 191，反射贴图设置为衰减贴图，衰减类型设置为 Fresnel，衰减方向设置为“查看方向（摄影机 Z 轴）”，如图 3.2 所示。观察墙布的纹理，添加 UVW 贴图修改器，使墙体的纹理大小适中。别墅墙体的材质效果如图 3.3 所示。该材质也可以赋予吊顶对象和二楼天花板对象。

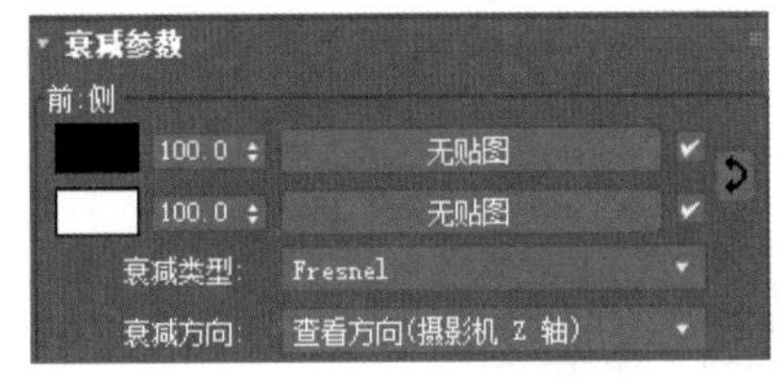

图 3.2 反射衰减贴图

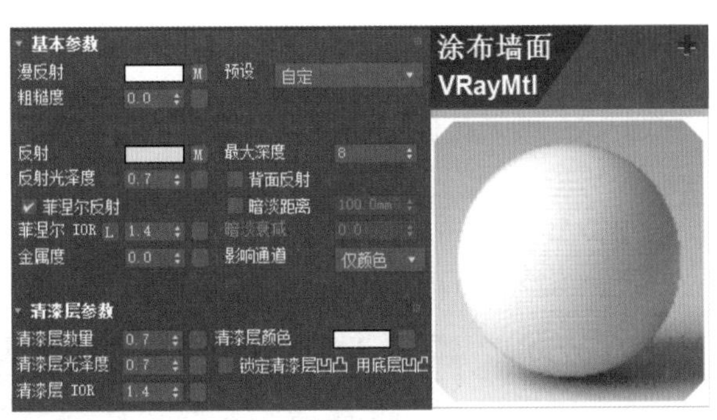

图 3.3 别墅墙体的材质参数设置及效果

3.2.2 调制书房地板材质

1. 调制书房地板材质

书房地板对象即是二楼的地板，同时也是一楼的天花板，所以使用多维 / 子对象材质。

选择“一楼天花板”对象，设置多边形 ID。按 M 键打开“Slate 材质编辑器”，切换到 Slate 材质编辑模式，新建一个多维 / 子对象材质空白材质球，将其命名为“一楼顶二楼地板”材质，设置材质数量为 2，子材质分别命名为“二楼地板”和“一楼天花板”，如图 3.4 所示。

图 3.4　多维 / 子对象材质

2. 调制“二楼地板”子材质

单击“二楼地板”子材质，设置漫反射颜色为白色，反射颜色灰度值为 223，反射光泽度为 0.85，勾选“菲涅尔反射”复选框，反射率设置为 1.4。设置反射贴图为衰减贴图，贴图类型为 Fresnel，其他参数保持默认设置。在清漆层参数卷展栏中设置清漆层数量为 0.85，清漆层 IOR 为 1.4，清漆层颜色为白色。观察地板的纹理，添加 UVW 贴图修改器，使地板的纹理大小适中，如图 3.5 所示。

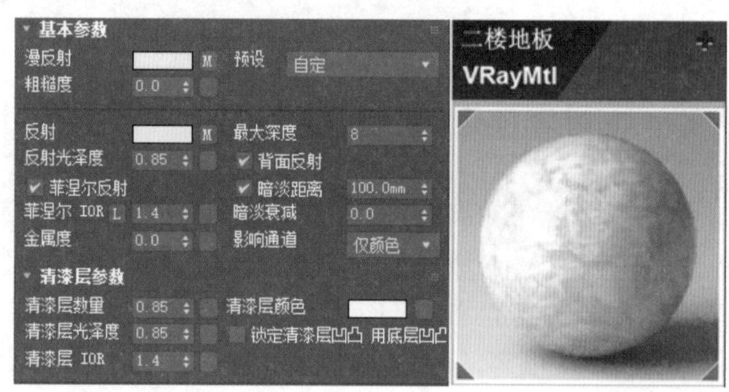

图 3.5　“二楼地板”子材质参数设置及效果

3. 调制“一楼天花板”子材质

单击“一楼天花板”子材质，设置漫反射颜色为白色，反射颜色灰度值为 223，反射光泽度为 0.75，勾选“菲涅尔反射”复选框，将反射率设置为 1.4。设置反射贴图为衰减贴图，贴图类型为 Fresnel，其他参数保持默认设置。在清漆层参数卷展栏中设置清漆层数量为 0.75，清漆层 IOR 为 1.4，清漆层颜色为白色，如图 3.6 所示。

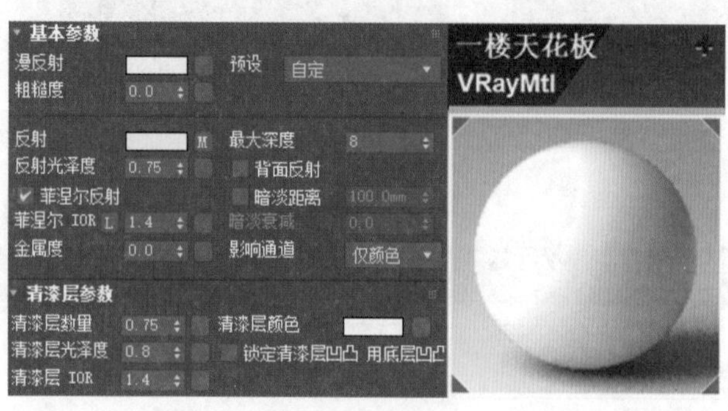

图 3.6　“一楼天花板”子材质参数设置及效果

需要说明的是一楼天花板在这个渲染图中没有显示出来，在设计一楼场景时才能看到效果。

3.2.3 调制布料材质

场景中地毯、计算机垫、窗帘、抱枕等对象的材质都是属于布料材质。新建一个材质球，将其命名为“地毯”。设置漫反射颜色为浅灰色，漫反射贴图为“地毯纹理.jpg”，“粗糙度”设置为1.0。反射颜色为深灰色，反射光泽度为0.4，勾选“菲涅尔反射”复选框，将折射率设置为1.6。在贴图通道中，复制漫反射贴图到凹凸贴图通道中，凹凸参数设置为200。观察地毯的纹理，添加UVW贴图修改器，使地毯的纹理大小适中。

“地毯边缘”对象与地毯的参数一致，但贴图坐标不一样，所以显示出不同的效果，如图3.7所示。

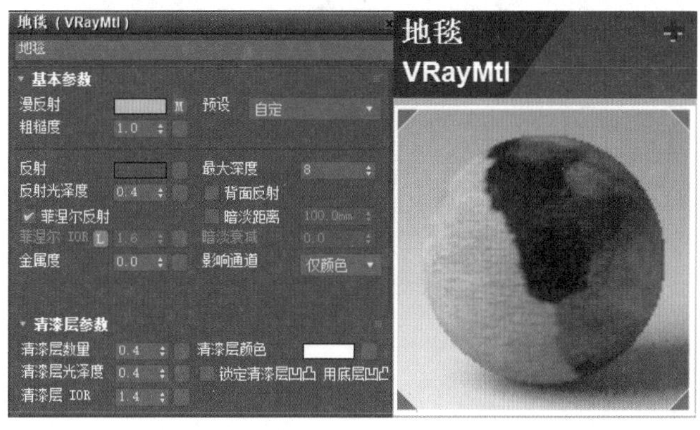

图3.7 地毯材质参数设置及效果

观察到书桌上“计算机垫”对象的贴图参数与地毯参数相似，所以我们将其漫反射贴图修改为“桌垫.tif”，贴图效果如图3.8所示。

“窗帘”对象的贴图参数也与地毯参数相似，所以也需将其漫反射贴图修改为“窗帘.jpg”，在贴图通道中，复制漫反射贴图到凹凸贴图通道中，凹凸参数设置为80。观察窗帘的纹理，添加UVW贴图修改器，使窗帘的纹理大小适中，效果如图3.9所示。

图3.8 计算机垫材质效果

图3.9 窗帘材质效果

3.2.4 调制胡桃木材质

下面调制黑胡桃木材质。新建一个材质球，将其命名为“黑胡桃”。设置漫反射颜色为深红色，漫反射贴图为“黑胡桃 .jpg”。设置反射颜色灰度值为 154，反射光泽度为 0.8，勾选“菲涅尔反射”复选框，反射率设置为 1.4。设置反射贴图为衰减贴图，贴图类型为 Fresnel，其他参数保持默认设置。在清漆层参数卷展栏中，设置清漆层数量为 0.75，清漆层 IOR 为 1.6，清漆层颜色为白色。在贴图通道中，复制漫反射贴图到凹凸贴图通道中，凹凸参数设置为 48。将材质赋予场景中的书柜、书桌、衣架、茶几等对象，观察对象的纹理，添加 UVW 贴图修改器，使对象的纹理大小适中，如图 3.10 所示。

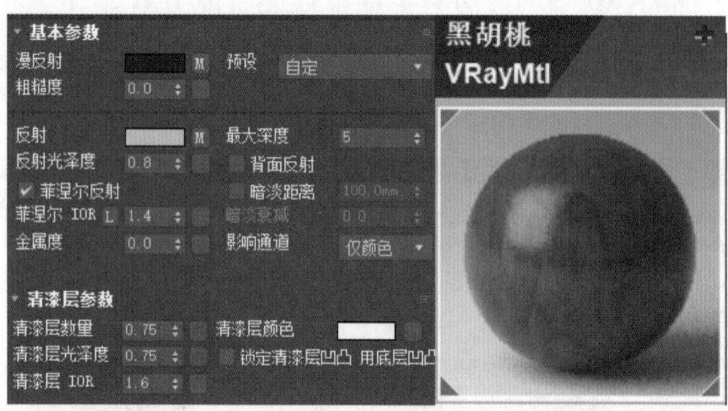

图 3.10　黑胡桃木材质参数设置及效果

3.2.5 调制书材质

书架上的“书”对象实际上是 3 个 Box，为了让图书看起来多种多样，图书材质分为三组进行调制。创建一个材质球，将其命名为“书 1”。设置漫反射颜色为浅灰色，漫反射贴图为“书贴图 1.jpg”。设置反射颜色为浅灰色，反射光泽度为 0.75，勾选“菲涅尔反射”复选框，折射率设置为 1.4。在清漆层参数卷展栏中，设置清漆层数量为 0.7，清漆层 IOR 为 1.6，清漆层颜色为白色。将材质赋予场景中的书，观察对象的纹理，添加 UVW 贴图修改器，使书的纹理大小适中，如图 3.11 所示。利用同样的方法调制另外两组图书的材质。

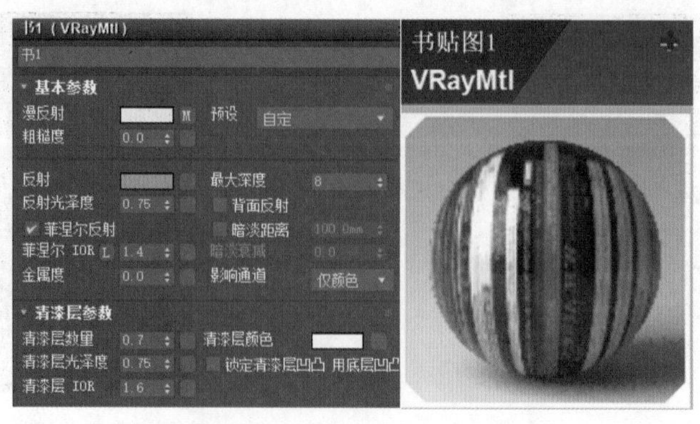

图 3.11　书材质参数设置及效果

3.2.6 调制窗户的塑钢材质

目前市场流行的门窗材料是 PVC 型材。下面调制白色塑钢材质。新建一个材质球，将其命名为“塑钢”。设置漫反射颜色为浅灰色，漫反射贴图为“窗台 .jpg”。设置反射颜色灰度值为 211，反射光泽度为 0.8，勾选“菲涅尔反射”复选框，折射率设置为 1.4。设置反射贴图为衰减贴图，贴图类型为 Fresnel，其他参数保持默认设置。在清漆层参数卷展栏中，设置清漆层数量为 0.8，清漆层 IOR 为 1.4，清漆层颜色为白色。观察对象的纹理，添加 UVW 贴图修改器，使对象的纹理大小适中，如图 3.12 所示。

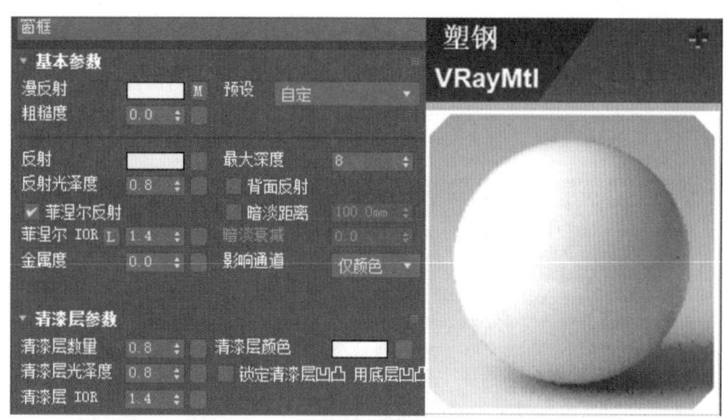

图 3.12 塑钢材质参数设置及效果

3.2.7 调制窗台大理石材质

窗台的材质是大理石，材质参数设置如下。单击“大理石”材质球，设置漫反射颜色为浅灰色，漫反射贴图为“窗台 .jpg”。设置反射颜色灰度值为 221，反射光泽度为 0.85，勾选“菲涅尔反射”复选框，折射率设置为 1.4。设置反射贴图为衰减贴图，贴图类型为 Fresnel，其他参数保持默认设置。在清漆层参数卷展栏中，设置清漆层数量为 0.85，清漆层 IOR 为 1.4，清漆层颜色为白色。观察窗台的纹理，添加 UVW 贴图修改器，使窗台的纹理大小适中，如图 3.13 所示。

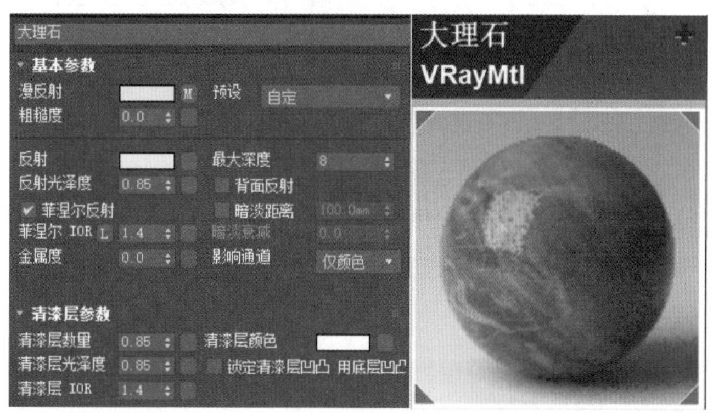

图 3.13 大理石材质参数设置及效果

3.2.8　调制办公椅皮质材质

办公椅材质由两部分组成，上面是皮质材质，下面是不锈钢材质。下面分别调制这两种材质。

1. 调制皮质材质

新建一个材质球，将其命名为“办公椅”。设置漫反射颜色 RGB 值为（16，27，48），漫反射贴图为“窗台 .jpg”。设置反射颜色灰度值为 198，反射光泽度为 0.8，勾选“菲涅尔反射”复选框，折射率设置为 1.4。设置反射贴图为衰减贴图，贴图类型为 Fresnel，其他参数保持默认设置。在清漆层参数卷展栏中，设置清漆层数量为 0.8，清漆层 IOR 为 1.4，清漆层颜色为白色。在贴图通道中，复制漫反射贴图到凹凸贴图通道中，凹凸参数设置为 30。观察皮质的纹理，添加 UVW 贴图修改器，使蒙皮子的纹理大小适中，如图 3.14 所示。

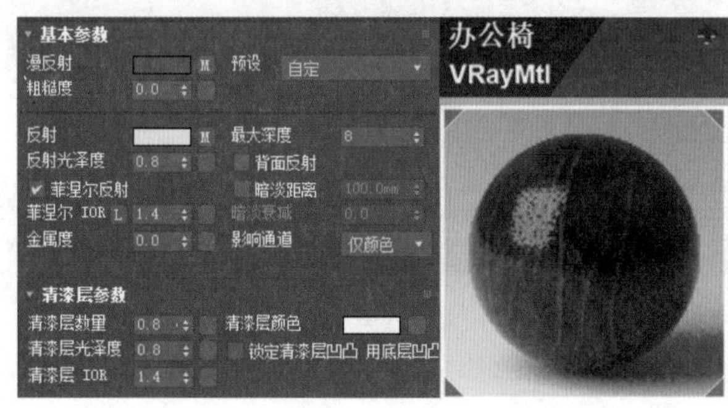

图 3.14　皮质材质参数设置及效果

2. 调制办公椅不锈钢架部分的材质

单击“不锈钢”材质球，设置漫反射颜色 RGB 值为（194，194，194），反射颜色灰度值为 221，反射光泽度为 0.9，取消勾选“菲涅尔反射”复选框，设置反射贴图为“反射贴图 .jpg”，在贴图通道中设置反射参数为 48，如图 3.15 所示。

该材质同时赋予场景中的躺椅支架、沙发腿、落地灯等多个对象。

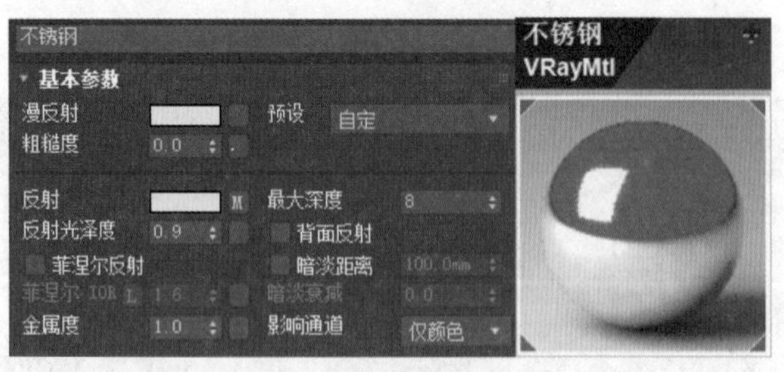

图 3.15　不锈钢材质参数设置及效果

3.2.9　调制躺椅材质

躺椅材质由两部分组成，上面是羊毛材质，下面是不锈钢材质。不锈钢材质参考办公椅不锈钢材质调制。下面调制羊毛材质。

新建一个材质球，将其命名为“躺椅”。设置漫反射颜色为浅灰色，漫反射贴图为“躺椅 .tif”，“粗糙度”设置为 1.0。设置反射颜色为深灰色，反射光泽度为 0.45，勾选“菲涅尔反射”复选框，折射率设置为 1.5。在贴图通道中，复制漫反射贴图到凹凸贴图通道中，凹凸参数设置为 200。观察地毯的纹理，添加 UVW 贴图修改器，使地毯的纹理大小适中，如图 3.16 所示。

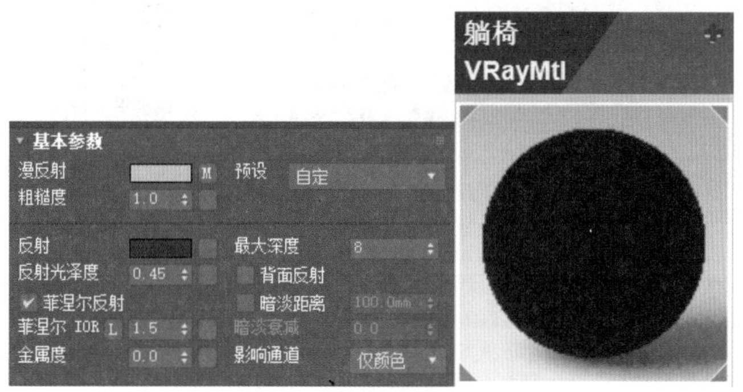

图 3.16　躺椅的材质参数设置及效果

3.2.10　调制地球仪材质

地球仪材质由两部分组成，球体部分被赋予油漆材质，下面的支架被赋予铜材质。下面调制球体部分材质。

新建一个材质球，将其命名为“地球仪”，如图 3.17 所示。设置漫反射颜色的 RGB 值为（161，241，255），漫反射贴图为“地球仪 .jpg”。设置反射颜色灰度值为 141，反射光泽度为 0.75，勾选“菲涅尔反射”复选框，反射率设置为 1.4。设置反射贴图为衰减贴图，贴图类型为 Fresnel，其他参数保持默认设置。在贴图通道中，复制漫反射贴图到凹凸贴图通道中，凹凸参数设置为 60。清漆参数设置为 0.8。观察地球仪的纹理，添加 UVW 贴图修改器，设置为球形贴图，使地球仪的纹理大小适中。

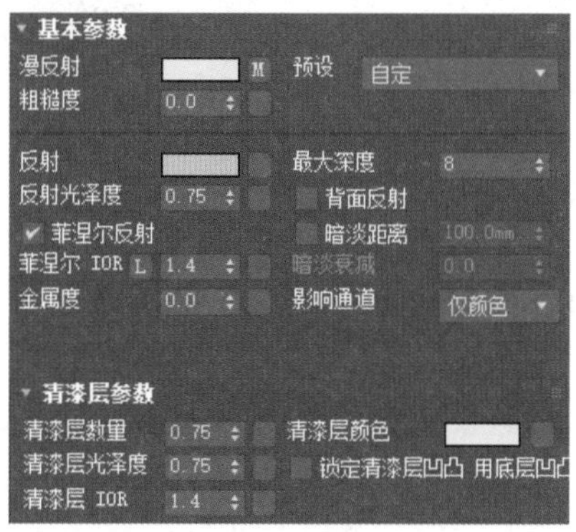

图 3.17　地球仪材质参数设置

下面调制地球仪支架的铜材质。单击“铜”材质球，设置漫反射颜色的 RGB 值为（64，

36，0），反射颜色为浅灰色，反射光泽度为0.85，勾选“菲涅尔反射”复选框，设置反射贴图为“反射贴图.jpg”，在贴图通道中设置反射参数为40，如图3.18所示。

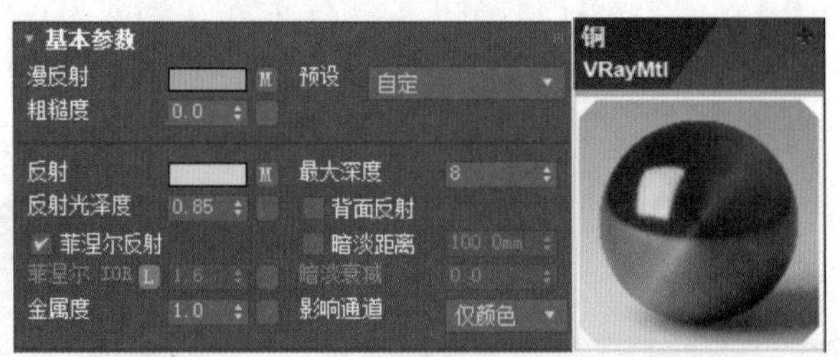

图3.18　铜材质参数设置及效果

3.2.11　调制植物和花瓶材质

花瓶和植物共同构成室内摆设。材质由两部分组成，植物部分是中高反光材质。

（1）调制植物的材质。新建一个材质球，将其命名为“植物”。设置漫反射颜色深绿色，RGB值为（0，101，12），漫反射贴图为“树叶.jpg”，在贴图通道中，复制漫反射贴图到凹凸贴图通道中，凹凸参数设置为30。设置反射颜色为浅灰色，反射光泽度为0.7，勾选“菲涅尔反射”复选框，折射率设置为1.4。将清漆层数量设置为0.7。观察植物的纹理，添加UVW贴图修改器，设置为长方体贴图，使树叶的纹理大小适中，如图3.19所示。

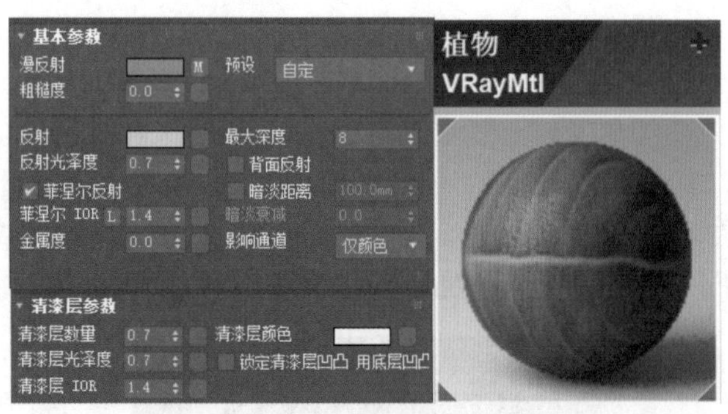

图3.19　植物材质参数设置及效果

（2）调制花瓶的材质。新建一个材质球，将其命名为“陶瓷”。设置漫反射颜色为浅灰色，漫反射贴图为“爱莲.jpg”，在贴图通道中，复制漫反射贴图到凹凸贴图通道中，凹凸参数设置为40。设置反射颜色灰度值为211，反射光泽度为0.8，勾选“菲涅尔反射”复选框，折射率设置为1.4。设置反射贴图为衰减贴图，贴图类型为Fresnel，其他参数保持默认设置。在清漆层参数卷展栏中，设置清漆层数量为0.8，清漆层IOR为1.4，颜色为白色。观察对象的纹理，添加UVW贴图修改器，使对象的纹理大小适中，如图3.20所示。

如果把贴图“爱莲.jpg”换成“青花瓷.jpg”，则可以调制出青花瓷花瓶的材质，如图3.21所示。

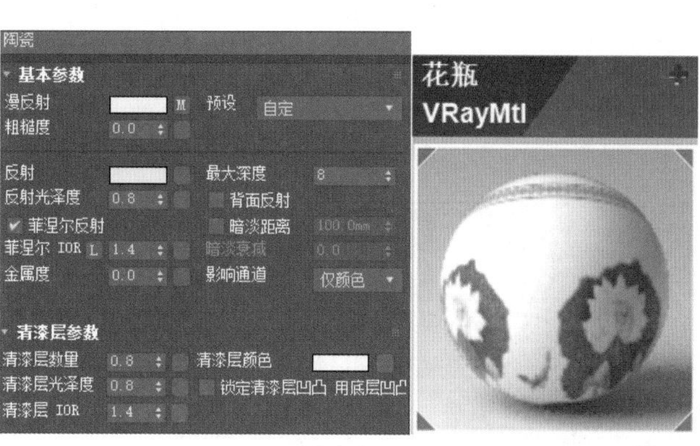

图 3.20 花瓶材质参数设置及效果

图 3.21 青花瓷花瓶材质效果

3.2.12 调制白色皮质沙发材质

沙发组件中抱枕可以赋予纱窗的材质，沙发腿可以赋予不锈钢材质。下面调制皮沙发的材质。

新建一个材质球，将其命名为“沙发”。设置漫反射颜色的 RGB 值为（252，205，124），漫反射贴图为“白色皮子 .jpg”，在贴图通道中，复制漫反射贴图到凹凸贴图通道中，将凹凸参数设置为 30。设置反射颜色灰度值为 211，反射光泽度为 0.7，勾选“菲涅尔反射”复选框，折射率设置为 1.4。设置反射为 191，设置反射贴图为衰减贴图，贴图类型为 Fresnel，其他参数保持默认设置。在清漆层参数卷展栏中，设置清漆层数量为 0.7，清漆层 IOR 为 1.4，清漆层颜色为白色。观察对象的纹理，添加 UVW 贴图修改器，设置为长方体贴图，使对象的纹理大小适中，如图 3.22 所示。

该材质同时赋予放水果篮的“方凳子”对象。

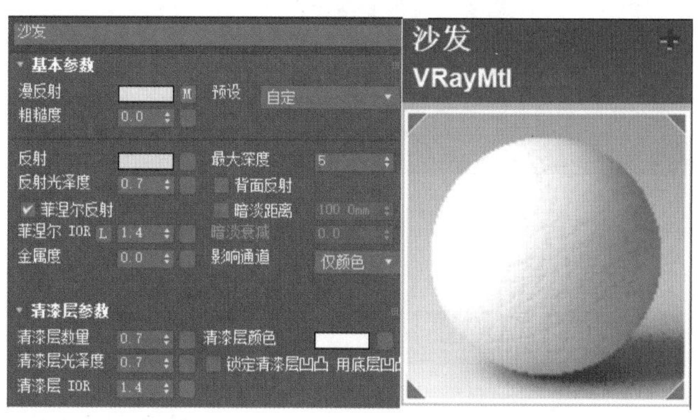

图 3.22 皮质沙发材质参数设置及效果

3.2.13 调制落地灯材质

落地灯组件由灯头、灯罩、灯架组成。灯头将被赋予灯光材质，灯罩将被赋予半透明材质，灯架和灯罩的上下两个金属圈被赋予不锈钢材质。

1. 调制灯光材质

新建一个 VRay 灯光材质球，将其命名为“灯光材质”，设置颜色值为 15.0。将该材质赋予射灯的“射灯头”对象，如图 3.23 所示。

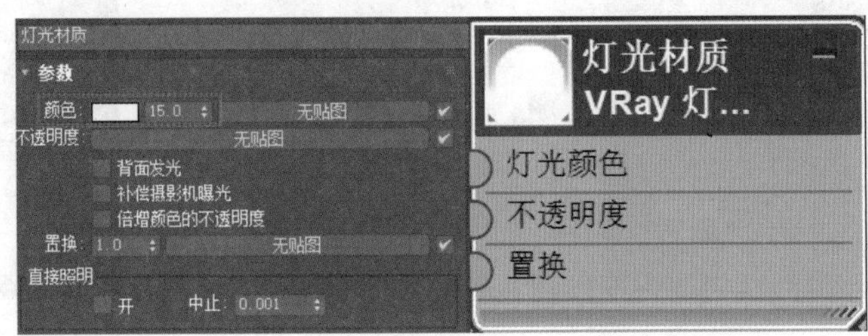

图 3.23　灯光材质参数设置

2. 调制灯罩材质

新建一个材质球，将其命名为“落地灯罩”。设置漫反射颜色为浅灰色，漫反射贴图为“白色布纹 .jpg”，在贴图通道中，复制漫反射贴图到凹凸贴图通道中，将凹凸参数设置为 30。设置反射颜色为浅灰色，反射光泽度为 0.2，勾选“菲涅尔反射”复选框，折射率设置为 1.4，在清漆层参数卷展栏中，设置清漆层数量为 0.6，清漆层 IOR 为 1.4，清漆层颜色为白色。设置折射颜色为灰色，折射光泽度为 0.85，观察对象的纹理，添加 UVW 贴图修改器，设置为长方体贴图，使对象的纹理大小适中，如图 3.24 所示。

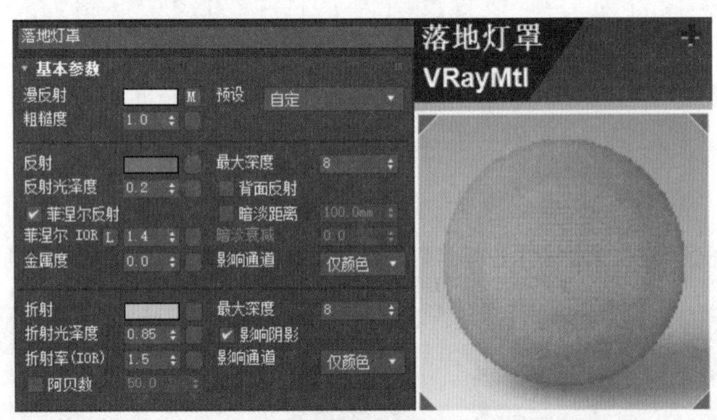

图 3.24　灯罩材质参数设置及效果

3.2.14　调制蜡烛材质

蜡烛由两部分组成，一部分是红色蜡烛，另一部分是蜡烛芯，本例模拟燃烧过的蜡烛，蜡烛芯应该是黑色的。新建一个多维 / 子对象材质球，将其命名为“蜡烛”，设置材质数量为 2，一个材质命名为“蜡烛红”，另一个材质命名为“蜡烛芯”，如图 3.25 所示。

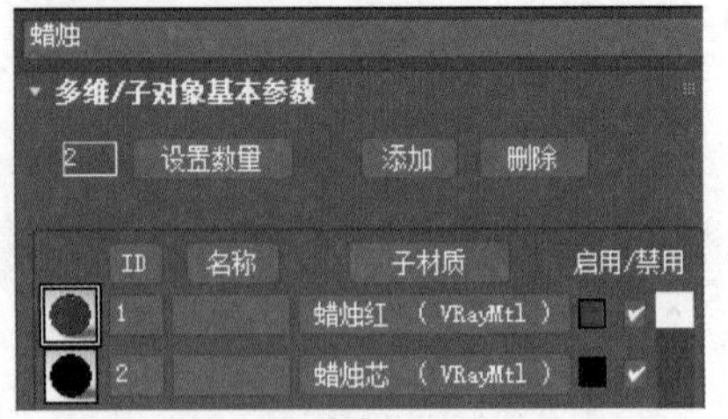

图 3.25　创建多维 / 子对象材质

下面调制“蜡烛红”的材质。设置漫反射为深红色，颜色的 RGB 值为（126，6，0）。设置反射颜色为深灰色，灰度值为 10，反射光泽度为 0.4，勾选“菲涅尔反射”，“菲涅尔（IOR）”设置为 1.4。设置折射颜色的 RGB 值为（249，238，239），折射光泽度为 0.9，折射率（IOR）为 1.6。设置雾颜色的 RGB 值为（249，238，239），如图 3.26 所示。

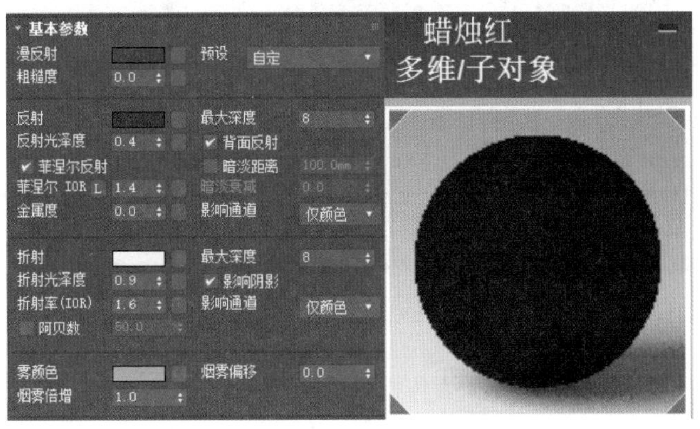

图 3.26　蜡烛红材质参数设置及效果

下面调制“蜡烛芯”的材质。如图 3.27 所示，设置漫反射为黑色，反射颜色为浅灰色，反射光泽度为 0.8，勾选“菲涅尔反射”，折射率设置为 1.6。清漆参数选项设置为 0.8，折射率设置为 1.4。

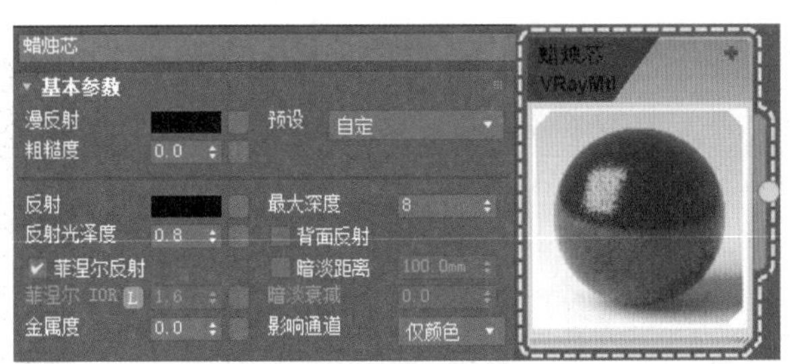

图 3.27　蜡烛芯材质参数设置及效果

3.2.15　调制玻璃材质

场景中还有酒瓶、酒杯、窗户玻璃等多个对象，都应赋予玻璃材质。不同透明度的玻璃材质参数不一样。下面以调制窗户玻璃材质为例。

新建一个材质球，将其命名为“窗玻璃”。漫反射对玻璃的影响较小，设置漫反射灰度值为 128。设置反射颜色为灰色，反射光泽度为 0.7，勾选“菲涅尔反射”复选框，折射率设置为 1.4。设置折射颜色灰度值为 216，折射光泽度为 0.95，折射率（IOR）为 1.4。设置雾颜色的 RGB 值为（23，0，0），烟雾倍增设置为 1.0。将材质赋予“窗玻璃”对象，如图 3.28 所示。

下面调制酒瓶的材质。新建一个材质球，将其命名为“酒瓶”。漫反射对玻璃的影响较小，设置漫反射颜色的 RGB 值为（36，16，2）。设置反射颜色为灰色，反射光泽度为 0.7，勾选“菲涅尔反射”，折射率设置为 1.4。设置折射颜色为深红色，RGB 值为（23，0，0），

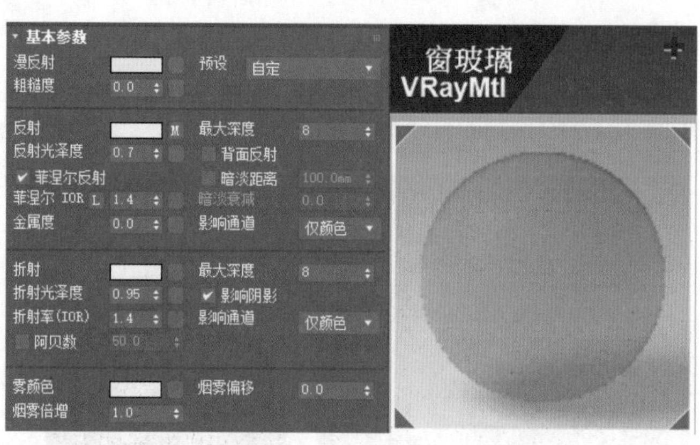

图 3.28 窗玻璃材质参数设置及效果

折射光泽度为 0.95，折射率（IOR）为 1.4。设置雾颜色的 RGB 值为（36，16，2），烟雾倍增设置为 0.1，如图 3.29 所示。将材质赋予“酒瓶”对象。

酒瓶标签是一个三维对象，下面调制酒瓶标签的材质。新建一个材质球，将其命名为“标签”，设置漫反射颜色为白色，设置漫反射贴图为“lab_red.jpg”。设置反射颜色为灰色，反射光泽度为 0.7，勾选“菲涅尔反射”，折射率设置为 1.4。将材质赋予“标签”对象。渲染效果如图 3.30 所示。

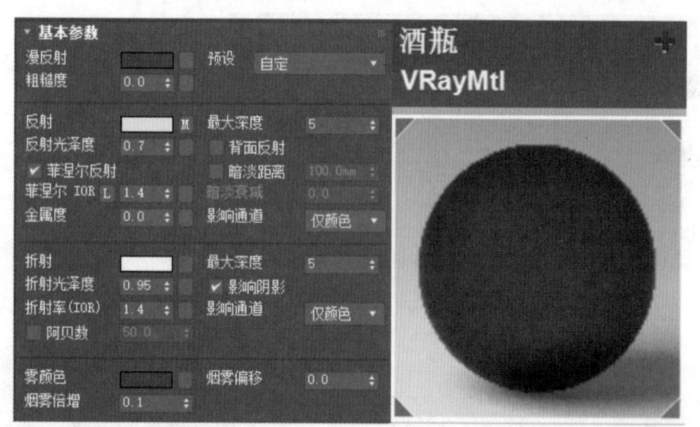

图 3.29 酒瓶材质参数设置及效果

图 3.30 酒瓶标签材质效果

3.2.16 调制红酒材质

红酒是半透明物体，需要综合调制。新建一个材质球，将其命名为“红酒”，选择“红酒”对象，设置漫反射颜色的 RGB 值为（23，0，0）。设置反射灰度值为 18，设置反射贴图为衰减贴图，贴图类型为 Fresnel，其他参数保持默认设置。设置折射颜色为浅灰色，折射光泽度为 0.95，折射率（IOR）为 1.4。雾颜色的 RGB 值为（23，0，0），烟雾倍增设置为 0.1，如图 3.31 所示。

渲染效果如图 3.32 所示，图中茶盘的材质可参考陶瓷材质调制。

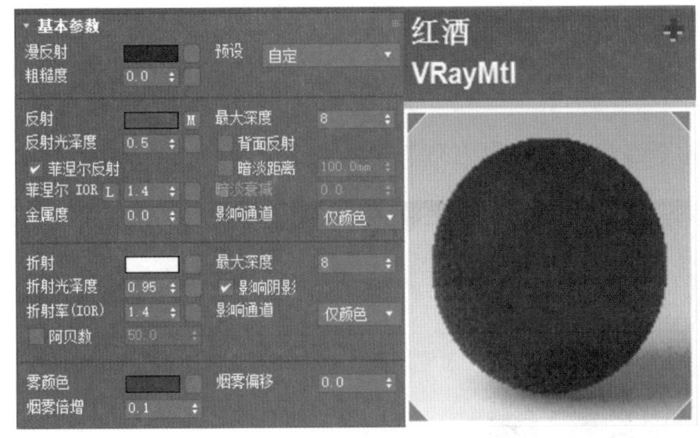

图 3.31 红酒材质参数设置及效果

图 3.32 红酒材质效果

3.2.17 调制水果及水果篮材质

选择水果篮组件，水果篮可以赋予竹材质，水果可以赋予中高反光材质。

（1）调制水果材质。以黄色柠檬为例。新建一个材质球，将其命名为“柠檬”。设置漫反射颜色为黄色，RGB 值为（250，218，3），设置漫反射贴图为“柠檬.jpg”，如图 3.33 所示。

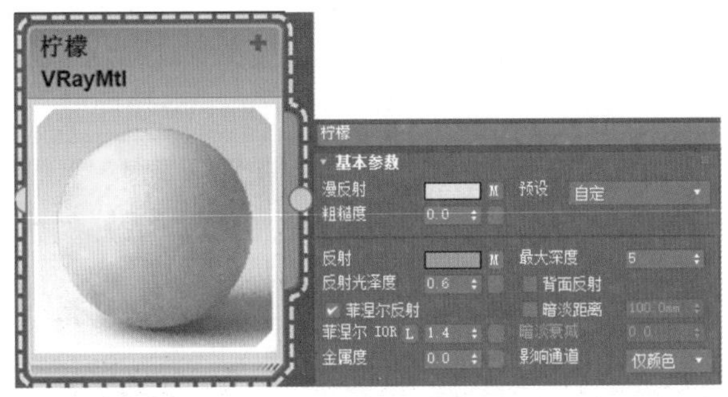

图 3.33 柠檬材质参数设置及效果

设置反射颜色为浅灰色，反射光泽度为 0.6，勾选“菲涅尔反射”复选框，折射率设置为 1.4，设置反射贴图为“反射.jpg”。在清漆层参数卷展栏中设置清漆层数量为 0.7，清漆层 IOR 为 1.4，清漆层颜色为白色。

在贴图通道中，设置凹凸贴图为“噪波”贴图，参数设置为 25.0，如图 3.34 所示。

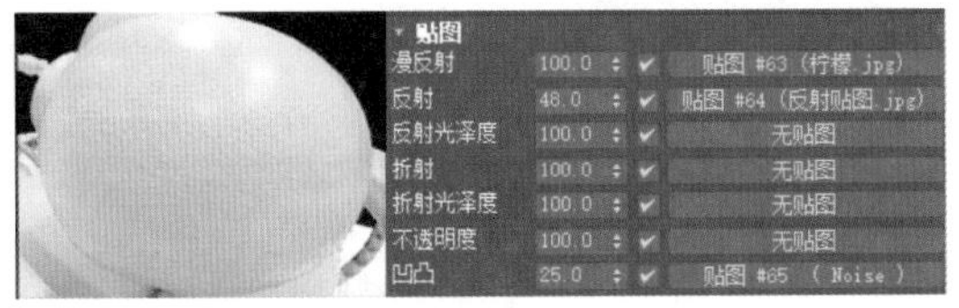

图 3.34 柠檬的贴图通道及效果

（2）调制水果篮材质。选择水果篮的所有对象，它们将被赋予竹材质。新建一个材质球，将其命名为“水果篮”。设置漫反射颜色为浅黄色，RGB 值为（211，149，70），漫反射贴图为“竹子贴图.jpg”。设置反射颜色为浅灰色，反射光泽度为 0.6，勾选“菲涅尔反射”复选框，折射率设置为 1.4，在清漆层参数卷展栏中，设置清漆层数量为 0.7，清漆层 IOR 为 1.4，清漆层颜色为白色。在贴图通道中，复制漫反射贴图到凹凸贴图通道中，凹凸参数设置为 45。观察对象的纹理，添加 UVW 贴图修改器，使水果篮的纹理大小适中，如图 3.35 所示。

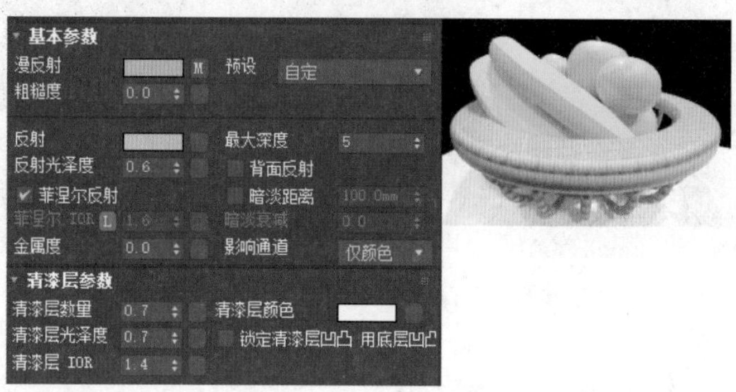

图 3.35　水果篮组件材质参数设置及效果

3.2.18　调制窗外环境材质

窗外环境用一个平面来表现，由于要表达夜间效果，所以可以通过贴图表现夜间环境。下面调制室外环境的材质。室外环境可以用灯光材质表现。新建一个“VRay 灯光”材质球，将其命名为“环境”，设置颜色值为 3.0。将该材质赋予“室外环境”对象，如图 3.36 所示。

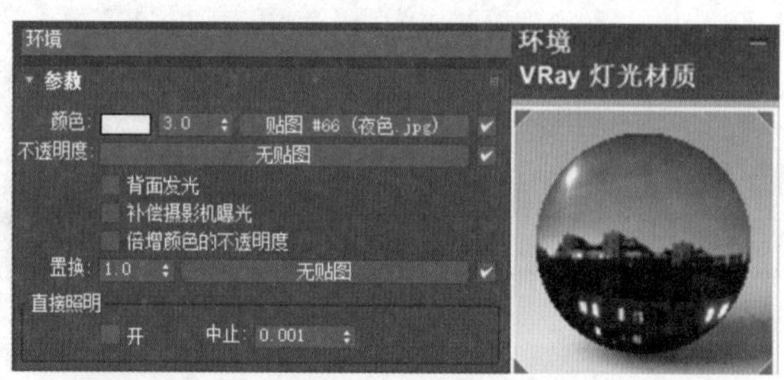

图 3.36　窗外环境材质参数设置及效果

3.3　书房摄像机参数设置

本实例中设置了三个摄像机，分别从正面、左侧面、右侧面展示书房的设计效果。

3.3.1　架设书房正面角度摄像机

选择 3ds Max 的目标摄像机，在顶视图中创建一个摄像机 Camera001，从右向左拖动目标点至书柜的位置。同时选中摄像机和目标点，在前视图中移动摄像机到合适的位置。摄像机的位置一般位于人眼的高度，大概 1.8m，如图 3.37 所示。

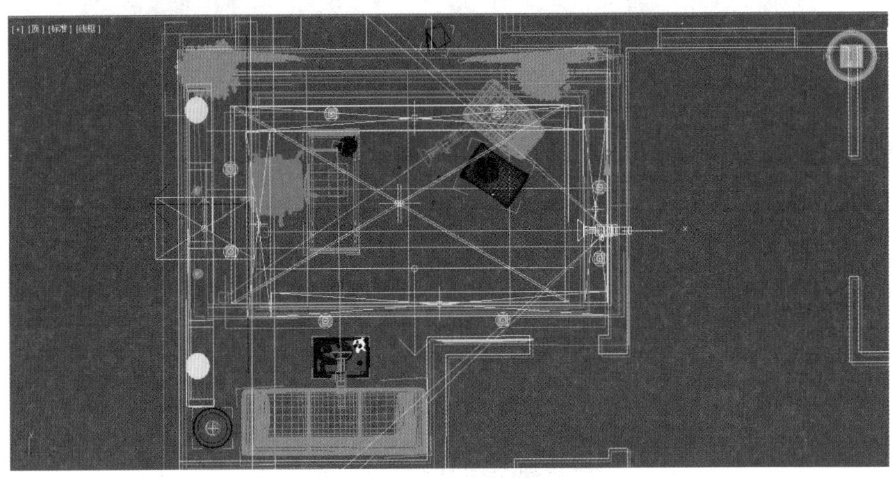

图 3.37　架设书房正面角度摄像机

选择摄像机 Camera001，进入修改面板，设置焦距为 20，其他值保持默认设置。切换到摄像机视图，以该视图观察，可看到书房正面角度效果，如图 3.38 所示。

图 3.38　书房正面角度效果

3.3.2　架设书房左侧面角度摄像机

选择 3ds Max 的目标摄像机，在顶视图中创建一个摄像机 Camera002，从右向左拖动目标点至书柜的位置。同时选中摄像机和目标点，在左视图或前视图中移动摄像机到合适的高度，如图 3.39 所示。

选择摄像机 Camera002，进入修改面板，设置焦距为 20mm，其他值保持默认设置。切换到摄像机视图，以摄像机视图观察，可见书房左侧面角度效果，如图 3.40 所示。

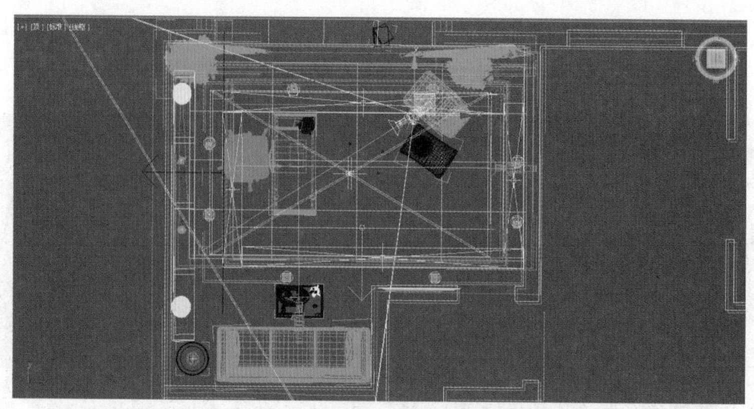

图 3.39　架设书房左侧面角度摄像机

图 3.40　书房左侧面角度效果

3.3.3　架设书房右侧面角度摄像机

选择 3ds Max 的目标摄像机，在顶视图中创建一个摄像机 Camera003，向右前方拖动目标点至窗台的位置。同时选中摄像机和目标点，在左视图或前视图中移动摄像机到合适的高度，如图 3.41 所示。

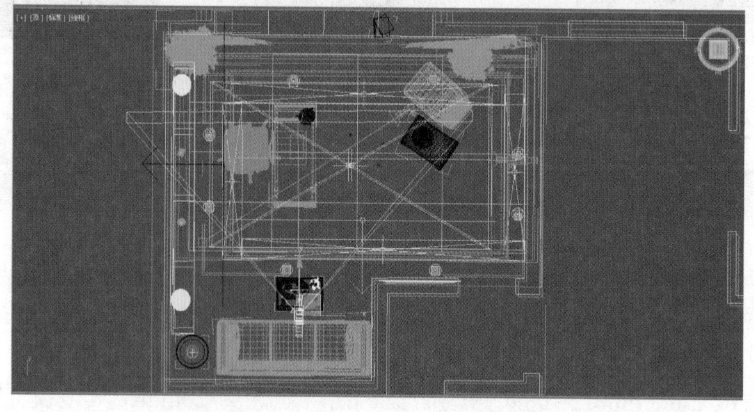

图 3.41　架设书房右侧面角度摄像机

选择摄像机 Camera003，进入修改面板，设置焦距为 15mm，其他值保持默认设置。切换到摄像机视图，以摄像机视图观察，可见书房右侧面角度效果，如图 3.42 所示。

图 3.42　书房右侧面角度效果

3.4　布置书房灯光

本实例主要突出表现书房室内夜景效果，布置的灯光分为室外环境光、室内灯带、室内射灯和室内落地台灯。

3.4.1　制作室外夜色效果

室外夜色效果由“室外环境”对象和 VRay 灯光共同构建。3.2.18 小节中已经对“室外环境”对象赋予了 VRay 灯光材质，下面在场景中添加光源。

在顶视图中创建 VRay 灯光，将其命名为“VRay 灯光 - 室外”。在类型中修改为“穹顶灯”，倍增设置为 0.2，颜色为白色。“穹顶灯”卷展栏中，勾选“球形”复选框，光子目标半径为 100.0mm，发射半径为 150.0mm。“选项”卷展栏中取消勾选“投射阴影”复选框，勾选“不可见”复选框，其他值保持默认设置，详细参数设置如图 3.43 所示。

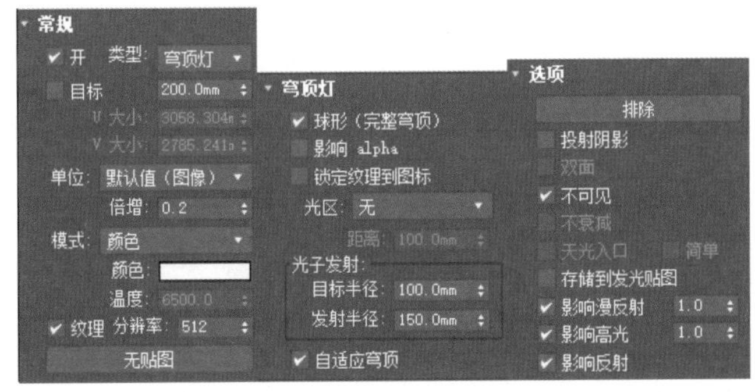

图 3.43　穹顶灯参数设置

3.4.2 制作室内灯带

室内灯带由四个平面灯光组成，灯带位于吊顶 2 对象的上方和吊顶 3 对象的下方。

在顶视图中创建一个 VRay 平面灯，将其命名为“灯带 001”，颜色为白色，倍增设置为 1.3。在“选项”卷展栏中勾选“不可见”复选框。

使用旋转工具，使灯带方向向上，具体参数设置如图 3.44 所示。

当一个灯带参数设置完成后，再分别复制出另外三个灯带，复制方式为实例复制，如图 3.45 所示。

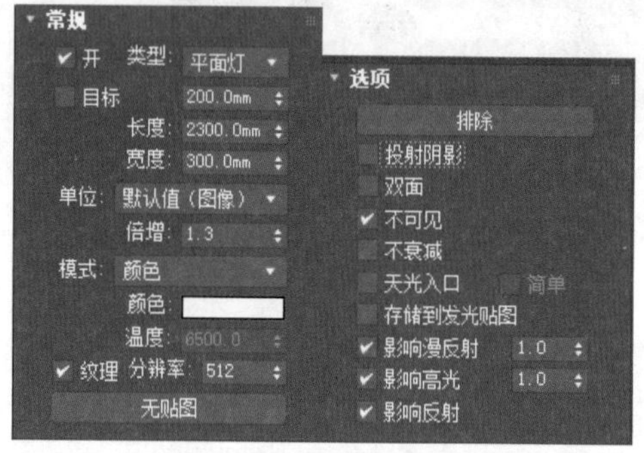

图 3.44 灯带参数设置

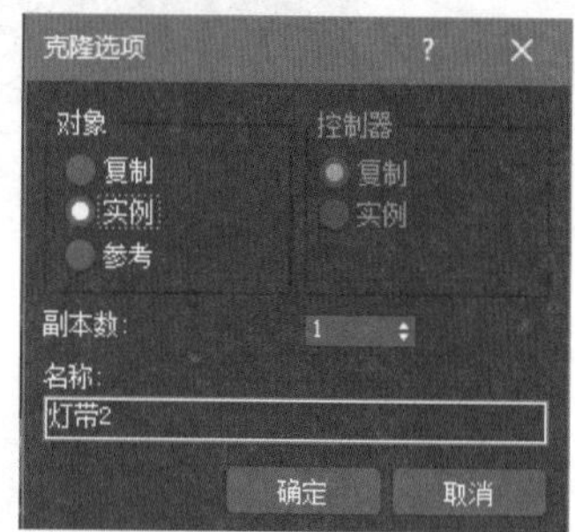

图 3.45 实例复制灯带

复制后的四个灯带排列成矩形，如图 3.46 所示。

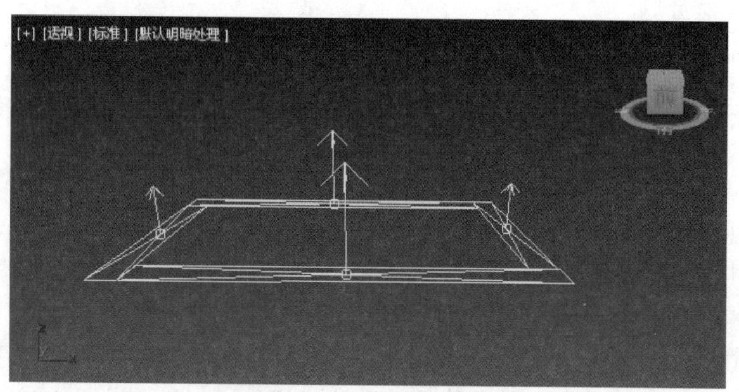

图 3.46 复制后的灯带

3.4.3 制作室内射灯

室内射灯由八个射灯组成，需要为每个射灯添加一个 IES 光源。

在创建面板中，单击 VRayIES，在前视图中创建一个 IES 光源，目标点自上而下拖动至地板，将其命名为 VRayIES 001。进入修改面板，单击“IES 文件”通道，选择“射灯 .ies”，颜色为白色，倍增设置为 1.3，其他参数保持默认设置。使用移动工具，使 VRayIES 001 与射灯对齐。参数设置如图 3.47 所示。

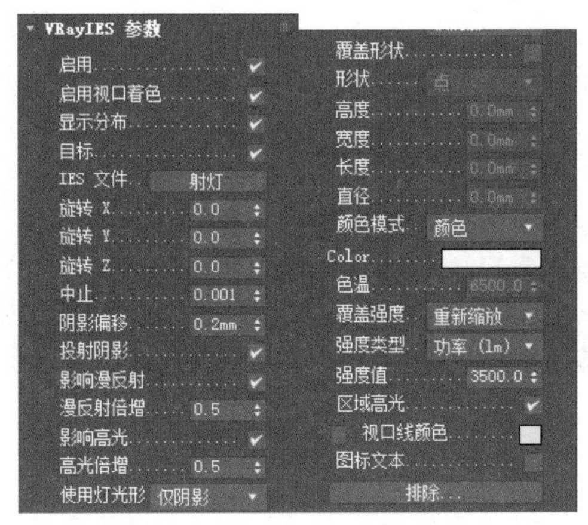

图 3.47　创建第一个 VRayIES 光源

第一个射灯参数设置完成后，分别复制出另外七个射灯，复制方式为实例复制，使用移动工具，将这八个射灯对齐，如图 3.48 所示。

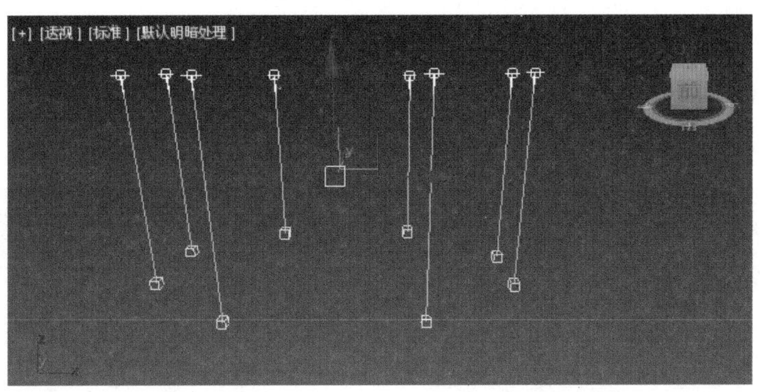

图 3.48　书房内射灯布局

3.4.4　制作室内落地灯

创建一个 VRay 光源，类型为球体灯，将其命名为“落地灯”。在修改面板中设置倍增为 25.0，颜色为白色。在“选项”卷展栏中勾选“投射阴影”，注意不要勾选“不可见”，如图 3.49 所示。

3.4.5　制作场景内主光源

上面几种装饰光源设置完成以后，下面为场景设置主光源。在顶视图中创建 VRay 灯光 001，类型为平面灯，在前视图中移动其位置，使其位于“吊顶 2”对象的下方。进入修改面板，设置倍增为 1.3，颜色为白色。在选项卷展栏中勾选“投射阴影”和“不可见”复选框。其他参数保持默认设置，如图 3.50 所示。

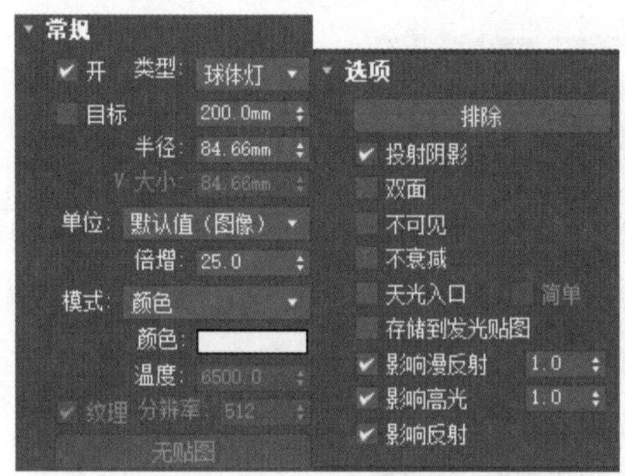
图 3.49　落地灯参数设置

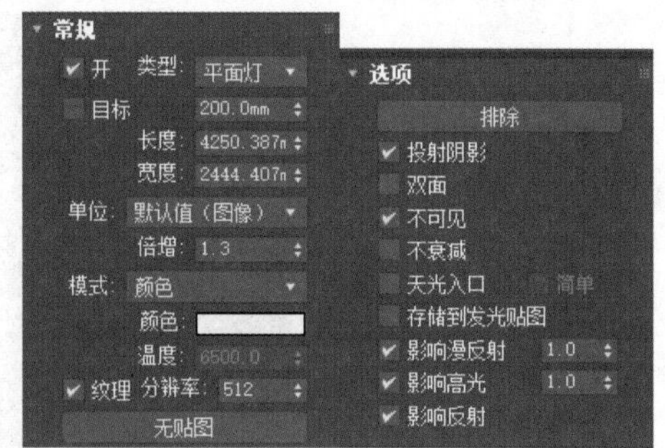
图 3.50　主光源参数设置

3.4.6　测试灯光混合效果

灯光混合效果测试

在 VFB 窗口的右侧“属性”面板中有 RGB 值、光混合、合成三种模式。光混合用于测试场景中灯光的亮度值。

当初始设置灯光倍增时，往往我们并不清楚合适的值是多少，用户通常需要每调整一个值就需要渲染一次，比较费时费力。光混合模式提供了实时交互渲染测试效果。

光混合测试需要在渲染元素中添加“VRay 灯光混合”，如图 3.51 所示。还要在 GI 选项卡中将“主要引擎”设置为“BF 算法”，“辅助引擎”设置为“灯光缓存”，如图 3.52 所示。

图 3.51　在渲染元素中添加“VRay 灯光混合”

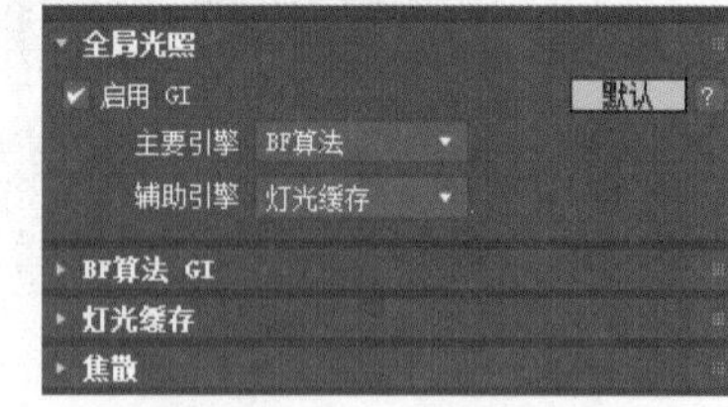
图 3.52　光混合 GI 设置

如果没有进行上述设置，系统会提示用户添加“VRay 灯光混合”渲染元素，如图 3.53 所示，“灯混”即“灯光混合”的缩写。

单击“渲染”工具，可以看到场景中的所有灯光都加入了灯光混合队列，如图 3.54 所示。

图 3.53　添加灯混提示

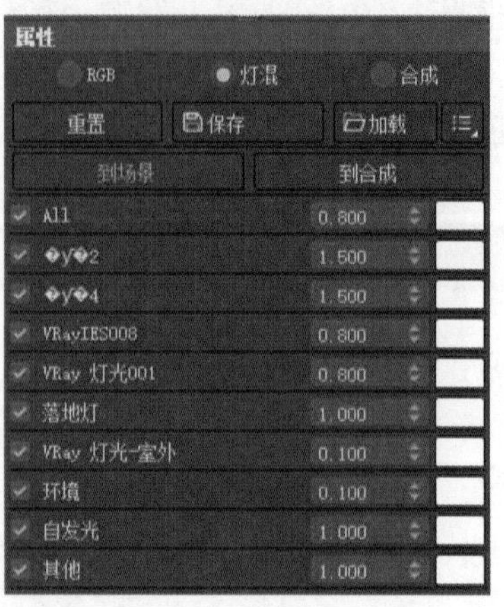
图 3.54　灯光混合队列

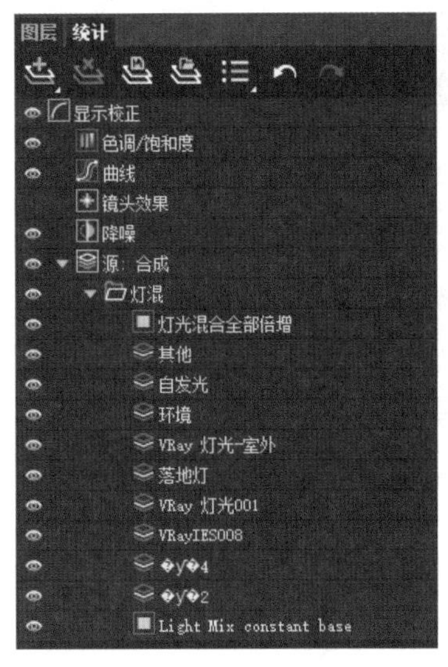

图 3.55 灯光合成

图 3.54 中各个参数的作用如下。

- “RGB 值”“灯混”“合成”是渲染的三种模式。“RGB 值”模式是渲染图像的显示格式。“灯混”模式即灯光混合模式，可以调节场景中各种光源的强度和颜色，就是该图中所用的模式。“合成”模式则是在灯光调节完成后，可以编辑灯光的颜色、色度等信息。
- “重置”用于把各个灯光的值恢复到默认值。
- “保存”用于将当前的灯光配置方案保存到一个 *.lightmix 的文件中。通过“加载”命令调用已有的 *.lightmix 文件。
- “到场景”用于将当前调节的灯光倍增传递到场景对象中。
- “到合成”用于将当前调节的灯光倍增传递到合成效果中，在合成模式下可以编辑。如图 3.55 所示。

灯光混合只是用来测试场景中的灯光效果，在最终渲染图像时，可以将“主要引擎”设置为常用的“发光贴图”，在渲染元素中删除“VRay 灯光混合”元素。

3.5 细调书房材质

架设灯光后，需要对材质进行细调，主要包括渲染参数、反射光泽度、凹凸贴图等参数调制。

首先，优化渲染参数设置。在“渲染设置”窗口中，单击 VRay 选项卡，图像采样器类型设置为“渐进式”，如图 3.56 所示。

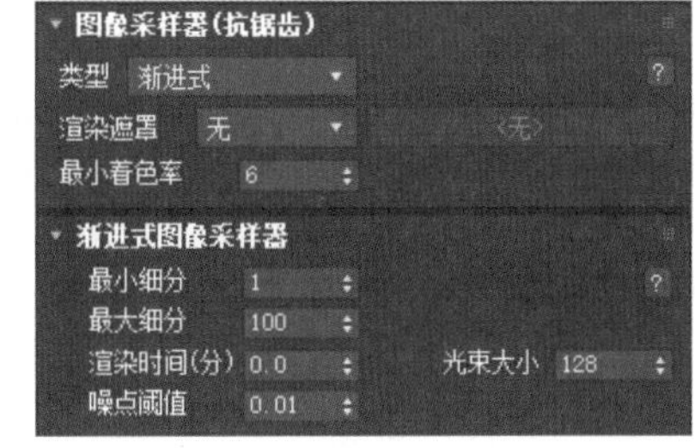

图 3.56 图像采样器类型设置为渐进式

其次，重新设置反射光泽度。有以下两种方法。

一种是在反射通道中设置反射贴图为“反射贴图 .jpg”，设置适当的反射光泽度参数。

另一种是在反射通道中贴入衰减贴图，衰减类型选择 Fresnel，设置折射率为 1.4。Fresnel 是一种菲涅尔衰减类型，与菲涅尔反射相对应，使反射效果更加柔和。设置适当的反射光泽度参数。图 3.57 是“墙体”对象增加衰减反射贴图后的效果。

最后，由于灯光的影响，凹凸贴图相关参数也需要进一步细调。选择“黑胡桃”材质球，在贴图通道中设置反射贴图为“反射贴图 .jpg”，反射参数为 48。查看材质效果，调整凹凸参数设置，如图 3.58 所示。

其他材质的细调方法与上述方法相似，如有需要，读者可以尝试细调每一种材质。

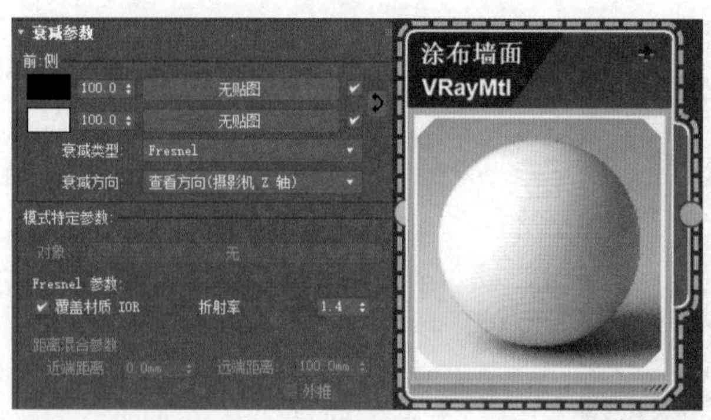

图 3.57 “墙体”对象增加衰减反射贴图后的效果

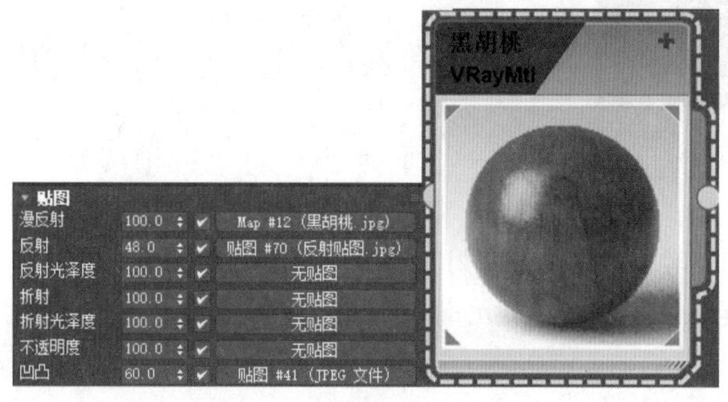

图 3.58 细调实木材质参数

3.6 书房空间渲染输出及后期效果处理

材质、灯光等参数设置完成后，就可以设置渲染参数，然后正式渲染出图了。

3.6.1 渲染参数设置

实时渲染并不能够渲染最终效果图，还需要针对最终正式渲染对渲染参数进行设置。一般渲染参数设置会有以下几个方面。

1. 渲染器设置

打开“渲染设置”窗口,可以看到本实例中已经预设了 VRay 5.0 渲染器,如图 3.59 所示。

2. 渲染大图设置

最终渲染图像通常渲染成像素较高的图，俗称大图。大图通用大小参考设置为2000像素，计算机显示不超过 3200 像素。图形比例可自行确定。图像越大，渲染越慢，如图 3.60 所示。

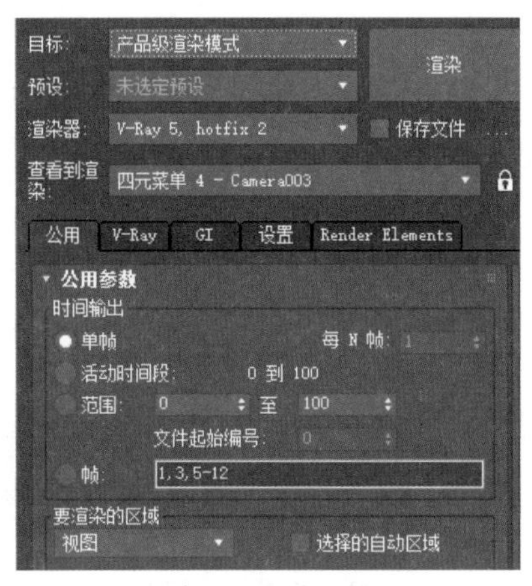

图 3.59 渲染器设置

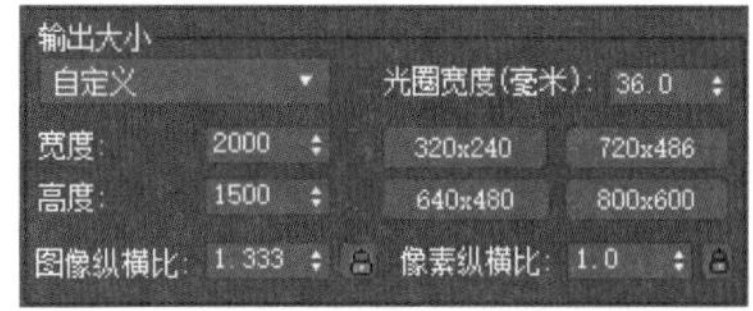

图 3.60 渲染输出大图参数设置

3. VRay 选项卡参数设置

（1）确定勾选启用“内置帧缓存”。

（2）取消勾选“置换材质”。虽然常规场景中很少遇到置换材质，但为了避免错误，建议取消。

（3）根据计算机性能，在图像效果测试阶段可以设置为“块”，最终渲染时图像采样器类型可设置为渐进式。最大细分一般设置为系统默认值即可，细分越大，渲染速度越慢。

（4）“图像过滤器”功能对渲染结果影响不大，对渲染时间影响较小，建议使用默认值。

（5）“颜色映射”类型设置为指数。

（6）摄像机类型默认。如果需要渲染全景图片，将图像比例调整为 2∶1（对应的图像长度不小于 6000 像素）后，需要修改摄像机类型为球形，修改后的视野覆盖范围为 360。

4. GI 选项卡参数设置

（1）主要引擎为“发光贴图”。由于 VRay 5.0 灯光混合功能目前不支持发光贴图，如果需要渲染灯光混合（与渲染元素一起使用），主要引擎必须设置为 BF 算法。

（2）“发光贴图”卷展栏的预设值为中或高，将插补采样修改为推荐值 60。这两项参数设置越高，渲染速度越慢，获得渲染图像的质量越高。

（3）“灯光缓存”卷展栏中，如果渲染单帧，应设置为“静止帧”。灯光细分默认值为 1000，这个值越大渲染时间越长，用户根据需要也可以将其修改为低于 2000 的值，建议使用默认值。

5. “设置”选项卡参数设置

（1）勾选“动态分割渲染块”复选框，设置渲染块的渲染顺序，该算法影响渲染块的渲染顺序，但是对渲染时间不产生影响。

（2）将“动态内存”设置为 0，表示无限设置，意味着渲染过程需要尽可能多地调用计算机内存。如果计算机内存超过 32GB，可以这样设置。否则，一般设置为不超过计算机内存的 80%，以避免渲染失败。

（3）“日志窗口”设置为“从不”。渲染日志提示渲染信息，如渲染错误。设置为“从不”，表示不记录渲染日志。

6. “渲染元素”选项卡参数设置

“渲染元素”选项卡会将渲染分解为各个组成部分，如漫反射、反射、阴影、蒙版等，在渲染时根据渲染前选择的元素重新组合最终图像，能够对最终图像进行精细控制。

VRay 支持内置的 3ds Max 渲染元素用户界面，也提供了自己的渲染元素，大多数渲染元素都有可以设置为自定义渲染元素或合成软件中使用的参数。所有渲染元素都支持本机 VRay 材质，某些渲染元素还支持标准 3ds Max 材质。

为了避免云渲染错误，建议使用内置的 VRay 渲染器进行渲染。

渲染元素的加载方法如图 3.61 所示。

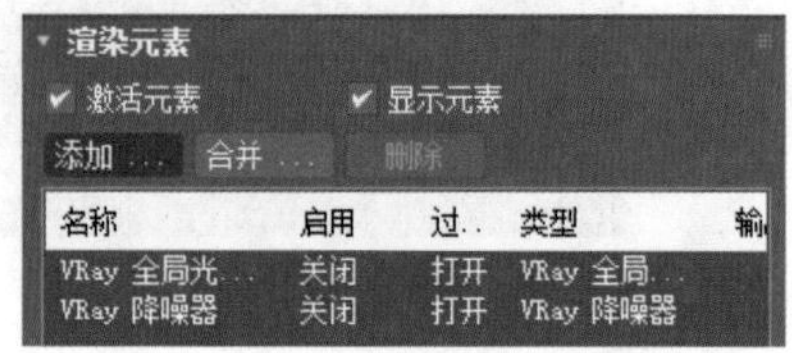

图 3.61　添加渲染元素

单击“添加”命令按钮，选择需要添加的渲染元素。要删除某一个渲染元素，则可以单击选中这个渲染元素，然后单击“删除”命令按钮，即可删除选定渲染元素。

在 VRay 的渲染元素中，一些元素不需要单独加载也能渲染，如反射、折射、阴影、直接光照、间接光照等。通常需要单独加载的渲染元素包括“VRay 全局光照”“VRay 降噪器”等。

渲染图像中经常会出现杂点，这是由于渲染精度低造成的，去除这些杂点可以有以下三种方法。

（1）提高渲染参数设置。“发光贴图”渲染级别设置为中或高级别。

（2）修改抗锯齿类型为“渐进式”。

（3）在渲染元素中增加“VRay 降噪器”，这是降低图像杂点的最有效方法。

3.6.2　后期效果处理

后期效果处理主要在 VFB 窗口的右侧进行。

单击“图层”选项卡中的“创建图层”按钮，在下拉菜单中选择“曲线”命令，如图 3.62 所示。

曲线类型默认为 B 样条平滑，修改为曲线类型则更容易控制。单击曲线上的调整点，右击，在弹出的菜单中选择“曲线”类型，如图 3.63 所示。

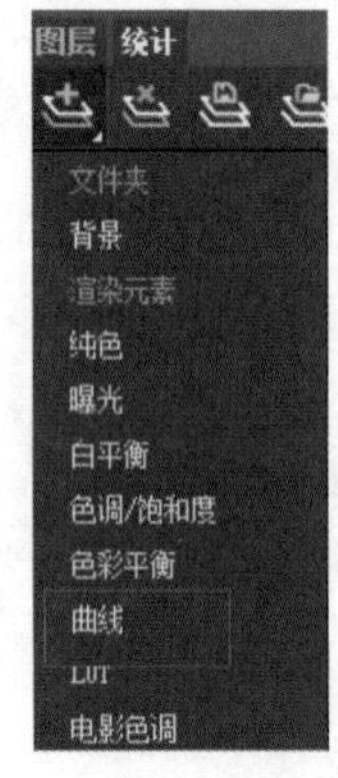

图 3.62　添加“曲线”命令

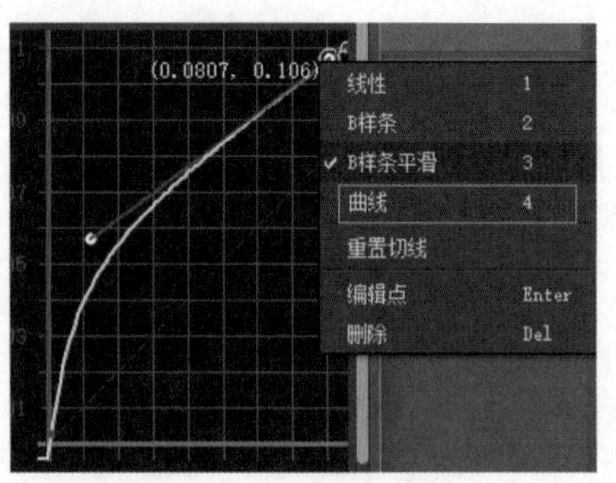

图 3.63　修改曲线类型

调整曲线的形状至如图 3.64 所示。

图 3.64　调整曲线形状

单击“图层”选项卡中的“创建图层”命令按钮，在下拉菜单中选择“色彩平衡”命令，增加蓝色比例，添加一些冷色调，如图 3.65 所示。

单击“图层”选项卡中的“创建图层”按钮，在下拉菜单中选择“电影色调”命令，如图 3.66 所示。

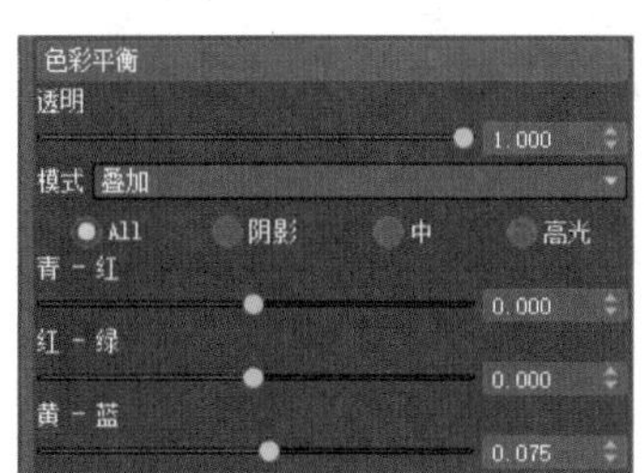

图 3.65　添加“色彩平衡”命令

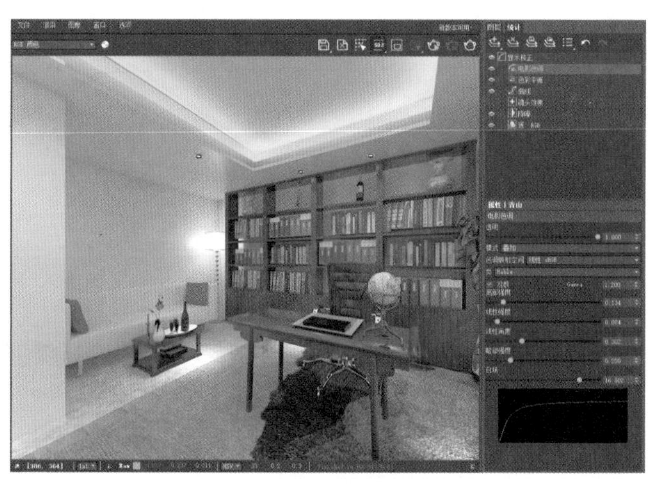

图 3.66　添加“电影色调”命令

本 章 小 结

本章主要介绍了中式风格书房夜景的表现方法，包括书房的空间布局、家具摆设、VRay 材质、VRay 灯光等内容，在灯光设计方面主要使用了 VRay 平面光、VRayIES、自

发光等灯光达到设计目的。

实践与探究

1. 对本章书房的夜景和日景的效果表现加以练习。

2. 线框效果图渲染的探究。

线框效果图是设计师在处理场景模型相互遮挡时的一种渲染方式。需要注意的是，有两种材质最好不要设置线框材质，一种是场景中的玻璃材质，这部分对象设置为线框材质后，会影响场景中的照明效果；另一种是模拟室外环境的背景对象，这部分对象通常赋予了灯光材质，如果设置为线框材质，也会影响场景中的照明效果。在本例中，窗户玻璃、落地灯、射灯、落地灯罩和室外背景对象都不使用线框材质。

下面设置线框渲染效果。

将当前场景另存为“别墅书房 - 线框效果 .max”。选择场景中的所有模型,按住 Alt 键，单击窗户玻璃、落地灯、射灯、落地灯罩和室外背景对象，去掉这些对象选择。创建一个 VRay 材质球，将其命名为“线框材质”。添加漫反射贴图为“VRay 边纹理 .jpg”，颜色设置为深灰色，设置像素宽度为 0.6，如图 3.67 所示。

设置完成后，渲染场景如图 3.68 所示。

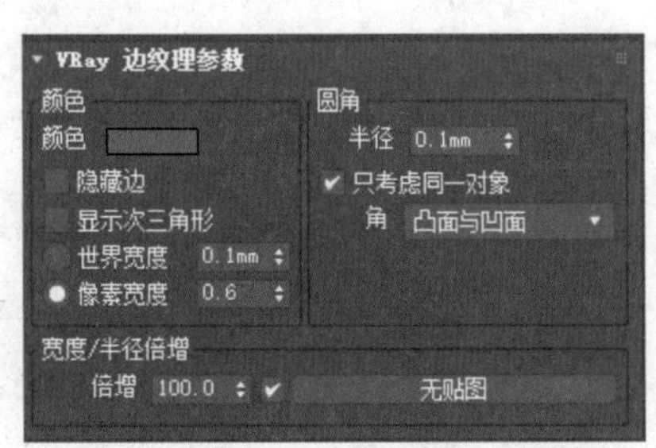

图 3.67　线框材质参数设置

图 3.68　线框渲染效果

第4章

别墅新中式厨房空间表现

本章学习重点

- 厨房空间的设计特点与表现手法
- 室外日光照明效果的手法
- 材质的调节

本章主要讲解别墅厨房空间的日景表现。案例效果如图 4.1 所示。观察效果图会发现，厨房设计风格为新中式，与别墅一楼整体设计风格一致。在设计元素上使用精美的木制家具，将现代元素与古典艺术相结合，突出新中式设计风格。通过本章的学习，可以了解新中式厨房空间设计的表现手法及制作流程，掌握木制家具的材质、VRay 陶瓷材质、VRay 金属材质的调制方法，掌握室外日光照明效果表现方法。

图 4.1　别墅新中式厨房效果

4.1　厨房场景分析

别墅一楼整体设计风格为新中式。新中式风格是我国传统文化在当今时代背景下的演绎，是在中式雕梁画栋、恢宏华贵的风格基础上加入现代潮流的创新设计，保留了明清时期木制家居配饰理念，简化了家具形态，使空间布局更加简洁清秀、轻松自然。

为了使别墅一楼保持整体风格，将厨房空间也设计为新中式风格。

厨房空间设计就是将橱柜、厨具和各种厨用家电按其形状、尺寸及使用要求进行合理布局,实施一体化搭配的过程。为了更好地突出厨房的实用性,在设计时主要考虑以下因素。

（1）合理设计料理台高度。料理台是为烹饪准备食材的主要平台，平台的高度可以充分考虑主人的要求灵活设计，最大限度地减少劳作时的疲惫。

（2）分层次布置灯光。厨房的灯光应具有足够的亮度,且要注意避免操作区出现阴影。厨房油烟大，主灯选择容易清洁的灯具，也可以安装壁灯或在橱柜底部安装射灯，另外要注意灯具应尽量远离灶台。

本章所涉及的别墅厨房的灯光分为三个层次：首先是整个厨房的照明灯光，可以用VRay 平面光；其次是为应对洗涤及备餐等操作的照明灯光，如抽油烟机一般也有灯，对烹饪来说是足够了，橱柜上层也有一个灯光，可以起到装饰的作用；最后是室外光，用来照亮整个场景。

（3）嵌入橱柜中的电气设备。新式的厨房设计中，可应每人的不同需要，把相关厨房用具布置在橱柜中适当位置，方便开启和使用。

（4）厨房里的矮柜最好做成有推拉式抽屉的样式，这样方便东西的取放，视觉效果上也较为齐整。吊柜一般做成 30~40cm 宽的多层格子,柜门设计为对开门或者折叠拉门形式。

（5）在厨房里设计一个凳子，煎炒烹炸时可以坐下来，使脊椎得到短暂的休息。

别墅实例的厨房设计初始效果如图 4.2 所示。下面通过分析场景,为各个对象赋予材质。

图 4.2　厨房设计初始白模效果

4.2　初调厨房材质

新中式风格厨房中的对象材质，如木头、陶瓷和金属这三种材质所占比例较重，需要掌握它们的调制方法。其中地板材质、木材质、不锈钢材质、铜材质等已经在第 3 章调制过，这里不再赘述。

4.2.1　调制厨房墙体材质

打开本书配套的场景文件“别墅厨房 - 白模 .max”。选择“墙体”对象，按 M 键打开“材质编辑器”，切换到 Slate 材质模式，拖出一个空白材质球，将其命名为“墙体”，设置漫反射颜色为白色，单击“贴图”按钮，在弹出的参数面板中选择“墙砖.jpg”作为瓷砖贴图。观察瓷砖的纹理，添加UVW贴图修改器，设置为长方体贴图，大小为400mm × 400mm × 400mm。

反射颜色为浅灰色，反射光泽度为0.8，为了使反射光泽度更加自然流畅，反射贴图设置为衰减贴图。

为了提高厨房墙体材质的立体效果，在贴图卷展栏中，拖动漫反射贴图通道至“凹凸”贴图通道上，复制出凹凸贴图，设置强度为30。厨房墙体材质效果如图4.3所示。

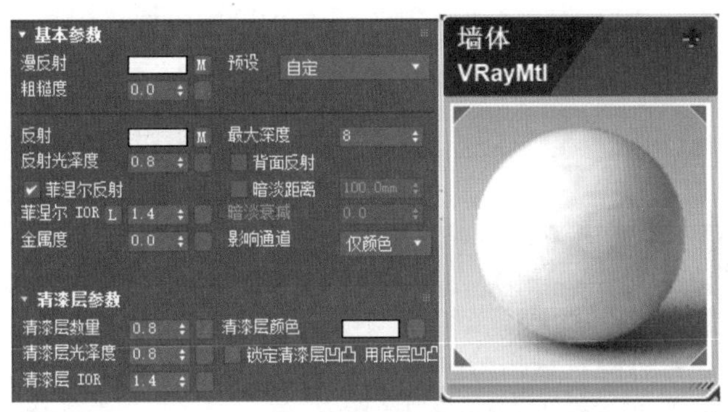

图4.3 厨房墙体材质参数设置及效果

4.2.2 调制大理石台面材质

选择“台面”对象，按M键打开“Slate材质编辑器”，切换到Slate材质编辑模式，拖出一个空白材质球，将其命名为“台面”，设置漫反射颜色为白色，单击“贴图”按钮，在弹出的参数面板中选择“台面.jpg”作为台面的贴图，参数设置如图4.6所示。观察瓷砖的纹理，添加UVW贴图修改器，设置为长方体贴图，大小为95mm × 95mm × 10mm。

反射颜色为浅灰色，反射光泽度为0.9，为了使反射光泽度更加自然流畅，反射贴图设置为衰减贴图。

为了提高大理石台面材质的立体效果，在贴图卷展栏中，拖动漫反射贴图通道至凹凸贴图通道上，复制出凹凸贴图，设置强度为35。台面材质效果如图4.4所示。

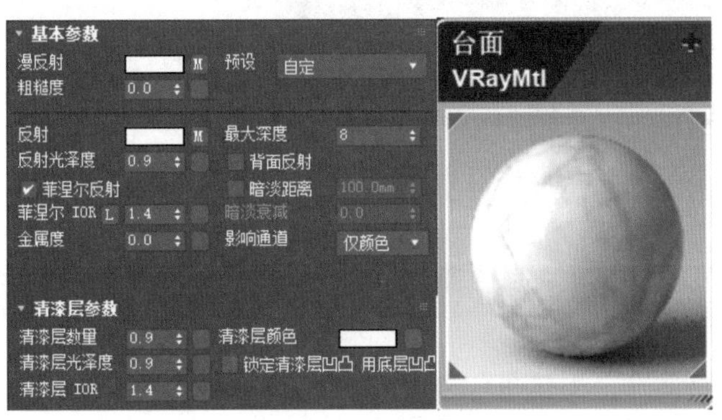

图4.4 大理石台面材质参数设置及效果

4.2.3 调制不锈钢材质

在厨房场景中，很多炊具的材质都是不锈钢，依照表面外观划分，大概有三种类型的不锈钢：第一种是表面平滑光亮的，如水壶、锅、炊具等多个对象；第二种是表面经过拉丝处理的，如抽油烟机的外表面；第三种是白色的，如冰箱的外表面。

调制抽油烟机的拉丝不锈钢材质。新建一个空白材质球，将其命名为“拉丝不锈钢”。设置漫反射颜色为浅灰色，贴图为“拉丝不锈钢 .jpg”。设置反射颜色为浅灰色，反射光泽度为 0.95，取消勾选“菲涅尔反射”复选框。反射贴图设置为衰减贴图。金属度设置为 1.0。该材质赋予场景中的抽油烟机外壳对象。拉丝不锈钢材质参数如图 4.5 所示。

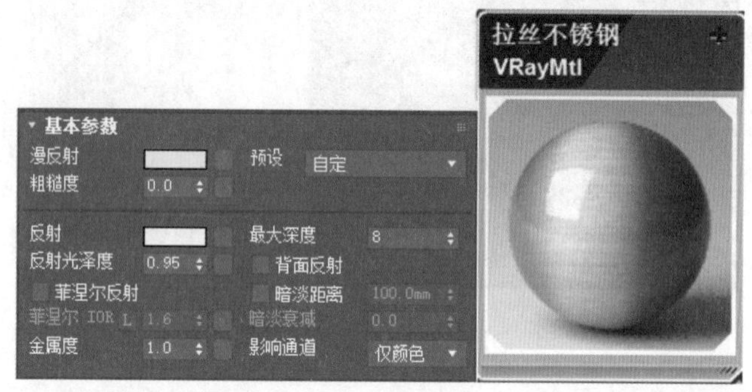

图 4.5　拉丝不锈钢材质参数设置及效果

调制冰箱的不锈钢材质。新建一个空白材质球，将其命名为“冰箱”。设置漫反射颜色为浅灰色，贴图为“冰箱 .jpg”。设置反射颜色为浅灰色，反射光泽度为 0.9，取消勾选“菲涅尔反射”复选框。反射贴图设置为衰减贴图。金属度设置为 1.0。该材质赋予场景中的冰箱对象。冰箱不锈钢材质参数如图 4.6 所示。

图 4.6　冰箱所用的白色不锈钢材质参数设置及效果

4.2.4 调制铝合金扣板材质

新建一个空白材质球，将其命名为“扣板”。设置漫反射颜色为浅灰色，贴图为“铝合金扣板 .jpg”。设置反射颜色为浅灰色，反射光泽度为 0.75，取消勾选“菲涅尔反射”

复选框。反射贴图设置为衰减贴图，金属度设置为 1.0。在漫反射贴图通道中设置反射值为 80。将材质赋予场景中的扣板对象。扣板材质参数如图 4.7 所示。

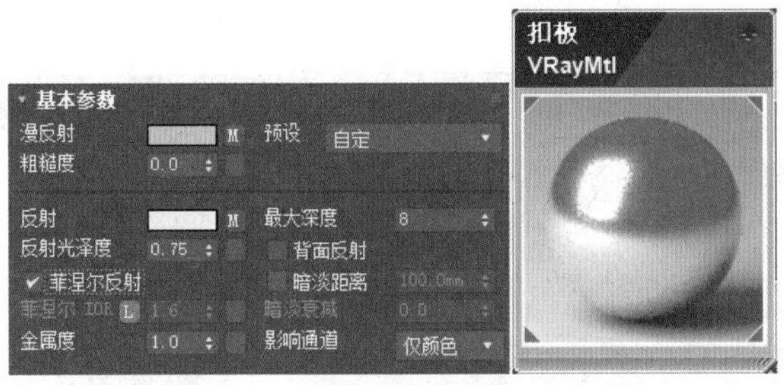

图 4.7 铝合金扣板材质参数设置及效果

4.2.5 调制煤气灶材质

煤气灶面板材质是塑钢材质，反射强度高于窗户的塑钢材质。把图 4.12 的反射光泽度提高到 0.85，既可以作为煤气灶的材质，如图 4.8 所示。该材质同时也可以作为水壶的把手和其他附件的材质，如图 4.9 所示。

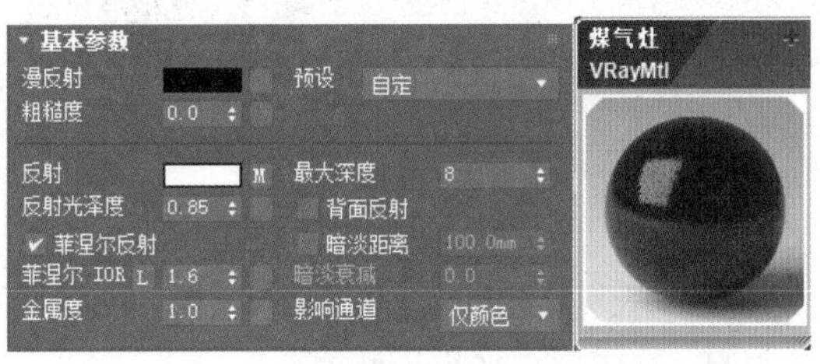

图 4.8 煤气灶面板材质参数设置及效果

煤气灶火盖的金属高光光泽度比较低，反射强度小，参数调制如图 4.9 所示。

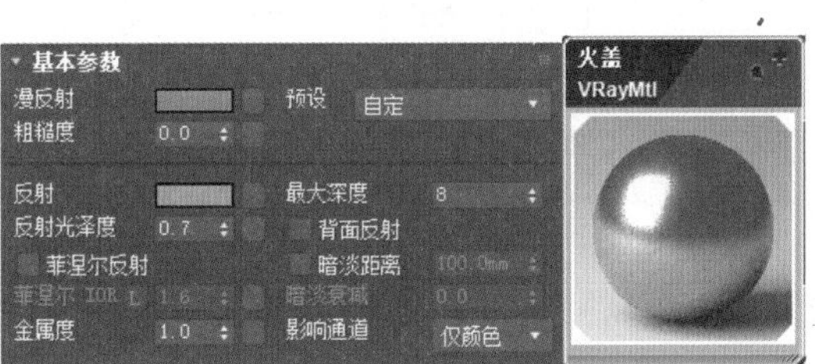

图 4.9 煤气灶火盖材质参数设置及效果

4.2.6 调制陶瓷材质

厨房场景中的搪瓷锅、蔬菜篮都可以看成是陶瓷类型的材质。下面调制陶瓷材质。

新建一个材质球，将其命名为“搪瓷锅”。设置漫反射颜色为白色，在贴图通道中设置贴图为“搪瓷锅 .jpg”，在修改面板中添加 UVW 贴图修改器，贴图类型为“圆柱体”。

设置反射颜色为浅灰色，反射光泽度为0.85，勾选“菲涅尔反射”复选框，折射率设置为1.4，在“清漆层参数”卷展栏中设置清漆层数量为0.85，清漆层IOR为1.4，清漆层颜色为白色。材质参数如图4.10所示。

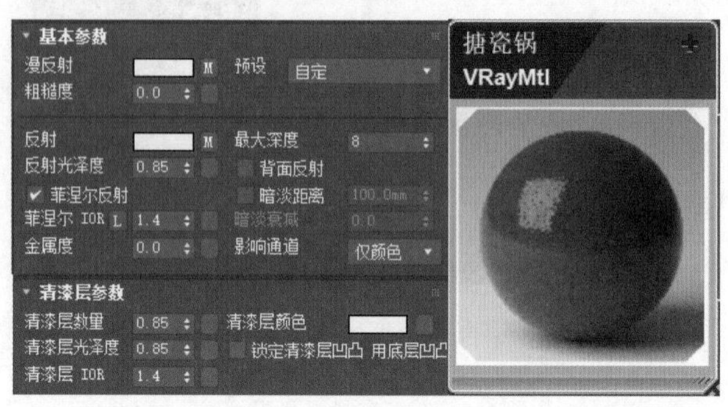

图4.10　搪瓷锅材质参数设置及效果

“蔬菜篮”材质可以通过复制“搪瓷锅”材质得到。选择“搪瓷锅”材质球，按住Shift键拖动，复制出一个材质球，将其命名为“蔬菜篮”，在贴图通道中设置贴图为“陶瓷.jpg”。其他参数保持不变，如图4.11所示。

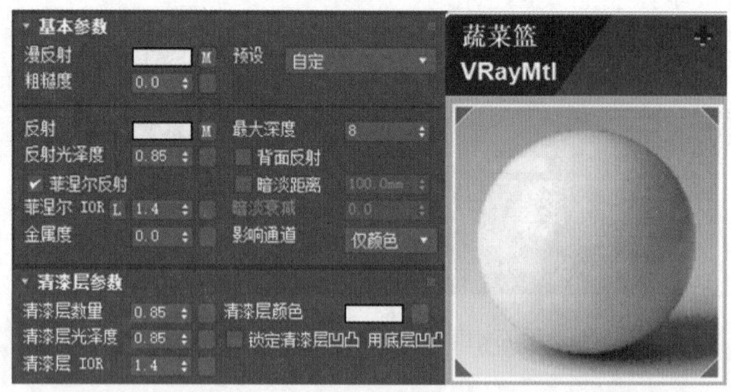

图4.11　蔬菜篮材质参数设置及效果

4.2.7　调制塑料材质

塑料壶分为三个部分：壶身、壶盖、商标，这三部分都可以赋予塑料材质。下面调制壶身塑料材质。

新建一个材质球，将其命名为“壶身”。设置漫反射颜色的RGB值为（200，240，255），设置反射颜色为浅灰色，反射光泽度为0.7，勾选“菲涅尔反射”复选框，折射率设置为1.4，在“清漆层参数”卷展栏中设置清漆层数量为0.7，清漆层IOR为1.4，清漆层颜色为白色，如图4.12所示。

“壶盖”的材质可以通过复制“壶身”材质得到。选择“壶身”材质球，按住Shift键拖动，复制出一个材质球，将其命名为“壶盖”，修改漫反射颜色为白色，如图4.13所示。

同样的方法调制“塑料壶商标”材质。保持其他参数不变，在漫反射贴图通道中贴入“壶身贴图.jpg”，添加UVW修改器，贴图类型为长方体，调整贴图大小，如图4.14所示。

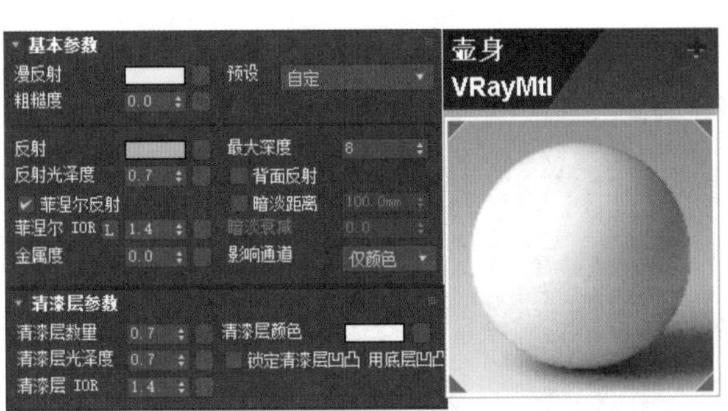

图 4.12 塑料壶身材质参数设置及效果

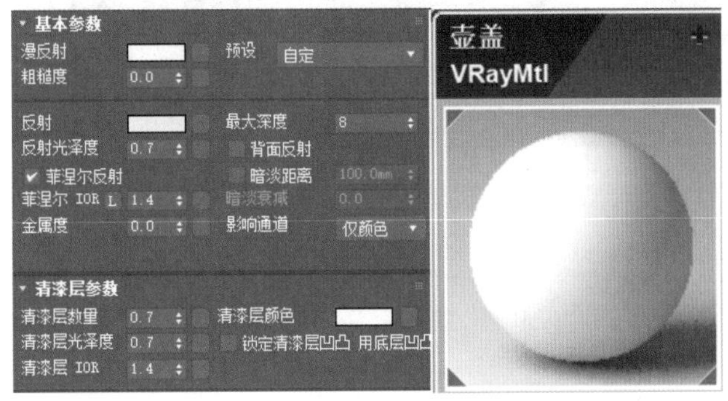

图 4.13 塑料壶的壶盖材质参数设置及效果

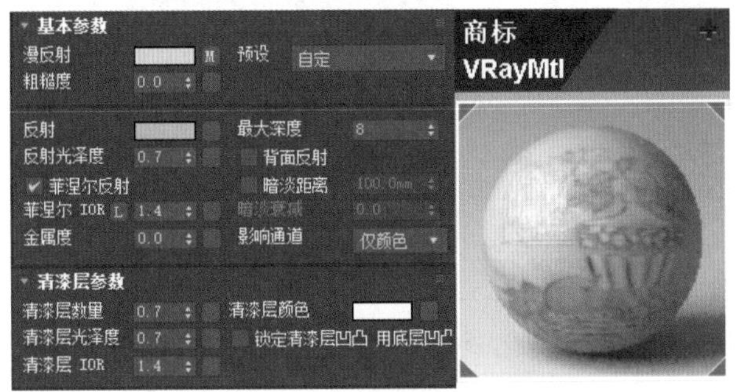

图 4.14 塑料壶的商标材质参数设置及效果

4.2.8 调制油壶材质

油壶分为油壶和壶身商标两个部分，我们将透明材质赋予油壶，将塑料材质赋予壶身商标，下面就来调制这两种材质。

新建一个材质球，将其命名为“油壶”。设置漫反射颜色的 RGB 值为（193，132，0）。设置反射颜色为浅灰色，反射光泽度为 0.7，勾选“菲涅尔反射”复选框，油壶的折射率设置为 1.5。设置折射颜色为白色，折射光泽度设置为 0.95，折射率（IOR）设置为 1.5，勾选“阿贝数”复选框，设置数字为 100.0。设置烟雾颜色 RGB 值为（193，132，0），“烟雾偏移”设置为 0.08，“烟雾倍增”设置为 0.38，半透明度类型设置为“混合模型”。材质

参数如图 4.15 所示。

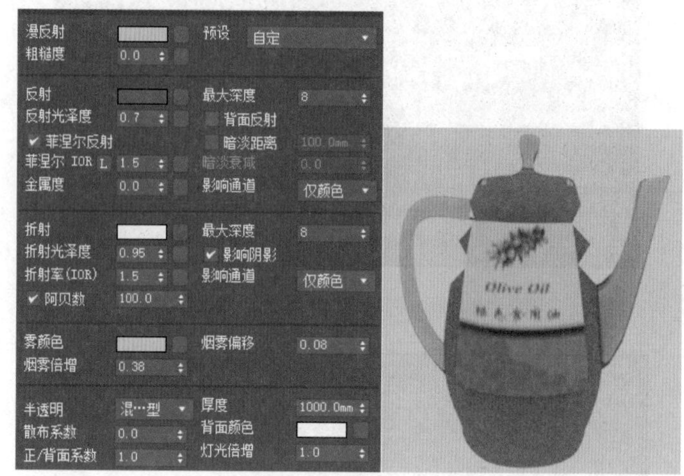

图 4.15 油壶材质参数设置及效果

“油壶商标”材质参数设置可以参考 4.2.7 小节塑料壶的商标材质。保持其他参数不变，在漫反射贴图通道中贴入“油壶商标 .jpg”，添加 UVW 展开修改器，贴图类型为长方体，调整贴图大小。

4.2.9 调制玻璃材质

对于厨房场景中推拉门玻璃和窗户玻璃，由于二者透明度不同，所以这两种玻璃材质的参数也不相同。

调制推拉门的玻璃材质。新建一个材质球，将其命名为“门玻璃”，设置漫反射颜色为白色，反射颜色为灰色，反射光泽度为 0.7，勾选“菲涅尔反射”，折射率设置为 1.3。设置折射颜色的 RGB 值为（242，255，255），折射光泽度为 0.95，折射率（IOR）为 1.3，勾选“阿贝数”复选框，数量设置为 50.0。材质参数设置如图 4.16 所示。

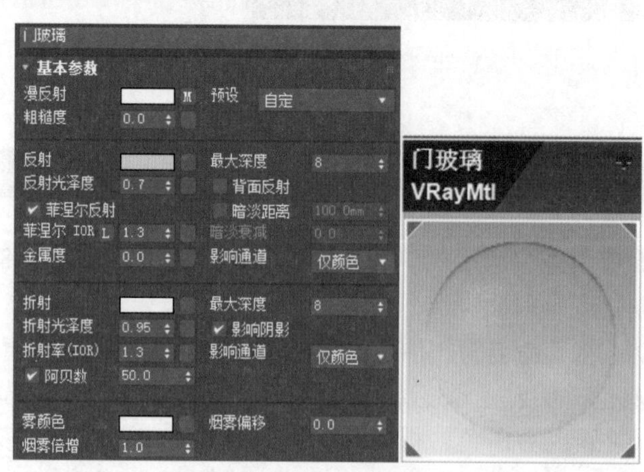

图 4.16 门玻璃材质参数设置及效果

4.2.10 调制案板组件材质

案板组件包括竹案板、刀和刀柄。

新建一个材质球，将其命名为“竹子”，设置漫反射颜色的 RGB 值为（178，118，67），在漫反射贴图通道中反射颜色为灰色，反射光泽度为 0.7，勾选“菲涅尔反射”，如图 4.17 所示。然后，将材质赋予“案板”对象。

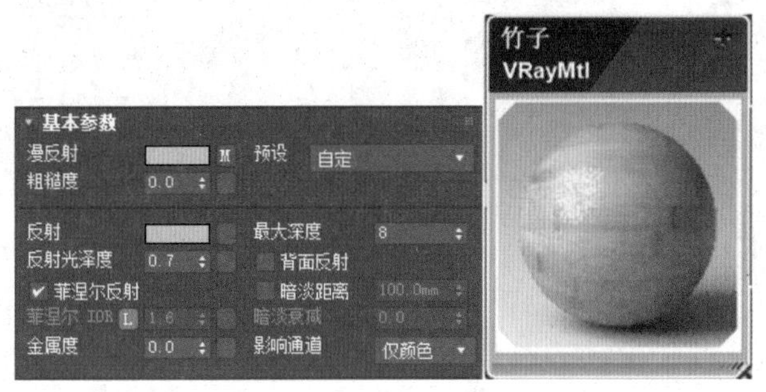

图 4.17 案板的竹子材质参数设置及效果

“刀”对象可以赋予不锈钢材质，“刀柄”对象可以赋予煤气灶的材质。

4.2.11 调制 VRay 灯光材质

厨房空间里有两个吸顶灯，可以赋予 VRay 灯光材质。新建一个“VRay 灯光材质球”，将其命名为“吸顶灯”，设置颜色值为 1.0，如图 4.18 所示。该材质可以赋予吸顶灯 1、吸顶灯 2、射灯 1、射灯 2，以及射灯 3 等对象。

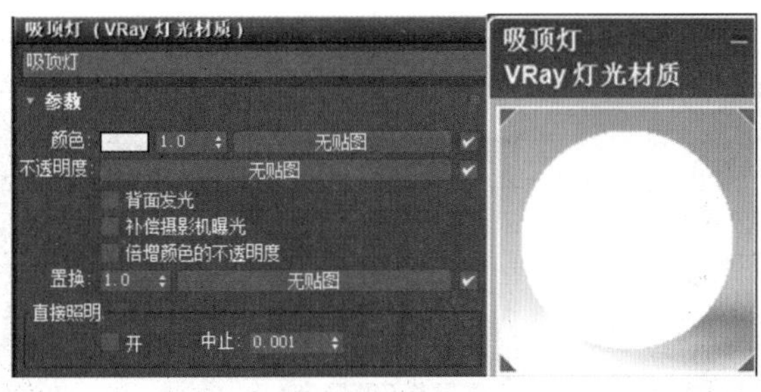

图 4.18 吸顶灯材质参数设置及效果

4.3 厨房摄像机参数设置

我们在别墅厨房设置三台摄像机，分别从厨房室内向室外、室外向厨房内和左侧方向观察厨房的效果。

4.3.1 架设自厨房向外角度的摄像机

如图 4.19 所示，选择 3ds Max 的目标摄像机，在顶视图中创建一个目标摄像机 Camera001，从内向外拖动目标点。同时选中摄像机和目标点，在左视图或前视图中移动摄像机到合适的位置。

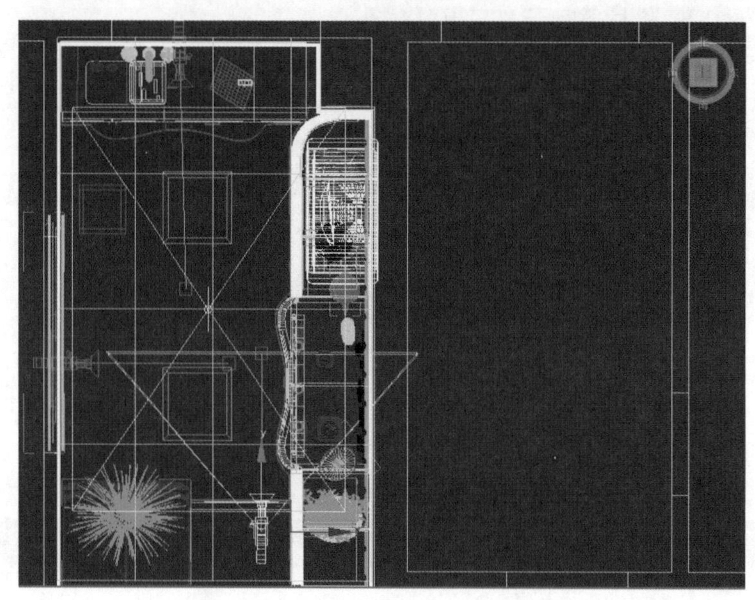

图 4.19 架设从厨房向外的目标摄像机

选择目标摄像机 Camera001，进入修改面板，设置焦距为 20mm，其他值保持默认设置。切换到摄像机视图，如图 4.20 所示。

图 4.20 自厨房内向外观看的效果

4.3.2 架设自厨房向内角度的摄像机

选择 3ds Max 的目标摄像机，在顶视图中创建一个目标摄像机 Camera002，从外向内拖动目标点。同时选中摄像机和目标点，在左视图或前视图中移动摄像机到合适的高度，如图 4.21 所示。

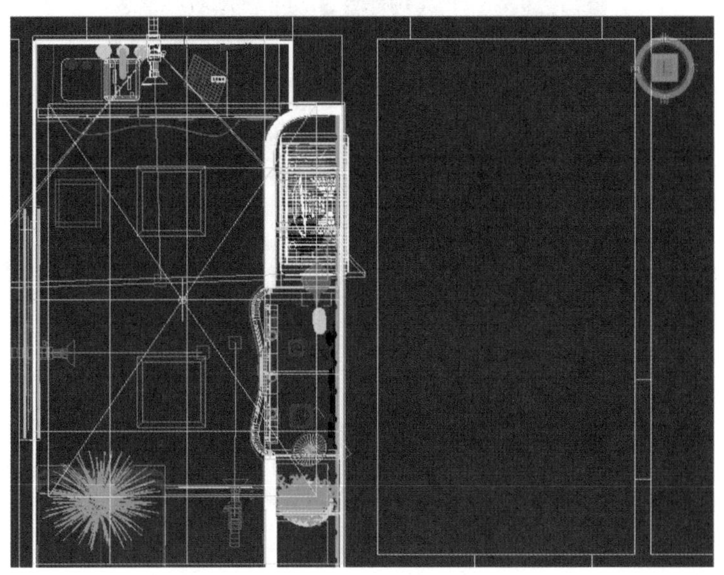

图 4.21　架设自厨房向内的目标摄像机

选择目标摄像机 Camera002，进入修改面板，设置焦距为 20mm，其他值保持默认设置。切换到摄像机视图，如图 4.22 所示。

图 4.22　自外向厨房内部观看的效果

4.3.3　架设厨房左侧的目标摄像机

选择 3ds Max 的目标摄像机，在顶视图中创建一个摄像机 Camera003，向右前方拖动目标点。同时选中摄像机和目标点，在左视图或前视图中移动摄像机到合适的高度，如图 4.23 所示。

选择摄像机 Camera003，进入修改面板，设置焦距为 15mm，其他参数保持默认值。切换到摄像机视图，如图 4.24 所示。

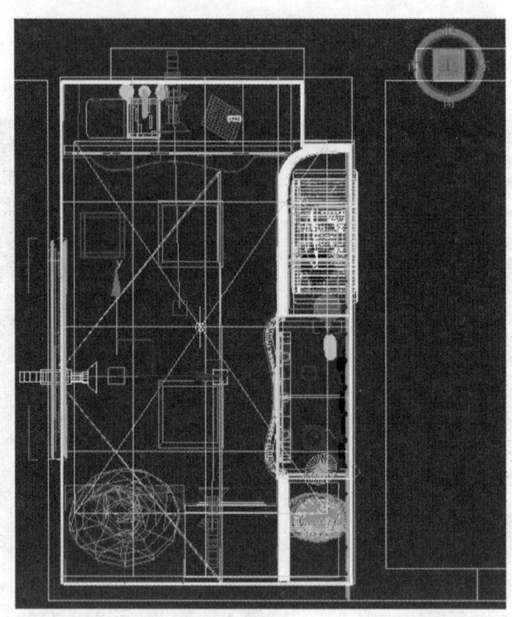

图 4.23　架设厨房左侧的目标摄像机

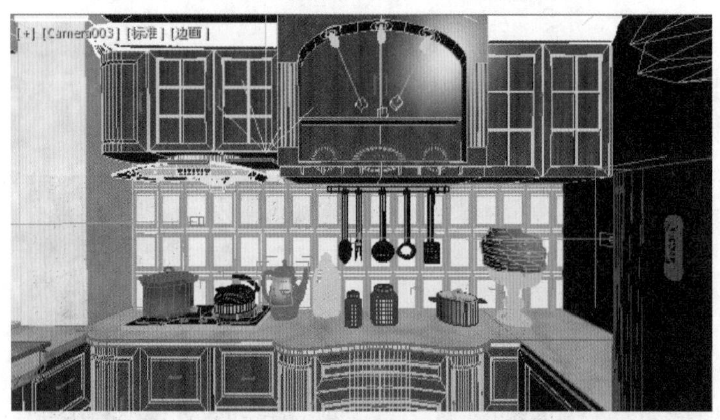

图 4.24　从厨房左侧观察的效果

4.4　布置厨房场景灯光

本实例突出表现厨房室内白天效果，灯光可以分为室外太阳光、室内照明光和室内射灯三类。

4.4.1　制作室外太阳光

室外环境效果由环境贴图和 VRay 太阳光共同构建。由于厨房室内场景中高反光材质

较多，室外环境容易影响到室内的材质，所以需要为室外环境创建一个材质包裹器。

1. 为场景添加室外环境

新建一个“VRay 材质包裹器”材质球，将其命名为“环境包裹”，修改“生成 GI”参数为 0.01，其他参数保持不变，如图 4.25 所示。

新建一个“VRay 灯光”材质球，将其命名为“环境光”，设置“颜色”值为 5.0。将该材质赋予“室外环境”对象，如图 4.26 所示。

制作室外太阳光

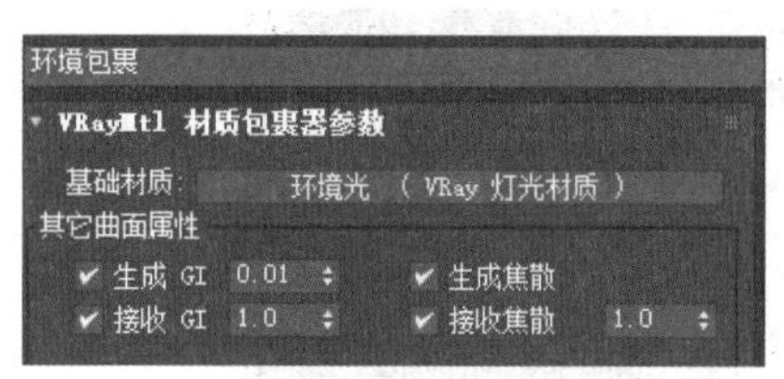

图 4.25 材质包裹器参数

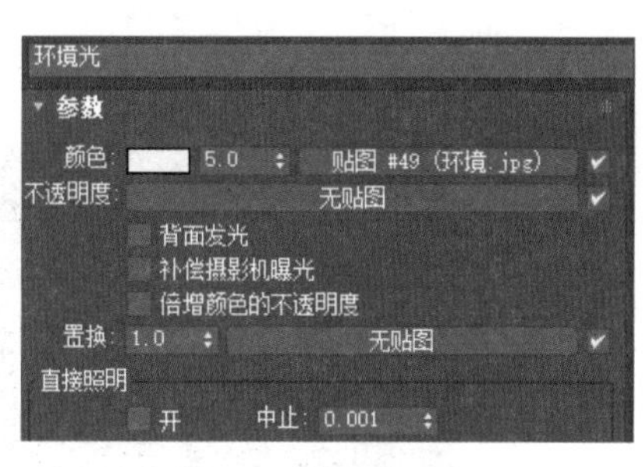

图 4.26 环境光材质参数

在材质编辑器中，将“环境光”材质的套接字拖动到“环境包裹”的“基础材质”上，如图 4.27 所示。

图 4.27 拖放材质包裹器套接字

2. 创建室外环境光

在顶视图中创建 VRay 太阳光，将其命名为“VRay 太阳光 001”。设置强度倍增为 0.2，大小倍增为 2.0，“过滤颜色”为白色，“天空模型”设置为“改进”类型，光子发射半径设置为 50.0mm，其他值保持默认设置，如图 4.28 所示。

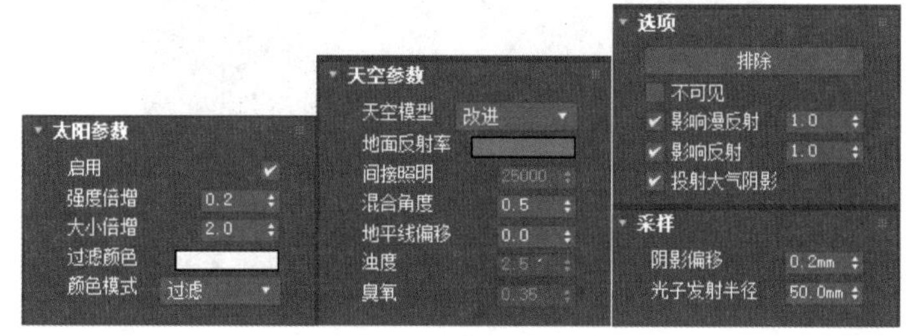

图 4.28 太阳参数设置

单击“排除”命令按钮，打开“排除 / 包含”窗口，选择“玻璃”对象，然后单击“添加”命令按钮，排除玻璃。

4.4.2 制作室内射灯

橱柜门上有三个射灯，需要为每个射灯添加一个 VRayIES 光源。

在创建面板中，单击 VRayIES，在左视图中创建一个 VRayIES 光源，目标点自上向下拖动，将其命名为“VRayIES 001”。进入修改面板，单击“IES 文件”通道，选择“射灯 .ies”，颜色为白色，倍增为 0.5，其他参数保持默认设置。使用移动工具，使 VRayIES 001 与射灯对齐。第一个射灯参数设置完成后，分别复制出另外两个射灯，复制方式为实例复制，使用移动、旋转工具，分别与射灯对齐，如图 4.29 所示。

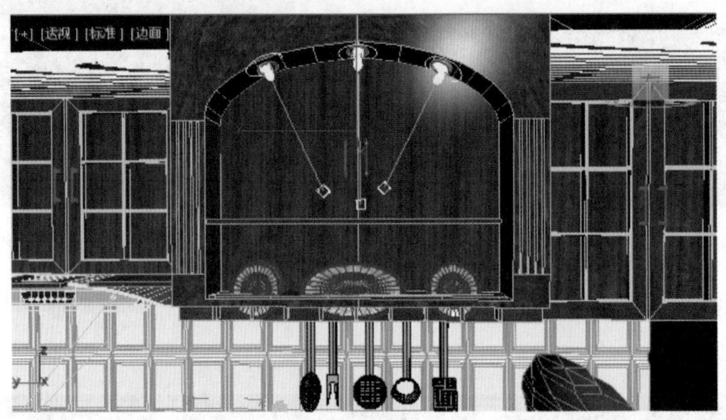

图 4.29 创建 VRayIES 光源

4.4.3 制作场景内主光源

在顶视图中创建“VRay 灯光 001”，在前视图中移动其位置，使其位于“吊顶 2”对象的下方。进入修改面板，“倍增”设置为 0.5，颜色为白色。在“选项”卷展栏中勾选“投射阴影”和“不可见”复选框，其他参数设置保持默认设置，如图 4.30 所示。

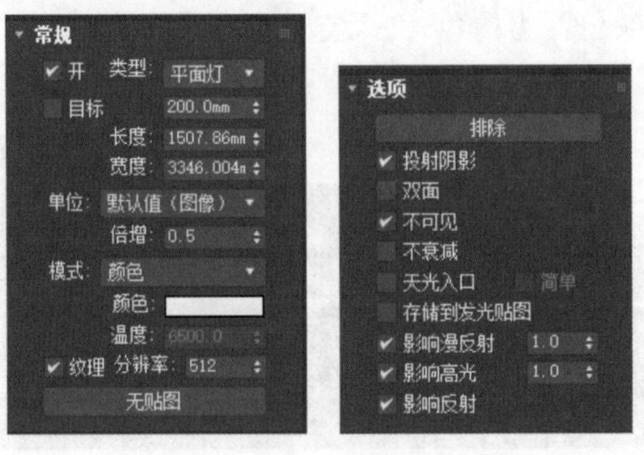

图 4.30 主光源参数设置

场景中所有光源的位置都摆放好后，接下来进行灯光混合测试，详细过程可以参考 3.4.6 小节。

4.5 细调厨房材质

场景中灯光强度确定以后，可以对材质进行细调，主要包括渲染参数、反射光泽度、凹凸贴图等参数调制。在细调材质之前，需要在渲染设置窗口中，将“主要引擎”设置为“发光贴图”，在渲染元素中删除“VRay 灯光混合”元素。

选择“地板”材质，将最大深度提高到 16，提高地板的反射细节，如图 4.31 所示。

设置衰减贴图的折射率为 1.4，将衰减贴图的白色修改为 RGB 值为（232，243，255）的浅蓝色，降低衰减梯度，缩短渲染时间，如图 4.32 所示。

修改凹凸通道中的“坐标”参数，将模糊值降低为 0.5，使凹凸效果更有层次，如图 4.33 所示。

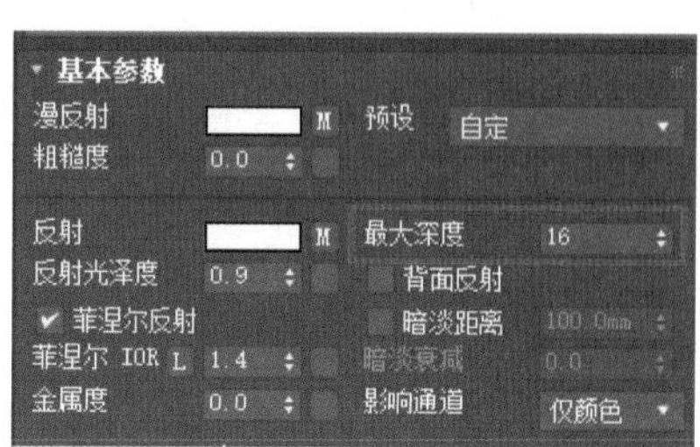

图 4.31 提高最大深度参数

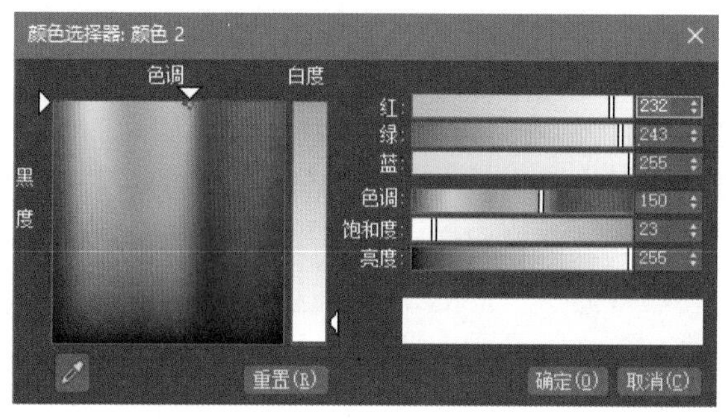

图 4.32 修改衰减颜色

图 4.33 地板材质细调效果

利用同样的方法，细调场景中的台面、木材质、铝扣板、冰箱等主要对象的材质。如有需要，读者可以尝试细调每一种材质。

4.6 厨房空间渲染输出及后期效果处理

细调材质完成后，就可以设置渲染参数渲染出图了。读者请参考 3.6 节设置渲染输出参数。

设置好渲染参数后，分别渲染摄像机视图。如果认为有必要，可以进行后期效果处理，添加“色调 / 饱和度”“曲线”“色彩平衡”“电影色调”等后期处理命令，对渲染图像进行处理。

本章小结

本章主要介绍了别墅厨房场景的新中式风格表现方法，讲解了包括厨房的空间布局、VRay 材质、VRay 灯光等内容，在材质设计方面主要使用了 VRay 陶瓷材质、VRay 木质、VRay 金属材质，尤其注意当一种材质对其他材质有影响的时候，需要使用 VRay 材质包裹器，降低全局 GI 参数，从而实现减小对其他材质影响的目的，但这会使场景较暗，所以需要提高场景中的灯光参数。在 VRay 灯光设计方面，主要利用 VRay 面光、VRay 太阳光、VRayIES 等灯光达到设计的目的。

实践与探究

1. 练习本章厨房场景的日景效果表现。

2. 厨房空间设计的细节设计的探究。

（1）厨房布局。厨房的布局分为 U 型、L 型和一字型，其中 U 型的厨房布局是比较实用的，所有厨房活动在转身之间即可完成，无须来回走动；L 型的厨房布局也比较实用，但是需要正确处理洗菜、切菜、炒菜的顺序；一字型厨房空间过于狭长，做饭时需要走动的距离过大，更需要较好的设计，否则会显得拥挤、忙乱，所以这种布局非必要不选择。

（2）料理台面。厨房的料理台面，是厨房活动的主要区域，在设计时主要考虑料理的流程。

料理台高度设计一般在 65~90cm，根据使用者的身高确定具体高度。根据洗菜、切菜、炒菜的流程设计。一般来说，洗菜的水槽内嵌在台面下方，炒菜的灶炉凸出在台面上方，切菜部分与台面齐平。

水槽部分尽量靠窗设计，因为水槽用水较多，容易潮湿，所以一般设计在靠窗户的位置，这样通风效果好，避免因为潮湿而滋生霉菌。另外，也可以设计挡水板。

（3）橱柜设计。橱柜是厨房主要的收纳空间。作为一个高频使用的空间，在设计厨房的收纳空间时，除了储物的基本需求外，使用方便性也是关键因素。柜门可以设计隐藏拉手，使用方便清洗的材质，并且尽量使外观简洁统一。

第5章

别墅卫生间空间表现

本章学习重点

- ➢ 空间风格的表现
- ➢ 材质的调制
- ➢ 灯光的布置
- ➢ 后期效果的处理

本章主要讲解别墅卫生间的空间表现。别墅一楼新中式风格的卫生间效果如图 5.1 所示。

图 5.1　别墅一楼新中式风格的卫生间效果

图 5.2 是与一楼卫生间相通的洗衣房效果。

图 5.2　一楼新中式洗衣房效果图

观察效果图不难发现，一楼新中式卫生间场景雍容典雅。通过本章的学习，可以了解不同风格卫生间的表现手法及制作流程，熟练掌握 VRay 材质及贴图的应用，掌握 VRay 灯光的使用。

5.1 卫生间场景分析

卫生间是人们日常使用率极高的空间，在家居中占据重要位置。随着人们对生活要求的提高，在空间设计上更注重舒适性和美观性。卫生间设计的优劣，将直接影响着人们日常生活的舒适度。作为人们日常清洗沐浴和如厕的空间，由于其面积一般比较紧凑，所以对收纳功能有着较高的设计要求。

别墅卫生间的设计风格需要与别墅整体装修风格相统一，主要以饰面材料和洗手台、浴缸、坐便器等卫生用具来体现。别墅一楼为新中式风格设计，那么一楼的卫生间饰面砖的对比就不要太强烈，可以选择较为端庄稳重的洁具来搭配；别墅二楼为欧式风格设计，追求高端富丽气质，饰面砖就可以选择造型变化多样的。

别墅卫生间色调设计一般以浅色为主，这样看起来更为干净整洁。选择一些浅色、亮面的饰面砖，可以充分反射光线，使狭小空间显得透亮明快。此外，还可以充分利用灯光来达到目的。比较阴暗的卫生间可采取分控照明，在保证有一个主体照明的同时，在局部区域如淋浴区上方，可以适当设置辅助灯光。

卫生间的光线要明亮柔和，顶灯不要都装在浴缸上部，另外要选择防水性好的灯具。洗手台镜子上方及周边可安装射灯或日光灯，方便梳洗和剃须。淋浴房或浴缸处可用天花板上的射灯，方便洗浴，也可用从低处照射的光线营造一种温馨轻松的氛围。

别墅一楼新中式卫生间设计的初始模型如图 5.3 所示，下面结合场景分析，分别赋予对象材质。

图 5.3　别墅一楼新中式卫生间白模效果

5.2 别墅一楼新中式卫生间

打开素材文件“别墅一楼卫生间 - 原始 .max”场景文件。场景中已经设置好了摄像机。在初调材质之前，首先匹配渲染器，打开“渲染设置”窗口，将“产品级”渲染器设

置为 VRay 5。

5.2.1 初调材质

（1）调制砖面材质。按 M 键打开“Slate 材质编辑器”，选择一个空白材质球，将其命名为“砖面材质”。设置漫反射颜色为浅灰色，漫反射贴图为“砖面石材 .jpg”。添加反射贴图为衰减贴图，反射光泽度为 0.85，勾选“菲涅尔反射”复选框，折射率设置为 1.4。在“清漆层参数”卷展栏中，设置清漆层数量为 0.85，清漆层 IOR 为 1.4，清漆层颜色为白色。为模型添加 UVW 贴图修改器，观察对象的纹理，使砖面纹理大小适中，如图 5.4 所示。该材质可以赋予“卫生间墙体”“洗衣房墙体”和“洗卫地板”对象。

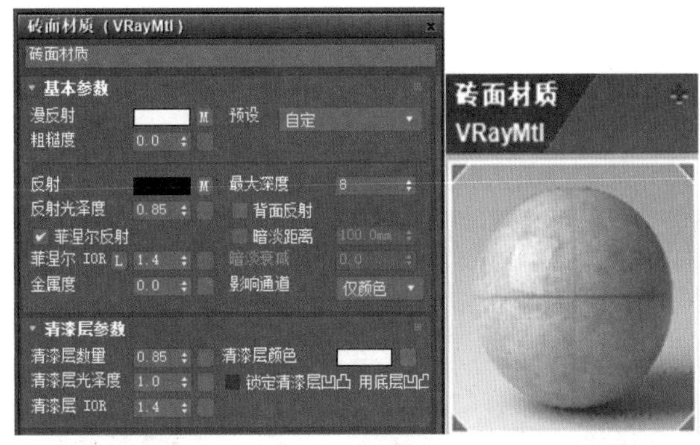

图 5.4 别墅卫生间砖面材质参数设置及效果

（2）调整“洗卫地板”模型贴图方向。展开模型 UVW 贴图修改器，旋转贴图 Gizmo 呈 90º，使其与墙面砖方向有所不同，如图 5.5 所示。

图 5.5 调整“洗卫地板”模型贴图方向

（3）调制地板饰边材质。选择“地板饰边”模型，新建空白材质球命名为“地板饰边”，设置漫反射颜色为浅灰色，漫反射贴图为“地板饰边 .jpg”。反射光泽度为 0.85，勾选“菲涅尔反射”复选框，折射率设置为 1.4。在“清漆层参数”卷展栏中，设置清漆层数量为 0.85，清漆层 IOR 为 1.4，清漆层颜色为白色。为模型添加 UVW 贴图修改器，观察对象的纹理，使砖面的纹理大小适当，如图 5.6 所示。

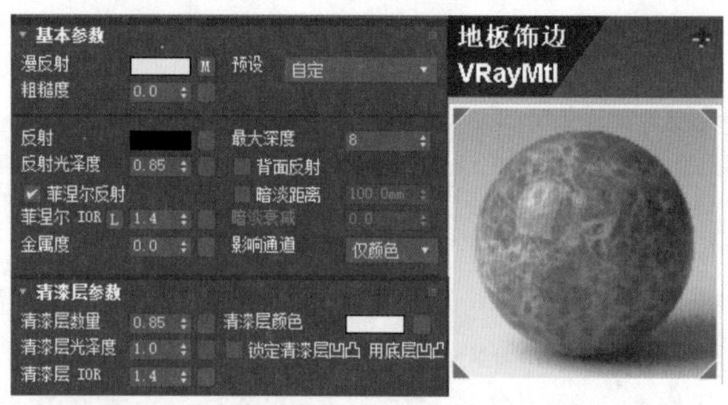

图 5.6　地板饰边材质参数设置及效果

（4）调制编织竹席材质。场景中新中式卫生间的洗手台对象的部分材质为编织竹席材质。新建一个材质球，将其命名为“竹席”。设置漫反射颜色为浅灰蓝色，设置漫反射贴图为“竹席 .jpg”。反射贴图为衰减贴图，反射光泽度为 0.75，最大深度值为 5。在贴图通道中，复制漫反射贴图到凹凸贴图通道中，凹凸参数设置为 30。观察竹席纹理，为模型添加 UVW 贴图修改器，使竹席的纹理大小适中，如图 5.7 所示。

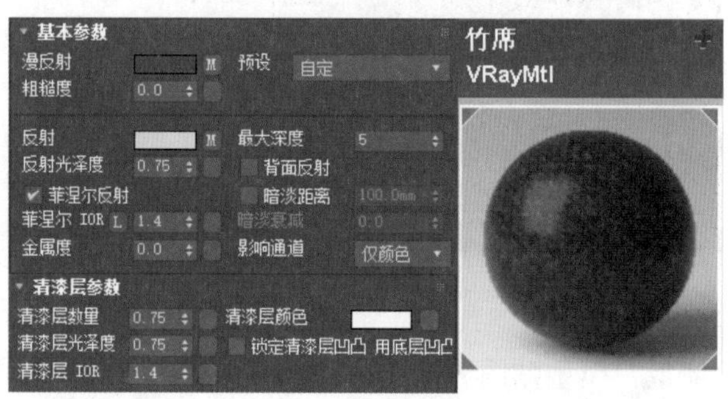

图 5.7　编织竹席材质参数设置及效果

（5）调制洗手台大理石台面材质。设置“大理石台面”材质球，漫反射颜色为浅灰色，漫反射贴图为“大理石 .jpg”。设置反射颜色为浅灰色，反射光泽度为 0.85，勾选“菲涅尔反射”复选框，折射率设置为 1.4，在“清漆层参数”卷展栏中设置清漆层数量为 0.8，清漆层 IOR 为 1.4，清漆层颜色为白色。观察洗手台大理石台面的纹理，添加 UVW 贴图修改器，使台面的纹理大小适中，如图 5.8 所示。

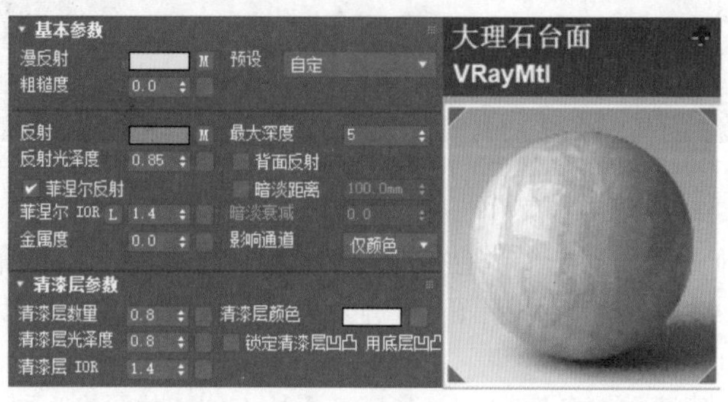

图 5.8　洗手台大理石台面材质参数设置及效果

（6）调制镜子材质。洗手台上镜子材质参数设置如下，单击“镜子”材质球，设置漫反射颜色为深灰色，设置反射颜色为白色，反射光泽度为 1.0，最大深度值为 5。为模型添加 UVW 贴图修改器，使材质的纹理大小适中，如图 5.9 所示。

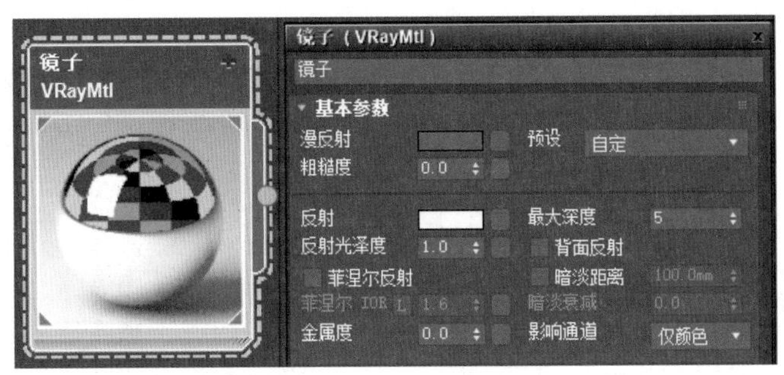

图 5.9　镜子材质参数设置及效果

（7）调制镜子装饰金属材质。洗手台镜子由两部分组成，里面是镜子，外面的框是装饰金属。首先，调制镜子装饰金属材质。新建一个材质球，将其命名为“镜子金属”。设置漫反射颜色为偏金深灰色，反射颜色为浅黄色，反射光泽度为 0.9，折射率 IOR为 0.47，最大深度值为 5。“双向反射分布函数”设置为“沃德”。为模型添加 UVW 贴图修改器，使材质的纹理大小适中，该材质也可以赋予场景中“洗浴隔断”对象中的金属材质，如图 5.10 所示。

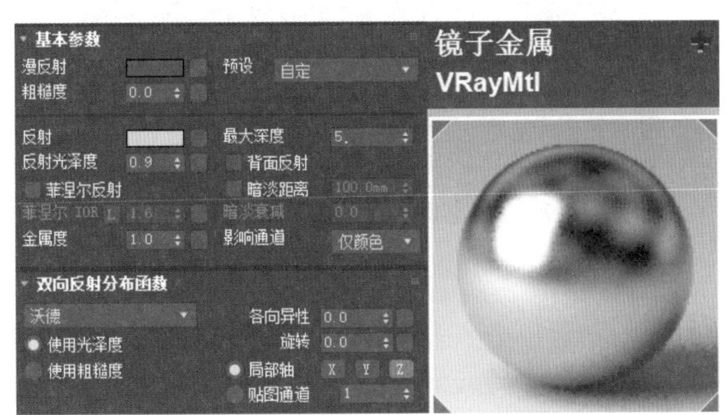

图 5.10　镜子装饰金属材质参数设置及效果

其次，调制壁灯灯罩部分的材质。壁灯灯架为“胡桃木”材质，在前面已调制好了。单击新建的“壁灯”材质球，设置漫反射颜色为浅灰色，漫反射贴图为“壁灯 .jpg”。设置折射贴图为衰减贴图，反射光泽度为 0.7，如图 5.11 所示。

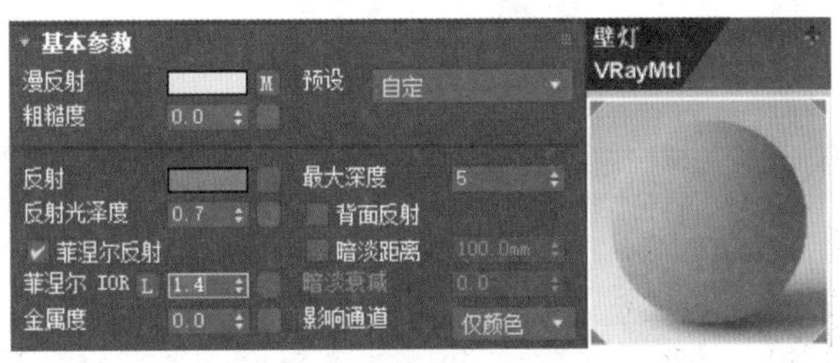

图 5.11　壁灯灯罩材质参数设置及效果

（8）调制毛巾材质。新建一个“VRay 材质包裹器”材质球，将其命名为“毛巾”。为其基础材质添加基础颜色贴图“毛巾 .jpg”，同时添加凹凸贴图“毛巾 .jpg”，凹凸值为 0.3。将材质赋予场景中的毛巾、浴巾等对象，为模型添加 UVW 贴图修改器，观察毛巾的纹理调整大小适中，毛巾材质效果如图 5.12 所示。

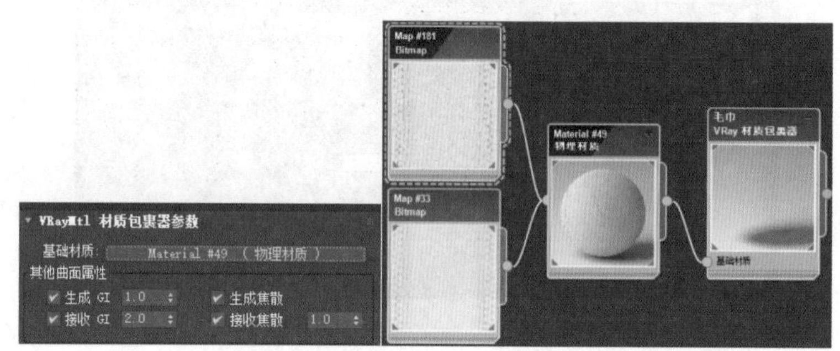

图 5.12　毛巾材质参数设置及效果

（9）调制灯具发光材质。灯具发光材质是用灯光材质表现。新建一个“VRay 灯光”材质球，设置“颜色”为白色，值为 3.0，将该材质赋予场景中发光的灯具对象，如浴霸灯、射灯、洗衣房顶灯等，如图 5.13 所示。

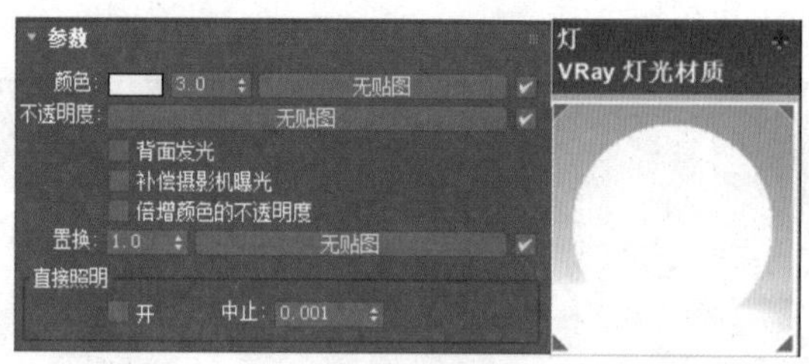

图 5.13　灯具发光材质参数设置及效果

（10）调制衣服材质。新建一个“多维 / 子对象”材质球，将其命名为“黄色短袖”。设置子材质漫反射颜色为浅灰色，漫反射贴图为布料不同色彩区域，在贴图通道中，复制漫反射贴图到凹凸贴图通道中，凹凸参数设置为 10。设置反射颜色为浅灰色，反射光泽度为 0.6。将材质赋予衣服对象，观察对象的纹理，使对象的纹理大小合适。用同样方法调整设置其他衣服材质，如图 5.14 所示。

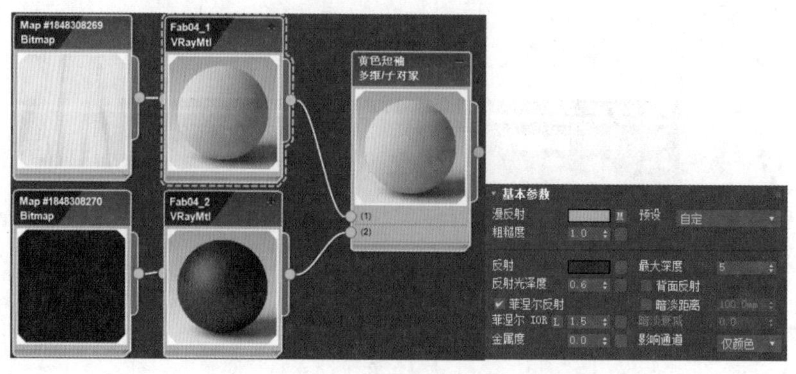

图 5.14　衣服材质参数设置及效果

（11）调制窗外环境材质。窗外环境用一个平面来表现，由于要表达室外效果，可以通过贴图表现室外环境。室外环境可以用灯光材质表现。新建一个“VRay 灯光”材质球，将其命名为“窗外景”，设置颜色值为 3.0，添加窗外景贴图“窗外.jpg”，将该材质赋予“窗外”对象，如图 5.15 所示。

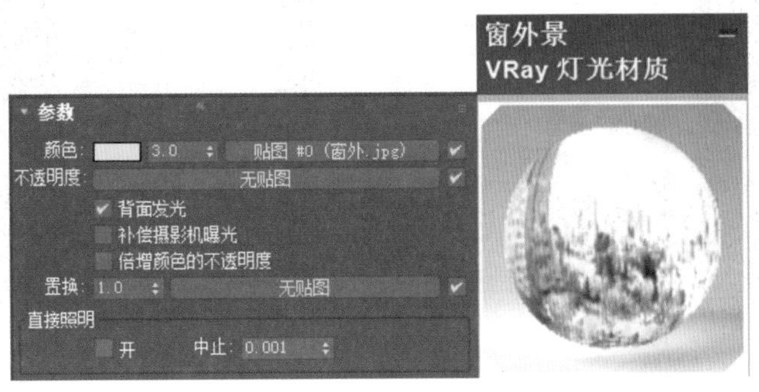

图 5.15　窗外环境材质参数设置及效果

5.2.2　摄像机设置

本实例中架设了三台摄像机，分别从右侧、后侧、左侧展示了卫生间和洗衣房的设计效果。

1. 架设卫生间右侧角度摄像机

选择 3ds Max 的目标摄像机，在顶视图中创建一个目标摄像机 Camera001，从右向左拖动目标点至洗手台上盆花的位置。同时选中摄像机和目标点，在左视图或前视图中移动摄像机到合适的位置，摄像机的高度位置一般位于人眼的高度，如图 5.16 所示。

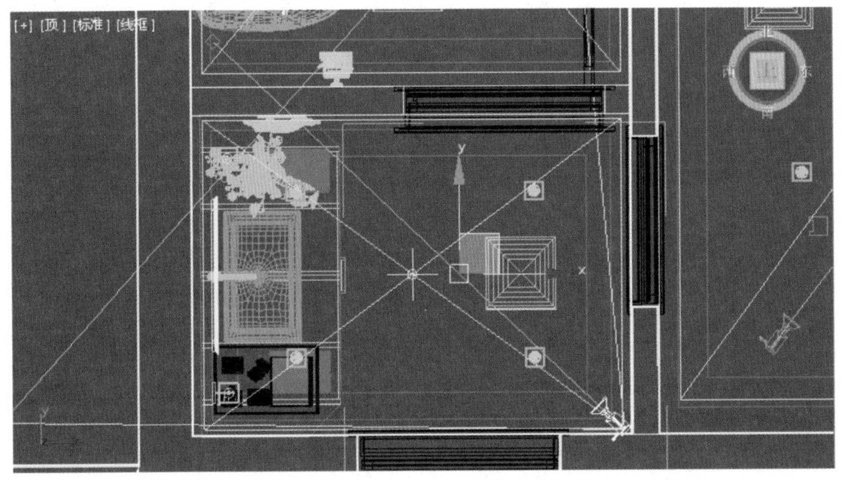

图 5.16　架设卫生间右侧角度摄像机

选择摄像机 Camera001，进入修改面板，设置焦距为 20，其他值保持默认设置。切换到摄像机视图，如图 5.17 所示。

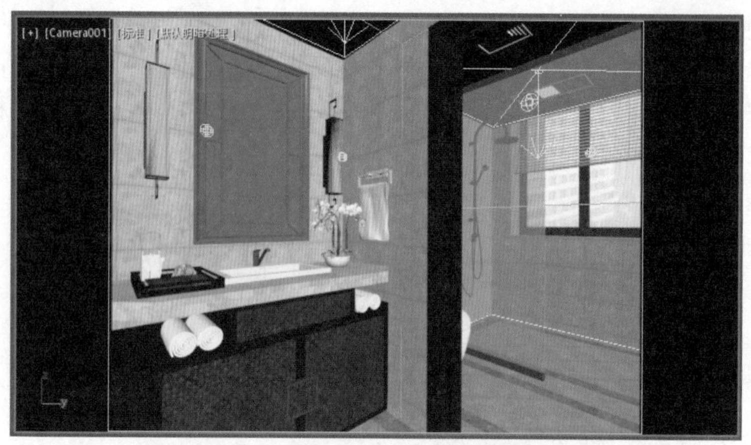

图 5.17　自卫生间右侧观察的效果

2. 架设卫生间后侧角度摄像机

选择 3ds Max 的目标摄像机，在顶视图中创建一个目标摄像机 Camera002，在卫生间后部从右向左拖动目标点至坐便器的位置。同时选中摄像机和目标点，在左视图或前视图中移动摄像机到合适的高度，如图 5.18 所示。

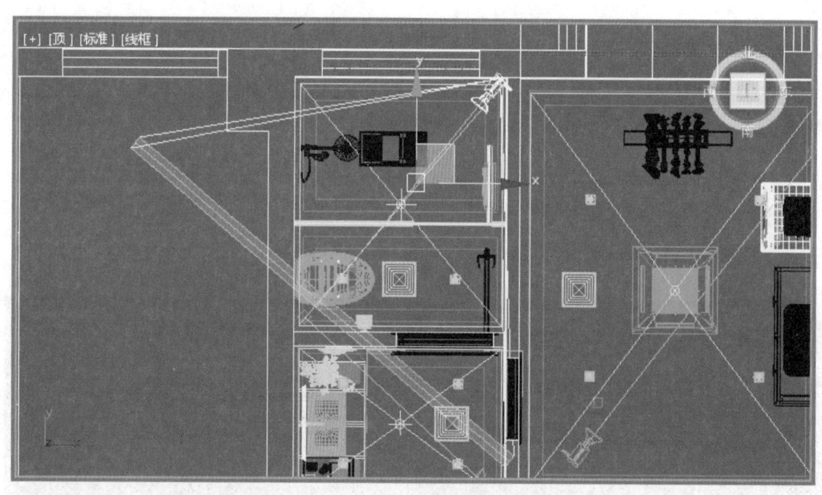

图 5.18　架设卫生间后侧角度摄像机

选择摄像机 Camera002，进入修改面板，设置焦距为 20mm，其他值保持默认设置。切换到摄像机视图，如图 5.19 所示。

3. 架设洗衣房左侧角度摄像机

选择 3ds Max 的目标摄像机，在顶视图中创建一个目标摄像机 Camera003，从洗衣房门口向右前方拖动目标点至洗衣机的位置。同时选中摄像机和目标点，在左视图或前视图中移动摄像机到合适的高度，如图 5.20 所示。

选择摄像机 Camera003，进入修改面板，设置焦距为 15mm，其他值保持默认设置。切换到摄像机视图，如图 5.21 所示。

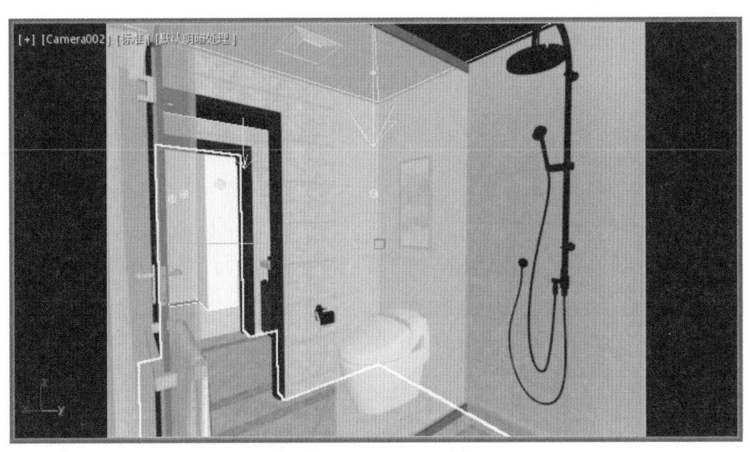

图 5.19　自卫生间后侧观察的效果

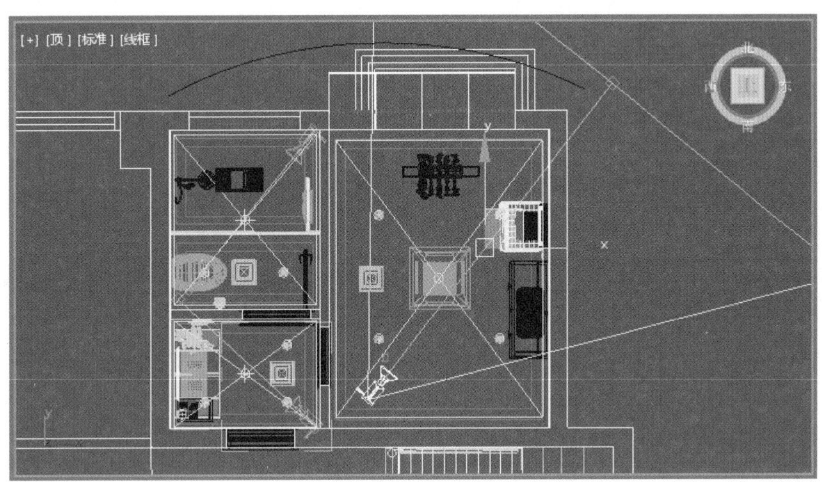

图 5.20　架设洗衣房左侧角度摄像机

图 5.21　自洗衣房左侧观察的效果

5.2.3 布置灯光

本实例主要表现卫生间的日景灯光效果，灯光可以分为室内主光、室内射灯、室内壁灯。

1. 制作室内主光效果

布置灯光

为场景添加室内主光源照亮场景。在顶视图中，根据空间划分的卫生间干区、卫生间湿区、洗衣房三个区域大小分别创建 VRay 灯光，将其命名为“VRay 灯光 001”“VRay 灯光 002”“VRay 灯光 003”。在类型中修改为“平面灯”，倍增设置为 1.0，颜色为浅蓝色。“选项”卷展栏中勾选“不可见”复选框，其他值保持默认设置。参数设置如图 5.22 所示。

2. 制作射灯光源

室内射灯由 10 个射灯组成，在顶视图中，根据射灯空间位置创建第一个 VRay 灯光，将其命名为“VR 灯光 01”。在左视图中，移动灯光高低位置至图中位置。在类型中修改为“球体灯”，倍增设置为 20.0，颜色为浅蓝橘色。“选项”卷展栏中勾选“不可见”复选框，取消勾选“影响高光”“影响反射”，其他值保持默认设置。按照射灯模型位置，复制该灯光分别与其余射灯对齐，详细参数设置如图 5.23 所示。

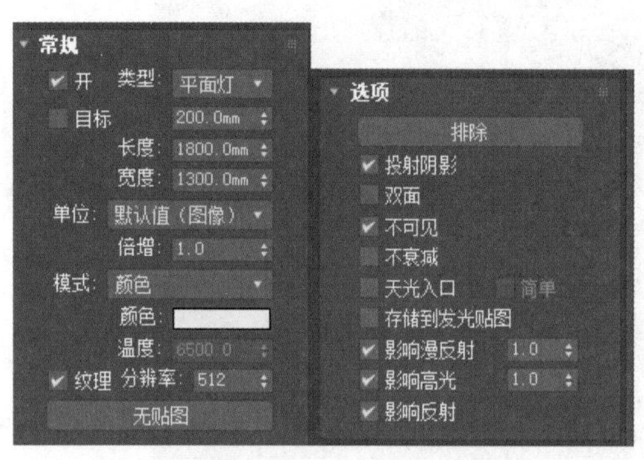

图 5.22 室内主光源参数设置

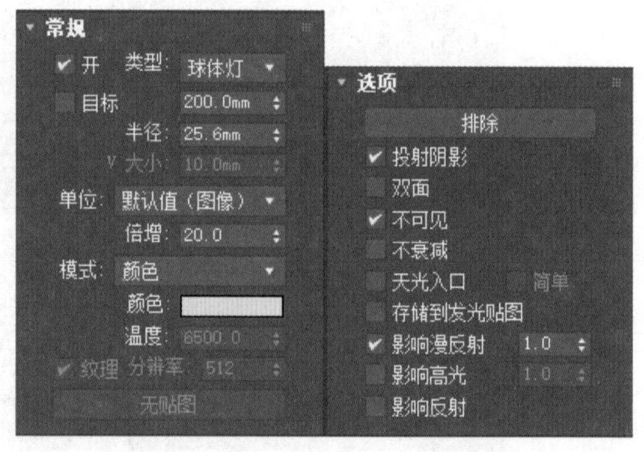

图 5.23 创建射灯光源

3. 制作壁灯光源

由于壁灯外形为长方形，一个壁灯光源由两个球体 VRay 灯光分布组成。在顶视图中，根据壁灯空间位置创建第一个 VRay 灯光，将其命名为 VRayLight 01，并在左视图中移动灯光高低位置至壁灯灯罩位置。在类型中修改为“球体灯”，倍增设置为 300.0，颜色为浅蓝橘色。“选项”卷展栏中勾选“不可见”复选框，取消勾选“影响高光”“影响反射”，其他值保持默认设置。复制 VRayLight 01，将其命名为 VRayLight 02，再把它移动到壁灯灯罩上方位置处。详细参数设置如图 5.24 所示。

5.2.4 细调材质

架设灯光后，需要对材质进行细调，主要包括渲染参数、反射光泽度、凹凸贴图等参数。

首先，优化渲染参数设置。在“渲染设置”窗口中，单击 VRay 选项卡，图像采样器（抗锯齿）类型设置为“渐进式”，如图 5.25 所示。

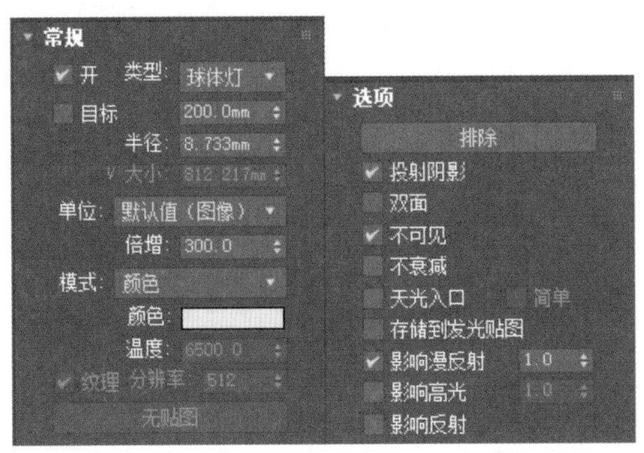

图 5.24 壁灯光源参数设置

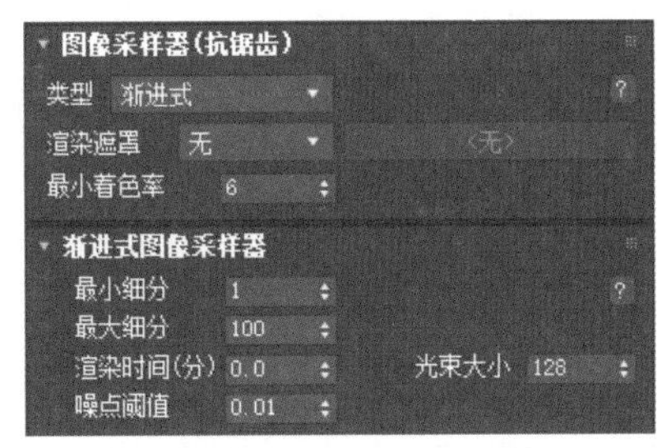

图 5.25 “渐进式”图像采样器

其次，设置调整材质反射光泽度参数。在贴图通道的反射贴图通道中贴入衰减贴图，衰减类型选择 Fresnel，设置折射率为 1.45。Fresnel 是一种菲涅尔衰减类型，与菲涅尔反射相对应，使反射效果更加柔和。设置适当的反射光泽度参数。图 5.26 是“砖面”对象增加衰减反射贴图后的效果。

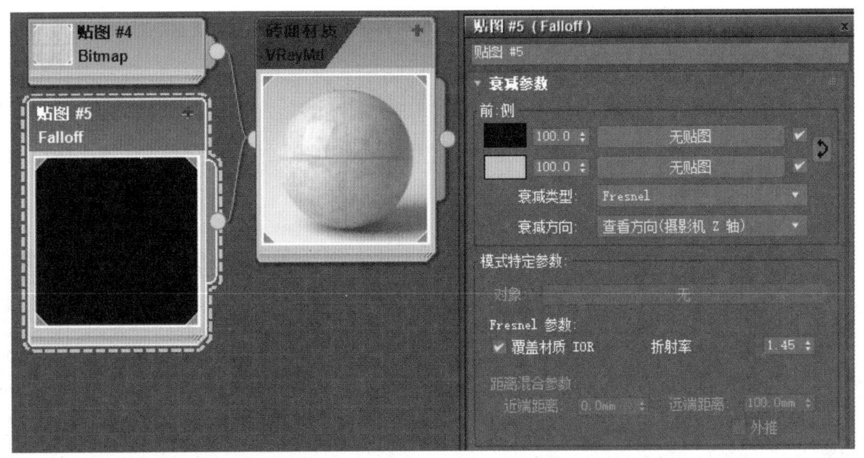

图 5.26 “砖面”材质增加了衰减反射贴图后的效果

最后，由于灯光的影响，凹凸贴图相关参数也需要进一步细调。选择“胡桃木”材质球，在贴图通道中，设置反射参数为 48.0。读者可以一边查看材质效果，一边调整凹凸参数设置，如图 5.27 所示。

图 5.27 细调“胡桃木”材质参数

其他的材质细调方法与之相似，不予赘述，如有需要，读者可以对每一种材质都加以尝试。

5.2.5 渲染输出及后期效果处理

细调材质完成后，就可以设置渲染参数，正式渲染出图了，可参考 3.6 节设置渲染输出参数。

设置好渲染参数后，可以分别渲染摄像机视图。如有必要，还可以进行后期效果处理。后期调整方法与 3.6.2 小节方法相似，添加“色调 / 饱和度”“曲线”“色彩平衡”“电影色调”等后期处理命令，对渲染图像进行处理。

5.3 别墅二楼欧式卫生间

下面来设计别墅二楼的卫生间。与二楼的欧式环境风格一致，二楼卫生间也设计为欧式风格，效果如图 5.28 所示。

别墅二楼的欧式卫生间初始模型如图 5.29 所示，然后我们结合场景分析，赋予对象材质。

图 5.28 别墅二楼的欧式卫生间效果

图 5.29 别墅二楼的欧式卫生间白模效果

打开“别墅二楼卫生间 - 原始 .max”场景文件。该场景中已经设置好了摄像机。在初调材质之前，首先匹配渲染器，打开“渲染设置”窗口，将“产品级”渲染器设置为 VRay 5。

5.3.1 初调材质

（1）调制墙面材质。按 M 键打开“材质编辑器”，选择一个空白材质球，将其命名为“墙面”。设置漫反射颜色为浅灰色，漫反射贴图为“大理石 .jpg”。添加反射贴图为衰减贴图，反射光泽度为 0.85，勾选“菲涅尔反射”复选框，折射率设置为 1.4。在“清漆层参数”卷展栏中，设置清漆层数量为 0.85，清漆层 IOR 为 1.4，清漆层颜色为白色。为模型添加 UVW 贴图修改器，观察对象的纹理，使墙面的纹理大小适中，如图 5.30 所示。该材质也可以赋予“卫生间墙体”和“卫生间地板”对象。

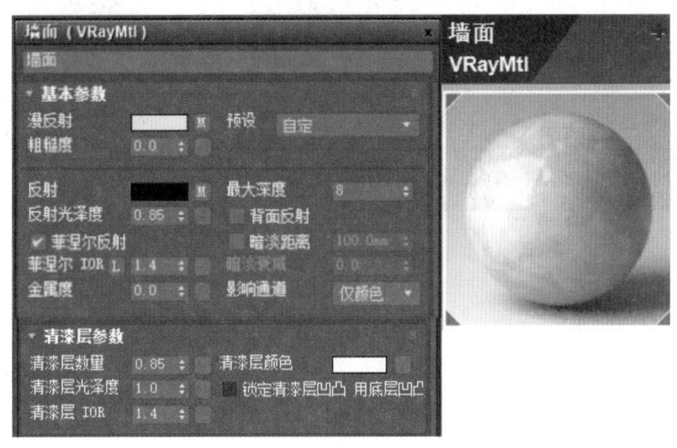

图 5.30　二楼欧式卫生间墙面材质参数设置及效果

（2）调制地板花纹材质。“地板花纹”由两个材质球构成，其设置参数除“漫反射贴图”有所区别外，其余基本一样。新建两个材质球，分别命名为“地板饰边”和“地板花纹”，设置漫反射颜色为浅灰色，分别添加不同漫反射贴图。反射光泽度为 0.85，勾选“菲涅尔反射”复选框，折射率设置为 1.4。在“清漆层参数”卷展栏中，设置清漆层数量为 0.85，清漆层 IOR 为 1.4，清漆层颜色为白色。为模型添加 UVW 贴图修改器，观察对象的纹理，使砖面的纹理大小适中，如图 5.31 所示。

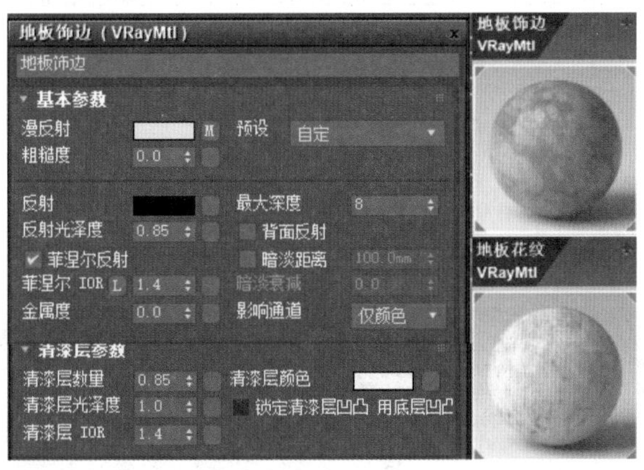

图 5.31　地板花纹材质参数设置及效果

（3）调制装饰金属材质。新建“装饰金属”材质球，设置漫反射颜色为黄灰色，漫反射贴图为“金箔 .jpg”。设置反射颜色为浅棕色，反射光泽度为 0.75，最大深度值为 5。折射颜色为黑色，折射率 IOR 值为 0.5。该材质可赋予场景中饰金属对象，如洗手龙头、浴室柜把手、毛巾架、镜子边缘金属、水晶灯的灯架金属材质等。观察材质对象的纹理，添加 UVW 贴图修改器，使金属的纹理大小适中，如图 5.32 所示。

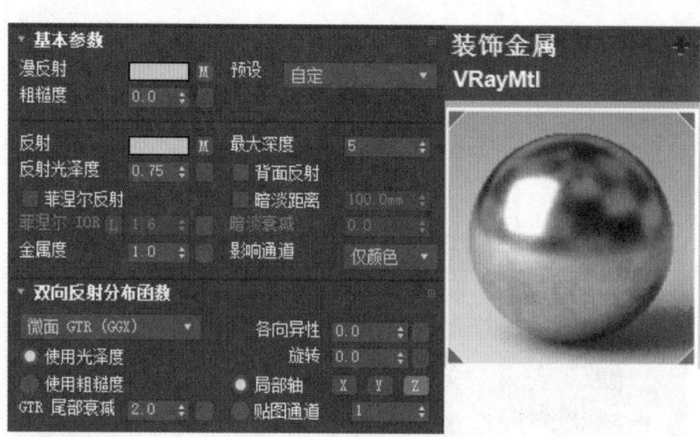

图 5.32　装饰金属材质参数设置及效果

（4）调制吊顶装饰金属材质。新建一个材质球，将其命名为“吊顶装饰金属”。设置漫反射颜色为深灰色，反射颜色为浅棕色，反射光泽度为 0.8，添加纹理反射贴图。将材质赋予场景中吊顶装饰金属对象，为模型添加 UVW 贴图修改器，观察对象的纹理，使对象的纹理大小适中，如图 5.33 所示。

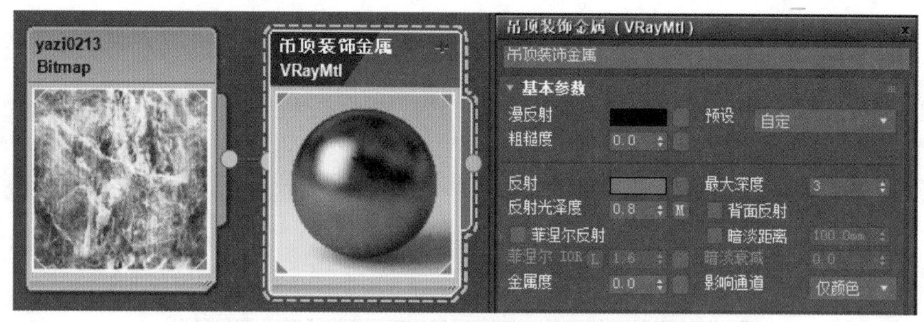

图 5.33　不锈钢材质参数设置及效果

（5）调制酒杯摆件材质。新建一个材质球，将其命名为“酒杯摆件”。设置漫反射颜色为棕色，漫反射贴图为“玻璃 15.jpg”。设置反射颜色为灰色，反射贴图为“金箔 .jpg”，反射光泽度为 0.7，折射光泽度为 0.99，反射与折射的最大深度值均为 5。将该材质赋予场景中酒杯摆件模型对象，为模型添加 UVW 贴图修改器，使材质的纹理大小适中，如图 5.34 所示。

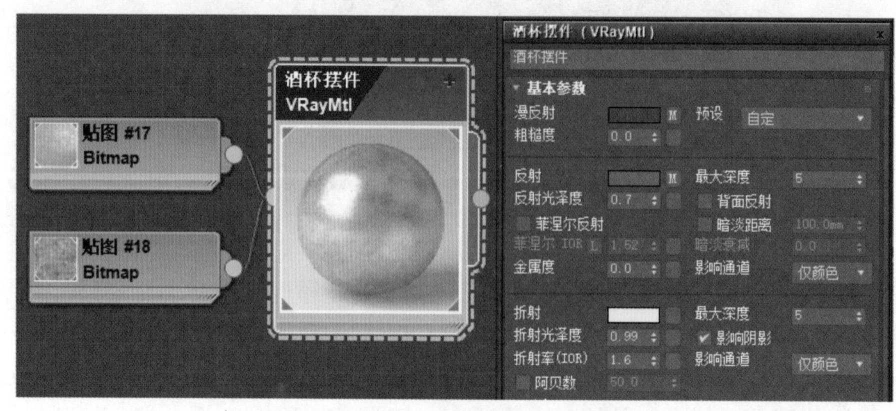

图 5.34　酒杯摆件材质参数设置及效果

（6）调制水晶灯玻璃材质。灯架为“装饰金属”材质，在前面已调制过。单击新建的“水晶灯玻璃”材质球,设置漫反射颜色为浅黄色,反射颜色为灰色,反射贴图为“金箔.jpg”，反射光泽度为0.98，折射光泽度为0.99，反射与折射的最大深度值均为5。将该材质赋予场景中水晶灯玻璃模型对象，如图5.35所示。

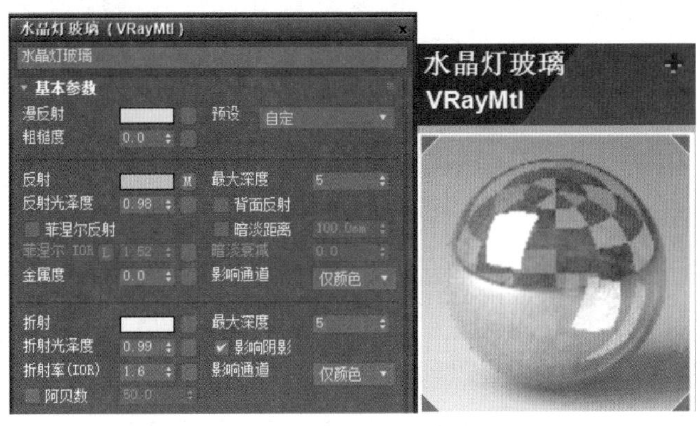

图5.35 水晶灯玻璃材质参数设置及效果

（7）调制水晶灯烛火灯材质。新建一个材质球，将其命名为“烛火灯”。设置漫反射颜色为浅黄色，反射颜色为灰色，反射贴图为“火焰.jpg”，反射光泽度为0.9，折射光泽度为0.99，反射与折射的最大深度值均为5。将材质赋予场景中水晶灯的灯烛对象，为模型添加UVW贴图修改器，观察纹理调整大小适中，水晶灯烛火灯材质参数设置及效果如图5.36所示。

图5.36 水晶灯烛火灯材质参数设置及效果

（8）调制马赛克材质。新建材质球，将其命名为“马赛克”。设置漫反射颜色棕色，漫反射贴图为“马赛克.jpg”，在贴图通道中，复制漫反射贴图到凹凸贴图通道中，凹凸参数设置为60。设置反射颜色为黑色，反射光泽度为0.8，勾选“菲涅尔反射”复选框，折射率设置为1.4。清漆层数量设置为0.8，清漆层IOR为1.4，清漆层颜色为白色。将材质赋予马赛克对象,为模型添加UVW贴图修改器,观察马赛克的纹理,调整纹理大小适中，材质参数设置及效果如图5.37所示。

（9）调制摆件熏香瓶等材质。新建一个材质球，设置材质漫反射颜色为黑色，反射颜

图 5.37　马赛克材质参数设置及效果

色为灰白色，反射光泽度为 0.91，勾选“菲涅尔反射”复选框。设置折射颜色浅灰色，折射光泽度 0.95，折射率（IOR）为 1.52。将材质赋予场景对象，观察对象的纹理，使对象的纹理大小适中。用同样方法调整设置其他摆件材质，如图 5.38 所示。

图 5.38　摆件材质参数设置及效果

另外，场景中的毛巾材质、不锈钢材质、窗外材质等，其调制方法与一楼新中式的卫生间中材质调制方法相似，读者可以尝试调制本案例场景中每种材质，此处不再赘述。

5.3.2　摄像机设置

本实例中架设了两台摄像机，分别从右侧、近侧展示卫生间效果。

1. 架设卫生间右侧摄像机

选择 3ds Max 的目标摄像机，在顶视图中创建一个摄像机 Camera001，从右向左拖动目标点至坐便器后方位置。同时选中摄像机和目标点，在左视图或前视图中移动摄像机到合适的位置，摄像机的高度位置一般位于人眼的高度，如图 5.39 所示。

选择摄像机 Camera001，进入修改面板，设置焦距为 20mm，其他值保持默认设置。切换到摄像机视图，如图 5.40 所示。

2. 架设卫生间近侧摄像机

选择 3ds Max 的目标摄像机，在顶视图中创建一个摄像机 Camera002，自卫生间后部从

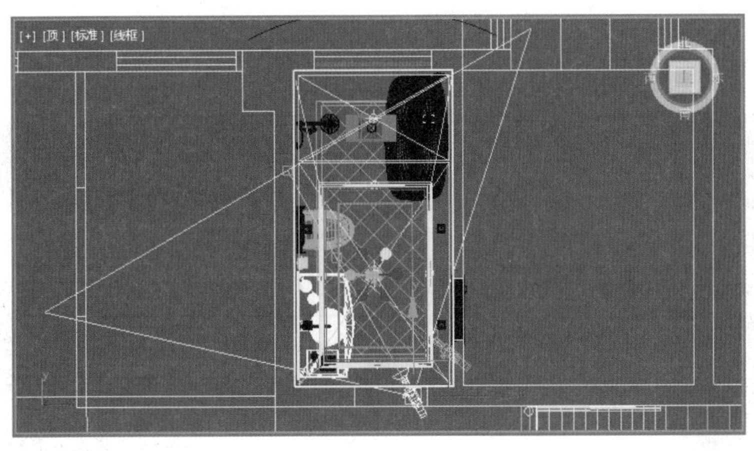

图 5.39 架设卫生间右侧摄像机

图 5.40 自卫生间右侧观看的效果

右向左拖动目标点至坐便器前方位置。同时选中摄像机和目标点，在右视图或前视图中移动摄像机，使其略微上仰到合适的高度，要能更多地展示吊顶及水晶灯效果，如图 5.41 所示。

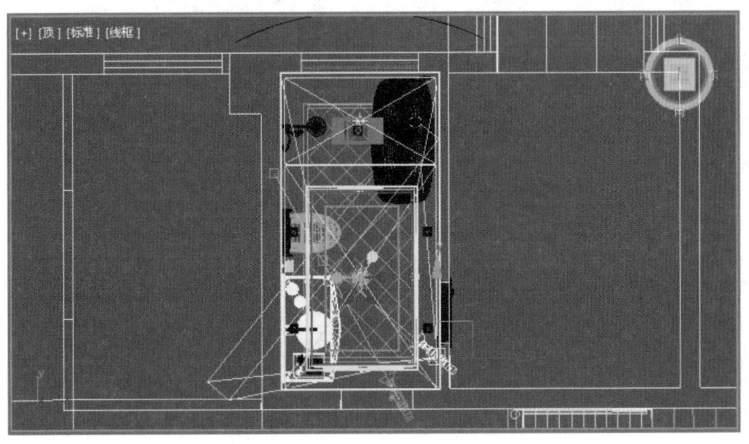

图 5.41 架设卫生间近侧摄像机

选择摄像机 Camera002，进入修改面板，设置焦距为 20mm，其他值保持默认设置。切换到摄像机视图，如图 5.42 所示。

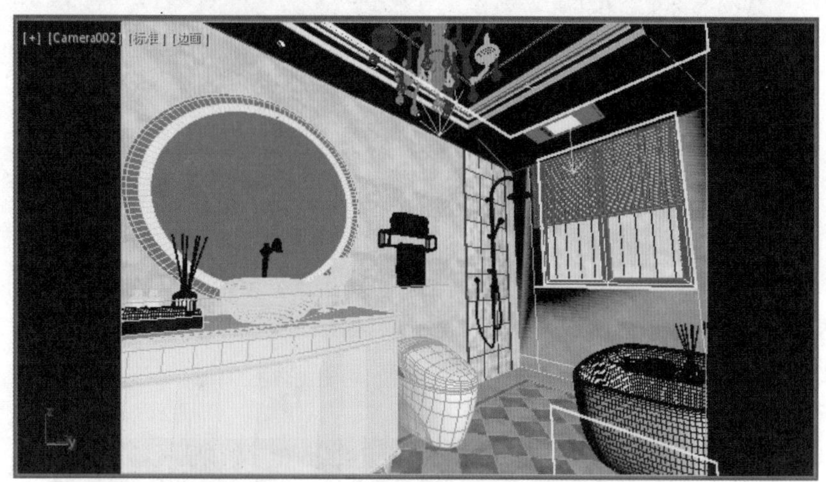

图 5.42　自卫生间近侧观看的效果

5.3.3　布置灯光

本实例主要表现卫生间日景灯光效果，灯光可以分为室内主光、室内射灯、吊顶灯带。

1. 制作室内主光效果

为场景添加室内主光源照亮场景。在顶视图中，根据吊顶设计的空间划分区域，分别创建两个 VRay 灯光，将其命名为“VRay 灯光 001”和“VRay 灯光 002”。如图 5.43 所示，在修改的面板中，修改类型为“平面灯”，倍增设置为 1.0，颜色为浅蓝色。在选项卷展栏中勾选“不可见”复选框，其他值保持默认设置。

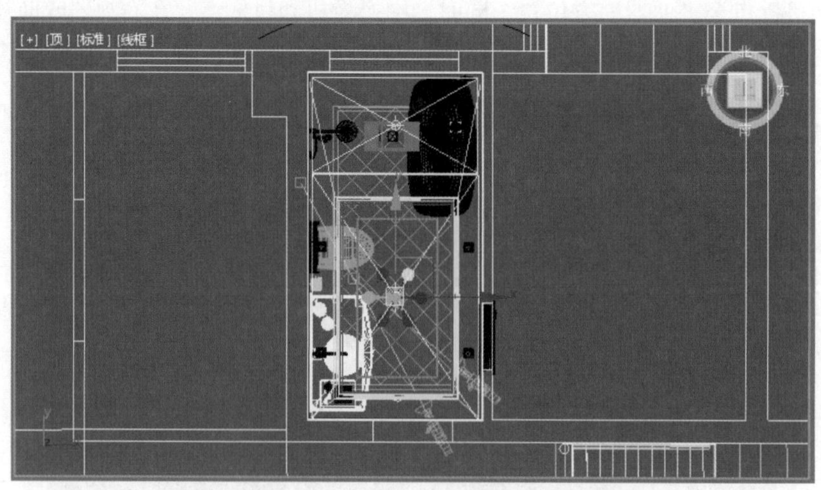

图 5.43　室内主光源参数设置

2. 制作射灯光源

室内射灯由四个射灯组成，在顶视图中，根据射灯空间位置创建第一个 VRay 灯光，将其命名为“VR灯光01”，左视图移动灯光高低位置至图中位置。在类型中修改为“平面灯”，长宽值为 100mm，倍增设置为 200.0，颜色为白色。在选项卷展栏中勾选“不可见”复选框，取消勾选“影响高光”和“影响反射”，其他值保持默认设置。按照射灯模型位置，复制该灯光分别与其余射灯对齐，详细位置设置如图 5.44 所示。

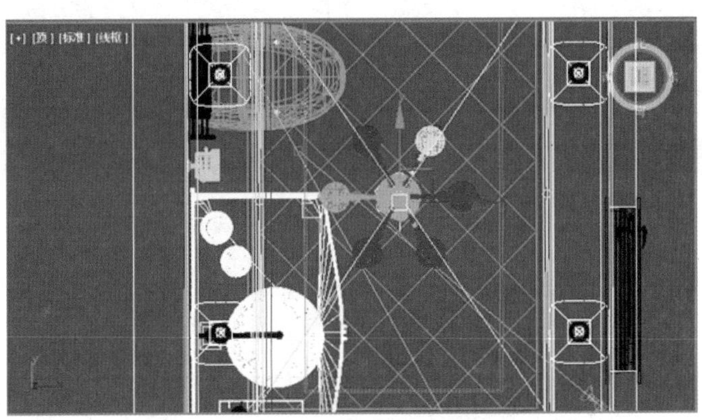

图 5.44　射灯光源的创建与分布位置

3. 制作灯带光源

欧式吊顶中还设有发光灯带，吊顶灯带光源由四个球体 VRay 灯光组成，它们分布在吊顶四边。在顶视图中，根据吊顶灯带空间位置创建第一个 VRay 灯光，将其命名为“灯带 001”，在左视图中，移动灯光高低位置至吊顶灯带位置。灯光类型修改为“平面灯”，长宽值为 1000mm，倍增设置为 3.0，颜色为浅橘色，温度为 3600。选项卷展栏中勾选“不可见”复选框，其他值保持默认设置。向吊顶灯带四边位置复制该光源，将其命名为“灯带 002”“灯带 003”“灯带 004”，详细分布设置如图 5.45 所示。

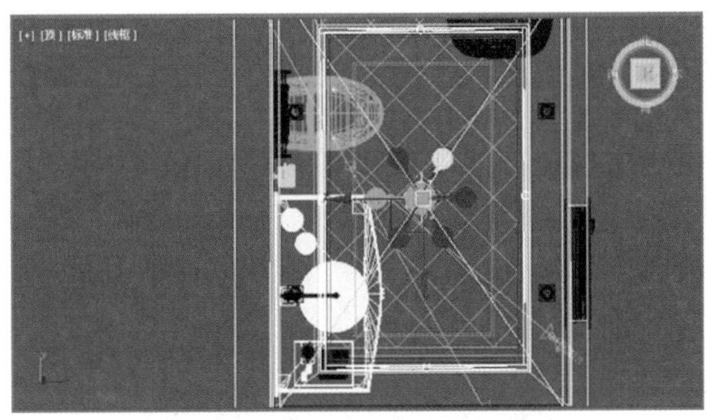

图 5.45　灯带光源的创建与分布位置

5.3.4　细调材质

架设灯光后，需要进行细调材质，主要包括反射光泽度、凹凸贴图等参数的调制。

再次调整材质反射光泽度参数。在贴图通道中设置反射贴图衰减贴图，衰减类型选择 Fresnel。设置适当的反射光泽度参数。图 5.46 是“装饰金属”对象增加衰减反射贴图 48% 后的效果。

图 5.46 “装饰金属”材质调整反射光泽度的效果

由于灯光的影响，凹凸贴图相关参数也需要进一步细调。选择“马赛克”材质球，在贴图通道中设置凹凸参数为 65。查看材质效果，如图 5.47 所示。

图 5.47 细调“马赛克”材质参数

渲染输出及后期效果处理

其他的材质细调方法与上述方法相似，如有需要，读者可以尝试细调每一种材质。

5.3.5 渲染输出及后期效果处理

等到材质、灯光等参数设置完成后，打开渲染设置窗口，确定渲染器设定为 VRay 5.0 渲染器，设置渲染参数，渲染出图。等渲染完成后在 VFB 窗口右侧可进行后期效果处理，其设置方法可参考 3.6 节设置。

本 章 小 结

本章主要介绍了日景中的新中式风格和欧式风格的卫生间表现方法，包括卫生间空间布局、卫浴摆设、VRay 材质、VRay 灯光等内容。在风格设计方面，中式风格的雍容典雅，欧式风格的华丽气派，都是空间风格表现的一般手法。

实践与探究

1. 练习本章不同风格卫生间日景和夜景效果的表现。

2. “全局照明”引擎的探究。

本书的大部分实例在渲染时都会启用“全局照明”引擎，如图 5.48 所示。

VRay 的“发光贴图”算法是一个很优秀的算法，渲染速度快，渲染图像质量好，但使用“发光贴图”渲染的图像会存在噪波点，影响图像的最终效果。

“BF 算法”（brute force，暴力算法，简称 BF 算法）是普通的模式匹配算法，基本思想就是将目标字符串的第一个字符与模式串的第一个字符进行匹配，如果相等，则继续比较第二个字符；若不相等，则比较目标字符串的第二个字符和模式串的第一个字符，依次比较下去，直到得出最后的匹配结果。“BF 算法”的渲染质量更高，能够有效地解决使用 VRay 渲染器渲染动画时的闪烁问题，但是渲染时间也更长。

一般情况下，GI 的主要引擎设置为“发光贴图”，为了消除图像的噪波点，可在 Render Elements 选项卡中添加“VRay 降噪器”，如图 5.49 所示。

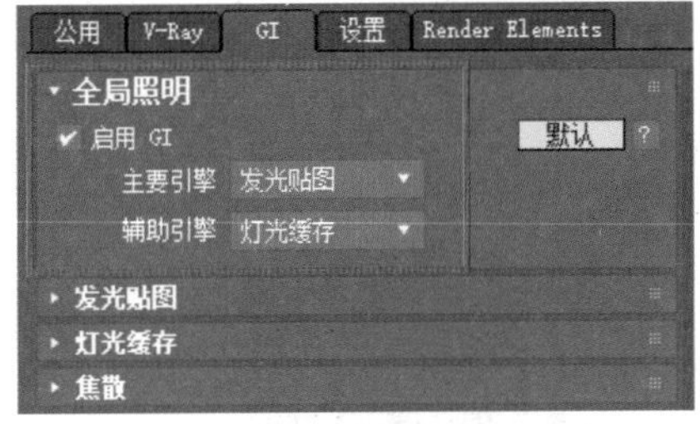

图 5.48 “全局照明”引擎

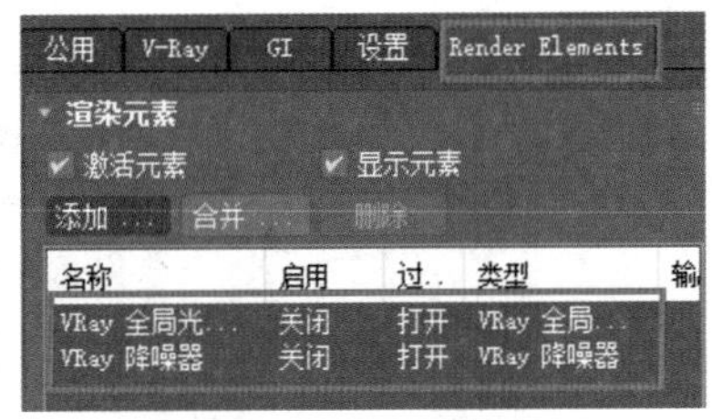

图 5.49 渲染元素设置

第6章

别墅新中式风格老人房空间表现

本章学习重点

- 新中式卧室空间设计的特点
- 新中式卧室空间的表现手法
- 室外日光照明效果的手法

本章主要讲解别墅新中式风格卧室的空间日景表现，重点放在别墅老人房空间设计上，案例效果图如图 6.1 所示。老人房在别墅的一楼，是家庭中温馨的空间，设计风格应该与别墅一楼新中式整体风格一致。在设计手法上"至简为上"，摒弃传统中式风格中繁杂的雕刻工艺，化繁为简，最大程度上保持木材的色彩和质感，用最少的线条呈现出简约、清雅的空间气氛，给人一种淡然、舒适、静谧、富有气韵的感觉。

图 6.1　新中式老人房效果图

通过本章的学习，可以了解新中式老人房空间设计的表现手法及制作流程，掌握木制家具的材质调制、VRay 陶瓷材质、VRay 金属材质的调制方法，掌握室外日光照明效果表现方法。

6.1　老人房场景分析

老年人经过一生的打拼，晚年生活通常会追求宁静与祥和的感觉。老人房卧室场景设计要求格调高雅、温馨、舒适，既要为老人营造良好的睡眠环境，又要便利老人日常生活。为了达到这一目的，在设计时主要考虑以下因素。

（1）在一楼布置老人卧室，可以免去上下楼烦恼。

（2）门窗隔音效果要好，开关方便。

（3）应尽量铺实木地板，铺设耐脏的地毯，这样老人走路会舒适一些。

（4）家具配置要突出新中式设计风格。床是其中重要的家具，一张精美的红木大床、一个造型美观的拱形门、一个典雅的衣柜、一个经典的藤椅，再配上一些中式陈设，足以搭配出一个宁静致远的新中式老人房。

图 6.2　老人房设计白模效果

根据场景分析，老人房设计模型如图 6.2 所示，下面为场景中的对象赋材质。

6.2　初调老人房材质

新中式风格老人房对象的材质中，木材质和布料材质所占比例较大，需要着重掌握这些材质的调制方法。

6.2.1　调制红木家具材质

打开本书配套场景文件“别墅老人房 - 白模 .max”。新建一个材质球，将其命名为“红木”。设置漫反射颜色的 RGB 值为（27，7，2），漫反射贴图为“红木 .jpg”。设置反射颜色为浅灰色，RGB 值为（174，174，174），反射光泽度为 0.75，勾选“菲涅尔反射”复选框，折射率设置为 1.4。反射贴图设置为衰减贴图。

在清漆层参数卷展栏中，设置清漆层数量为 0.75，清漆层 IOR 为 1.4，清漆层颜色为白色，如图 6.3 所示。

在贴图通道中，复制漫反射贴图到凹凸贴图通道中，凹凸参数设置为 38。将材质赋予场景中的拱形门、床头花格、柜子、床板等各种木制家具对象，观察对象的纹理，发现地板纹理与门口平行，单击漫反射贴图通道，修改 W 方向的角度为 90.0，使纹理与门口垂直。为地板对象添加 UVW 贴图修改器，贴图类型修改为长方体贴图，修改贴图大小，使对象的纹理大小适中。如图 6.4 所示。

6.2.2　调制实木地板材质

新建一个材质球，将其命名为“木地板”。设置漫反射颜色为白色，漫反射贴图为“实木地板 .jpg”。设置反射颜色为浅灰色，RGB 值为（174，174，174），反射光泽度为 0.75，反射贴图设置为衰减贴图。勾选菲涅尔反射复选框，折射率设置为 1.4，在“清漆层参数”卷展栏中设置清漆层数量为 0.75，清漆层 IOR 为 1.4，清漆层颜色为白色。在贴图卷展栏中，

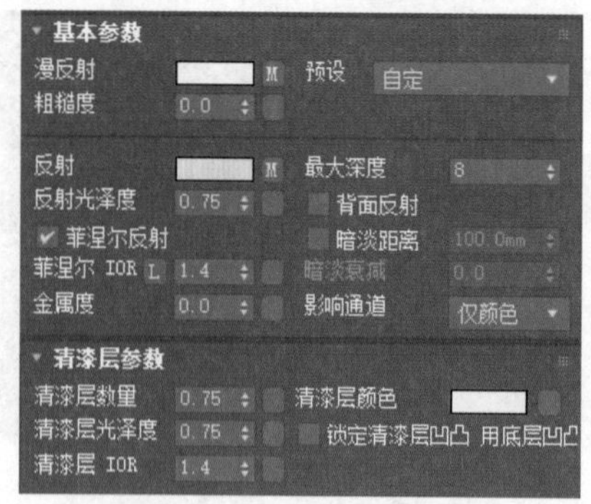

图 6.3　红木材质参数

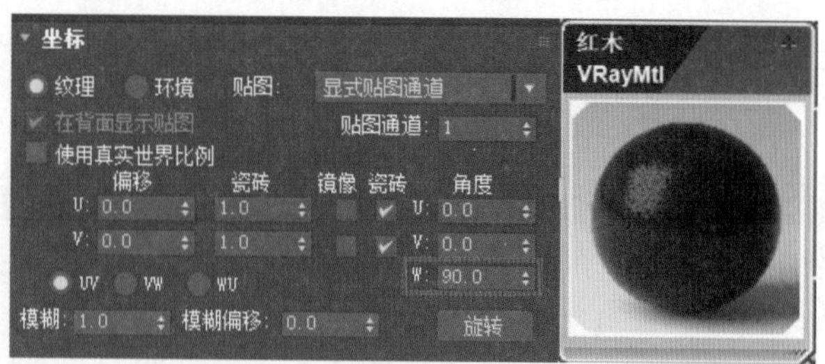

图 6.4　修改漫反射贴图角度

复制漫反射贴图到凹凸贴图通道中，凹凸参数设置为 48。将材质赋予场景中的地板对象。观察对象的纹理，为每个对象添加 UVW 贴图修改器，贴图类型修改为“长方体”贴图，贴图大小为（500，500，100），使对象的纹理大小适中，如图 6.5 所示。

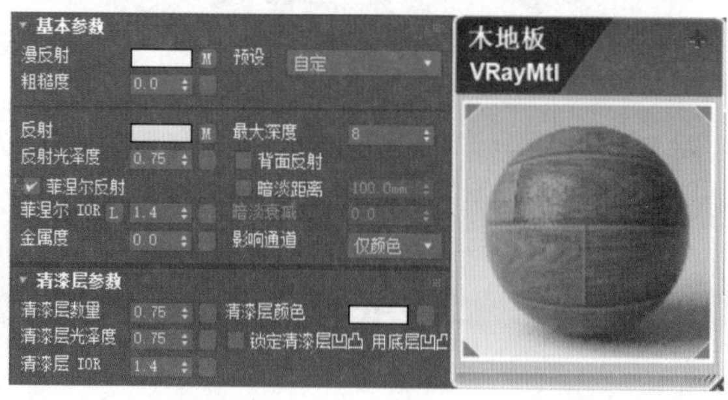

图 6.5　实木地板材质参数设置及效果

6.2.3　调制窗纱材质

下面调制“窗纱”的材质。新建一个材质球，命名为“窗纱”。设置漫反射颜色 RGB 为（252，246，115），粗糙度设置为 0.6。设置反射颜色为深灰色，RGB 为（32，32，32），反射光泽度为 0.6，勾选“菲涅尔反射”复选框，菲涅尔 IOR 设置为 1.4。设置折射颜色 RGB 为（252，246，115），折射率设置为 1.4，折射贴图为“白色布纹.jpg”，折射光泽度为 0.95，折射率设置为 1.4。如图 6.6 所示。

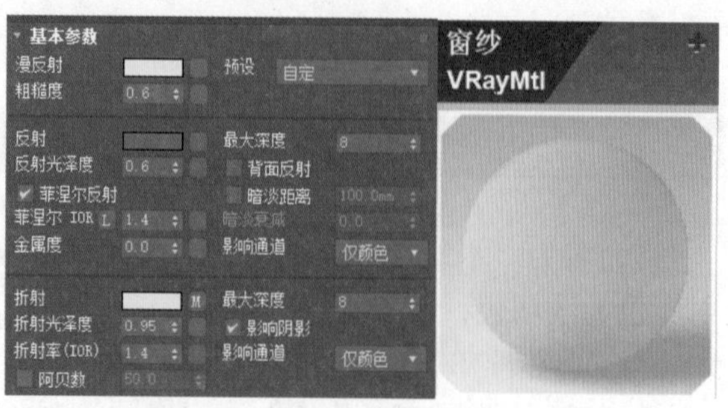

图 6.6　窗纱材质参数设置及效果

6.2.4 调制床头、床尾凳的皮子材质

新建一个材质球，将其命名为“皮子”。设置漫反射颜色为浅灰色，漫反射贴图为“黄色皮子 .jpg”。设置反射颜色为浅灰色，RGB 值为（128，128，128），反射光泽度为 0.8，勾选“菲涅尔反射”复选框，折射率设置为 1.4。在“清漆层参数”卷展栏中设置清漆层数量为 0.8，清漆层 IOR 为 1.4，清漆层颜色为白色。在贴图通道中，复制漫反射贴图到凹凸贴图通道中，凹凸参数设置为 30。观察皮子的纹理，添加 UVW 贴图修改器，使皮子的纹理大小适中，如图 6.7 所示。该材质同时应用于床尾凳的皮质坐垫。

窗纱材质

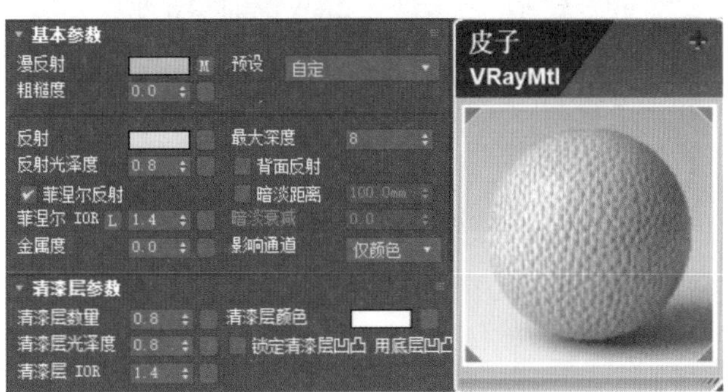

图 6.7　皮子材质参数设置及效果

6.2.5 调制台灯材质

台灯的底座可以赋予红木材质，这样与场景风格保持一致，下面调制灯罩材质。

新建一个材质球，将其命名为“台灯罩”。设置漫反射颜色的 RGB 值为（254，221，0），漫反射贴图为“白色布纹 .jpg”，在贴图通道中，复制漫反射贴图到凹凸贴图通道中，凹凸参数设置为 30。设置反射颜色的 RGB 值为（8，8，8），反射光泽度为 0.4，勾选“菲涅尔反射”复选框，折射率设置为 1.6。设置折射颜色的 RGB 值为（254，221，0），折射光泽度为 0.95，观察对象的纹理，添加 UVW 贴图修改器，设置为长方体贴图，使对象的纹理大小适中，如图 6.8 所示。

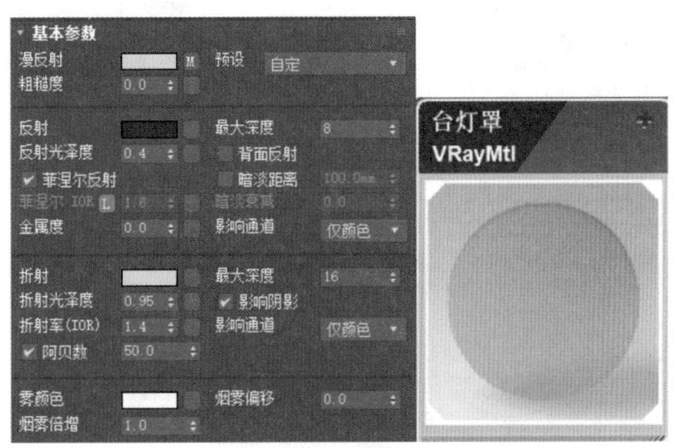

图 6.8　台灯罩材质参数设置及效果

6.2.6 调制首饰盒材质

首饰盒材质分为三个部分，提手可以赋予铜材质，首饰盒两头部分可以赋予红木材质，下面调制中间的雕花部分材质。

新建一个材质球，将其命名为“木雕花”。设置漫反射颜色的 RGB 值为（42，25，2），漫反射贴图为“木雕花 .jpg”。设置反射颜色为浅灰色，RGB 值为（174，174，174），反射光泽度为 0.75。在贴图通道中，拖动漫反射贴图至凹凸通道，设置凹凸数量为 30，如图 6.9 所示。

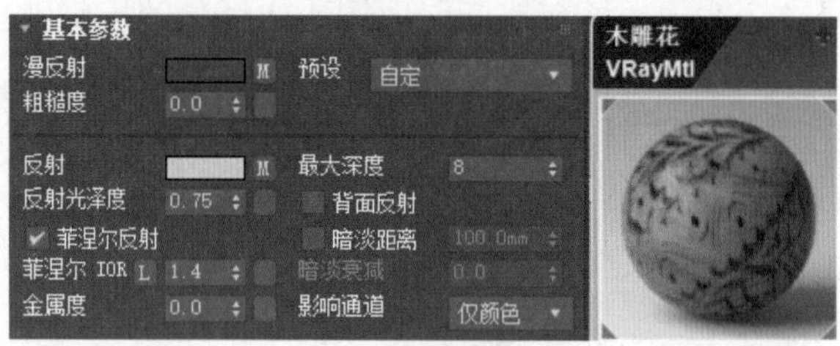

图 6.9　木雕花材质参数设置及效果

6.2.7 调制台历材质

台历材质分为三个部分，边框可以赋予红木材质，重点需要调制纸材质。

新建一个材质球，将其命名为“纸”。设置漫反射颜色为白色，漫反射贴图为“白纸 .jpg”。设置反射颜色为浅灰色，RGB 值为（174，174，174），反射光泽度为 0.6，如图 6.10 所示。

在材质编辑器中，按住 Shift 键拖动“纸”材质球，复制出一个材质球，将其命名为“台历”。设置漫反射贴图为“2022 台历 .jpg”。其他参数保持不变。观察台历显示效果，需要调整贴图角度，单击漫反射贴图通道，调整 W 方向贴图角度为 270.0，如图 6.11 所示。台历贴图材质参数设置如图 6.12 所示。

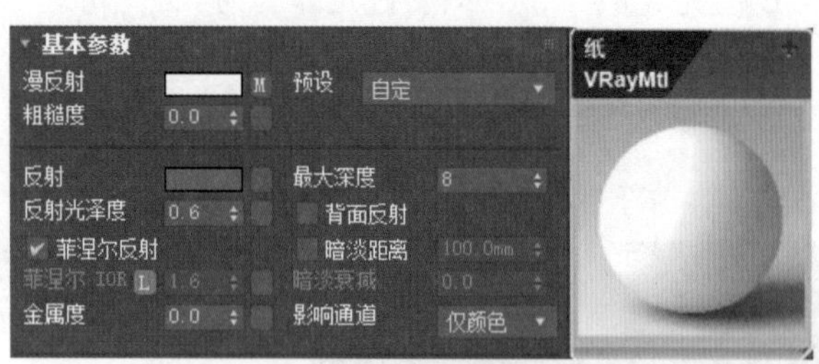

图 6.10　纸材质参数设置及效果

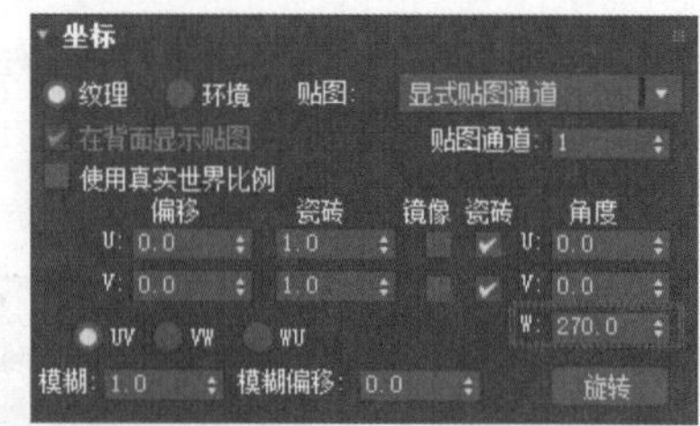

图 6.11　台历贴图角度设置

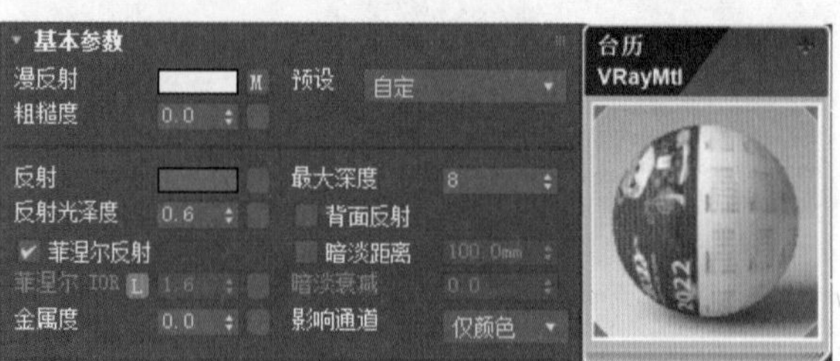

图 6.12　台历贴图材质参数设置及效果

6.2.8 调制沙发椅材质

沙发椅材质分为两个部分，坐垫可以赋予被子材质，下面调制竹沙发椅的材质。

新建一个材质球，将其命名为“沙发椅”。设置漫反射颜色的 RGB 值为（237，188，118），设置漫反射贴图为“竹子 .jpg”。设置反射颜色为浅灰色，RGB 值为（174，174，174），反射光泽度为 0.75。在贴图通道中，拖动漫反射贴图至凹凸通道，设置凹凸数量为 30，如图 6.13 所示。

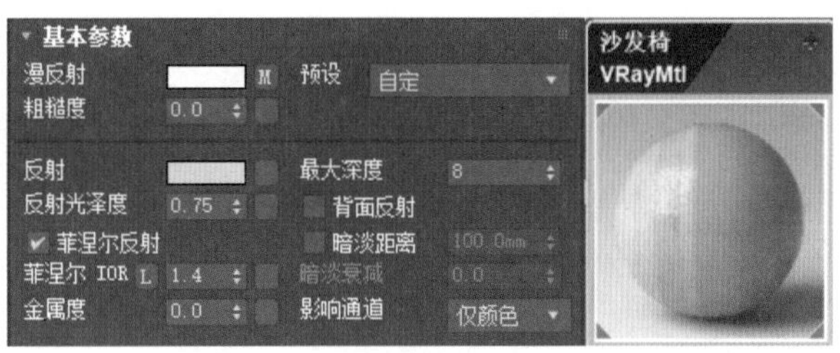

图 6.13 沙发椅材质参数设置及效果

6.2.9 调制吊灯材质

吊灯对象组成复杂，被赋予多维 / 子对象材质，如图 6.14 所示。

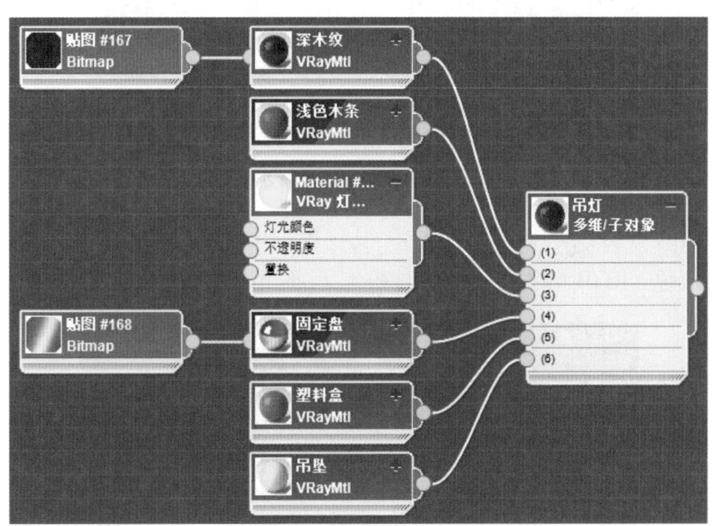

图 6.14 吊灯材质

材质 1 的木框部分被赋予已经调制好的红木材质。

材质 2 是吊灯内部的浅色支架，这部分比较少，而且位于台灯内部，为了节省系统资源，只赋予颜色。参数设置如图 6.15 所示。

3 号材质是灯罩部分，可以赋予灯光材质，模拟羊皮灯效果，参数设置如图 6.16 所示。

4 号材质是吊灯的固定部分，可以赋予铜材质。

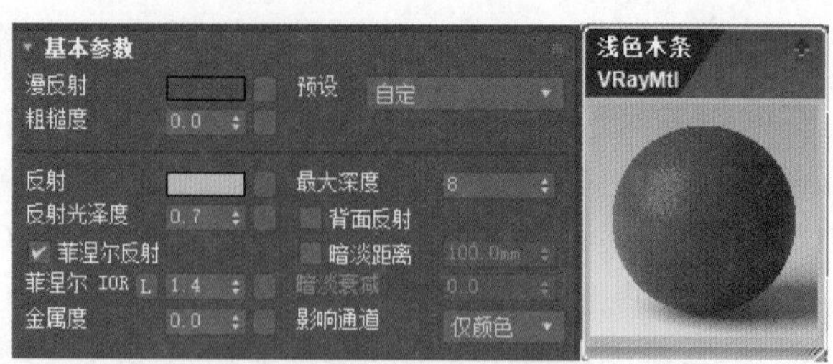

图 6.15　2 号材质参数设置及效果

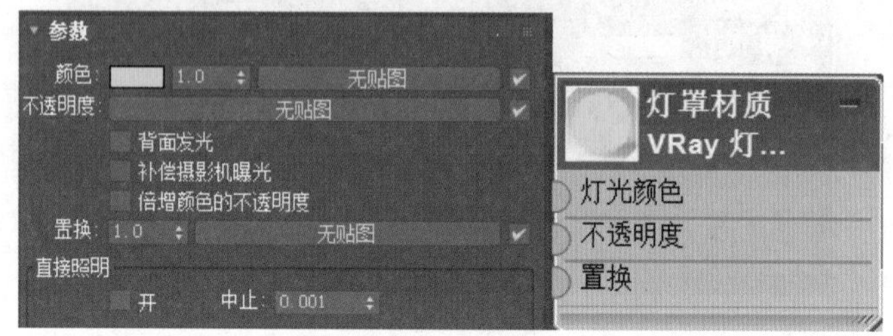

图 6.16　灯罩材质参数设置及效果

5 号材质是吊坠上的塑料盒，可以赋予塑料材质，参数设置如图 6.17 所示。

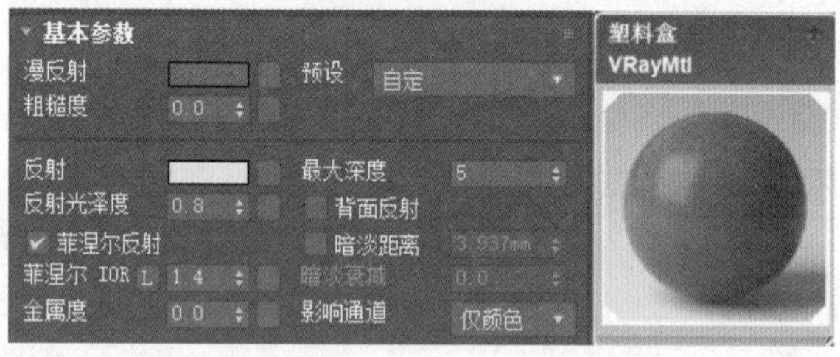

图 6.17　塑料盒材质参数设置及效果

6 号材质是吊坠，可以赋予布料材质。设置反射颜色的 RGB 值为（250，200，0），设置反射颜色为浅灰色，RGB 值为（99，99，99），反射光泽度为 0.6，参数设置如图 6.18 所示。

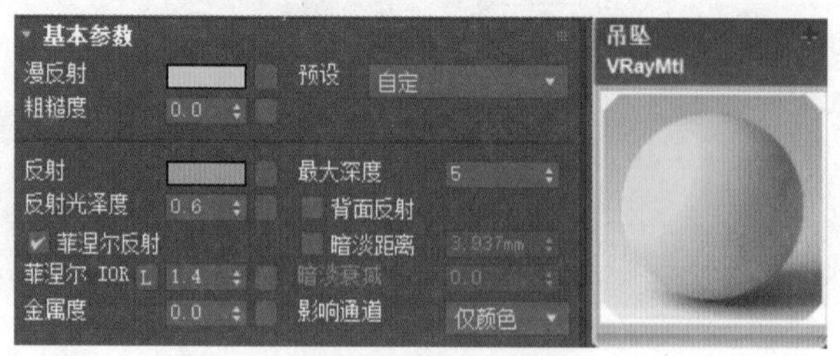

图 6.18　吊坠材质参数设置及效果

6.2.10　调制射灯材质

射灯材质由金属和灯头组成，金属部分赋予不锈钢材质，灯头部分赋予发光材质。

新建一个空白材质球，将其命名为“不锈钢”。设置漫反射颜色的 RGB 值为（168，168，168），反射颜色的 RGB 值为（225，225，225）。其他参数值保持默认设置。

新建一个 VRay 灯光材质球，将其命名为“灯头”，设置颜色值为 1，效果如图 6.19 所示。

图 6.19 射灯材质

6.2.11 调制室外环境材质

新建一个 VRay 灯光材质球，将其命名为“环境”，设置颜色值为 20.0，设置贴图为“环境 .jpg”，如图 6.20 所示。

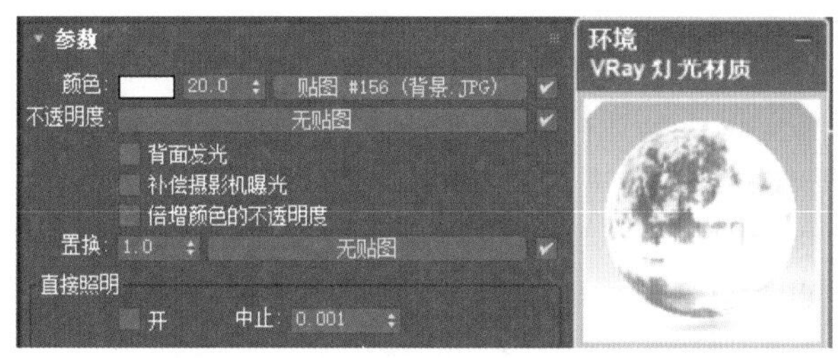

图 6.20 环境材质参数设置及效果

6.3 老人房摄像机参数设置

为了完整展示老人房设计效果，在场景中架设了两台目标摄像机，Camera001 从门口向室内，朝向右前方，Camera002 与 Camera001 关于 X 轴对称，朝向室内左前方，这样能够把场景设计精华部分全部展示出来。

6.3.1 架设老人房左前方摄像机

选择 3ds Max 的目标摄像机，在顶视图中创建一个目标摄像机 Camera001，从门口向室内右前方拖动目标点。同时选中摄像机和目标点，在左视图或前视图中移动摄像机到人眼能看到的高度位置，如图 6.21 所示。

选择摄像机 Camera001，进入修改面板，设置焦距为 20mm，其他值保持默认设置。切换到摄像机视图，如图 6.22 所示。

6.3.2 架设老人房右前方摄像机

选择 3ds Max 的目标摄像机，在顶视图中创建一个摄像机 Camera002，从室内向左前

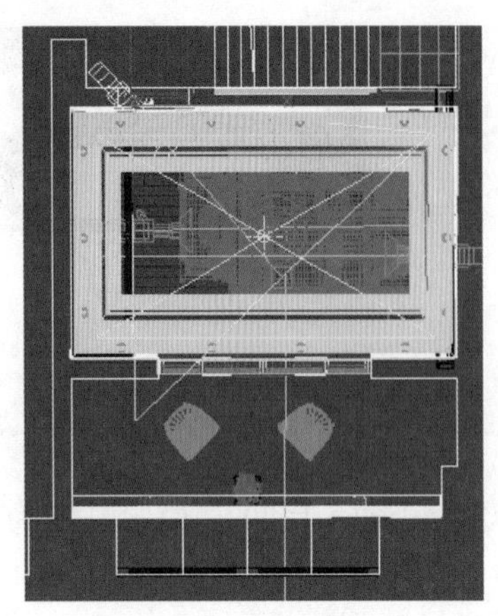

图 6.21 架设老人房左前方目标摄像机

图 6.22 自摄像机 Camera001 观察的效果

方拖动目标点。同时选中摄像机和目标点，在左视图或前视图中移动摄像机到合适的高度，如图 6.23 所示。

选择摄像机 Camera002，进入修改面板，设置焦距为 20mm，其他值保持默认设置。切换到摄像机视图，如图 6.24 所示。

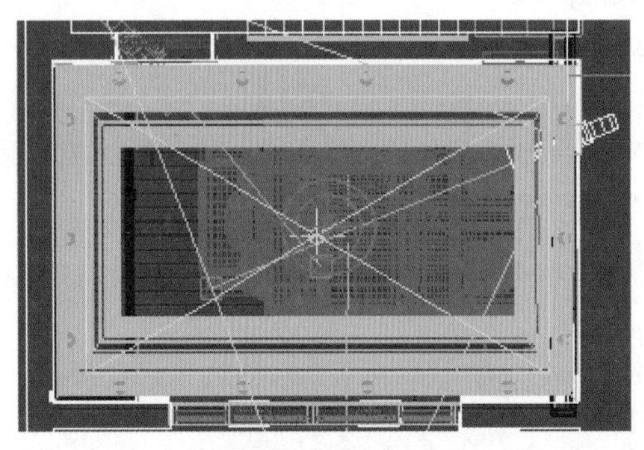

图 6.23 架设老人房右前方目标摄像机

图 6.24 自摄像机 Camera002 观察的效果

6.4 布置老人房场景灯光

本实例突出表现的是老人房的白天效果，故此所用灯光可以分为室外太阳光、室内照明光和室内射灯三类。

6.4.1 制作室外太阳光

在顶视图中创建 VRay 太阳光，将其命名为“VRay 太阳光 001”。单击“排除”命令，排除“玻璃”对象。设置强度倍增为 10.0，大小倍增为 10.0，过滤颜色为白色，天空模型设置为“改进”类型，光子发射半径设置为 25000，其他参数保持默认设置。在“选项”

参数组中单击“排除”命令按钮，排除“玻璃”对象，太阳参数设置如图 6.25 所示。

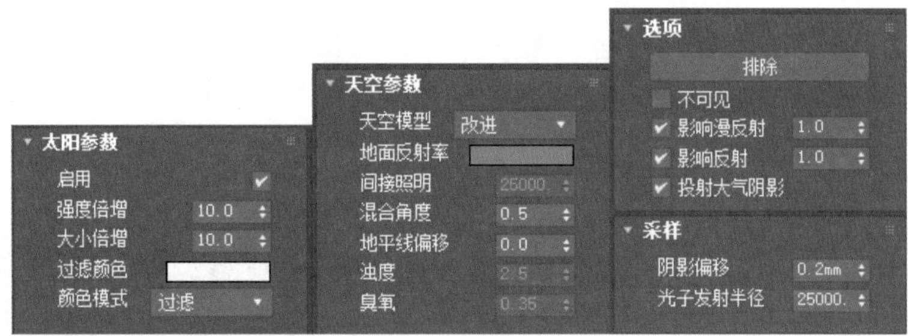

图 6.25　太阳参数设置

6.4.2　制作室内射灯

场景中有 14 个射灯，需要为每个射灯添加一个 IES 光源。

在创建面板中，单击 VRayIES，在前视图中创建一个 IES 光源，将目标点自上向下拖动，并将其命名为 VRayIES 001。进入修改面板，单击“IES 文件”通道，选择“射灯 .ies”，颜色为白色，倍增为 1，其他参数保持默认设置。使用移动工具，使 VRayIES 001 与射灯对齐。第一个射灯参数设置完成后，分别复制出另外 13 个射灯，复制方式为实例复制，使用移动、旋转工具，分别将它们与各自对应的射灯对齐，如图 6.26 所示。

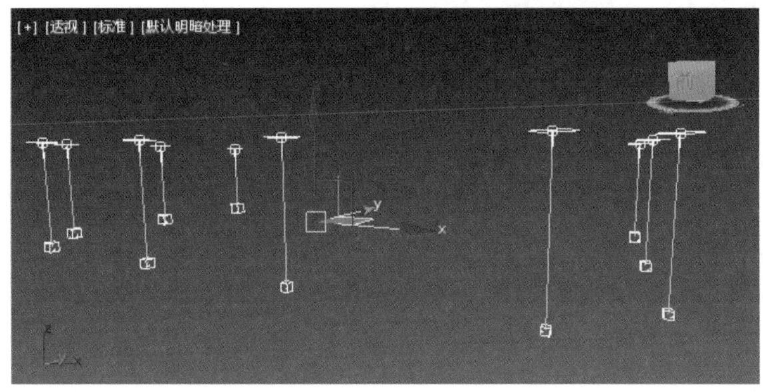

图 6.26　创建 VRayIES 光源

6.4.3　制作场景内主光源

在顶视图中创建 VRay 灯光 001，在前视图中移动其位置，使其位于“吊顶”对象的下方。进入修改面板，设置倍增为 0.5，颜色为白色。在选项卷展栏中勾选“投射阴影”和“不可见”复选框。其他参数保持默认设置，如图 6.27 所示。

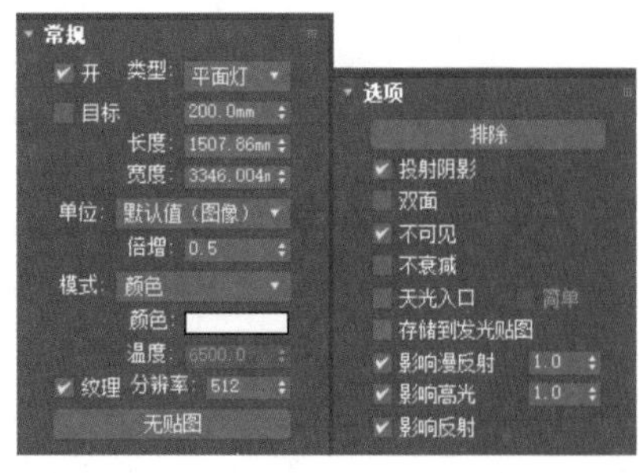

图 6.27　主光源参数设置

6.5 细调老人房材质

场景中灯光强度确定以后，可以对材质进行细调，主要包括渲染参数、反射光泽度、凹凸贴图等参数调制。在此之前，需要在渲染设置窗口中，将“主要引擎”设置为“发光贴图”，在渲染元素中删除“VRay 灯光混合”元素。

选择“地板”材质，将反射的最大深度提高到16，加强地板的反射细节，如图 6.28 所示。

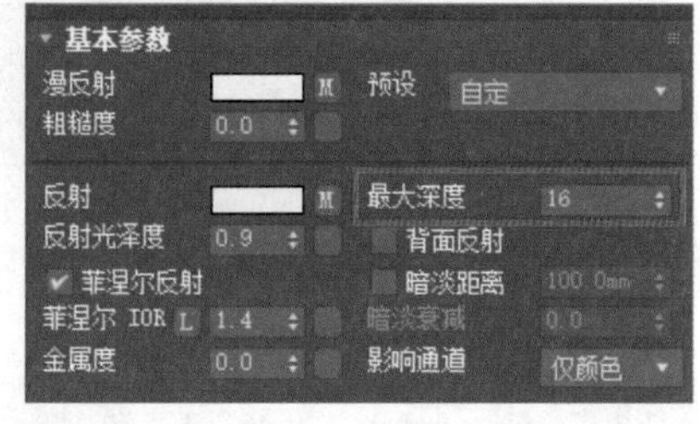

图 6.28 提高地板材质的反射最大深度

设置衰减贴图的折射率为 1.4，将衰减贴图的颜色修改为 RGB 值（232，243，255）的浅蓝色，降低衰减梯度，缩短渲染时间，如图 6.29 所示。

灯罩材质显示颜色与材质设置颜色不一致，这是由于颜色混合模式的结果。在 Slate 材质编辑器中，单击“灯罩”材质，在“选项”卷展栏中将“保存能量”修改为“单色”，参数如图 6.30 所示。然后观察灯罩材质颜色是否与设置颜色一致。

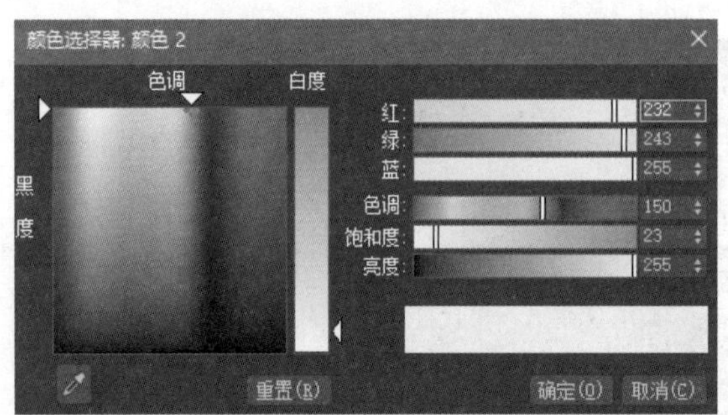

图 6.29 修改衰减贴图的颜色

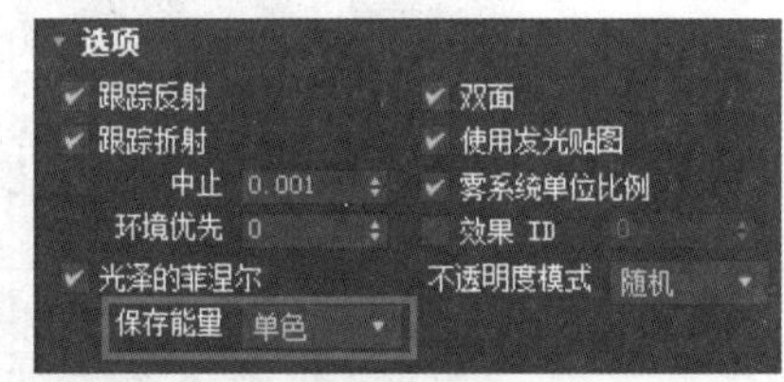

图 6.30 修改颜色混合模式的参数

利用前面几章介绍的方法，细调场景中的地板、红木材质等主要对象的衰减贴图。

6.6 老人房空间渲染输出及后期效果处理

等到材质、灯光等参数设置完成后，可以利用灯光混合进一步设置灯光强弱对比，然后设定渲染输出参数。打开“渲染设置”窗口，确定渲染器设定为 VRay 5.0 渲染器，设置渲染参数渲染出图。渲染完成后在 VFB 窗口右侧可进行后期效果处理。其设置方法可参考 3.6 节设置。摄像机 2 的渲染效果如图 6.31 所示。

图 6.31　摄像机 2 的渲染效果

本 章 小 结

本章主要介绍了别墅老人房场景的中式风格表现方法。包括厨房的空间布局、VRay 材质、VRay 灯光等内容，在材质设计方面主要使用了 VRay 布料材质、VRay 木材质、VRay 油漆材质、多维 / 子对象材质。尤其注意的是，当出现一种材质渲染颜色与材质颜色不一致的情况，这是由于颜色混合模式造成了颜色偏差，修改的方法是修改混合能量模式。在 VRay 灯光设计方面，主要利用 VRay 平面光、VRay 太阳光、VRayIES 等灯光达到设计的目的。

实践与探究

1. 练习本章老人房的日景效果表现。

2. “全局照明”引擎常用设置解析的探究。

本书大部分实例在进行最终渲染参数设置时，都会将“全局照明”卷展栏中的“主要引擎”设置为“发光贴图”。这是由于发光贴图算法效果好、算法优化、渲染速度快。但是，“发光贴图”算法渲染时会产生一些噪波点，在 Render Elements 选项卡中添加“VRay 全局光照（GI）”和“VRay 降噪器”可以减少噪波点，读者可以自行探索其中的应用方法。

第7章

别墅粉色主题儿童房日光表现

本章学习重点

- 粉色主题卧室空间设计的特点
- 简欧设计风格的表现手法
- 暖色、冷色材质的搭配

从本章开始，本书将用三章的内容介绍别墅二楼卧室的表现手法，包括儿童房设计、主卧设计、次卧设计。本章主要讲解别墅粉色主题风格儿童房日景表现，案例效果图如图 7.1 所示。通过本章的学习，可以了解粉色主题空间设计的表现手法及制作流程，掌握简约欧式风格表现方法，掌握冷暖材质对比表现方法。

(a) 摄像机Camera001效果

(b) 摄像机Camera002效果

图 7.1　儿童房设计效果

7.1　儿童房场景分析

二楼空间相对私密，是别墅主人及其家人主要的休息场所，在设计理念上应追求安静和舒适，在色彩上以淡雅为主，在设计风格上统一采用现代简约欧式设计风格。

欧式设计风格的特征是古典浓重、装饰华丽，比较有代表性的是巴洛克风格和洛可可风格，前者具有豪华、动感、多变的视觉效果，后者风格唯美，具有律动的细节。在材质设计上，家具一般采用柚木、桃花心木、沙比利木、樱桃木等名贵木材，灯具大多采用铜吊灯或者水晶灯，采用墙纸或墙布装饰墙面，地板一般采用大理石或花岗石，卧室一般会铺设地毯。欧式风格对建筑空间要求比较高，如果空间较小就无法展示出欧式风格的气势，还会产生一种压迫感。

但是，现代人并不单纯追求居住空间的奢华，更多的是要求融入浪漫和现代气息，在这种市场需求下，欧式简约风格就诞生了。现代简约欧式设计风格主要是将古典欧式风格与现代元素相结合，偏向于简洁大方，雅致舒适，强调线条的流动和变化，细节处理也更加精致，与新中式风格设计原理基本一致。

粉色主题儿童房采用简约欧式设计风格，突出温暖、柔和设计效果，使室内充满童趣和浪漫，更适合小女孩细腻的心理特点。主要的设计在于装饰望远镜、闹钟、挂表、毛绒玩具、学习桌、卡通抱枕等，给孩子营造一个童话般充满想象力的空间，有益孩子成长。为了让空间效果雅而不俗，墙面、部分家具采用白色油漆材质，另一部分家具如床头、床单、窗帘等对象则采用粉色材质，毛绒玩具可以采用白色、灰色、蓝色等作为点缀。总之，需要把握好粉色材质的使用技巧，正确运用粉色和白色的调和色，也可以点缀一些灰色和蓝色，这样使得空间色彩感舒缓而不喧闹，成为儿童休息和学习的静谧空间。

根据场景分析，儿童房设计模型如图7.2所示，下面为场景中的对象赋予材质。

图 7.2　儿童房设计白模效果

7.2 初调儿童房材质

简约欧式风格儿童房中的对象材质中，粉色材质是主要材质，包括粉色布料材质、粉色木材质、粉色金属材质等，需要重点掌握这些材质的调制方法。

由于在设计过程中新创建的飘窗模型与原别墅白模场景中的玻璃、窗框等模型重复，因此需要暂时隐藏。

7.2.1 调制粉色油漆材质

打开本书配套场景文件“别墅儿童房 - 白模 .max”。场景中的学习桌、床头、床尾、部分柜体等对象的材质都将被赋予粉色油漆材质。

新建一个材质球，将其命名为“粉色油漆”。设置漫反射颜色的 RGB 值为（255，174，233）。设置反射颜色的 RGB 值为（255，213，244），反射光泽度为 0.85，勾选“菲涅尔反射”复选框，折射率设置为 1.4，设置反射贴图为“反射贴图 .jpg”，在贴图通道中将数量修改为 60，复制反射贴图到凹凸贴图通道中，凹凸参数设置为 10。在清漆层参数卷展栏中，设置清漆层数量为 0.85，清漆层光泽度为 0.85，清漆层 IOR 为 1.4。观察粉色油漆的纹理，添加 UVW 贴图修改器，修改贴图类型和大小，使对象的纹理大小适中，如图 7.3 所示。

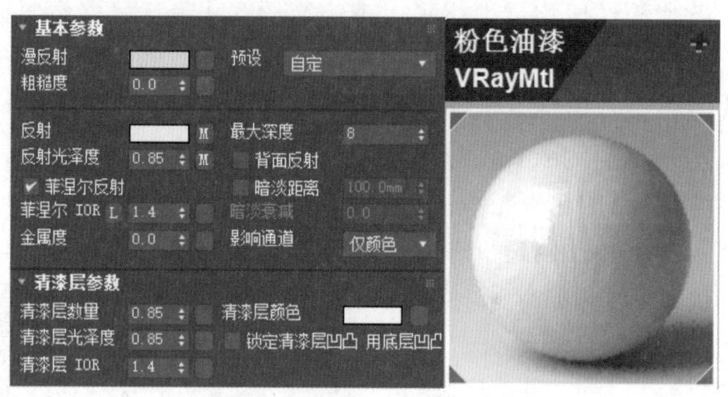

图 7.3　粉色油漆材质参数设置及效果

7.2.2　调制布料材质

场景中的被子、窗帘、飘窗坐垫等对象的材质都将被赋予粉色布料材质。

（1）调制粉色布料材质。新建一个材质球，将其命名为“粉色布料”。设置漫反射颜色的 RGB 值为（255，174，233），漫反射贴图为“粉色花布 .jpg”，粗糙度设置为 1。反射颜色为深灰色，反射光泽度为 0.5，勾选“菲涅尔反射”复选框，折射率设置为 1.4。在贴图通道中，复制漫反射贴图到凹凸贴图通道中，凹凸参数设置为 10。将该材质赋予被子、窗帘、飘窗坐垫等对象，观察对象的纹理，添加 UVW 贴图修改器，修改贴图类型和大小，使对象的纹理大小适中，如图 7.4 所示。

图 7.4　粉色布料材质参数设置及效果

（2）调制窗纱的材质。在 Slate 材质编辑器中，单击“窗帘”材质球，按住 Shift 键拖动，复制一个材质球，将其命名为“窗纱”，设置折射颜色的 RGB 值为（253，232，255），其他参数保持不变。窗纱材质参数设置及效果如图 7.5 所示。

图 7.5 窗纱材质参数设置及效果

调制抱枕 1 的材质。

在 Slate 材质编辑器中，单击“粉色布料”材质球，按住 Shift 键拖动，复制一个材质球，将其命名为“抱枕 1”，设置漫反射贴图为“抱枕 1.jpg”，凹凸参数修改为 10，其他参数保持不变。观察地毯的纹理，添加 UVW 贴图修改器，贴图类型设置为长方体，UVW 设置为（500，400，300），使抱枕的纹理大小适中，如图 7.6 所示。使用同样的方法调制其他抱枕的材质。

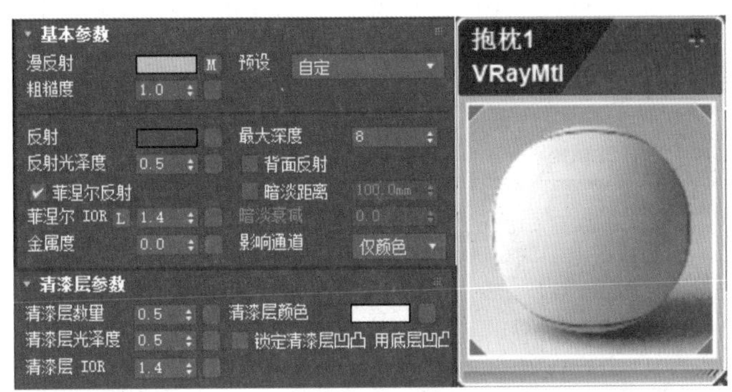

图 7.6 抱枕材质参数设置及效果

7.2.3 调制粉色地毯材质

新建一个材质球，将其命名为“地毯”。设置漫反射颜色的 RGB 值为（255，174，233），设置漫反射贴图为“地毯.jpg”，粗糙度设置为 1。反射颜色的 RGB 值为（17，17，17），反射光泽度为 0.5，勾选“菲涅尔反射”复选框，折射率设置为 1.4。在贴图通道中，复制漫反射贴图到凹凸贴图通道中，凹凸参数设置为 200。将该材质赋予地毯对象，观察对象的纹理，添加 UVW 贴图修改器，修改贴图类型为长方体，贴图大小为 1300mm × 650mm × 100mm，使对象的纹理大小适中，如图 7.7 所示。

7.2.4 调制粉色皮子材质

场景中的床头、椅子坐垫等对象被赋予粉色皮子材质。

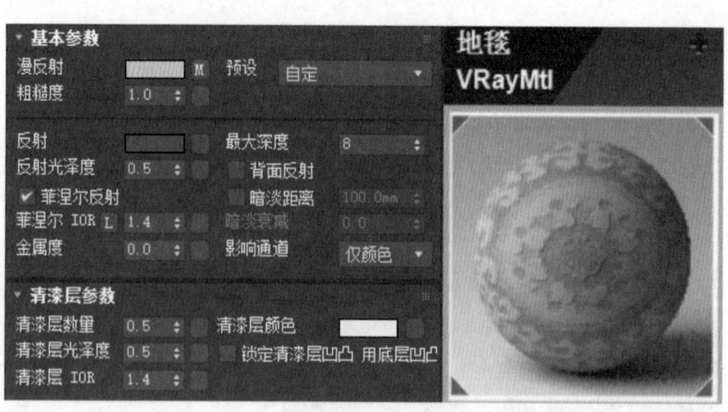

图 7.7　粉色地毯材质参数设置及效果

新建一个材质球，将其命名为“皮子”。设置漫反射颜色的 RGB 值为（255，213，244），漫反射贴图为“粉色皮子 .jpg”。设置反射颜色为浅灰色，RGB 值为（206，206，206），反射光泽度为 0.85，反射贴图为“反射贴图 .jpg”，勾选“菲涅尔反射”复选框，折射率设置为 1.4。在“清漆层参数”选项组中设置清漆层数量为 0.85，清漆层 IOR 为 1.4，清漆层颜色为白色。在贴图通道中，复制漫反射贴图到凹凸贴图通道中，凹凸参数设置为 30。观察皮子的纹理，添加 UVW 贴图修改器，使皮子的纹理大小适中，如图 7.8 所示。

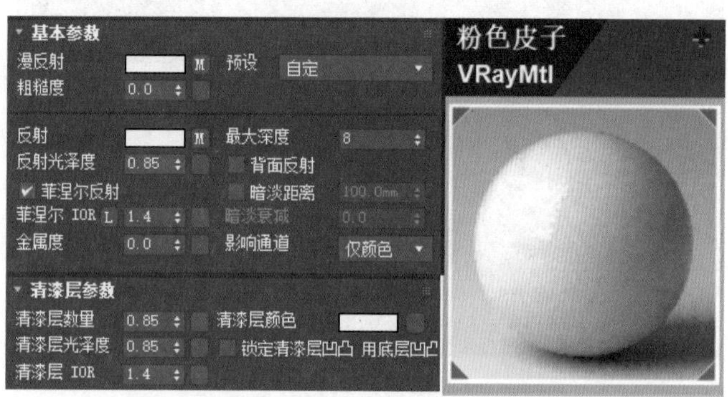

图 7.8　粉色皮子材质参数设置及效果

7.2.5　调制儿童房粉色张贴板

“张贴板”对象由外边框和张贴面板组成。外边框赋予白色油漆材质。下面调制张贴板材质。

选择“张贴板”对象组，执行菜单“组”→“打开”命令，选择“张贴板”，新建一个空白材质球，将其命名为“张贴板”，设置漫反射颜色为浅黄色，RGB 值为（199，196，194），单击“贴图”按钮，在弹出的参数面板中选择“白色布纹 .jpg”作为墙布贴图。设置反射颜色的浅灰色 RGB 值为（151，151，151），反射光泽度为 0.65，反射贴图设置为衰减贴图。勾选“菲涅尔反射”复选框，折射率设置为 1.4，在“清漆层参数”选项组设置清漆层数量为 0.7，清漆层 IOR 为 1.4，清漆层颜色为白色。在贴图通道中，复制漫反射贴图到凹凸贴图通道中，凹凸参数设置为 30。将材质赋予场景中的地板对象。观察对象的纹理，为每个对象添加 UVW 贴图修改器，贴图类型修改为长方体贴图，修改贴图大小与张贴板大小一致，如图 7.9 所示。

同样的方法可以调制相框的材质。

7.2.6 调制吊灯材质

吊灯由灯座和灯罩两部分组成。灯座可以赋予铜材质。铜材质调制可以参考第 6 章相关小节内容，下面调制吊灯罩材质。

新建一个 VRay 灯光材质球，将其命名为“吊灯罩”。设置颜色为白色，强度值为 3.0，如图 7.10 所示。

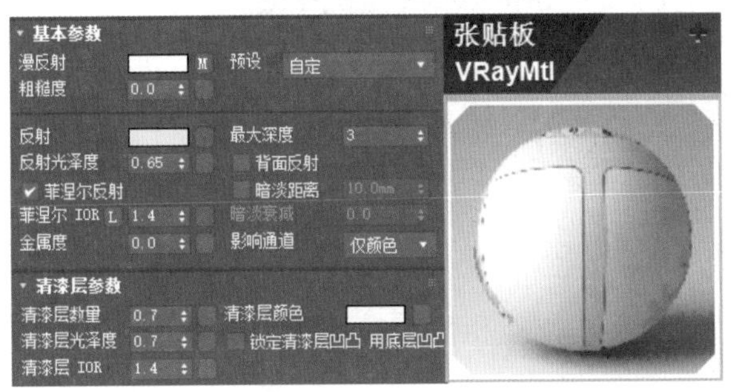

图 7.9 张贴板材质参数设置及效果

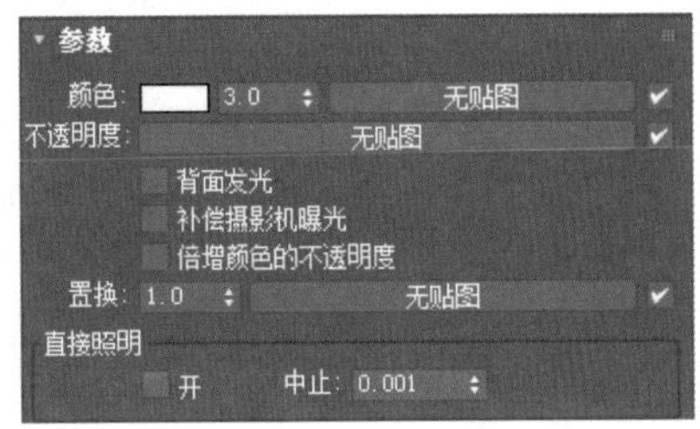

图 7.10 吊灯罩材质参数设置

7.2.7 调制望远镜材质

望远镜材质由结构、镜头和旋钮组成，金属部分赋予不锈钢材质，镜头部分赋予发光材质，塑料旋钮赋予塑料材质。不锈钢材质和 VRay 灯光材质调制参考前面章节，下面调制塑料材质。

新建一个空白材质球，将其命名为“黑塑料”。设置漫反射颜色为黑色，反射颜色的 RGB 值为（193，193，193）。设置反射光泽度为 0.85，勾选“菲涅尔反射”复选框，设置反射率为 1.4。在清漆层参数卷展栏中，设置清漆层数量为 0.85，清漆层光泽度为 0.85，清漆层 IOR 为 1.4，如图 7.11 所示。

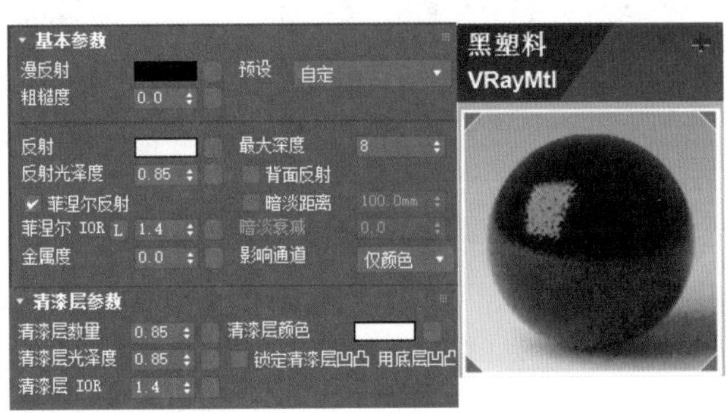

图 7.11 黑塑料材质参数设置及效果

7.2.8 调制恐龙材质

儿童房内有一个恐龙摆件，它包含恐龙身体、牙齿、眼睛三个部分。

（1）调制恐龙身体的材质。新建一个空白材质球，将其命名为“恐龙”。设置漫反射颜色的 RGB 值为（255，223，168），漫反射贴图为“恐龙 .jpg”。反射颜色的 RGB 值为（166，166，166）。设置反射光泽度为 0.75，勾选“菲涅尔反射”复选框，设置反射率为 1.4。在清漆层参数卷展栏中，设置清漆层数量为 0.75，清漆层光泽度为 1.0，清漆层 IOR 为 1.4。如图 7.12 所示。将材质赋予恐龙，添加 UVW 贴图修改器，设置贴图类型为长方体，修改贴图大小。

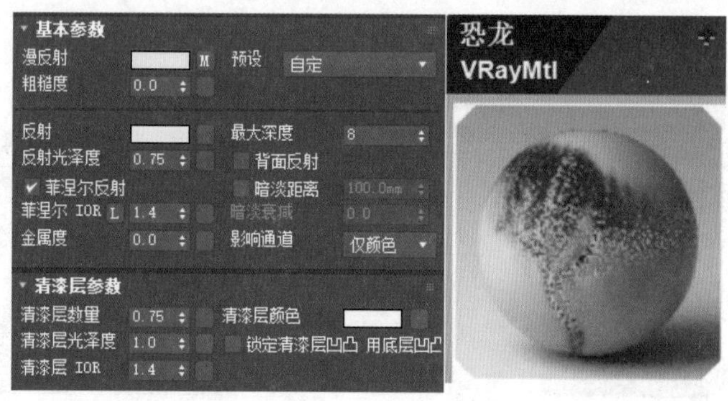

图 7.12 恐龙身体材质参数设置及效果

（2）调制恐龙牙齿的材质。新建一个空白材质球，将其命名为“牙齿”。设置漫反射颜色为白色。反射颜色的 RGB 值为（166，166，166）。设置反射光泽度为 0.7，勾选“菲涅尔反射”复选框，设置反射率为 1.4。在清漆层参数卷展栏中，设置清漆层数量为 0.7，清漆层光泽度为 0.7，清漆层 IOR 为 1.4，如图 7.13 所示。将材质赋予恐龙，添加 UVW 贴图修改器，设置贴图类型为长方体，修改贴图大小。

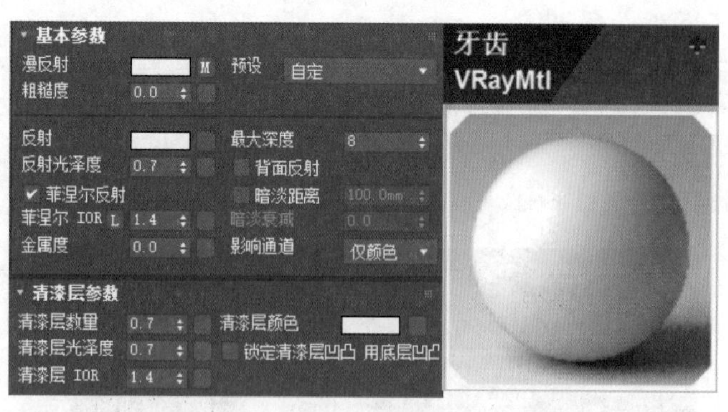

图 7.13 恐龙牙齿材质参数设置及效果

（3）调制恐龙眼睛的材质。新建一个空白材质球，将其命名为“眼睛”。设置漫反射颜色的 RGB 值为黑色，反射颜色的 RGB 值为（193，193，193）。设置反射光泽度为 0.85，勾选“菲涅尔反射”复选框，设置反射率为 1.4。在清漆层参数卷展栏中，设置清漆层数量为 0.85，清漆层光泽度为 0.85，清漆层 IOR 为 1.4，如图 7.14 所示。将材质赋予恐龙，添加 UVW 贴图修改器，设置贴图类型为长方体，修改贴图大小。

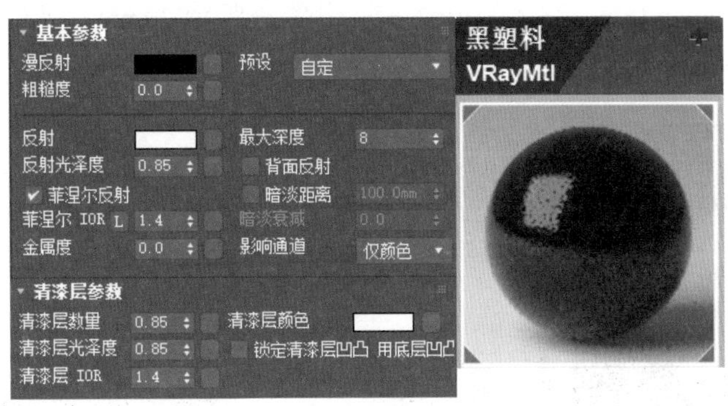

图 7.14 恐龙眼睛材质参数设置及效果

7.2.9 调制室外环境材质

新建一个“VRay 灯光材质球”，将其命名为“环境”，设置“颜色”为 20.0，设置贴图为“环境 .jpg”，如图 7.15 所示。

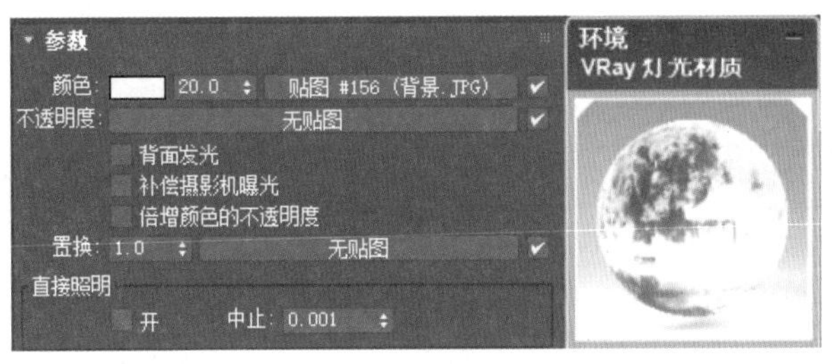

图 7.15 环境材质参数设置及效果

7.3 儿童房摄像机参数设置

儿童房场景中设置了 2 个目标摄像机，Camera001 从门口照向室内，朝向右前方，Camera002 与 Camera001 关于 X 轴对称，朝向室内左前方，这样能够全方位展示儿童房场景设计效果。

7.3.1 架设儿童房右前方摄像机

选择 3ds Max 的目标摄像机，在顶视图中创建一个目标摄像机 Camera001，从门口向

室内右前方拖动目标点。同时选中摄像机和目标点，在左视图或前视图中移动摄像机到人眼能看到的高度位置，如图 7.16 所示。

选择摄像机 Camera001，进入修改面板，设置焦距为 20mm，其他值保持默认设置。切换到摄像机视图，如图 7.17 所示。

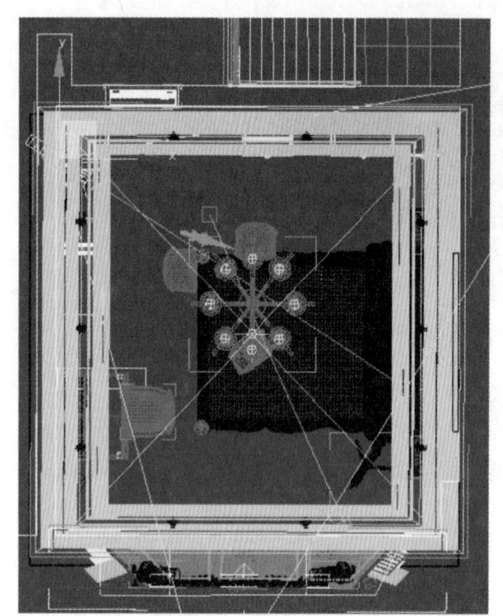

图 7.16 架设儿童房右前方摄像机

图 7.17 自摄像机 Camera001 观察的效果

7.3.2 架设儿童房左前方摄像机

选择 3ds Max 的目标摄像机，在顶视图中创建一个摄像机 Camera002，从窗户向室内左前方拖动目标点。同时选中摄像机和目标点，在左视图或前视图中移动摄像机到合适的高度，如图 7.18 所示。

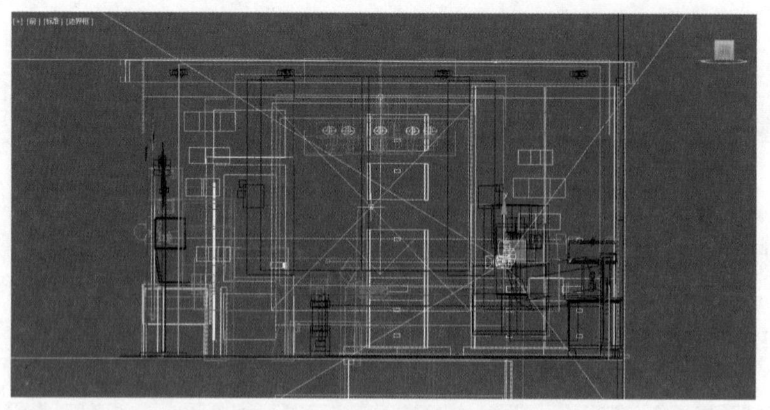

图 7.18 架设儿童房左前方目标摄像机

选择摄像机 Camera002，进入修改面板，设置焦距为 20mm，其他值保持默认设置。切换到摄像机视图，如图 7.19 所示。

图 7.19 自摄像机 Camera002 观察的效果

7.4 布置儿童房场景灯光

儿童房主要表现天光照明效果，照明选择以温馨为主，可以选择 VRay 平面光，VRayIES 等光源，吊灯可以选择模拟节能灯的球形光源，这样能保证儿童学习照明效果的需要，也不会因为强烈的灯光而感觉眼部不适。

7.4.1 制作室外天光照明效果

选择“飘窗”对象，单击窗口下方的“孤立选择”命令按钮，进入孤立选择模式。单击三维捕捉按钮，设置为顶点捕捉，如图 7.20 所示。

在前视图中创建 VRay 太阳光，使光源大小与飘窗大小一致，如图 7.21 所示。

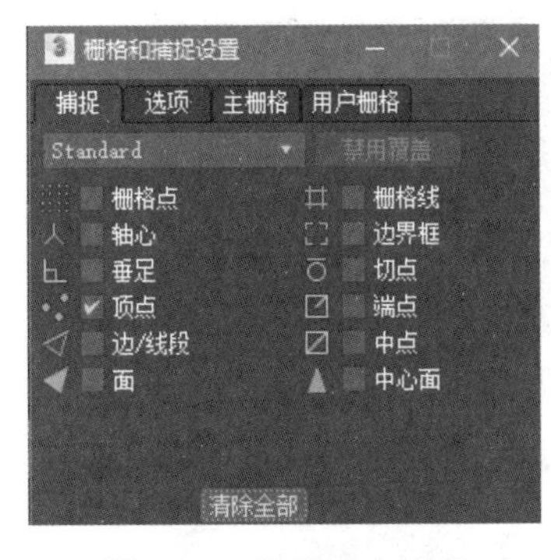

图 7.20 设置顶点捕捉

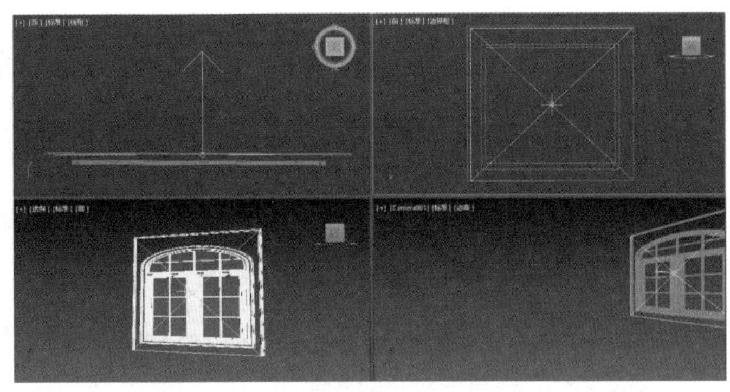

图 7.21 创建 VRay 面光

进入修改面板，设置强度倍增为 1，模式为颜色，设置为白色。在选项卷展栏中单击“排除”命令按钮，排除“玻璃、飘窗 3、窗纱 1、窗纱 2”等对象，如图 7.22 所示。

7.4.2 制作吊灯光源

下面设置吊灯的主光源。在顶视图中创建“VRay 灯光”，进入修改面板，设置灯光类型为“球形”，设置倍增为 0.5，颜色为白色。移动其位置，使其与“吊灯 1”对齐。在选项卷展栏中勾选“不可见”复选框，注意不勾选“投射阴影”，其他参数保持默认设置。第一个灯光参数设置完成后，分别复制出另外七个灯光，复制方式为实例复制，使用移动、旋转工具，分别与灯头对齐，如图 7.23 所示。

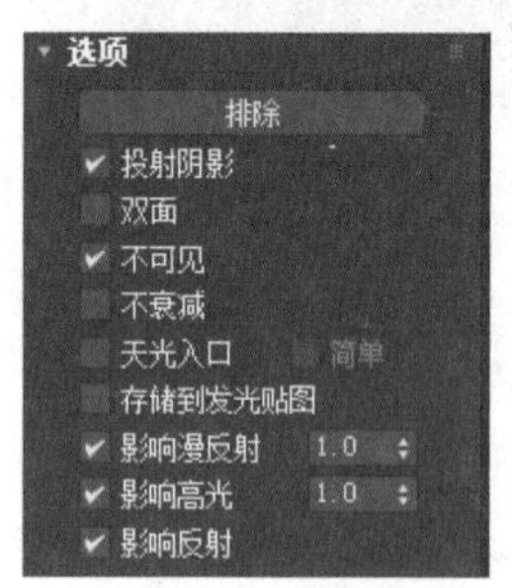

图 7.22　太阳光光源参数选项

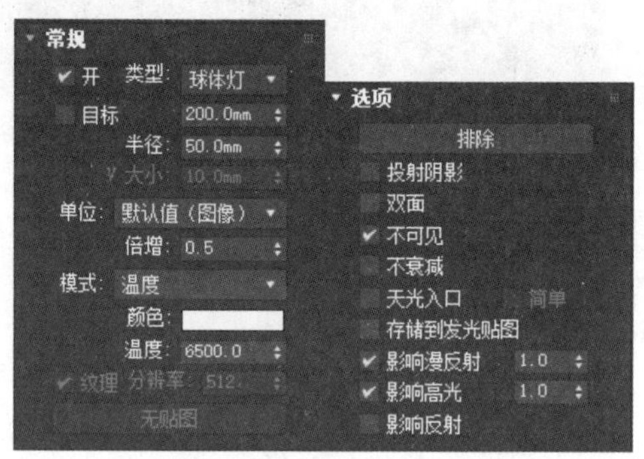

图 7.23　吊灯主光源参数设置

7.4.3 制作室内射灯

场景中设计有 10 个射灯，下面为每个射灯添加一个 IES 光源。

在创建面板中，单击 VRayIES，在前视图中创建一个 IES 光源，目标点自上向下拖动，将其命名为 VRayIES 001。进入修改面板，单击“IES 文件”通道，选择“射灯 .ies”，颜色为白色，倍增为 0.5，其他参数保持默认设置。使用移动工具，使 VRayIES 001 与射灯对齐。第一个射灯参数设置完成后，分别复制出另外九个射灯，复制方式为实例复制，使用移动、旋转工具，分别与射灯对齐，如图 7.24 所示。

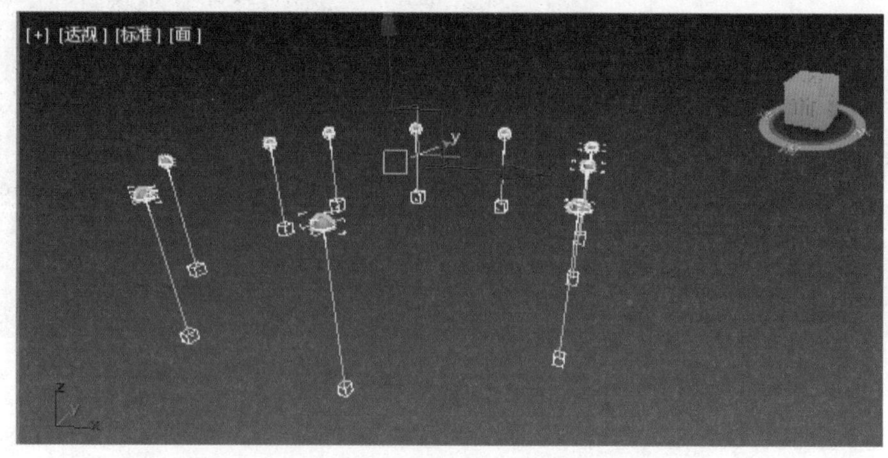

图 7.24　创建 VRayIES 光源

7.4.4 制作场景主光源

下面为场景设置主光源。在顶视图中创建“VRay 灯光 001”，在前视图中移动其位置，使其位于“吊顶”对象的下方。进入修改面板，设置倍增为 0.5，颜色为白色。在选项卷展栏中勾选“投射阴影”“双面”和“不可见”复选框，其他参数保持默认设置，如图 7.25 所示。

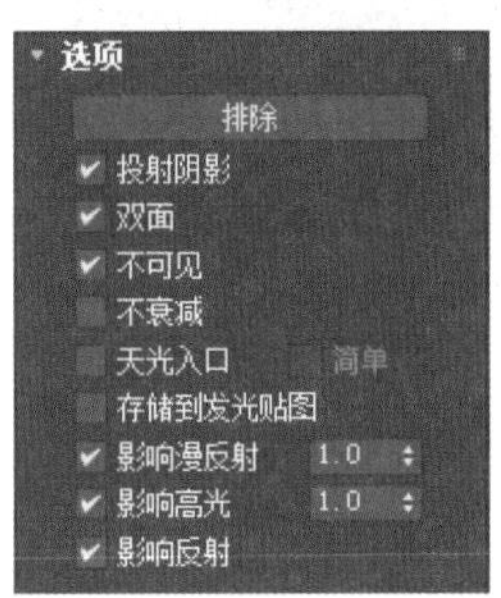

图 7.25 场景主光源参数设置

7.5 细调儿童房材质

在细调材质之前，需要在渲染设置窗口中，将主要引擎设置为“发光贴图”，在渲染元素中删除“VRay 灯光混合”元素。

白色以及其他浅色材质，容易被其他材质染色，观察儿童房场景中的白色油漆材质，被染成粉色，使场景中的白色墙壁看起来也略带粉色，这种现象称为颜色溢出。修改的方法是为粉色油漆材质添加材质包裹器。

在 Slate 材质编辑器中，创建一个“VRay 材质包裹器”材质球，将其命名为“粉色包裹”，拖动基础材质的套接字至“粉色油漆”的套接字上，如图 7.26 所示。

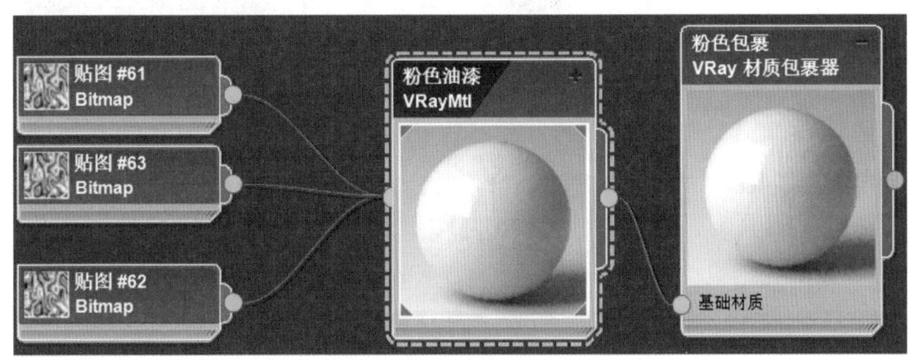

图 7.26 增加材质包裹器

设置“粉色包裹”的“生成 GI”参数为 0.1，其他参数保持默认设置，如图 7.27 所示。

选择“白色油漆”和“粉色油漆”材质，将反射最大深度提高到 16，加强主要材质的反射细节，如图 7.28 所示。

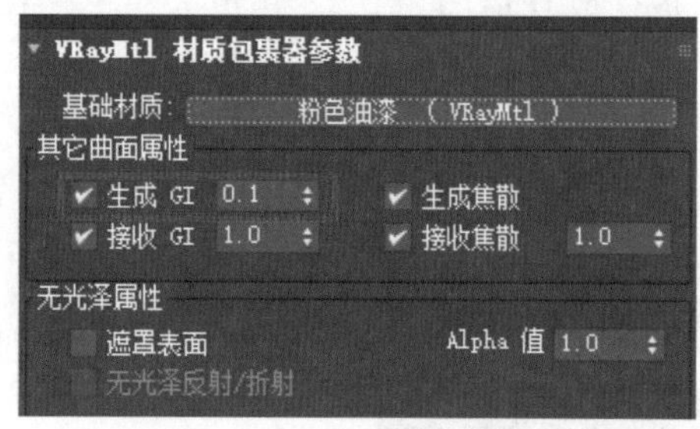

图 7.27　材质包裹器参数设置

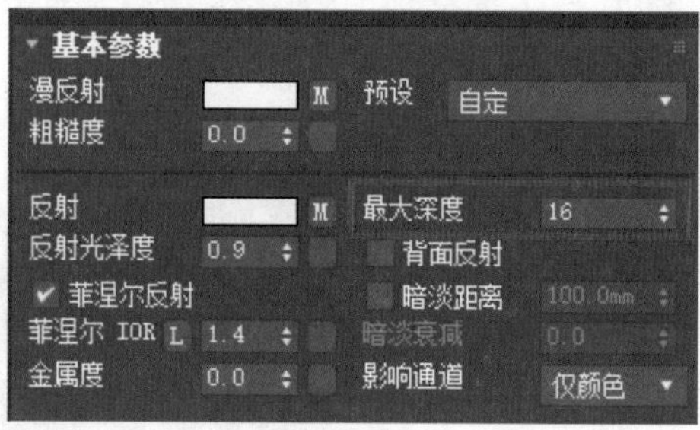

图 7.28　提高反射最大深度参数

设置衰减贴图的折射率为 1.4，将衰减贴图的白色修改为 RGB 值（23，243，255）的浅蓝色，降低衰减梯度，缩短渲染时间。

细调材质

7.6　儿童房空间渲染输出及后期效果处理

参考前面的章节设置渲染输出参数，经过渲染和后期处理后的摄像机 Camera001 观察的渲染效果如图 7.29 所示，单击保存工具存储最终图像。

图 7.29　自摄像机 Camera001 观察的渲染效果

本章小结

本章主要介绍了别墅儿童房场景的简约欧式风格粉色主题表现方法。包括儿童的空间布局、VRay材质、VRay灯光等内容。在材质设计方面主要使用了粉色主题材质，与白色材质混合调配，需要注意的是浅色调空间表现中，容易发生颜色溢出的现象，适当应用材质包裹器可以避免这个问题。

实践与探究

1. 练习本章儿童房粉色主题场景的日景效果表现。

2. 别墅蓝色主题儿童房空间表现的探究。

粉色主题儿童房比较适合女孩居住，蓝色主题儿童房比较适合男孩居住。读者可以自行探究其表现手法。

第8章

别墅欧式轻奢主卧日光表现

本章学习重点

- 轻奢卧室空间设计的特点
- 欧式设计风格的表现手法
- 室内外冷暖光源的处理方法
- VRay 代理

本章主要讲解别墅二楼轻奢主卧空间表现方法。介绍欧式卧室的空间表现特点，包括欧式风格设计、材质调制、灯光布局，以及后期渲染输出等内容。在设计创意上，以简约欧式风格为基础，通过铜金属条、水晶、灯带、金马摆件的点缀，凸显质感，虽然没有过多的华丽装饰造型，但是设计细节已经凸显出低调高雅的效果。案例效果图如图 8.1 所示。

(a) Camera001渲染效果

(b) Camera002渲染效果

(c) Camera003渲染效果

(d) Camera004渲染效果

图 8.1　欧式轻奢卧室设计效果

通过本章的学习，可以了解欧式卧室空间设计的表现手法及制作流程，掌握欧式空间灯光表现方法，掌握冷暖光源对比表现方法。

8.1 别墅二楼主卧场景分析

别墅二楼主卧是房屋主人休息的空间，比较适合奢华的欧式设计风格，突出时尚、优雅、沉稳、大气的设计效果。

在空间布局上，由于主卧空间较大，因此我们设计了一个镂空的电视背景墙进行局部隔断，把主卧划分为主要休息区和临时办公区。这样既避免了空间的空旷，又增加了主卧室的温馨感。其中远离门口的空间是卧室的主要空间，暂时称为主要休息区，室内陈设放置了欧式床、柜子、床头柜、壁灯、水晶吊灯、植物等，飘窗上设计一个简易的榻榻米、酒具，提升了主卧室的设计情调；另一部分空间设计为临时办公和会客的场所，放置了办公桌、沙发、茶几和酒具等。

在色调上主卧室采用白色作为底色，营造典雅大方的整体质感。

主卧的地板采用实木地板，能够更好地表达卧室温馨的感觉，再搭配以精美柔软的地毯，更能营造卧室的氛围。

主卧的墙面选择特色的欧式墙纸，营造优美奢华氛围。

主卧的灯光设计以营造舒适温馨的睡眠氛围为主，减少眩光，色温以暖色为主，灯具选择水晶吊灯，搭配射灯和壁灯。

主卧的家具主要是床、床上饰品、柜子、摆件。欧式的大床搭配带有西方复古花纹图案的床饰尽显欧式的典雅贵气。床上饰品选择柔软有垂感的面料。柜子选择古典欧式，其设计厚重凝练、线条流畅、高雅尊贵。在细节处雕花刻金，一丝不苟，弧形和涡状装饰是其显著特征。

主卧的窗帘和窗饰也是比较重要的设计内容，要使用质感厚重的布料或丝质面料，且多为双层，带有精致的花纹和波浪的帘头装饰。

主卧的背景墙有三个，分别是床头背景墙、电视背景墙、沙发背景墙。背景墙的设计既要彰显欧式的精致，也要体现舒适优雅，所以不适合采用木质或石材等材质。具体要求有以下几条。

（1）床头背景墙采用软包背景墙面。软包的设计不仅拥有视觉和触觉上的舒适感，其外表的皮质也很能够展示欧式的优雅大方。

（2）电视背景墙可以采用软包和布纹相结合的背景墙，圆形造型设计以镜面包边，内部采用软包装，外部采用布纹包装。

（3）沙发背景采用壁纸背景墙面，浅色的欧式壁纸装饰以典雅的世界名画。

根据上述场景分析，主卧场景设计模型如图 8.2 所示。下面为场景中的对象赋材质。

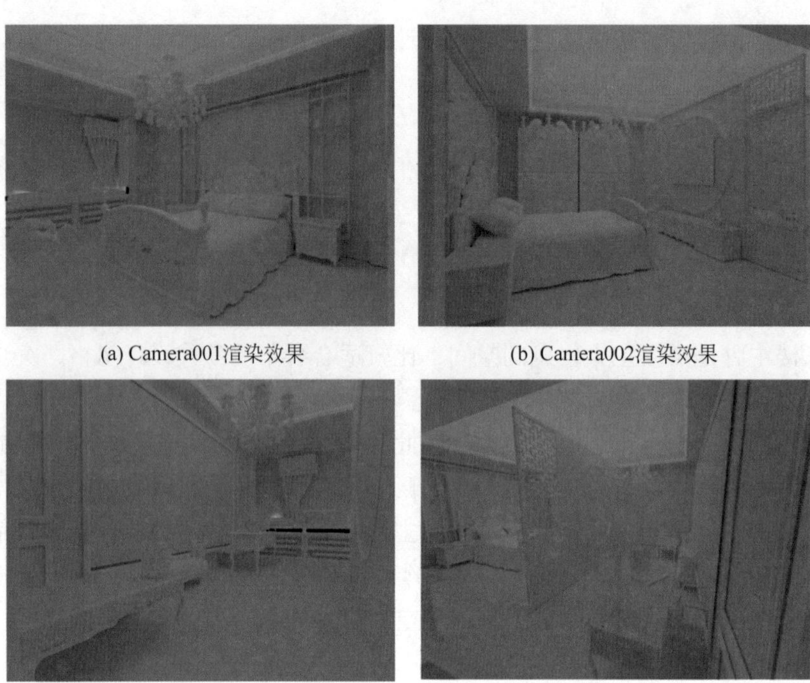

(a) Camera001渲染效果　　(b) Camera002渲染效果

(c) Camera003渲染效果　　(b) Camera004渲染效果

图 8.2　主卧场景设计模型

8.2　主卧模型优化

当模型复杂、面数较多时，渲染时间就会增加。模型优化的任务就是减少复杂模型面数。3ds Max 提供了“优化”命令，能够简化高面数对象的平滑模型，同时也不会较大地改变模型外观。

打开“别墅主卧室 - 白模 .max”文件，选择“办公桌”对象组，执行菜单“组”→“打开”命令，选择“桌子”对象，进入修改面板，添加“优化”命令，命令参数设置如图 8.3 所示。从图中可以看出，第一次应用“优化”时，桌子的外形在视口中看不到任何改变。调整“面阈值”设置以获得最佳优化效果。在“上次优化状态”参数组中，可以看到“桌子”对象的顶点数和面数都减少了很多。

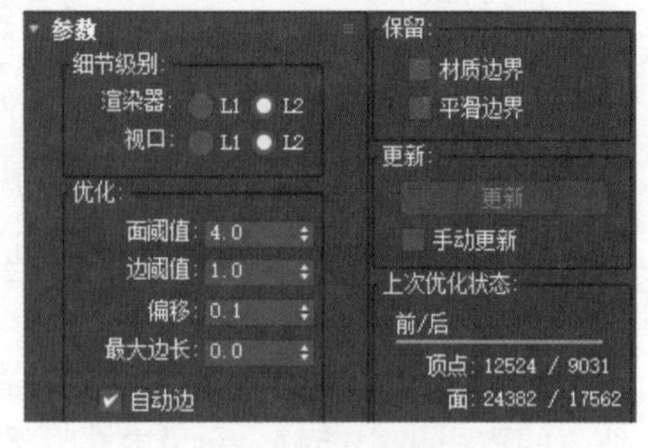

图 8.3　优化命令参数设置

调整“优化”命令参数可以得到最佳的优化效果，下面介绍每个参数的设置。

1.“细节级别”参数组

优化细节分为 L1、L2 两种级别。渲染器 L1、L2 表示设置默认扫描线渲染器的显示级别。使用“视口 L1、L2”来更改保存的优化级别。默认设置为“L1”。

视口 L1、L2 表示同时为视口和渲染器设置优化级别。该选项同时切换视口的显示级别。默认设置为 L1。

可以设置较低的优化级别，使用较少的面来加速视口处理，同时对渲染器的最终输出设置较高级别。也可以采用任一级别渲染，在视口中切换到较高级别，以此来了解渲染图像的外观。

2.“优化”参数组

“优化”参数组用于调整优化度。

- “面阈值”参数设置用于决定哪些面会塌陷的阈值角度。较低的值产生的优化较少，但是同时也会更好地接近原始形状。较高的值改善优化，但是所得结果更像使用不加渲染所得到的面，默认设置为 4.0。
- “边阈值”参数为开放边（只绑定了一个面的边）设置不同的阈值角度。较低的值保留开放边。同时也可以应用较高的面阈值来得到较好的优化，默认设置为 1.0。
- “偏移”参数帮助减少优化过程中产生的细长三角形或退化三角形，它们会导致渲染缺陷。较高的值可以防止三角形退化。默认值 0.1 足以减少细长的三角形。取值范围从 0.0 到 1.0。
- “最大边长度”用于指定最大长度，超出该值的边在优化时无法拉伸。当“最大边长度”为 0 时，该值不起作用。任何大于 0 的值指定边的最大长度。默认设置是 0.0。
- “自动边”参数随着优化启用和禁用边。启用任何开放边。禁用法线在面阈值内的面之间的边，超出阈值的边都不启用。默认设置为禁用状态。

3.“保留”参数组

“保留”参数组在材质边界和平滑边界间保持面层级的分隔。

- “材质边界”参数保留跨越材质边界的面塌陷，默认设置为禁用状态。
- “平滑边界”参数优化对象并保持其平滑。启用该选项后，只允许塌陷至少共享一个平滑组的面，默认设置为禁用状态。

4.“更新”参数组

“更新”参数组使用当前优化设置更新视口。只有启用“手动更新”时，此选项才可用。

5.“上次优化状态”参数组

使用顶点和面精确的前后读数来显示优化的数值结果。

模型优化

8.3 初调主卧材质

在主卧空间的材质中，白色和米黄色是主要色调，包括白色油漆材质、铜黄色金属、欧式布料材质等，需要重点掌握这些材质的调制方法。

8.3.1 调制床头背景材质

“床头背景”对象组由左背景板、右背景板、框架、软布包、软皮包、两幅壁画组成。外边框赋予白色油漆材质。下面分别介绍每一种对象的材质。

“软布包”对象被赋予布料材质。新建一个材质球，将其命名为“床头背景”。设置漫反射颜色为浅灰色，RGB 值为（195，195，195），设置漫反射贴图为“软包布 .jpg”，粗糙度设置为 1.0。反射颜色为深灰色，反射光泽度为 0.5，勾选“菲涅尔反射”复选框，折射率设置为 1.4。在贴图通道中，拖动漫反射贴图到凹凸贴图通道中，凹凸参数设置为 68。观察布面背景纹理，添加 UVW 贴图修改器，使“软布包”的纹理大小适中，如图 8.4 所示。

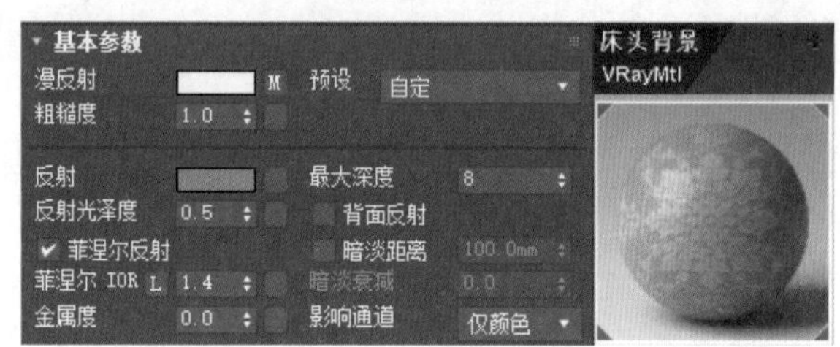

图 8.4 “床头背景”材质参数设置及效果

“左背景板”“右背景板”“框架”三个对象分别赋予白色油漆材质。

“软皮包”对象被赋予皮子材质。

下面调制“壁画”对象材质。执行菜单“组”→“打开”命令，选择“壁画 1”对象，新建一个空白材质球，将其命名为“壁画”，设置漫反射颜色为白色，单击“贴图”按钮，在弹出的参数面板中选择“壁画 .jpg”作为壁画贴图。

设置反射颜色为浅灰色，RGB 值为（208，208，208），反射光泽度为 0.85，反射贴图设置为衰减贴图，衰减类型设置为 Fresnel，衰减方向设置为“查看方向（摄像机 Z 轴）”。勾选“菲涅尔反射”复选框，设置折射率为 1.4。

在清漆层参数卷展栏中，设置清漆层数量为 0.85，清漆层 IOR 为 1.4，清漆层颜色为白色。在贴图通道中，复制漫反射贴图到凹凸贴图通道中，凹凸参数设置为 68。将材质赋予场景中的“壁画 1”和“壁画 2”对象。观察对象的纹理，为每个对象添加 UVW 贴图修改器，贴图类型修改为“平面”贴图，修改贴图大小为 1410mm × 449mm，如图 8.5 所示。

图 8.5 壁画材质参数设置及效果

赋予材质后的床头背景如图 8.6 所示。

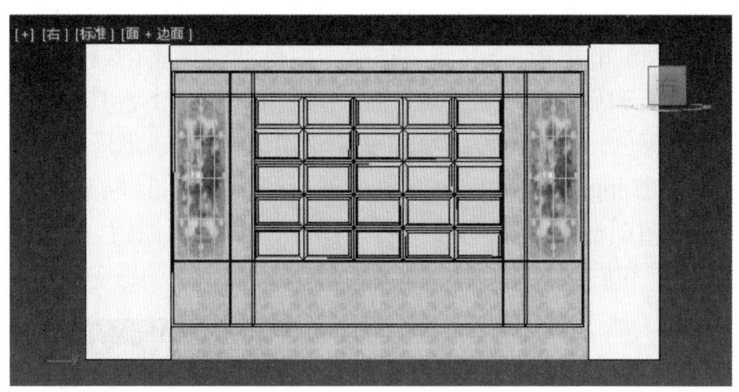

图 8.6　赋予材质后的床头背景效果

8.3.2　调制床材质

“床”对象组由床头、床尾、被子、床头柜组成。床头由柱子、床头雕花、软包组成。床尾由床尾板、竹子、花钉组成。

场景中柱子、床板、雕花被赋予白色油漆材质。软包被赋予皮子材质。被子的材质参数设置请参考前面相关章节。花钉和拉手都被赋予黄铜材质。

新建一个空白材质球，将其命名为“铜”。设置漫反射颜色为黄色，RGB 值为（242，194，92）。设置反射颜色的 RGB 值为（223，223，223）。设置反射光泽度为 0.93，勾选“菲涅尔反射”复选框，设置反射率为 1.4，如图 8.7 所示。

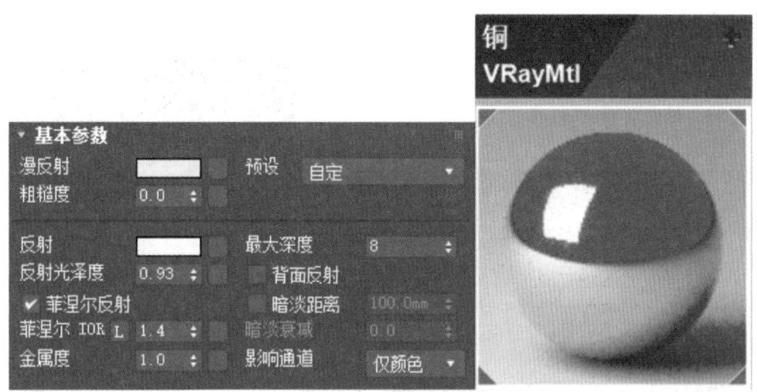

图 8.7　铜材质参数设置及效果

8.3.3　调制电视背景墙材质

电视背景由“电视背景墙”对象组、电视对象组和电视柜对象组组成。

“电视背景墙”对象组由隔断板、隔断框、花格组成；电视对象组由电视框、屏幕、开关按钮组成；电视柜对象组电视柜、金马摆件、花组成。下面分别调制这些对象的材质。

隔断板 1 是电视背景墙的方形隔断板，被赋予软布包材质。

隔断板 2 是电视背景墙的圆形隔断板，被赋予皮子材质。

圆形隔断框、隔断铜条对象被赋予铜材质，参数设置如图 3.18 所示。

其他隔断板、隔断框、电视柜、金马底座被赋予白色油漆材质，参数设置参考 8.3.3 小节。

（1）调制电视边框和后背的材质。新建一个空白材质球，将其命名为“磨砂 PVC”。设置漫反射颜色为深灰色，RGB 值为（23，23，23），单击“贴图”按钮，在弹出的参数面板中选择“磨砂 PVC.jpg”。设置反射颜色为浅灰色，RGB 值为（193，193，193），反射光泽度为 0.75。在贴图通道中拖动漫反射贴图至凹凸贴图通道，设置凹凸数量为 16。将材质指定给电视边框和后背对象，如图 8.8 所示。

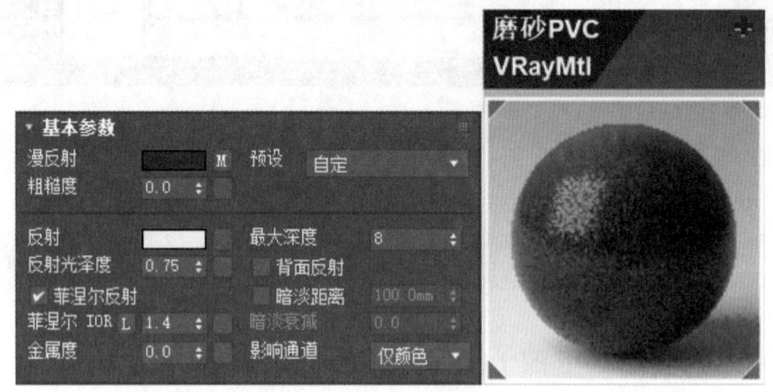

图 8.8　电视边框及后背材质参数设置及效果

（2）调制电视屏幕的材质。新建一个空白材质球，将其命名为“屏幕”。设置漫反射颜色为深灰色，RGB 值为（169，169，169）。单击“贴图”按钮，在弹出的参数面板中选择“电视图像 .jpg”，设置反射颜色为浅灰色，RGB 值为（188，188，188），反射光泽度为 0.75。在贴图通道中拖动漫反射贴图至凹凸贴图通道，设置凹凸数量为 16。将材质指定给“电视屏幕”对象，如图 8.9 所示。

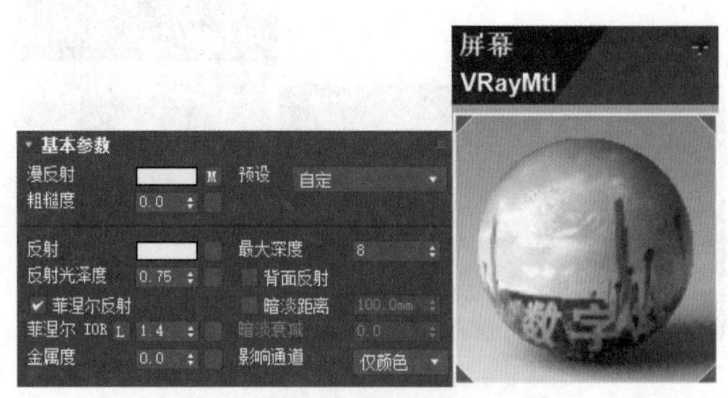

图 8.9　电视屏幕材质参数设置及效果

（3）调制金子的材质。新建一个空白材质球，将其命名为“金子”。设置漫反射颜色为金黄色，RGB 值为（233，172，0）。设置反射颜色为浅灰色，RGB 值为（235，235，235），反射光泽度为 0.93，勾选“菲涅尔反射”复选框。设置折射率为 1.35，金属度为 1.0，如图 8.10 所示。

（4）设置植物对象组的材质。植物在场景中体积较小，不是主要对象，起到点缀和修饰的作用。

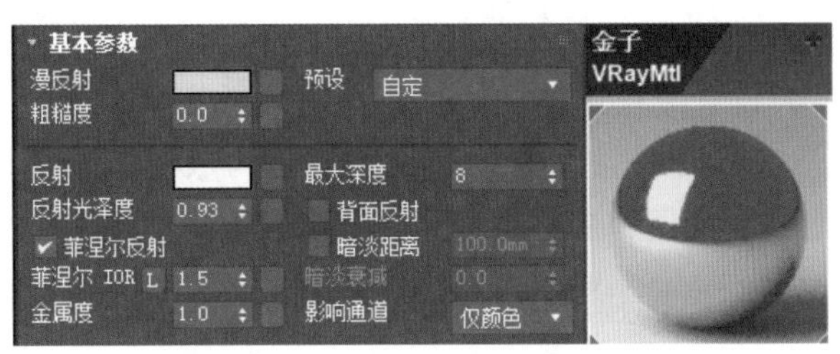

图 8.10　金子材质参数设置及效果

（5）调制植物叶子的材质。新建一个材质球，将其命名为“植物叶”。设置漫反射颜色深绿色，RGB 值为（0，40，5），设置漫反射贴图为“植物叶 .jpg”，在贴图通道中，复制漫反射贴图到凹凸贴图通道中，凹凸参数设置为 30。设置反射颜色为灰色，RGB 值为（134，134，134），反射光泽度为 0.7，勾选“菲涅尔反射”复选框，折射率设置为 1.4。清漆层数量设置为 0.7。观察植物的纹理，添加 UVW 贴图修改器，设置为长方体贴图，使得植物叶的纹理大小适中，材质设置及效果如图 8.11 所示。

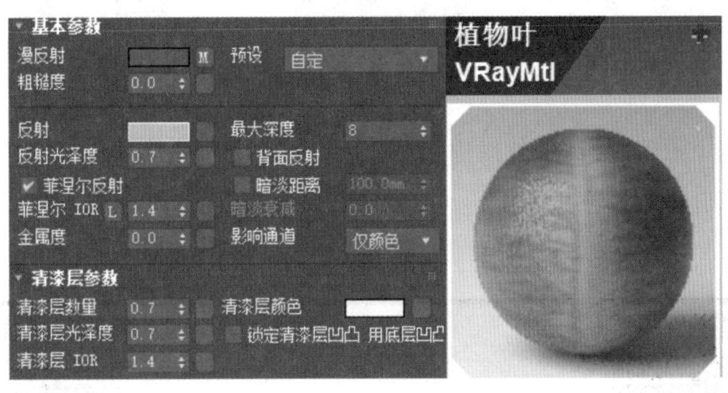

图 8.11　植物叶材质参数设置及效果

（6）调制植物茎的材质。新建一个材质球，将其命名为“植物茎”。设置漫反射颜色棕色，RGB 值为（29，0，0），设置漫反射贴图为“植物茎 .jpg”，在贴图通道中，复制漫反射贴图到凹凸贴图通道中，凹凸参数设置为 30。设置反射颜色为灰色，RGB 值为（134，134，134），反射光泽度为 0.7，勾选“菲涅尔反射”复选框，折射率设置为 1.4。清漆层数量设置为 0.7。观察植物的纹理，添加 UVW 贴图修改器，设置为长方体贴图，使得茎的纹理大小适中。材质设置及效果如图 8.12 所示。

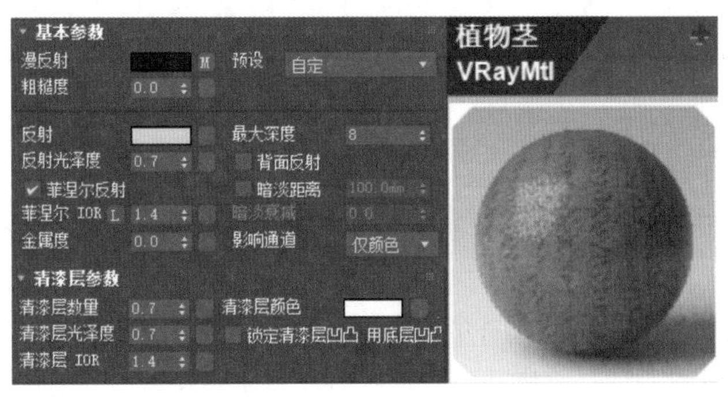

图 8.12　植物茎材质参数设置及效果

（7）调制花的材质。新建一个材质球，将其命名为“花”。设置漫反射颜色棕色，RGB 值为（29，0，0），设置漫反射贴图为“花 .jpg”，在贴图通道中，复制漫反射贴图到凹凸贴图通道中，凹凸参数设置为 30。设置反射颜色为灰色，RGB 值为（69，69，69），反射光泽度为 0.6，勾选“菲涅尔反射”复选框，折射率设置为 1.4。清漆层数量设置为 0.7。观察植物的纹理，添加 UVW 贴图修改器，设置为长方体贴图，使花的纹理大小适中，材质设置及效果如图 8.13 所示。

图 8.13　花材质参数设置及效果

（8）调制土的材质。新建一个材质球，将其命名为“土”。设置漫反射颜色为土黄色，RGB 值为（69，55，40）。

至此，电视背景墙所有对象均已赋予材质，材质效果如图 8.14 所示。

图 8.14　电视背景墙材质效果

8.3.4　调制沙发背景墙材质

沙发背景墙与电视背景墙形成一个小空间，用于房间主人临时办公和会客。沙发背景墙上设计有铜条造型和大幅背景画，空间摆设有办公桌、办公椅、笔记本电脑、两个沙发、一个茶几和酒具。其中，办公桌、办公椅、茶几和沙发靠背条及框架都被赋予白色油漆材质。笔记本电脑的材质可以使用电视的磨砂 PVC 材质。背景框和画框被赋予铜材质。

下面调制背景画的材质。新建一个空白材质球，将其命名为“沙发背景”。设置漫反射颜色为深灰色，RGB 值为（169，169，169）。单击“贴图”按钮，在弹出的参数面板中选择“名画 .jpg”，设置反射颜色为浅灰色，RGB 值为（188，188，188），反射光泽度为 0.75。在贴图通道中拖动漫反射贴图至凹凸贴图通道，设置凹凸数量为 16。将材质指定给“电视屏幕”对象，如图 8.15 所示。

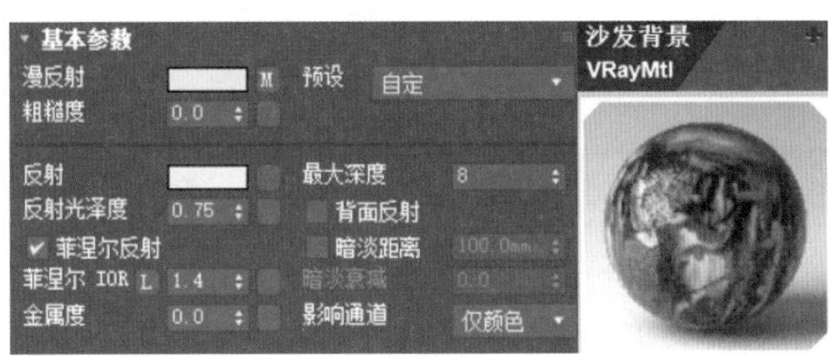

图 8.15　沙发背景画材质参数设置及效果

8.3.5　调制吊灯材质

吊灯由灯座、灯柱、水晶球、灯头等几部分组成。灯座可以赋予铜材质。铜材质调制可以参考 8.3.2 小节。

（1）调制水晶材质。新建一个材质球，将其命名为“水晶”，设置漫反射为黄色，RGB 值为（255，205，126）。设置反射颜色为灰色，RGB 值为（188，188，188），反射光泽度为 0.7，勾选“菲涅尔反射”，折射率设置为 1.3。设置折射颜色为深红色，颜色为 RGB 值（221，221，221），折射光泽度为 0.95，折射率为 1.3。其他值保持默认设置。将材质赋予水晶柱、水晶球对象，如图 8.16 所示。

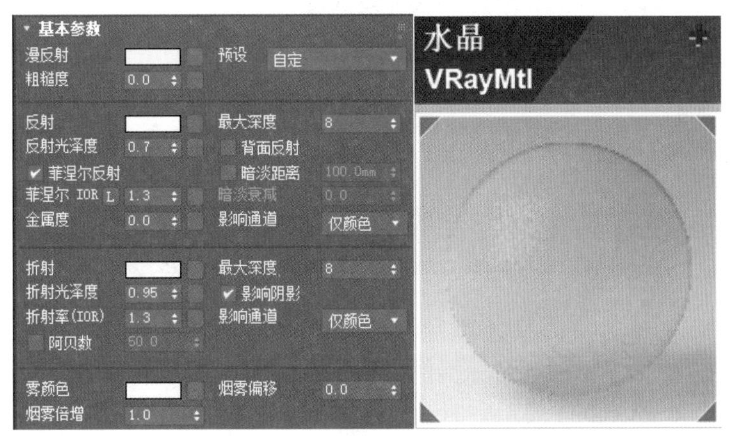

图 8.16　水晶材质参数设置及效果

（2）调制吊灯头材质。新建一个 VRay 灯光材质球，将其命名为“吊灯头”。设置颜色为黄色，RGB 值为（248，187，0），强度值为 2.0，如图 8.17 所示。

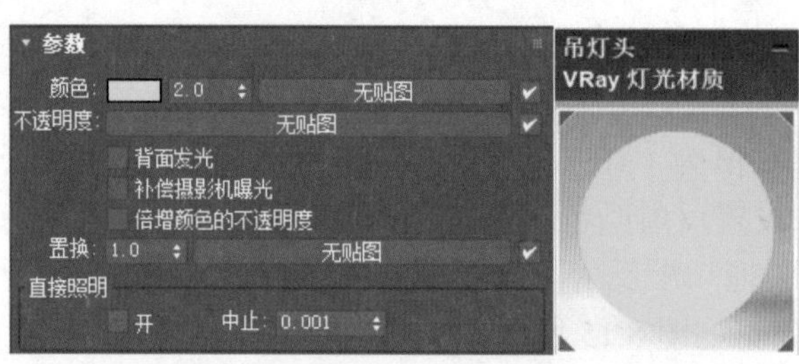

图 8.17　吊灯头材质参数设置及效果

8.3.6　调制壁灯材质

壁灯的灯座、水晶材质可以使用吊灯的灯座材质和水晶材质。下面调制壁灯罩的材质。新建一个材质球，将其命名为“灯罩”，设置漫反射为深黄色，RGB 值为（168，115，49）。设置反射颜色为灰色，反射光泽度为 0.7，RGB 值为（188，188，188），勾选“菲涅尔反射”，折射率设置为 1.3。设置折射颜色为浅灰色，RGB 值为（221，221，221），折射光泽度为 0.95，折射率（IOR）为 1.3，其他值保持默认设置。将材质赋予水晶柱、水晶球对象，如图 8.18 所示。

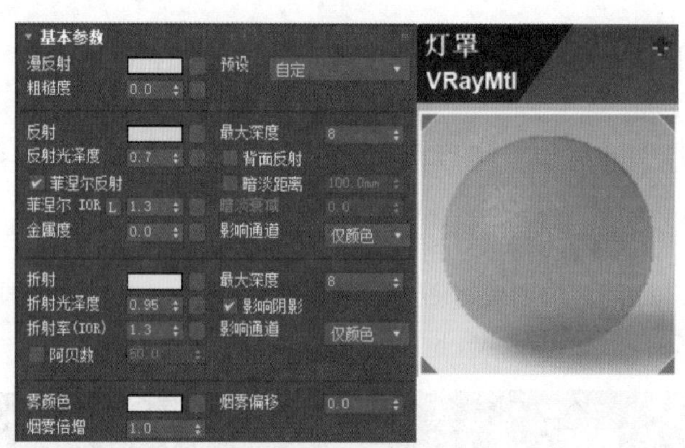

图 8.18　灯罩材质参数设置及效果

8.4　架设主卧场景摄像机

别墅主卧场景中架设了四台目标摄像机。Camera001 与 Camera002 展示主要休息区效果，Camera003 与 Camera004 展示临时办公区效果。Camera001 从门口照向室内，朝向左前方，Camera002 与 Camera001 相对，从窗户朝向室内右前方。Camera003 从门口照向室内，Camera004 与 Camera003 相对，从窗户朝向室内方向，这样布置摄像机，能够全方位展示主卧室场景的设计效果。

8.4.1 架设主卧 Camera001 摄像机

选择 3ds Max 的目标摄像机，在顶视图中创建一个目标摄像机 Camera001，从门口向室内左前方拖动目标点。同时选中摄像机和目标点，在左视图或前视图中移动摄像机到人眼能看到的高度位置，如图 8.19 所示。

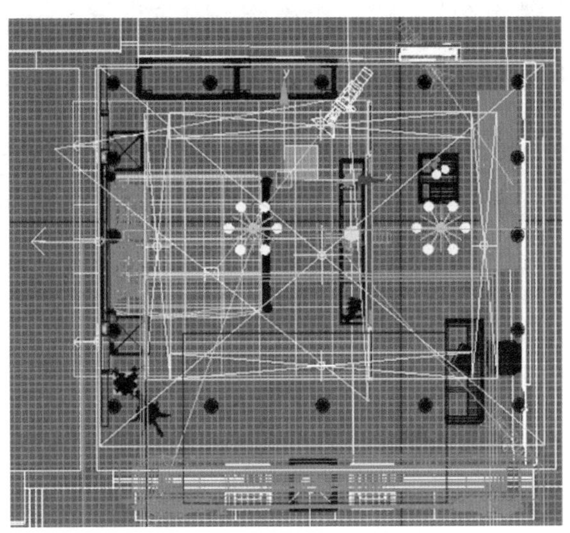

图 8.19 架设摄像机 Camera001

选择摄像机 Camera001，进入修改面板，设置焦距为 20mm，其他值保持默认设置。切换到摄像机视图，如图 8.20 所示。

图 8.20 自摄像机 Camera001 观察的效果

8.4.2 架设主卧 Camera002 摄像机

选择 3ds Max 的目标摄像机，在顶视图中创建一个摄像机 Camera002，从窗户向室内

右前方拖动目标点。同时选中摄像机和目标点，在左视图或前视图中移动摄像机到合适的高度，如图 8.21 所示。

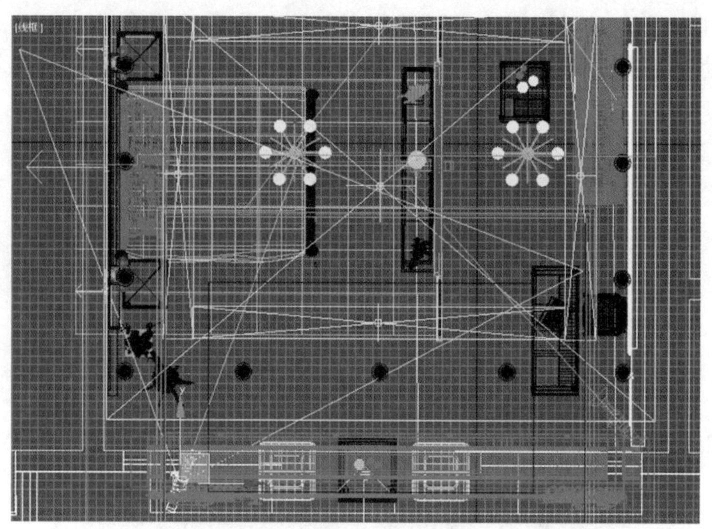

图 8.21 架设摄像机 Camera002

选择摄像机 Camera002，进入修改面板，设置焦距为 20mm，其他值保持默认设置。切换到摄像机视图，如图 8.22 所示。

图 8.22 自摄像机 Camera002 观察的效果

8.4.3 架设主卧 Camera003 摄像机

选择 3ds Max 的目标摄像机，在顶视图中创建一个目标摄像机 Camera003，从门口向室内右前方拖动目标点。同时选中摄像机和目标点，在左视图或前视图中移动摄像机到人眼能看到的高度位置，如图 8.23 所示。

选择摄像机 Camera003，进入修改面板，设置焦距为 20mm，其他值保持默认设置。切换到摄像机视图，如图 8.24 所示。

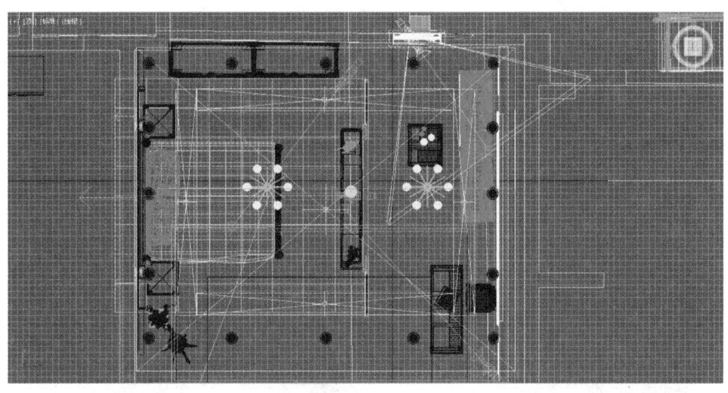

图 8.23 架设摄像机 Camera003

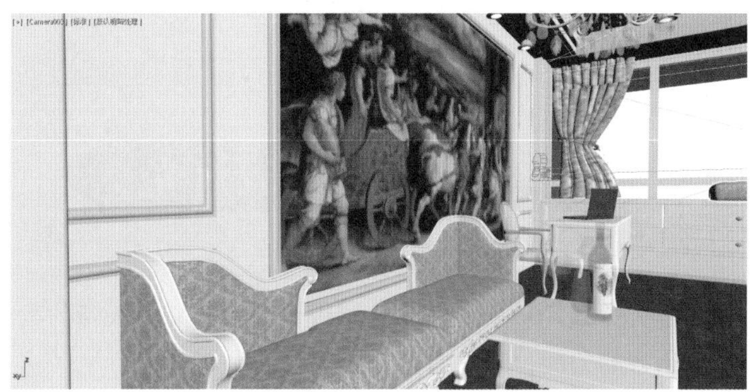

图 8.24 自摄像机 Camera003 观察的效果

8.4.4 架设主卧 Camera004 摄像机

选择 3ds Max 的目标摄像机，在顶视图中创建一个摄像机 Camera004，从窗户向室内右前方拖动目标点。同时选中摄像机和目标点，在左视图或前视图中移动摄像机到合适的高度，如图 8.25 所示。

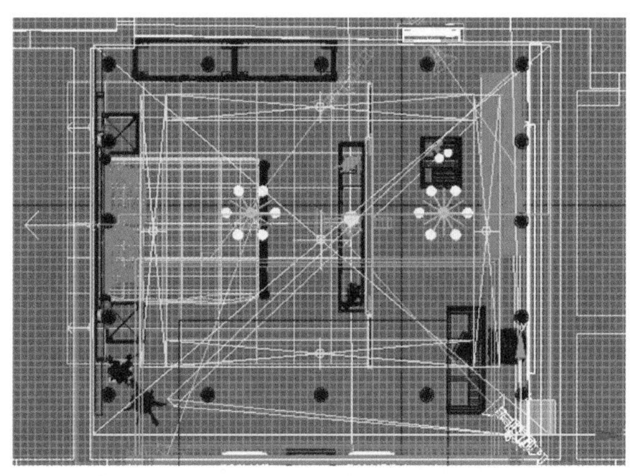

图 8.25 架设摄像机 Camera004

选择摄像机 Camera004，进入修改面板，设置焦距为 20mm，其他值保持默认设置。切换到摄像机视图，如图 8.26 所示。

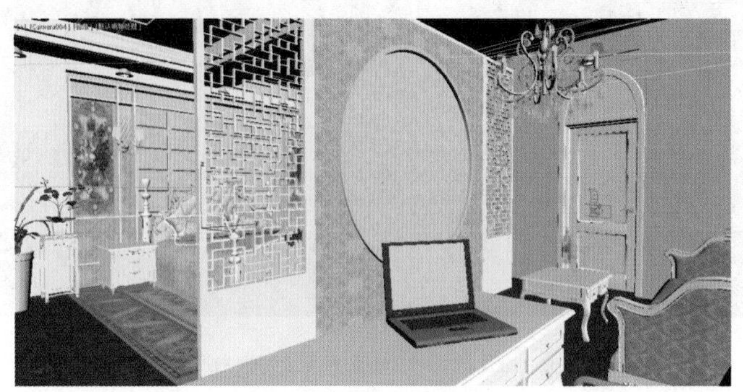

图 8.26　自摄像机 Camera004 观察的效果

8.5　布置主卧场景灯光

别墅主卧是房屋主人休息的场所，灯光除了提供让人能安然入睡的柔和光源外，还要具有缓解紧张、释放压力的功能，从而营造身心放松的家居环境。

别墅主卧室的灯光设计以温馨为主，室内设计了一个主光源、两个室内吊灯、吊顶灯带、床头背景墙灯带、射灯、壁灯，室外环境光设计了一个 VRay 平面光、一个穹顶光源，这样既能保证照明效果，也能呈现装饰风格。

8.5.1　制作主光源

在顶视图中，创建一个 VRay 平面光“VRay 灯光 001”，作为场景中的主光源，参数设置如图 8.27 所示。

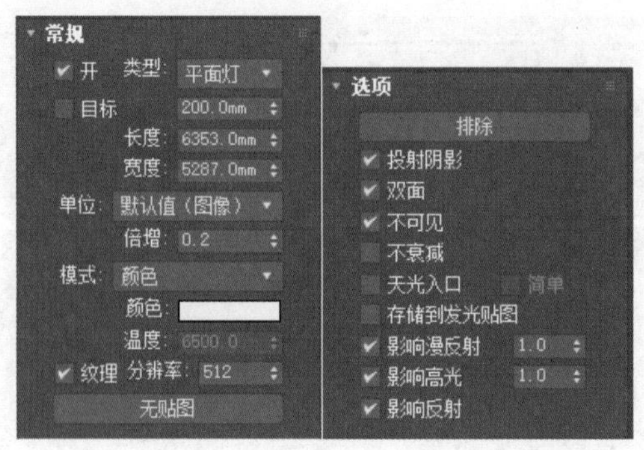

图 8.27　主光源参数设置

移动主光源位置，使光源位于吊顶对象组的下方，如图 8.28 所示。

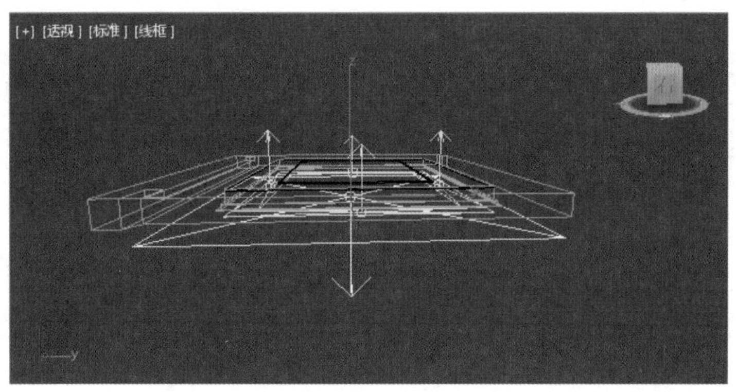

图 8.28　主光源位置

8.5.2　制作灯带照明效果

灯带包括吊顶和背景墙灯带。

（1）制作吊顶灯带。在顶视图中创建一个 VRay 平面光，使用旋转工具，使光源方向向上。调整平面光源的大小和强度。单击颜色块，设置光源的颜色的 RGB 值为（252，218，116），移动光源的位置，使光源位于吊顶的位置。

单击移动工具，按住 Shift 键拖动，复制出相对的一侧光源，复制方式为实例复制。

使用同样的方法制作出另一对灯带，如图 8.29 所示。

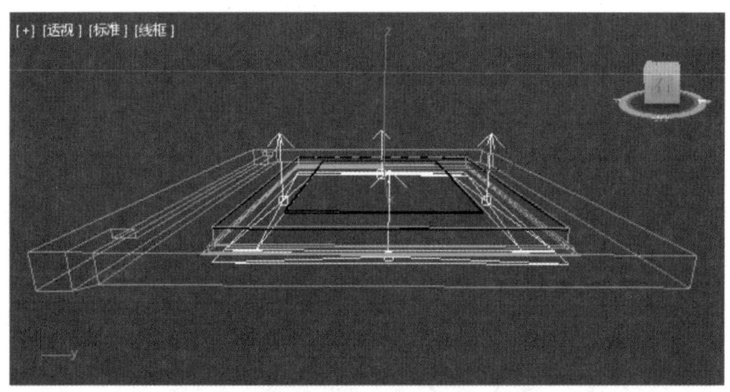

图 8.29　吊顶灯带

（2）制作床头背景墙灯带。在右视图中创建一个 VRay 平面光"VRay 灯光 002"，灯光方向向左。调整平面光源的大小和强度。单击颜色块，设置光源的颜色的 RGB 值为（252，218，116），如图 8.30 所示。移动光源的位置，使光源位于背景与壁画之间的位置。

按住 Shift 键，移动复制出另一侧的灯带，复制方式为实例。

在右视图中创建一个 VRay 平面光"VRay 灯光 004"，灯光方向向左。调整平面光源的大小和强度。单击颜色块，设置光源的颜色的 RGB 值为（252，218，116），如图 8.31 所示。移动光源的位置，使光源位于背景与背景板之间的位置。

床头背景墙灯带的位置如图 8.32 所示。

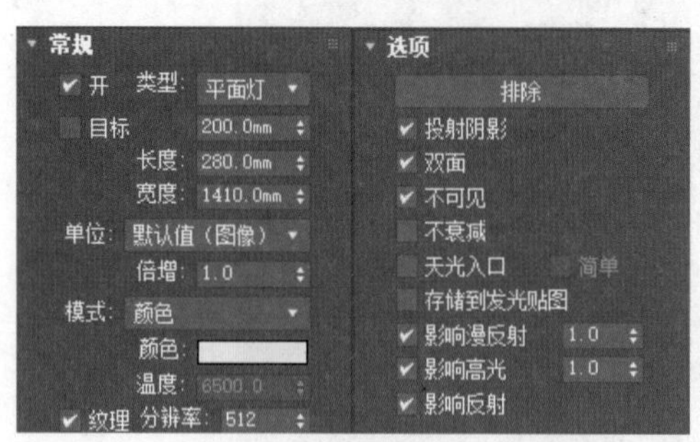

图 8.30　灯带参数设置 1

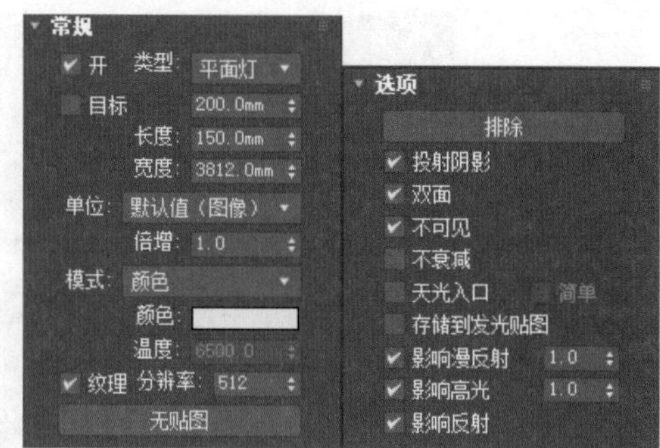

图 8.31　灯带参数设置 2

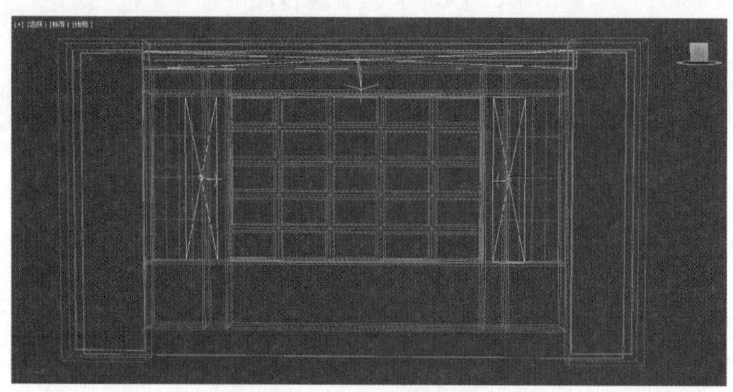

图 8.32　床头背景墙灯带

8.5.3　制作窗外照明效果

选择“飘窗”对象，单击屏幕下方的“孤立选择”命令按钮，进入孤立选择模式。单击三维捕捉按钮，设置为顶点捕捉。

在前视图中创建 VRay 太阳光，使光源大小与飘窗大小一致，如图 8.33 所示。

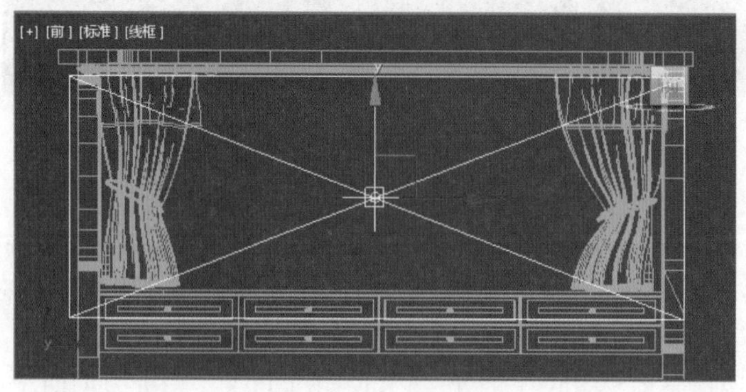

图 8.33　创建 VRay 平面光

进入修改面板，设置强度倍增为 0.6，模式为颜色，设置为白色。在选项卷展栏中单击“排除”命令按钮，排除“玻璃、飘窗 3、窗纱 1、窗纱 2”等对象，如图 8.34 所示。

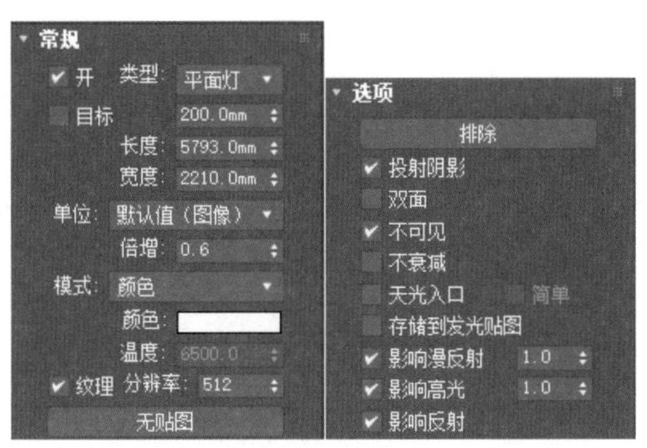

图 8.34　光源参数选项

8.6　主卧空间渲染输出及后期效果处理

根据前面几章介绍的渲染参数设置，渲染图像，如果有必要可以添加曲线、色彩平衡、饱和度、电影色调等图层进行后期效果处理，摄像机 Camera002 的渲染效果如图 8.35 所示。

图 8.35　摄像机 Camera002 的渲染效果

本 章 小 结

本章主要介绍了别墅二楼轻奢主卧空间表现方法。

卧室整体设计既具有欧式的精致，同时化繁为简，用简单的线条装饰，营造出低调奢华之感。色彩搭配主要根据周围环境以及房间的用途选择颜色，整体色调为欧式白色，灯光颜色以明黄色为主题，使主卧显得明亮。欧式衣柜、电视柜、大床、办公桌、办公椅等摆设与房间颜色统一，室内暖光与室外冷光形成冷暖对比，优雅大方，温暖舒适。模型优化是本章学习的另一个学习内容。在一个大型场景中，模型优化可以适当减少模型的顶点数和面数，提高渲染速度，缩短渲染时间。

实践与探究

1. 练习本章欧式卧室景日景效果表现。

2. VRay 代理物体在大规模场景中的应用。

在制作大场景时，由于模型量比较大，会导致系统资源耗尽，VRay 崩溃，使用代理物体可以允许集合体不出现在操作场景中，也不占用系统资源，只在渲染时系统才调入被导出的外部网格物体。利用这种方式便可渲染上千万个面，甚至可以超出 3ds Max 自身控制范围的场景。

“VRay 代理物体” 能让 3ds Max 系统在渲染时支持高面数的对象。代理物体是指在渲染时从外部文件导入网格物体的对象，这样能够在场景渲染时节省大量的系统内存。例如，场景中使用很多高精度的树模型，这些树在设计过程中并不需要总是在视图里显示，只需要渲染时能够渲染即可，就可以把这些树导出为 VRay 代理物体。要就是说，在使用要导入的网格物体之前，需要先把它们导出为 VRay 代理物体。这样就可以在制作场景的工作中节省大量的内存，加快工作流程，能够渲染更多的多边形。

打开素材文件 “金马 .max”，选择 “金马” 对象，如图 8.36 所示。右击，在弹出菜单中选择“对象属性”，观察到“金马”对象的顶点和面数都比较高，如图 8.37 所示。保持“金马”

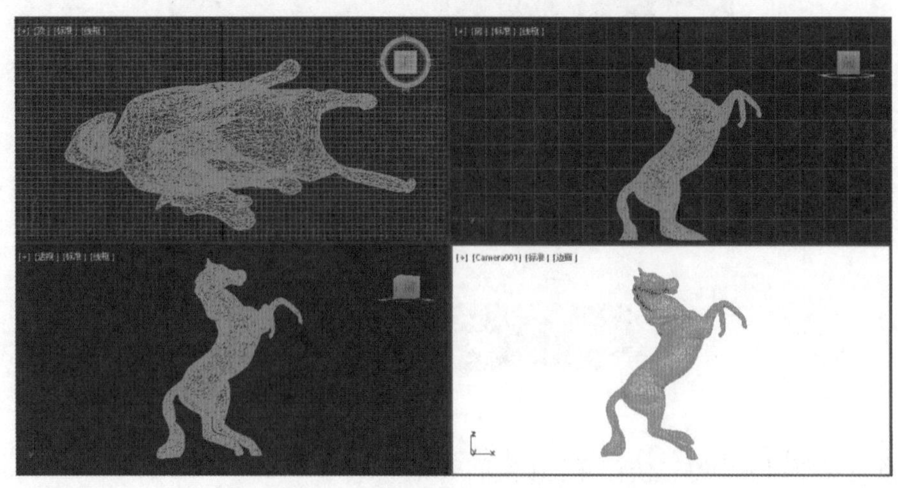

图 8.36　金马模型

对象被选中，右击，在弹出的菜单中选择“VRay 网格导出”，弹出如图 8.38 所示的对话框，单击“确定”按钮。

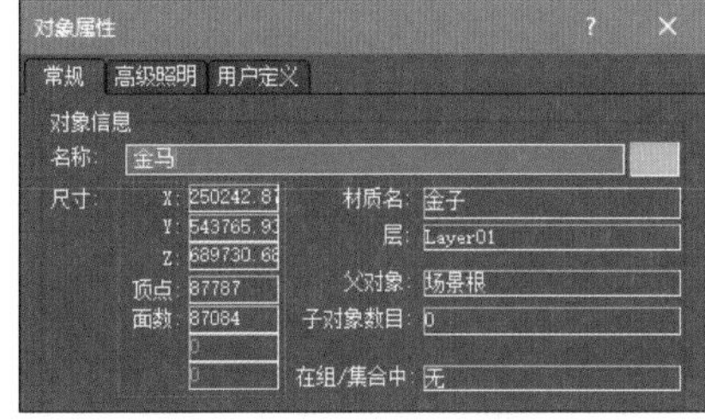

图 8.37 “金马”对象属性

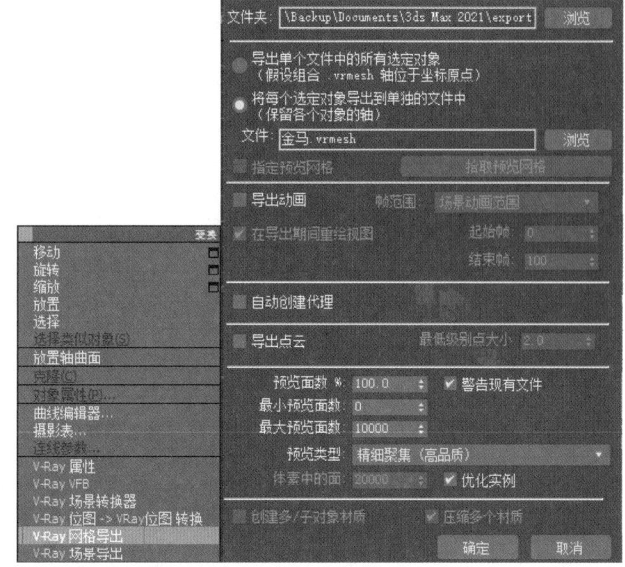

图 8.38 “VRay 网格导出”对话框

在创建面板中单击下拉列表框，选择 VRay，如图 8.39 所示。复制出多个金马代理对象，为场景添加背景和草坪，渲染效果如图 8.40 所示。

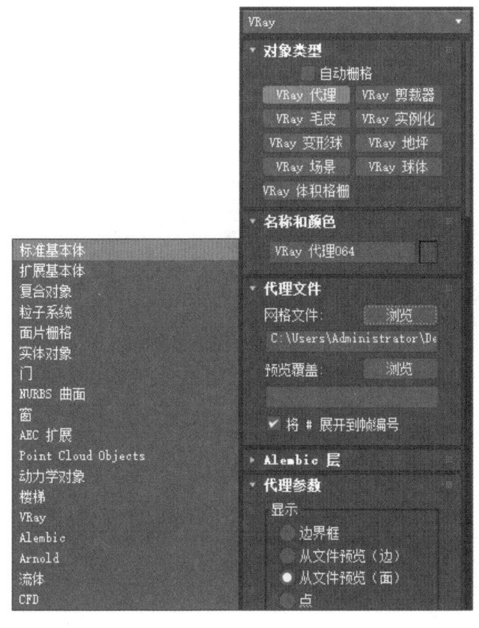

图 8.39 创建 VRay 代理对象

图 8.40 “金马”场景渲染效果

第 9 章

别墅欧式混搭次卧夜光表现

本章学习重点

- 混搭式卧室的设计风格
- 中欧式混搭风格的设计特点
- 镂空材质调制
- 镜子材质与不锈钢材质的参数对比

本章主要讲解别墅二楼混搭式次卧空间表现方法，介绍混搭式卧室设计风格和设计原则。混搭式卧室设计首先要确定设计基调，围绕基调设计各种元素，有主有次，色调分明。混搭风格不在于元素数量多少，目的在于搭出创意创新。次卧采用中欧式混搭风格，主色调以白色为主，点缀黑色、灰色等色彩，既突出主色调，又不失灵动活泼。案例效果图如图 9.1 所示。通过本章的学习，可以了解混搭式卧室空间设计的表现手法及制作流程，掌握混搭对象模型、材质、灯光的表现方法，掌握冷暖光源对比表现方法。

(a) Camera001渲染效果

(b) Camera002渲染效果

图 9.1　中欧混搭卧室设计效果

9.1　别墅二楼次卧场景分析

欧式风格奢华大气，舒适浪漫，营造一种高雅的氛围。这种设计风格很少应用于次卧。有别于别墅二楼主卧的欧式风格，次卧的空间面积小于主卧，其定位为年轻人的休息场所。

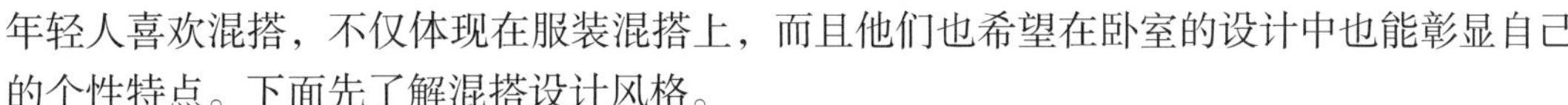

年轻人喜欢混搭，不仅体现在服装混搭上，而且他们也希望在卧室的设计中也能彰显自己的个性特点。下面先了解混搭设计风格。

9.1.1 混搭设计风格

混搭设计风格利用舒适的色彩加上简洁的线条搭配，将温馨与浪漫布满整个房间，彰显现代时尚简约风格卧室的魅力。在设计上追求单纯与和谐，偶尔出现一些别具一格的饰品与别出心裁的家具摆设，能制造一些小惊喜。

混搭风格卧室由于采用的混搭理念以及混搭元素不同，会呈现不同的设计效果，这正是混搭的神奇所在。设计师可以发挥自己的创意，在原有的设计基础上，利用自己感兴趣的元素来装点卧室环境，将混搭演绎得淋漓尽致。混搭有民族风混搭、流行与复古混搭、中西融合混搭等几种方式。

1. 充满民族风的混搭卧室

很多人喜欢民族风，旅游时会收集这类物品，如充满民族风的围巾、包包、挂饰、铃铛、毯子等。这些物品都可以利用起来，设计充满民族风的混搭卧室。可以将包包点缀在墙上，将民族风的布料运用到家纺产品上，将挂饰搭配在门窗前等。这种混搭设计会让整个房间充满了民族气息，与众不同。

2. 流行与复古的混搭卧室

在卧室的设计中，可以把流行与复古应用于混搭卧室，比如使用当下流行的墙面漆或者墙纸，做时尚的吊顶，选择漂亮的木地板等。在家具的选择上可以添加一些充满品质感的复古元素，提升整个房间的品位，体现居住者的个性追求。

3. 中西融合的混搭卧室

中西融合的混搭就是中式设计风格与西式设计风格的搭配。中式风格具有中规中矩的特点，而西式风格大多的奢华典雅，如果能够把中西元素集中在一个空间里，其精彩是不言而喻的。如在一个中式风格的卧室中放置一个精制的欧式化妆台，那么这个化妆台可能会成为房间的亮点。

9.1.2 混搭风格设计注意事项

随着人们生活节奏的加快，越来越多的人喜欢选择能彰显个人特点的装修风格。混搭卧室风格有很多自由发挥的空间，能够更大程度上彰显个性，诠释完美的设计。但是，混搭风格设计也有一定的挑战性，需要根据设计的基本原理，合理混搭，科学配置，做到“形散而神不散”。

1. 确定基调

首先确定混搭基调，无论搭配多少元素，都应当紧紧围绕着这个基调扩散。找准房间基调，确定最终想要呈现的效果风格，是初次接触混搭风格设计时最重要的一点。

2. 分清主次

混搭风格并不需要太过介意所使用的装饰元素数量，但一定要分清主次，包括但不限

于数量、色彩、尺寸、摆放位置等。找到主风格元素、摆放在重点位置，有助于房间基调的奠定，以及后期风格方向的把控。

3. 灵活应用

不同混搭风格所擅长的表现手法不同，所涉及的材质自然也会有所区别。我国有56个民族，其中少数民族有明显的材质特点，例如，藏族的玛尼石、蒙古族服饰、新疆风格的羊绒地毯、苗族的头饰等，将不同风格赋予不同材质的装饰物上，在进行混搭时才不会显得单调、呆板。

4. 色彩控制

混搭风格的色彩应用会比单一风格更加多样、鲜明，但并不需要一味地追求“鲜艳效果”。精准地进行色彩组合，控制其使用数量，可以避免混搭变“混乱”的情况发生。

9.1.3 别墅二楼次卧设计分析

与别墅二楼整体欧式风格保持一致，次卧设计风格为中欧式混搭风格。中式元素包括床头背景墙、衣柜、进门柜、黑色卧式沙发、小茶几等对象，欧式元素包括床尾背景墙、床幔、床、桌子、梳妆台等对象。

次卧色调以白色为主，搭配黑色卧式沙发、灰白色床上用品、黑白相间的抱枕。

为了增加生活气息，提高卧室的温馨感，床尾背景墙设计了两幅婚纱照，营造舒适生活的质感。

根据上述场景分析，次卧场景设计模型如图9.2所示。下面为场景中的对象赋予材质。

(a) Camera001白模效果

(b) Camera002白模效果

图9.2 次卧设计白模效果

9.2 次卧模型优化

场景中的“被子”对象，面数较多，可以使用“优化”命令进行优化。选择“被子”对象，进入修改面板，选择“优化”命令。将面域值设置为4.0，边域值设置为1.0，参数设置如

图 9.3 所示。为了更好地保持模型，可以勾选“材质边界”和“平滑边界”复选框，但是勾选后模型的面数比不勾选时面数要多。

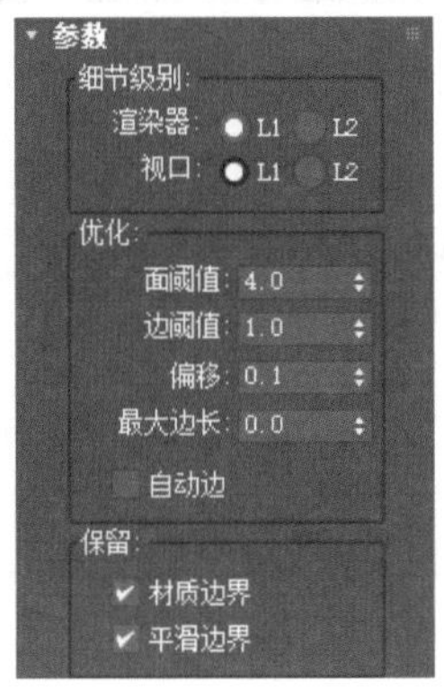

图 9.3 “优化”命令参数设置

根据个人计算机的性能，如果需要，采用同样的方法优化其他面数较多的对象。

9.3 初调次卧材质

次卧空间中的材质，白色是主要色调，包括白色油漆材质、白色墙体材质、地毯材质、铜黄色金属、布料材质等，部分材质在第 8 章已经介绍过，这里不再赘述。

9.3.1 调制次卧床头背景材质

“床头背景”对象组由 5 个背景板和 3 个背景框组成。背景框对象都被赋予白色油漆材质。下面分别介绍背景板的材质调制。

新建一个材质球，将其命名为“床头背景”。设置漫反射颜色为白色，设置漫反射贴图为“床头背景 .jpg”，“粗糙度”设置为 0.5。反射颜色为灰色，RGB 值为（144，144，144）反射光泽度为 0.6，勾选“菲涅尔反射”复选框，将折射率设置为 1.4。

在贴图通道中，拖动漫反射贴图到凹凸贴图通道中，将凹凸参数设置为 30。观察布面背景纹理，添加 UVW 贴图修改器，使地毯的纹理大小适中，如图 9.4 所示。

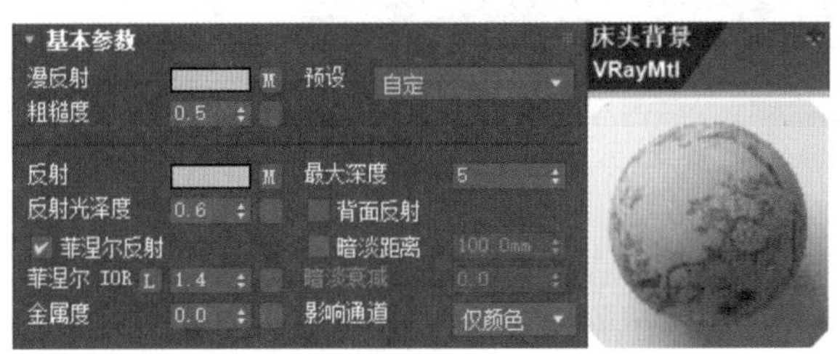

图 9.4 床头背景材质参数设置及效果

赋予材质后的床头背景如图 9.5 所示。

图 9.5　赋予材质后的床头背景效果

9.3.2　调制床幔材质

现实生活中，“床幔”是用透明的纱制成的。在场景中，材质的表现实质是镂空的布料材质，其材质分为三层，漫反射通道贴图是普通的布料，不透明度通道贴图是蕾丝。注意，我们要通过调制折射颜色来控制不透明度。

下面调制“床幔”材质。新建一个材质球,将其命名为“床幔”。设置漫反射颜色为浅灰色，设置漫反射贴图为“蕾丝.jpg”，粗糙度设置为 1.0。设置反射颜色为深灰色，RGB 值为（114，114，114）反射光泽度为 0.7，勾选“菲涅尔反射”复选框，将折射率设置为 1.4。设置折射颜色为深灰色，RGB 值为（30，30，30），折射光泽度为 0.95，折射率（IOR）设置为 1.4，雾颜色为白色，烟雾倍增为 1.0。其他参数值保持默认设置，如图 9.6 所示。

床幔材质

图 9.6　“床幔”材质参数设置及效果

在贴图通道中，拖动漫反射贴图到凹凸贴图通道中，将凹凸参数设置为 100。观察床幔的纹理，添加 UVW 贴图修改器，使床幔的纹理大小适中。床幔材质效果如图 9.7 所示。

图 9.7 床幔贴图通道及材质效果

9.3.3 调制床尾背景墙材质

场景中的“床尾背景墙”包括“床尾背景”和六个背景框。六个背景框被赋予白色油漆材质，“床尾背景”是背景墙的皮子软包部分，被赋予皮子材质。下面调制皮子材质。

新建一个材质球，将其命名为“皮子”。设置漫反射颜色的 RGB 值为（255，213，244），漫反射贴图为“皮子.jpg”。设置反射颜色为浅灰色，RGB 值为（206，206，206），反射光泽度为 0.75，设置反射贴图为衰减贴图。勾选“菲涅尔反射”复选框，将折射率设置为 1.4。

在清漆层参数卷展栏中，设置清漆层数量为 0.85，清漆层 IOR 为 1.4，清漆层颜色为白色。

在贴图通道中，拖动复制漫反射贴图到凹凸贴图通道中，凹凸参数设置为 8。观察皮子的纹理，添加 UVW 贴图修改器，UVW 贴图大小设置为 40mm × 400mm × 400mm，如图 9.8 所示。

“床尾背景墙”材质效果如图 9.9 所示。

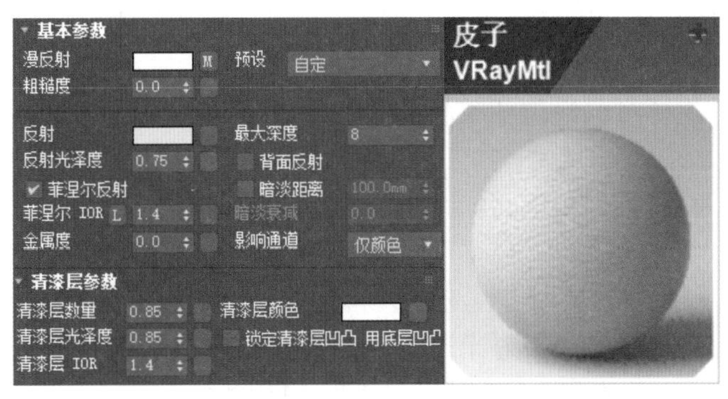

图 9.8 软包皮子材质参数设置及效果

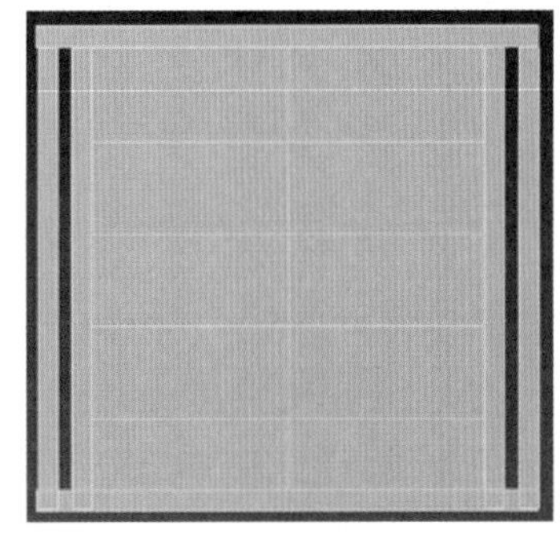

图 9.9 “床尾背景墙”材质效果

9.3.4 调制沙发组件材质

沙发组件包括沙发、简易茶几和咖啡杯等对象。沙发坐垫被赋予黑色皮材质，沙发腿被赋予不锈钢材质。

简易茶几由不锈钢材质和玻璃材质组成。钢架部分被赋予不锈钢材质，茶几面被赋予玻璃材质。

下面调制咖啡材质。新建一个材质球，将其命名为“咖啡”，漫反射对玻璃的影响较小，设置漫反射为深红色，RGB 值为（25，13，0）。设置反射颜色为深灰色，RGB 值为（67，

67，67），反射光泽度为 0.5，勾选“菲涅尔反射”，将折射率设置为 1.4。

设置折射颜色为浅灰色，RGB 值为（237,237,237），折射光泽度为 0.9，折射率（IOR）为 1.5。设置雾颜色的 RGB 值为(27,10,0)，将烟雾倍增设置为 0.1。将材质赋予咖啡对象，如图 9.10 所示。

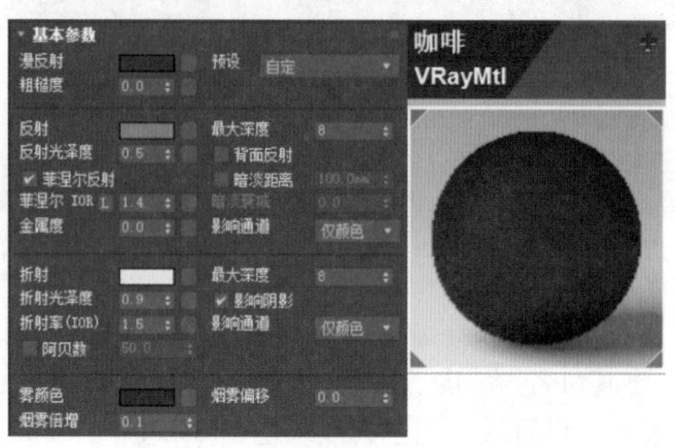

图 9.10　咖啡材质参数设置及效果

9.3.5　调制飘窗组件材质

飘窗对象组由飘窗盒、窗帘、玻璃、茶杯、书等对象组成。

“飘窗盒”对象组大部分是木板，材质为白色油漆，左右两侧各有一个皮质软包，飘窗台为白色大理石。台下抽屉拉手的材质为铜材质。这些材质的调制方法在第 3 章中已经介绍过，这里不再赘述。

（1）调制茶杯对象组的材质。茶杯对象组包括茶杯和茶两个对象，茶杯被赋予玻璃材质。

下面调制茶的材质。新建一个材质球，将其命名为“茶”，漫反射对玻璃的影响较小，设置漫反射为暗黄色，RGB 值为（107，66，2）。设置反射颜色为深灰色，RGB 值为（47，47，47），反射光泽度为 0.5，勾选“菲涅尔反射”复选框，将折射率设置为 1.6。设置折射颜色为浅灰色，RGB 值为（216，216，216），折射光泽度为 0.95，折射率（IOR）为 1.6。雾颜色的 RGB 值为（195，127，67）。将材质赋予茶对象，如图 9.11 所示。

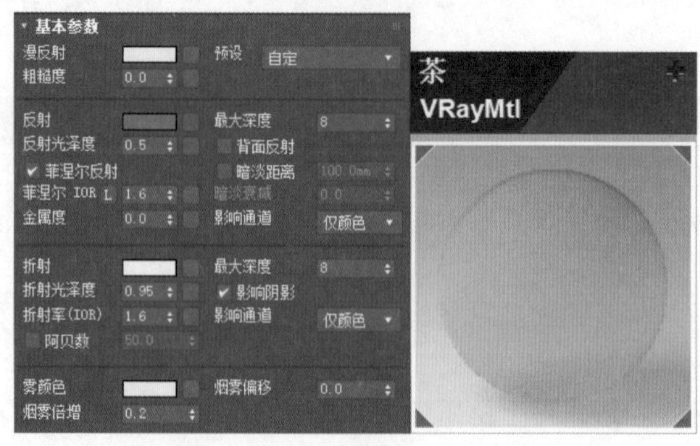

图 9.11　茶材质参数设置及效果

（2）调制书的材质。飘窗台上有两本书，下面调制书的封面。创建一个材质球，将其命名为“书 1”。设置漫反射颜色为浅灰色，设置漫反射贴图为“书贴图 1.jpg”。设置反射颜色为浅灰色，反射光泽度为 0.7，勾选“菲涅尔反射”复选框，折射率设置为 1.4。在清漆层参数卷展栏中设置清漆层数量为 0.7，清漆层 IOR 为 1.6，清漆层颜色为白色，将材质赋予场景中的书，如图 9.12 所示。

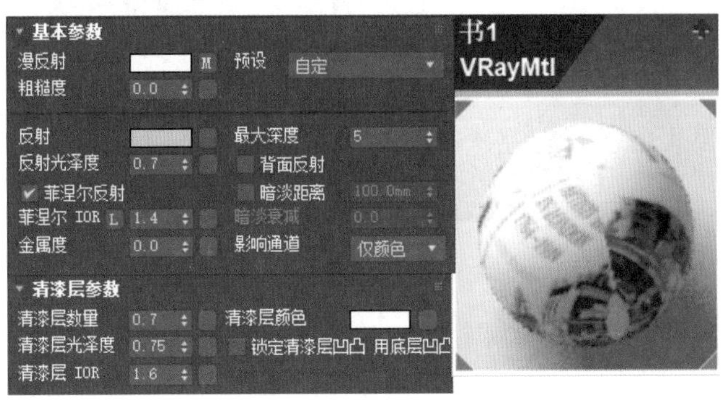

图 9.12　书材质参数设置及效果

添加 UVW 贴图修改器，设置贴图类型为长方体。观察对象的纹理，发现书的正反面都贴到正面上了，而且方向是反的。首先修改贴图方向问题。单击漫反射贴图通道，打开“贴图坐标”对话框，修改 V 方向和 W 方向坐标为 180.0，如图 9.13 所示。

下面修改贴图位置。在修改面板中单击 UVW 贴图前面的“+”打开修改器堆栈，单击 Gimo，使用移动工具移动贴图轴心，使书的封面刚好在书的正面。

用同样的方法调制另外一本书的材质。

飘窗组对象材质效果如图 9.14 所示。

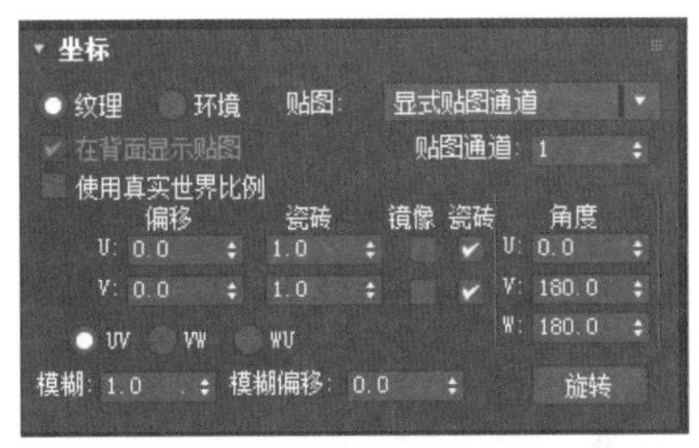

图 9.13　修改贴图角度

图 9.14　飘窗组对象材质效果

9.3.6　调制梳妆台材质

“梳妆台”对象组包括“镜子”“桌子”“梳妆凳”和“文具”三组对象。

“文具组”对象包括笔记本、白纸、活页纸、活页圈、笔等对象。

笔记本、白纸、活页纸的材质参数基本相同，只是贴图不同。下面调制笔记本的材质。选择“文具”对象组，执行菜单“组”命令，选择“打开”子菜单，选择“记录本”对象组。新建一个空白材质球，将其命名为“记录本”，设置漫反射颜色为白色，单击漫反射后面的贴图按钮■，在弹出的参数面板中选择“记录本 .jpg”作为贴图。设置反射颜色为深灰色，RGB 值为（74，74，74），反射光泽度为 0.55，勾选“菲涅尔反射”复选框，折射率设置为 1.5。添加 UVW 贴图修改器，贴图类型设置为长方体，修改贴图大小，如图 9.15 所示。用同样的方法调制其他两种纸张的材质。

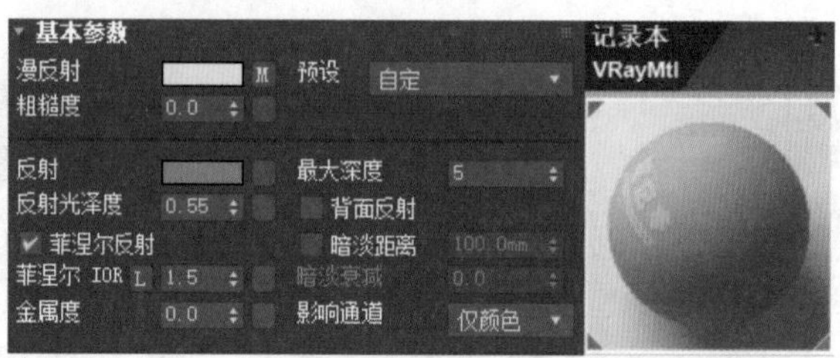

图 9.15　纸材质参数设置及效果

笔对象组由笔身和附件两种对象组成。笔身是塑料材质，附件是不锈钢材质。下面调制笔身的材质。选择“文具”对象组，单击菜单“组”命令，选择“打开”子菜单，选择“记录本”对象组。新建一个空白材质球，将其命名为“黑塑料”，设置漫反射颜色为黑色，反射颜色为灰色，RGB 值为（74，74，74），反射光泽度为 0.6，勾选“菲涅尔反射”复选框，将折射率设置为 1.4，如图 9.16 所示。

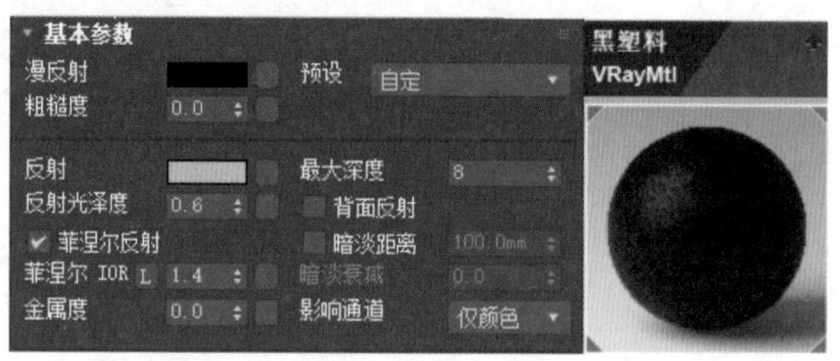

图 9.16　黑塑料材质参数设置及效果

文具组材质效果如图 9.17 所示。

图 9.17　文具组材质效果

9.3.7　调制衣柜材质

衣柜由木板和铜条组成。木板被赋予白色油漆材质，铜条被赋予铜材质。材质效果如

图 9.18 所示。

9.3.8 调制门口柜材质

门口柜包括白色柜体和铜人小摆件。柜体被赋予白色油漆材质，铜人小摆件被赋予铜材质。材质效果如图 9.19 所示。

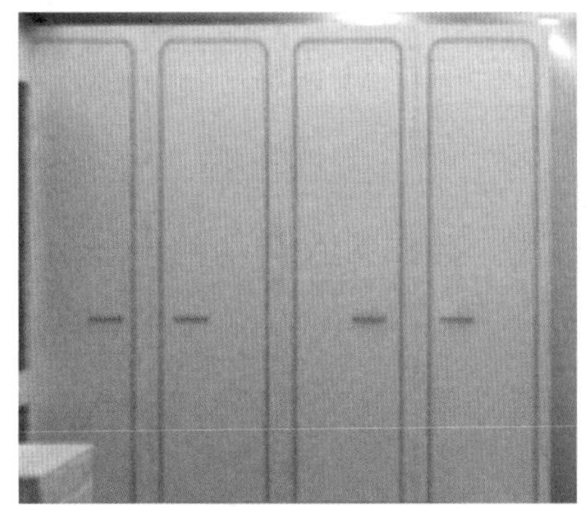

图 9.18 衣柜材质效果

图 9.19 门口柜材质效果

9.3.9 调制拖鞋材质

拖鞋由鞋底、鞋舌、鞋帮和鞋带组成。

（1）调制鞋底材质。新建一个材质球，将其命名为“鞋底”。设置漫反射颜色的 RGB 值为（3, 10, 45）。设置反射颜色为浅灰色，RGB 值为（143, 143, 143），反射光泽度为 0.6。勾选“菲涅尔反射”复选框，折射率设置为 1.5。

在清漆层参数卷展栏中，设置清漆层数量为 0.6，清漆层光泽度为 0.6，清漆层 IOR 为 1.4，清漆层颜色为白色。

在贴图通道中，设置凹凸贴图为“蓝色皮子 .jpg”，将凹凸参数设置为 30。观察皮子的纹理，添加 UVW 贴图修改器，设置为长方体型贴图，如图 9.20 所示。

图 9.20 鞋底材质参数设置及效果

调制拖鞋材质

将该材质赋予蓝色装饰条对象。

（2）调制鞋舌材质。新建一个材质球，将其命名为“鞋舌”。设置漫反射颜色的 RGB 值为（3, 10, 45）。设置反射颜色为浅灰色，RGB 值为（143, 143, 143），反射光泽度为 0.7。勾选“菲涅尔反射”复选框，将折射率设置为 1.4。

在清漆层参数卷展栏中，设置清漆层数量为 0.7，清漆层光泽度为 0.7，清漆层 IOR 为 1.4，清漆层颜色为白色。

在贴图通道中，设置凹凸贴图为“白色皮子 .jpg”，将凹凸参数设置为 30。观察皮子的纹理，添加 UVW 贴图修改器，设置为长方体型贴图，如图 9.21 所示。

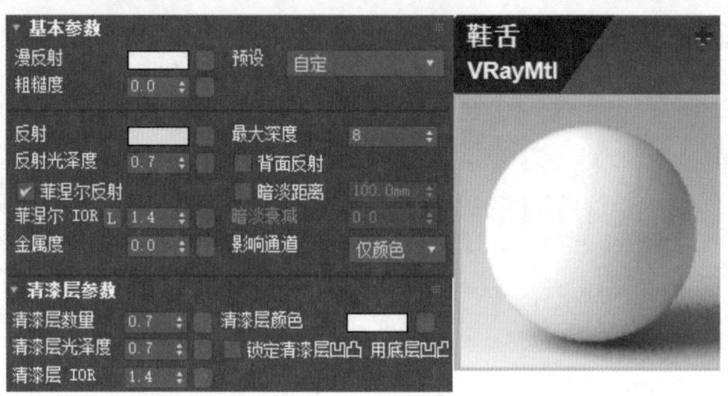

图 9.21 鞋舌材质参数设置及效果

（3）调制鞋帮材质。鞋帮由三种材质组成，所以被赋予多维 / 子对象材质。

新建一个多维 / 子对象材质球，将其命名为“鞋帮”。分别复制鞋舌材质作为材质 1 和材质 2，复制鞋底材质作为材质 3。将材质赋予鞋帮对象，如图 9.22 所示。

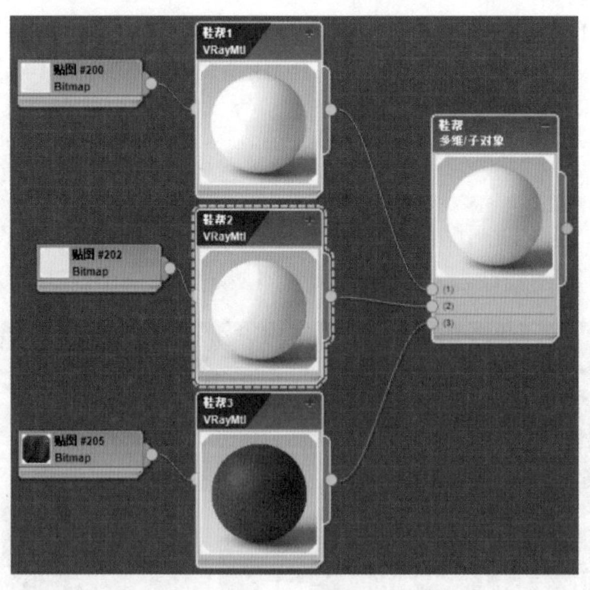

图 9.22 鞋帮材质

（4）调制鞋带材质。新建一个材质球，将其命名为“鞋带”。设置漫反射颜色为白色。设置反射颜色为浅灰色，RGB 值为（143, 143, 143），反射光泽度为 0.5。勾选“菲涅尔反射”

复选框，将折射率设置为 1.4。

在贴图通道中，拖动漫反射贴图至凹凸贴图通道，将凹凸参数设置为 30。观察皮子的纹理，添加 UVW 贴图修改器，将贴图类型设置为“收缩包裹”贴图，如图 9.23 所示。

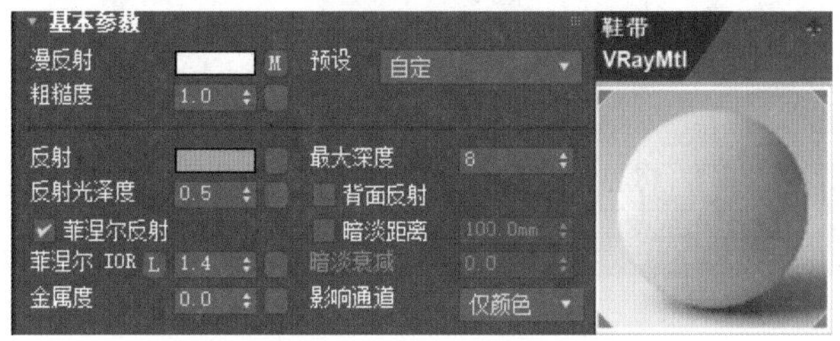

图 9.23　鞋带材质参数设置及效果

鞋子的材质效果如图 9.24 所示。

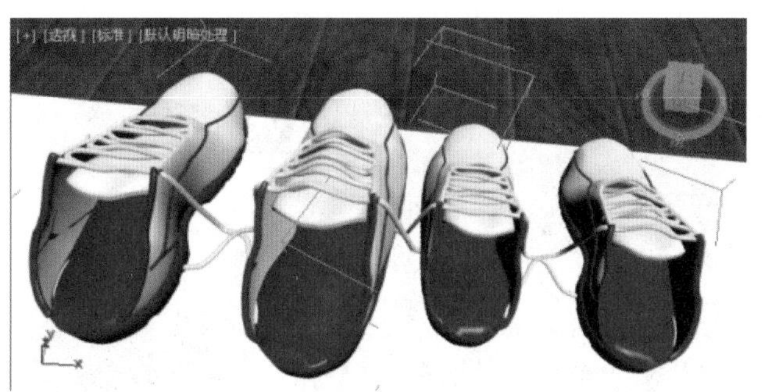

图 9.24　鞋子的材质效果

9.3.10　调制盆栽棕榈材质

盆栽棕榈分为五个部分，分别是叶子、茎、主干、土和花盆。

（1）调制棕榈叶子的材质。棕榈叶子较多，为每片叶子单独赋材质工作量较大，而且，叶子在场景中体积较小，不是主要设计对象，只是起到点缀、修饰场景的作用，为了简化场景贴图，这里制作棕榈的粗模，所有叶子成一个组，使用相同的材质。如果要呈现棕榈的结构细节，就需要制作每片叶子的贴图了。

新建一个材质球，将其命名为“叶子”。设置漫反射颜色深绿色，RGB 值为（0，40，5），设置漫反射贴图为“棕榈叶 .jpg”，在贴图通道中，复制漫反射贴图到凹凸贴图通道中，将凹凸参数设置为 30。设置反射颜色为灰色，RGB 值为（134，134，134），反射光泽度为 0.7，勾选“菲涅尔反射”复选框，折射率设置为 1.4。将清漆层数量设置为 0.7。观察植物的纹理，添加 UVW 贴图修改器，设置为“收缩包裹”贴图，使植物叶的纹理大小适中，如图 9.25 所示。

（2）调制棕榈茎的材质。新建一个材质球，将其命名为“植物茎”。设置漫反射颜色深绿色，RGB 值为（2，18，4），设置漫反射贴图为“棕榈茎 .jpg”，在贴图通道中，复制漫反射贴图到凹凸贴图通道中，将凹凸参数设置为 30。设置反射颜色为灰色，RGB 值为

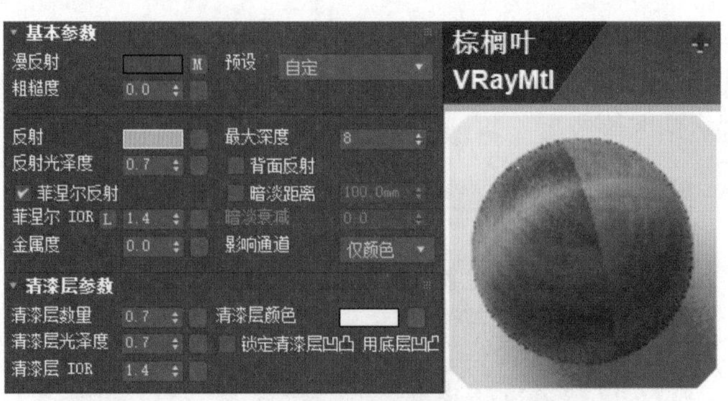

图 9.25　棕榈叶材质参数设置及效果

（134，134，134），反射光泽度为 0.7，勾选“菲涅尔反射”复选框，将折射率设置为 1.4。将清漆层数量设置为 0.7。观察植物的纹理，添加 UVW 贴图修改器，将贴图类型设置为长方体贴图，使茎的纹理大小适中，如图 9.26 所示。

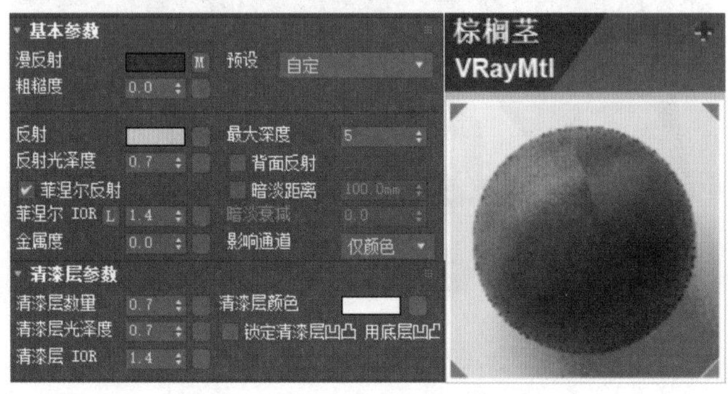

图 9.26　棕榈茎材质参数设置及效果

（3）调制棕榈主干的材质。新建一个材质球，将其命名为“主干”。设置粗糙度为 1.0，漫反射颜色为棕色，RGB 值为（32，20，2），设置漫反射贴图为“主干 .jpg”，在贴图通道中，复制漫反射贴图到凹凸贴图通道中，将凹凸参数设置为 68。设置反射颜色为灰色，RGB 值为（134，134，134），反射光泽度为 0.5，勾选“菲涅尔反射”复选框，将折射率设置为 1.4。将清漆层数量设置为 0.7。观察植物的纹理，添加 UVW 贴图修改器，设置为长方体贴图，使茎的纹理大小适中，如图 9.27 所示。

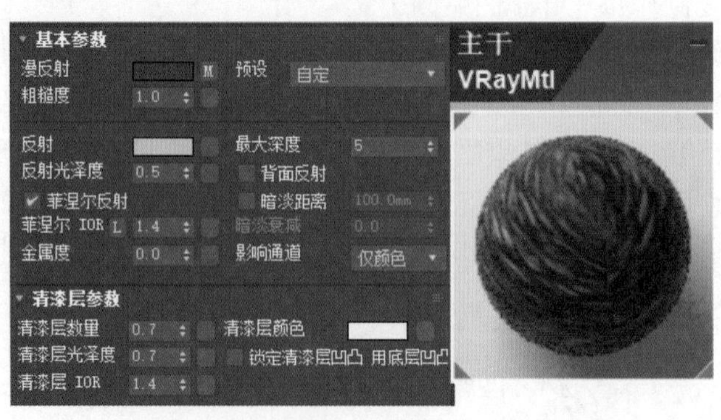

图 9.27　棕榈主干材质参数设置及效果

（4）调制土的材质。新建一个材质球，将其命名为“土”。设置漫反射颜色为土黄色，RGB 值为（69，55，40）。漫反射贴图为“土 .jpg”。设置粗糙度参数为 0.0。设置反射颜色为灰色，RGB 值为（134，134，134），反射光泽度为 0.6，勾选“菲涅尔反射”复选框，将折射率设置为 1.4。

在贴图通道中，拖动复制漫反射贴图至凹凸贴图通道，将凹凸值设置为 30。观察土的纹理，添加 UVW 贴图修改器，将贴图类型设置为长方体贴图，使土的纹理大小适中，如图 9.28 所示。

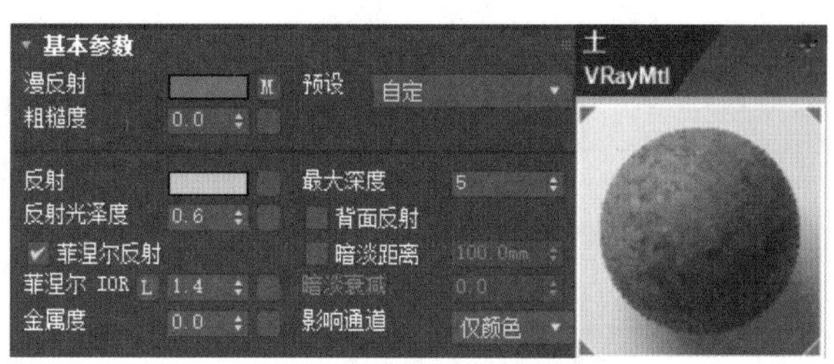

图 9.28　土材质参数设置及效果

9.3.11　调制照片材质

次卧中经常会出现一组照片，用于展示婚纱照、旅游照片等有纪念意义的照片。别墅次卧中设计了两组婚纱照。照片组对象由照片和照片框组成，照片框被赋予白色油漆材质，下面来调制照片材质。

选择“照片 1”对象组，执行“组”菜单命令，选择“打开”子菜单，选择“照片 1”对象。新建一个空白材质球，将其命名为“照片 1”，设置漫反射颜色为白色，漫反射贴图为“婚纱照 1.jpg”。设置反射颜色为浅灰色，RGB 值为（190，190，190），反射光泽度为 0.75，反射贴图设置为衰减贴图，衰减类型设置为 Fresnel，衰减方向设置为“查看方向（摄像机 Z 轴）”。勾选“菲涅尔反射”复选框，将折射率设置为 1.4。

在清漆层参数卷展栏中设置清漆层数量为 0.75，清漆层 IOR 为 1.4，清漆层颜色为白色。

在贴图通道中，拖动漫反射贴图至凹凸贴图通道中，设置凹凸数量为 30。

将材质指定给照片 1 对象。观察对象的纹理，为每个对象添加 UVW 贴图修改器，贴图类型修改为长方体贴图，修改贴图大小，使其与照片大小一致，如图 9.29 所示。

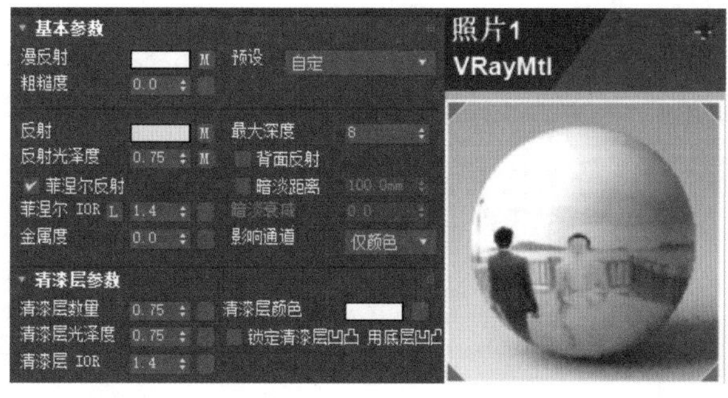

图 9.29　照片材质参数设置及效果

用同样的方法为照片 2 赋予材质。

9.3.12 调制吊灯材质

顶部吊灯由灯座和灯头部分组成。灯座可以赋予铜材质。铜材质调制可以参考 9.3.6 小节。

下面调制灯头的材质。新建一个“VR 灯光材质”材质球，将其命名为“灯头”，设置发光颜色为黄色，RGB 值为（255，174，0），数量为 5.0，如图 9.30 所示。

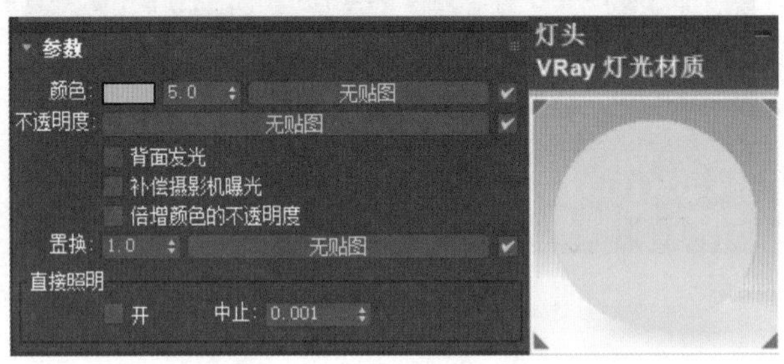

图 9.30 灯头材质参数设置及效果

9.3.13 调制射灯材质

射灯由底座和灯头两部分组成。射灯的底座被赋予不锈钢材质，灯头部分被赋予发光材质。下面来调制灯头材质。

新建一个 VRay 灯光材质球，将其命名为“射灯头”。设置颜色为白色，强度值为 1.0。其他值保持默认设置，如图 9.31 所示。

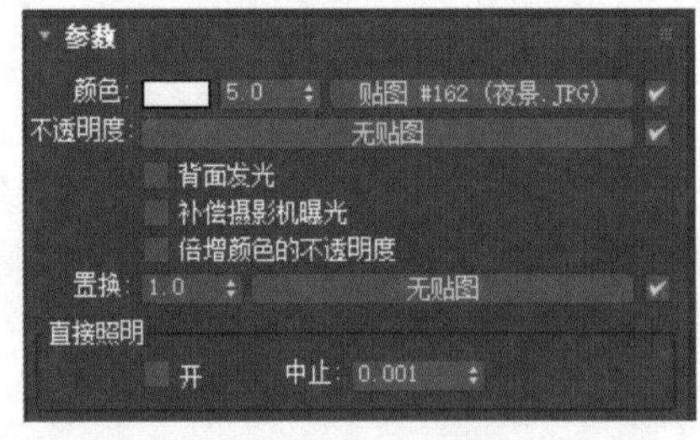

图 9.31 射灯头材质参数设置

9.3.14 调制室外环境材质

新建一个“VRay 灯光材质球”，将其命名为“环境”。设置“颜色”值为 1，设置贴图为“背景.jpg”，如图 9.32 所示。

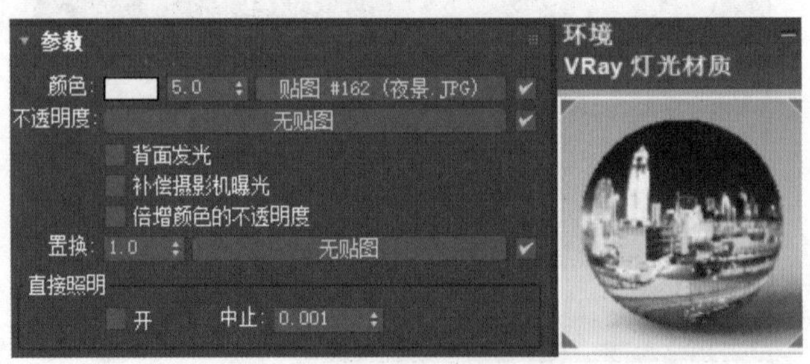

图 9.32 环境材质参数设置及效果

9.4 架设次卧场景摄像机

别墅次卧场景中设置了 Camera001 与 Camera002 两个目标摄像机。Camera001 从门口照向室内，朝向左前方，Camera002 从窗户朝向室内方向。

9.4.1 架设次卧 Camera001 摄像机

选择 3ds Max 的目标摄像机，在顶视图中创建一个目标摄像机 Camera001，从门口向室内左前方拖动目标点。同时选中摄像机和目标点，在左视图或前视图中移动摄像机到人的视线高度位置，如图 9.33 所示。

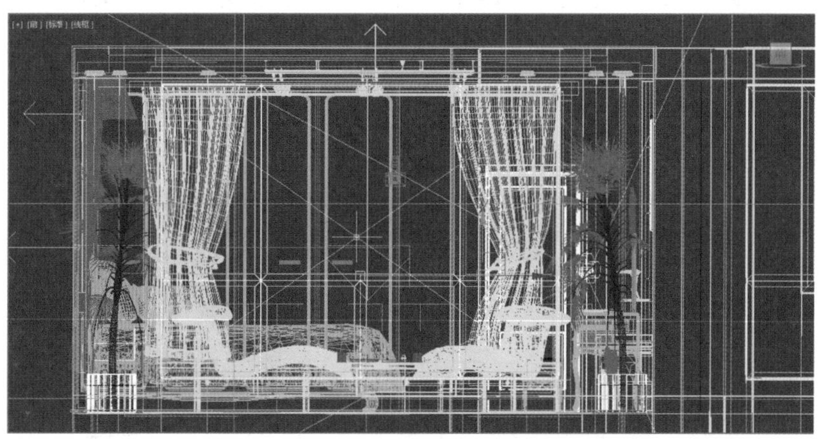

图 9.33 架设 Camera001 摄像机

选择摄像机 Camera001，进入修改面板，设置焦距为 20mm，其他值保持默认设置。切换到摄像机视图，观察摄像机视图，如图 9.34 所示。

图 9.34 自摄像机 Camera001 观察的效果

9.4.2 架设次卧 Camera002 摄像机

选择 3ds Max 的目标摄像机，在顶视图中创建一个摄像机 Camera002，从窗户向室内前方拖动目标点。同时选中摄像机和目标点，在左视图或前视图中移动摄像机到合适的高度，如图 9.35 所示。

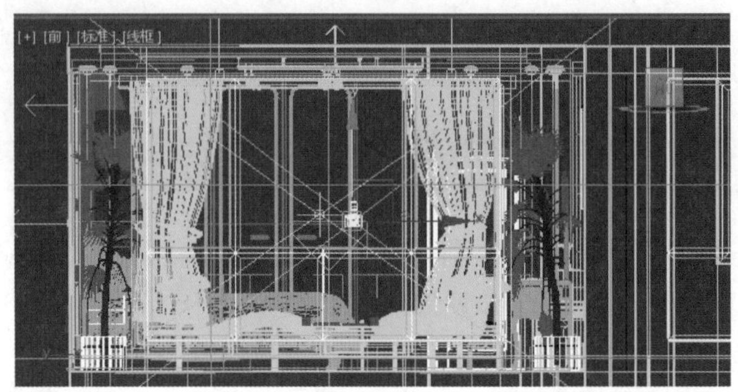

图 9.35 架设 Camera002 摄像机

选择摄像机 Camera002，进入修改面板，设置焦距为 20mm，其他值保持默认设置。切换到摄像机视图，观察摄像机视图，如图 9.36 所示。

图 9.36 自摄像机 Camera002 观察的效果

9.5 布置次卧场景灯光

别墅次卧是休息的地方，应营造舒适温馨的睡眠氛围，布置灯光时，应减少眩光，灯光以暖色为主，可以配置台灯、地灯、壁灯等辅助照明和装饰灯具，也可以用隐藏式灯具代替主灯。

我们为别墅次卧设计了一个主光源、一组吊顶灯带、一组床头背景墙壁灯、一组射灯，为室外环境光设计了一个 VRay 平面光、一个自发光背景墙。下面分别介绍每一组光源。

9.5.1 制作主光源

在顶视图中，创建一个 VRay 平面光“VRay 灯光 001”作为场景中的主光源，参数设置如图 9.37 所示。

移动主光源位置，使光源位于吊顶对象组的下方，如图 9.38 所示。

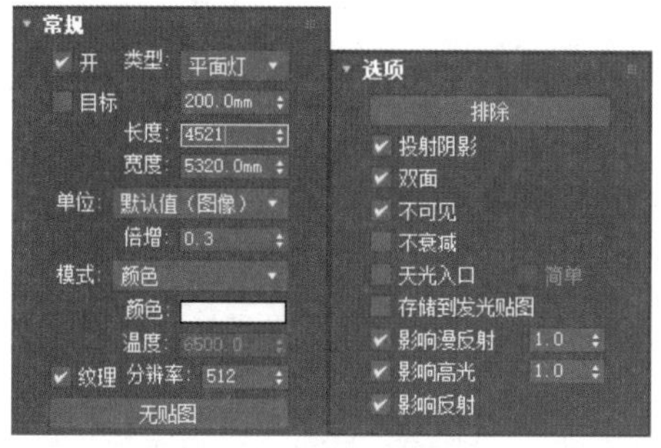

图 9.37 主光源参数设置

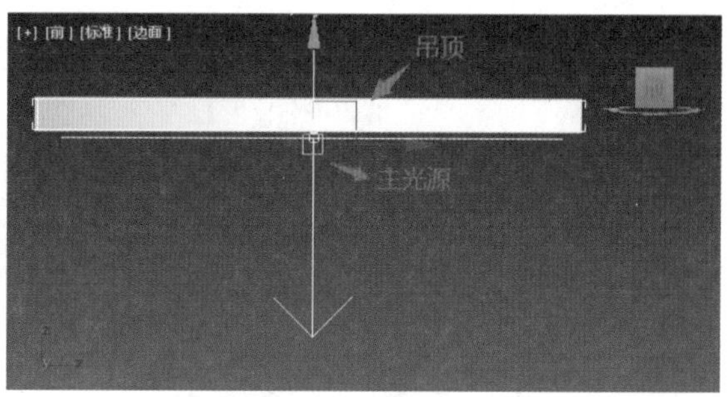

图 9.38 主光源位置

9.5.2 制作吊顶灯带照明效果

灯带包括吊顶和背景墙灯带。下面来制作吊顶灯带。在顶视图中创建一个 VRay 平面光，光源大小为 500mm × 3300mm，使用“镜像”工具使光源方向向上。单击颜色块，设置光源的颜色的 RGB 值为（252，218，116）。

设置平面光源的参数，如图 9.39 所示。移动光源的位置，使光源位于吊顶 1 和吊顶 2 对象之间的位置。

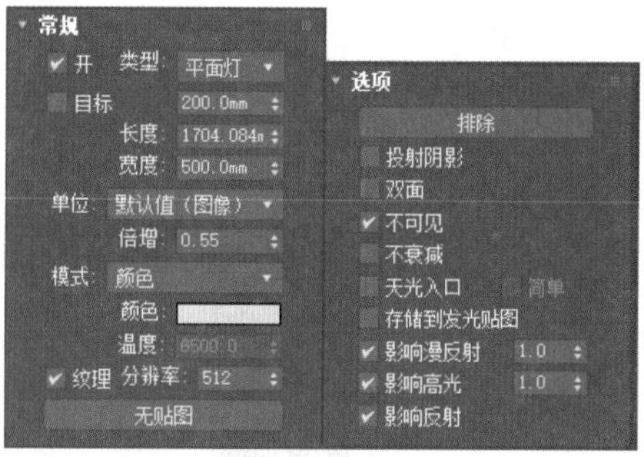

单击“移动”工具，按住 Shift 键拖动，复制出相对一侧的光源，复制方式为实例复制。

图 9.39 灯带参数设置

使用同样的方法制作出另一对灯带，如图 9.40 所示。

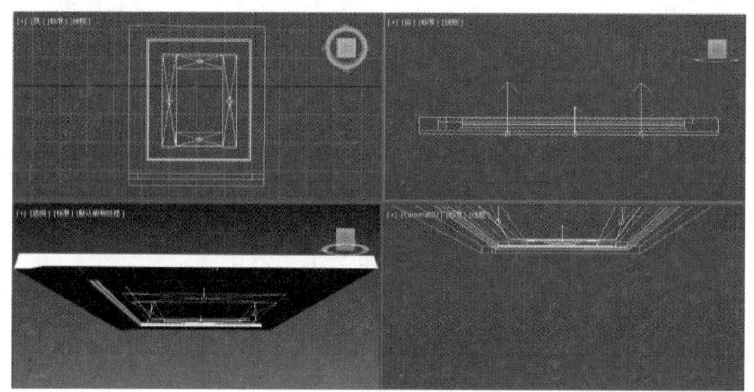

图 9.40 制作吊顶灯带

9.5.3 制作床头背景灯带照明效果

在右视图中创建一个 VRay 平面光“VRay 灯光 002”，灯光方向向左。调整平面光源的大小和强度。单击颜色块，设置光源的颜色的 RGB 值为（252，218，55）。移动光源的位置，使光源位于背景 1 与框 3 对象之间的位置。参数设置如图 9.41 所示。

下面制作床头背景墙灯带。在右视图中创建一个 VRay 平面光“VRay 灯光 003”，灯光方向向左。调整平面光源的大小和强度。单击颜色块，设置光源的颜色的 RGB 值为（252，218，55）。移动光源的位置，使光源位于背景 1 与背景 2 之间的位置。参数设置如图 9.42 所示。

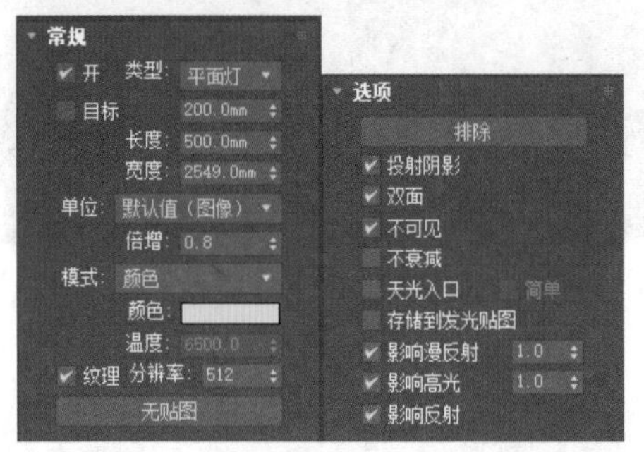

图 9.41　灯带“VRay 灯光 002”参数设置

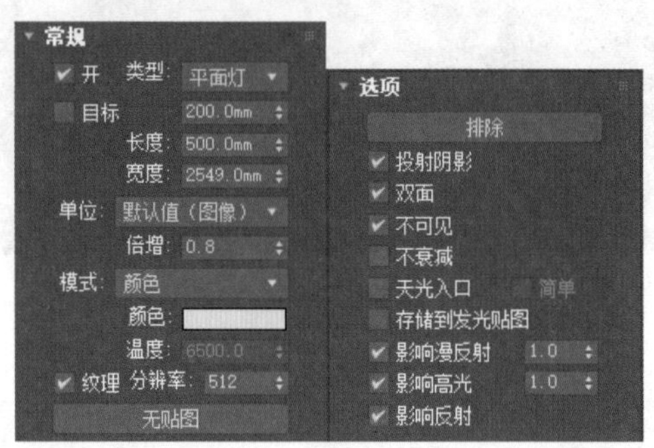

图 9.42　灯带“VRay 灯光 003”参数设置

按住 Shift 键，使用“移动”工具复制出另一侧的灯带“VRay 灯光 004”，复制方式为实例复制。

床头灯带的位置如图 9.43 所示。

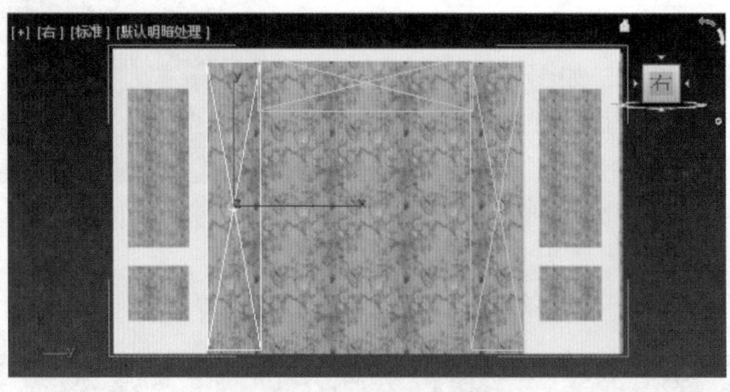

图 9.43　床头背景墙灯带

9.5.4 制作射灯

场景中有 13 个射灯，下面为每个射灯添加一个 IES 光源。

在创建面板中，单击 VRayIES，在前视图中创建一个 IES 光源，将目标点自上向下拖动，将其命名为 VRayIES 001。使用移动工具，使 VRayIES 001 与射灯 1 对齐。进入修改面板，单击“IES 文件”通道，选择“射灯 .ies”，颜色为白色，漫反射倍增为 0.05，其他参数值保持默认设置。参数设置如图 9.44 所示。

第一个射灯参数设置完成后，分别复制出另外 12 个射灯，复制方式为实例复制，使用移动、旋转工具，分别与射灯对应、对齐，如图 9.45 所示。

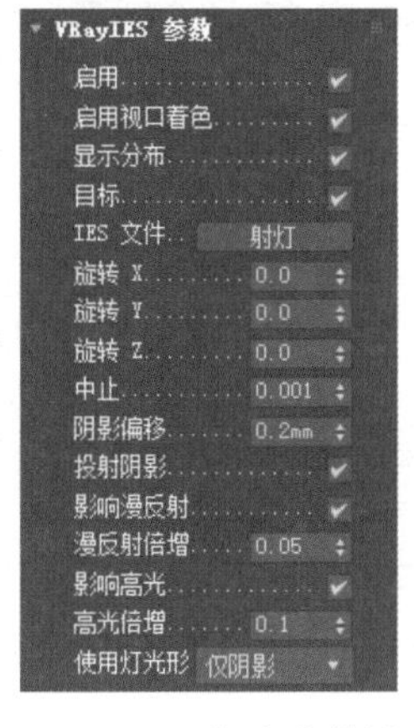

图 9.44 IES 灯光参数设置

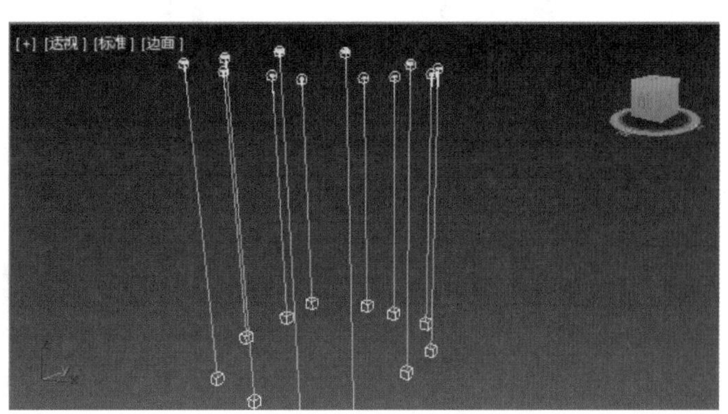

图 9.45 布置射灯

9.5.5 制作室外照明效果

选择“飘窗”对象，单击屏幕下方的“孤立选择”命令按钮，进入孤立选择模式。单击三维捕捉按钮，设置为顶点捕捉。

在前视图中创建 VRay 太阳光，使光源大小与飘窗大小一致，如图 9.46 所示。

进入修改面板，设置倍增为 1.3，“模式”为颜色，将颜色设置为白色。在“选项”参数组中单击“排除”按钮，排除“玻璃”对象，如图 9.47 所示。

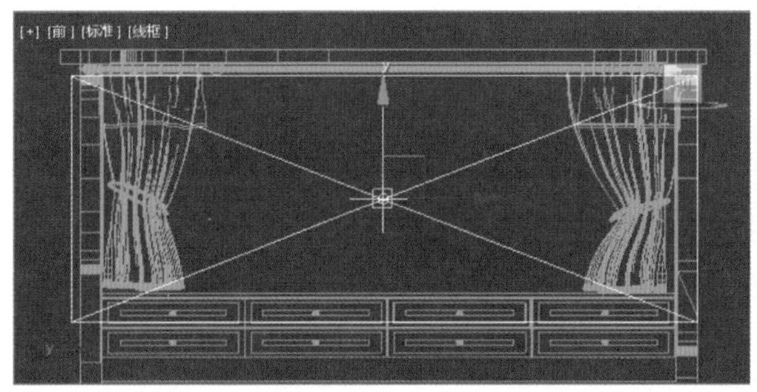

图 9.46 创建 VRay 平面光

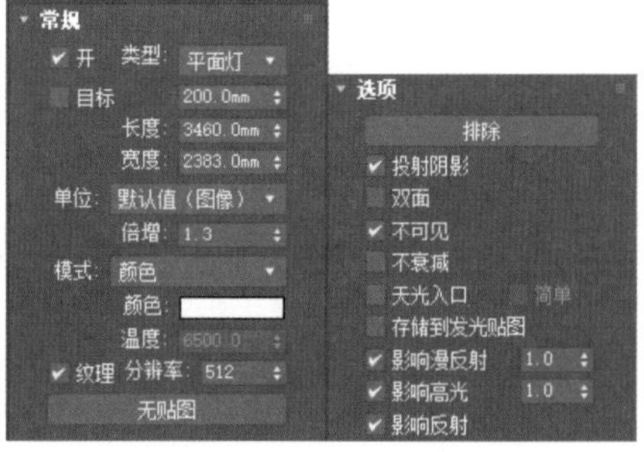

图 9.47 室外光源参数设置

9.6 次卧空间渲染输出及后期效果处理

根据前面几章的相关内容，设置渲染参数，渲染图像。根据渲染效果，添加曲线、色彩平衡、电影色调等图层，进行后期效果处理。摄像机 001 和摄像机 002 的渲染效果如

图 9.48 所示。

图 9.48　摄像机 001 和摄像机 002 的渲染效果

本 章 小 结

本章主要介绍了别墅儿童房场景的欧式混搭风格次卧表现方法。包括次卧的空间布局、中欧混搭元素设计、VRay 材质、VRay 灯光等内容。通过本章的学习，需要掌握卧室飘窗、背景墙、床幔、欧式衣柜、欧式梳妆台等欧式元素的制作方法，在材质设计方面主要学习床幔材质、拖鞋材质、白色油漆等材质的调制方法，学习白色材质在欧式场景中的混合调配，有效解决白调空间的颜色溢出问题。

实践与探究

1. 练习本章中欧混搭主题风格日景效果空间表现。

2. 白调空间的后期处理的探究。

白调空间容易出现粉色、曝光过度、被染色三个方面的问题。一般通过修改渲染参数能够得到改善。

如果渲染图像呈现粉色，在 VRay 渲染设置参数中，把“辅助引擎”的参数值降低至 900~950，同时降低采样值，如图 9.49 所示。

如果渲染图像出现曝光的情况，可以在渲染环境中修改 VRay 渲染器的曝光方式，如图 9.50 所示。

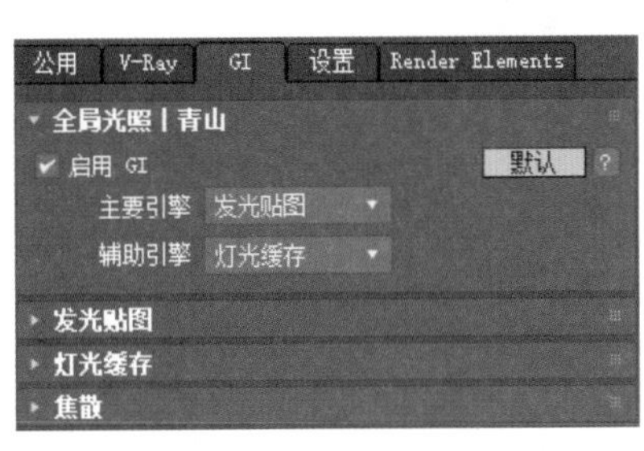

图 9.49 降低“辅助引擎”的参数值

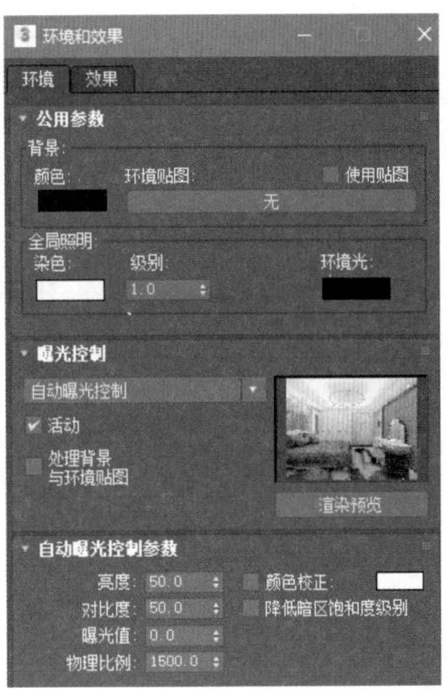

图 9.50 修改 VRay 的曝光方式

如果出现渲染图像被染色的情况，可以为材质添加上材质包裹器，避免颜色溢出，如图 9.51 所示。

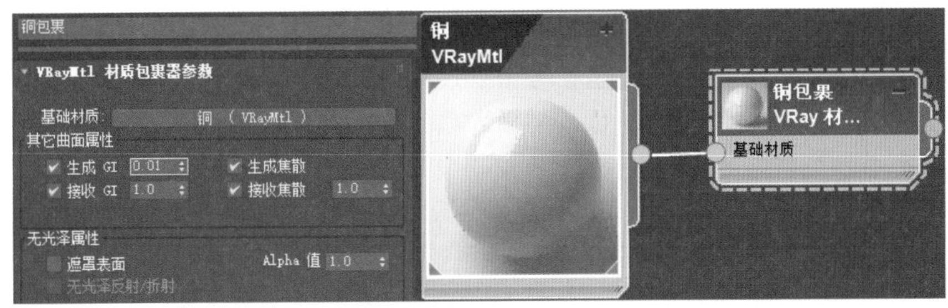

图 9.51 铜材质包裹器

渲染出最终效果图以后，还可以在 VFB 窗口或者 Photoshop 中，使用“色彩平衡”“照片滤镜”等命令进行后期效果处理，以提高渲染图像的视觉效果。

第 10 章

别墅文化主题房间设计

本章学习重点

- 健身房主题空间的表现
- 健身器材材质的调制
- 健身房灯光的布置
- 琴房空间的设计
- 琴房灯光的布置

本章主要讲解别墅文化主题空间表现。文化主题房间设计要采用艺术的空间设计构想，从空间布局、光线、色彩、陈设、装饰等诸多方面，规划出富有美感，更加富有灵性的空间，烘托拟定的主题文化氛围，传达房主对空间的感受及品位。别墅文化主题一般有健身房、茶室、视听室等，本章案例为中式健身房和欧式琴房的设计。通过本章的学习，可以了解不同主题空间的表现手法及制作流程，熟练掌握 VRay 材质、贴图的应用，掌握 VRay 灯光的使用以及主题场景空间摄像机的布置。

10.1 健身房场景分析

随着人们对健康的关注，越来越多的人开始重视健身，但往往因为工作忙碌而没有时间去健身房，家庭健身房的需求呈逐年上升趋势。打造家庭健身房，首先确定有足够的空间，摆放健身器材以及活动空间，同时保证空气的流通。地板通常选用橡胶地板或木地板，铺设地毯可以增加舒适性，同时提高空间的美观性。健身房整体色彩搭配宜选用明亮的颜色，如橙色、绿色，能够激发人的动感，让人充满活力。

中式风格具有简朴、沉稳、大气的高雅情怀，中国色彩和传统家居运用，更具文化性和审美情趣。中式空间设计注重层次感，多采用对称式的布局方式，家具陈设可采用字画、挂屏、盆景、瓷器、屏风、博古架、中式花格等能够营造中式意境的元素。本章案例将打造中式风格健身房，房间内装饰陈设应与主题特色、环境氛围相结合。中式健身房效果如图 10.1 所示。

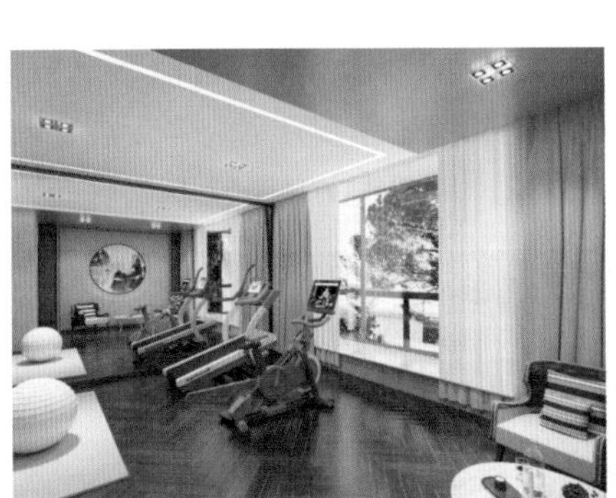

图 10.1　中式健身房效果

10.2　别墅中式健身房

打开“别墅中式健身房 - 原始 .max”场景文件。场景中已经设置好了摄像机。在初调材质之前，首先设置渲染器，打开“渲染设置”窗口，将“产品级”渲染器设置为 VRay 5。

10.2.1　初调材质

1. 调制墙纸材质

选择“健身房墙体”模型，新建空白材质球，将其命名为“墙纸”，设置漫反射颜色为浅灰色，漫反射贴图为“墙纸 .jpg”。在清漆层参数卷展栏中，设置清漆层数量为 0.8，清漆层 IOR 为 1.4，清漆层颜色为白色。为模型添加 UVW 贴图修改器，观察对象的纹理，使纹理大小适中，如图 10.2 所示。

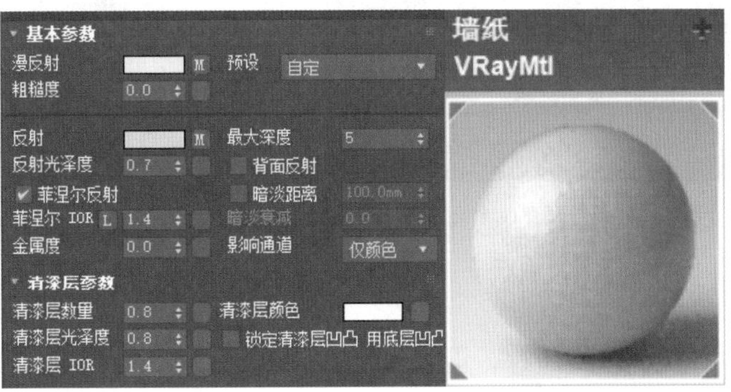

图 10.2　墙纸材质参数设置及效果

2. 调制装饰板材质

新建材质球，将其命名为“装饰板”。设置漫反射颜色为浅黄色，RGB 值为（146，127，87），设置漫反射贴图为“装饰板 .jpg”。反射颜色为灰色，RGB 值为（112，112，

112），反射贴图为衰减贴图，反射光泽度为 0.8，最大深度为 5。设置清漆层数量为 0.8，清漆层光泽度为 0.8，清漆层 IOR 为 1.4。将材质赋予场景中茶歇吊顶对象，观察对象纹理。为模型添加 UVW 贴图修改器，使纹理大小适中，如图 10.3 所示。

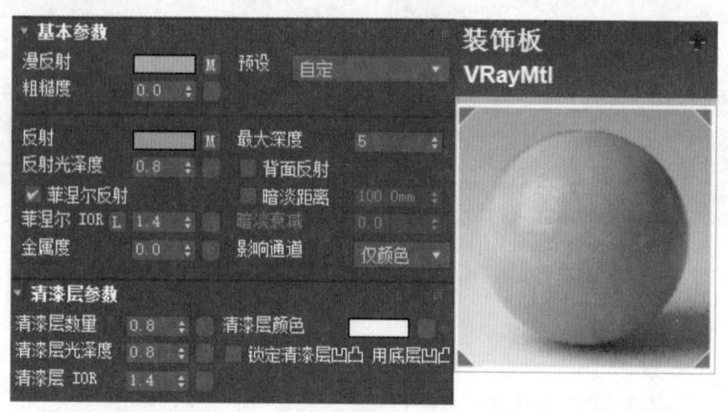

图 10.3　装饰板材质参数设置及效果

3. 调制窗帘材质

新建一个材质球，将其命名为“窗帘”。设置漫反射颜色的 RGB 值为（209，157，99），漫反射贴图为衰减贴图，衰减参数颜色为浅黄色和米黄色，对应的 RGB 值分别为（188，139，79）、（204，179，53）。设置粗糙度为 1.0。设置反射颜色为深灰色，灰度值为 18，反射光泽度为 0.5，最大深度为 5。将“双向反射分布函数”设置为“布林材质”。将材质赋予场景中的窗帘对象，为模型添加 UVW 贴图修改器，如图 10.4 所示。

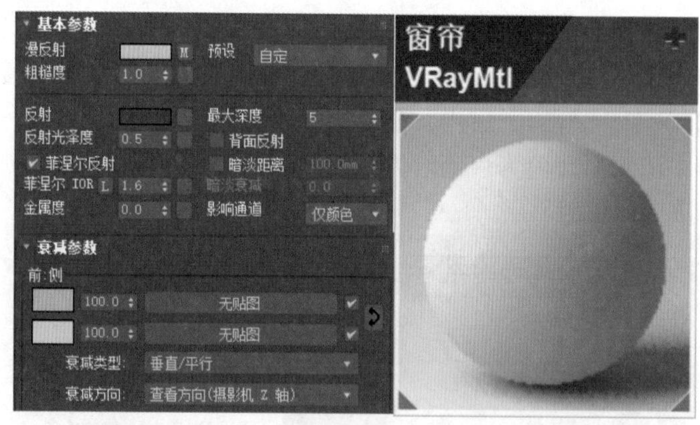

图 10.4　窗帘材质参数设置及效果

4. 调制窗帘的纱帘材质

单击新建的“窗帘纱”材质球，设置漫反射颜色为白色，粗糙度为 1.0。设置折射颜色为灰色，折射贴图为衰减贴图，折射光泽度为 0.75，折射率（IOR）值为 1.5，最大深度值为 5，勾选“影响阴影”复选框。将材质赋予场景中的窗帘纱对象，如图 10.5 所示。

5. 调制壁画材质

新建一个材质球，将其命名为“壁画”。设置漫反射颜色为白色，设置漫反射贴图为“颜色修正（Color Correction）”，添加基本参数贴图为“画.jpg”，设置饱和度为 −80.0，如

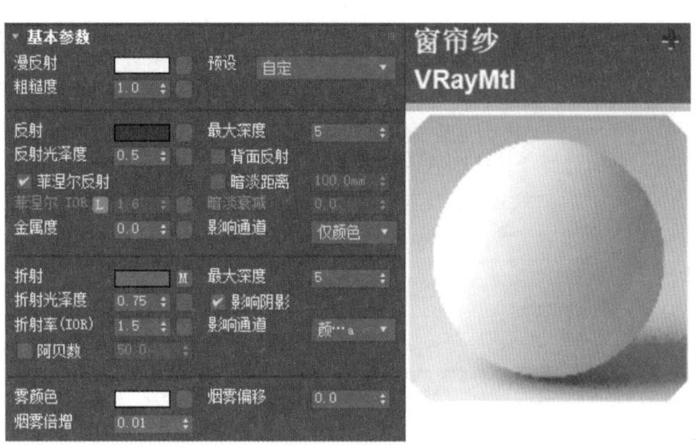

图 10.5　窗帘纱材质参数设置及效果

图 10.6 所示。

设置反射颜色为白色，反射光泽度为 0.7，最大深度为 5。勾选“菲涅尔反射”复选框。将材质赋予场景中的中式墙背板对象，为模型添加 UVW 贴图修改器，观察调整壁画位置和大小，壁画材质效果如图 10.7 所示。

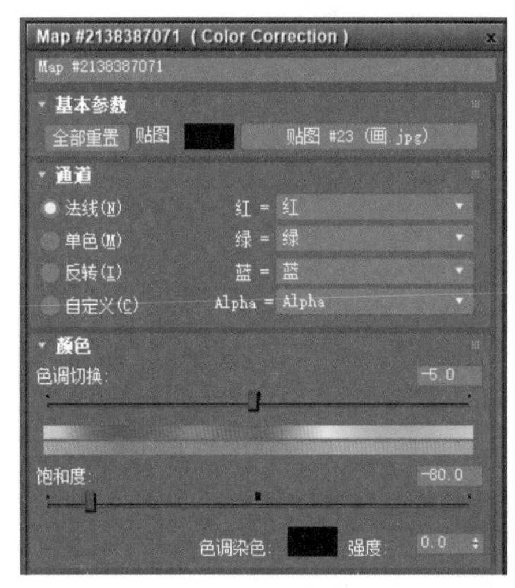

图 10.6　“颜色修正（Color Correction）”贴图

图 10.7　壁画材质效果

6. 调制沙发材质

沙发材质由三部分组成：布料材质、皮料材质、金属材质。新建多维 / 子对象材质球，将其命名为“沙发”。设置三个子材质分别为沙发座布料、皮料材质和沙发腿金属材质。

将沙发座布料材质的漫反射颜色设置为灰色，灰度值 128，漫反射贴图为“布料 .jpg”。设置粗糙度为 1.0。设置反射颜色为深灰色，灰度值为 22，勾选“菲涅尔反射”复选框。为模型添加 UVW 贴图修改器，观察布料纹理，调整纹理大小，如图 10.8 所示。

调制沙发皮料材质。设置漫反射颜色为蓝色，RGB 值为（23，26，31），漫反射贴图为“皮 PU.jpg”。设置反射颜色为浅灰色，灰度值为 183，反射光泽度为 0.75，最大深度为 5，反射贴图为衰减贴图，勾选“菲涅尔反射”复选框。在“清漆层参数”卷展栏中设置清漆层

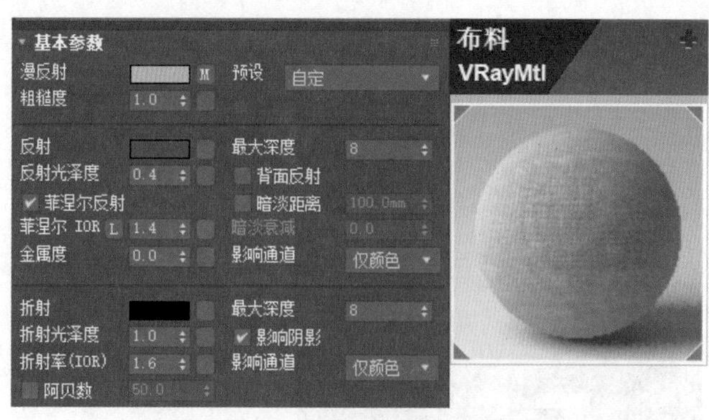

图 10.8　沙发布料材质参数设置及效果

数量为 0.8，清漆层 IOR 为 1.4，清漆层颜色为白色。将材质赋予沙发皮料部分，为模型添加 UVW 贴图修改器，观察皮料纹理，调整纹理大小，如图 10.9 所示。

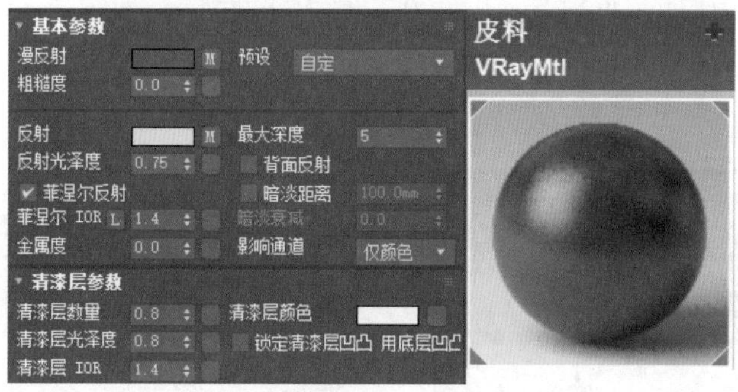

图 10.9　沙发皮料材质参数设置及效果

调制沙发腿材质。设置漫反射颜色为浅灰色，灰度值为 216。设置反射颜色为浅灰色，灰度值为 233，反射光泽度为 0.92，设置反射贴图为衰减贴图。设置金属度为 1.0。将材质赋予沙发腿对象，如图 10.10 所示。

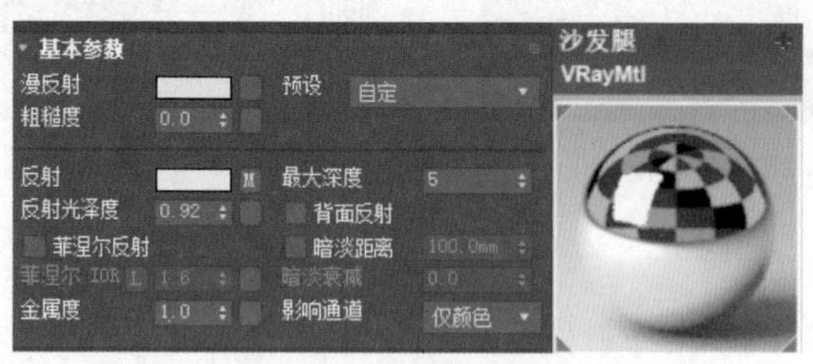

图 10.10　沙发腿材质参数设置及效果

7. 调制茶桌材质

新建材质球，将其命名为“茶桌”。设置漫反射颜色为灰色，漫反射贴图为“木纹 2.jpg”。设置反射颜色为黑色，反射贴图为衰减贴图，反射光泽度为 0.85。在“清漆层参数”卷展栏中设置清漆层数量为 0.85，清漆层 IOR 为 1.6，清漆层颜色为白色。将材质赋予茶桌对象，为模型添加 UVW 贴图修改器，观察调整纹理大小，如图 10.11 所示。

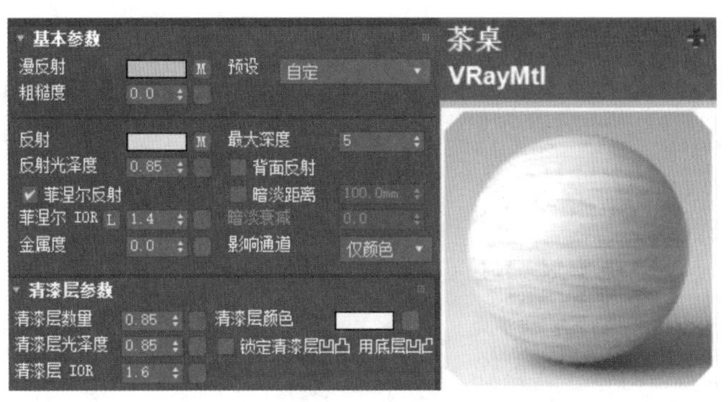

图 10.11　茶桌材质参数设置及效果

8. 调制健身房运动器材材质

调制瑜伽垫材质。新建材质球，将其命名为“瑜伽垫”。设置漫反射颜色为浅蓝色，RGB 值为（102，140，158）。设置反射颜色为浅灰色，灰度值为 176，反射光泽度为 0.7。勾选“菲涅尔反射”复选框。添加凹凸贴图“瑜伽垫 .jpg”，设置凹凸值为 48。在“清漆层参数”卷展栏中设置清漆层数量为 0.75，清漆层 IOR 为 1.4，清漆层颜色为白色。将材质赋予瑜伽垫对象，为模型添加 UVW 贴图修改器，观察调整纹理大小，如图 10.12 所示。

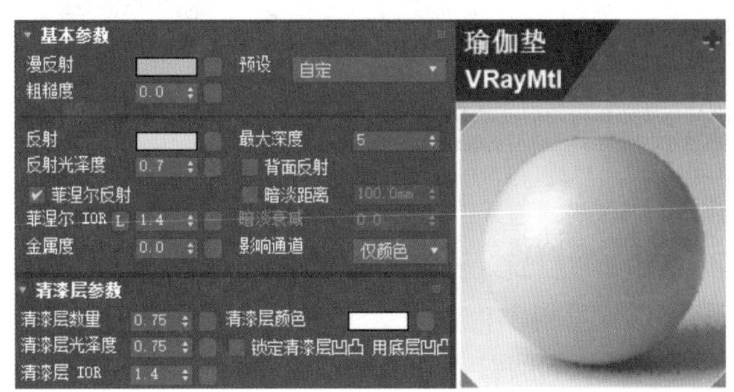

图 10.12　瑜伽垫材质参数设置及效果

9. 调制瑜伽球材质

新建一个材质球，将其命名为“瑜伽球”。设置漫反射颜色的 RGB 值为（251，218，116）。设置反射颜色为灰色，灰度值为 183，反射光泽度为 0.9，反射贴图为衰减贴图，最大深度为 5。在“清漆层参数”卷展栏中设置清漆层数量为 0.9，清漆层 IOR 为 1.5，清漆层颜色为白色。将材质赋予瑜伽球对象，为模型添加 UVW 贴图修改器，观察调整纹理大小，如图 10.13 所示。

10. 调制跑步机材质

跑步机材质为多维 / 子对象材质，主要包含跑道材质、机架材质、屏幕材质。

首先调制跑道材质。设置漫反射颜色为灰色，灰度值为 54，漫反射贴图为“跑道 .jpg”。设置反射颜色为浅灰色，灰度值为 180，反射光泽度为 0.7。勾选“菲涅尔反射”复选框，设置菲涅尔 IOR 值为 1.4。将材质赋予跑步机跑道对象，为模型添加 UVW 贴图修改器，观察调整纹理大小，如图 10.14 所示。

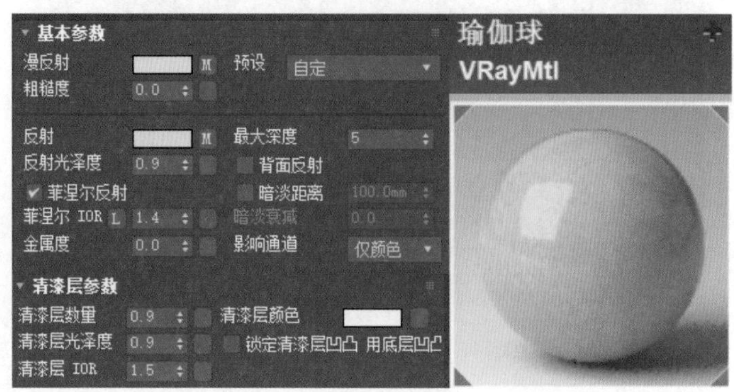

图 10.13　瑜伽球材质参数设置及效果

图 10.14　跑步机跑道材质参数设置及效果

下面调制跑步机金属机架材质。设置漫反射颜色为深灰色，灰度值为 34，设置漫反射贴图为“机架.jpg”。设置反射颜色为深灰色，灰度值为 180，反射光泽度为 0.8，反射贴图为衰减贴图。勾选“菲涅尔反射”复选框，设置菲涅尔 IOR 值为 1.4。将材质赋予跑步机机架对象，为模型添加 UVW 贴图修改器，观察调整纹理大小，如图 10.15 所示。

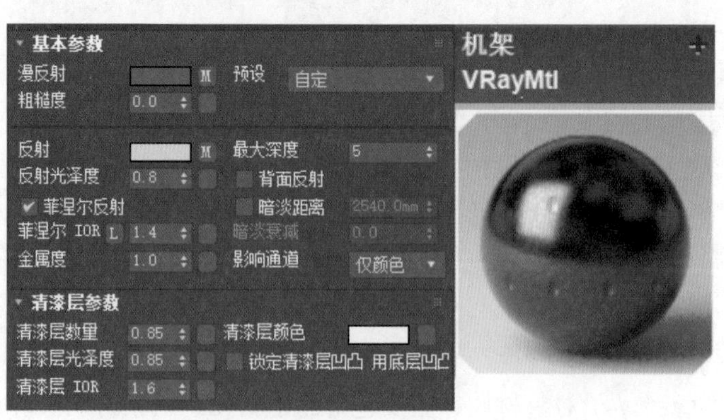

图 10.15　跑步机机架材质参数设置及效果

下面调制跑步机屏幕材质。设置跑步机屏幕材质为“VRay 灯光”材质，在“参数”

中将颜色设置为白色,值为 0.8,添加“跑步机屏幕 .jpg”贴图。将材质赋予跑步机屏幕对象,为模型添加 UVW 贴图修改器，观察调整纹理大小，如图 10.16 所示。

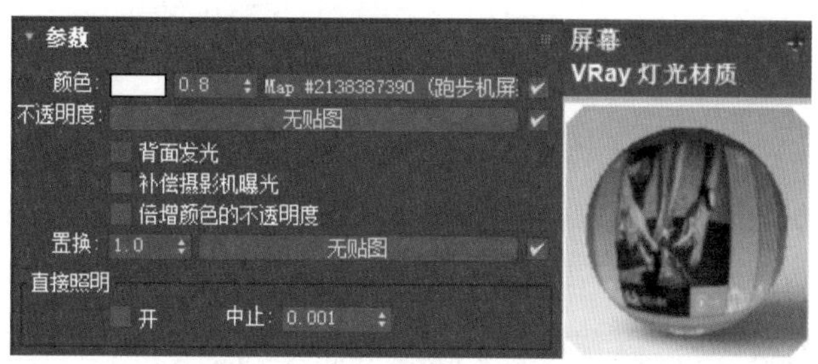

图 10.16　跑步机屏幕材质参数设置及效果

11. 调制动感单车材质

动感单车被赋予多维 / 子对象材质。主要包含单车架材质、单车轮材质、屏幕材质。

动感单车架材质参考跑步机机架材质调制参数。下面调制单车轮材质。

新建一个材质球,设置漫反射颜色为白色,漫反射贴图为“动感单车车轮部纹理 .jpg”。设置反射颜色为深灰色，反射光泽度为 0.7。勾选“菲涅尔反射”复选框，设置菲涅尔 IOR 值为 1.6。将材质赋予单车轮对象,为模型添加 UVW 贴图修改器,观察调整纹理大小,如图 10.17 所示。

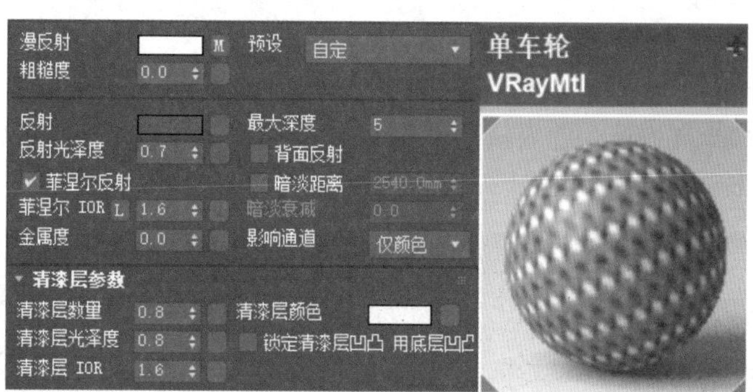

图 10.17　跑步机单车轮材质参数设置及效果

设置单车屏幕材质。单车屏幕材质同样为“VRay 灯光”材质,设置“参数”颜色为白色,值为 1.5，添加“单车屏幕 .jpg”贴图。将材质赋予单车屏幕对象，为模型添加 UVW 贴图修改器，观察调整纹理大小，如图 10.18 所示。

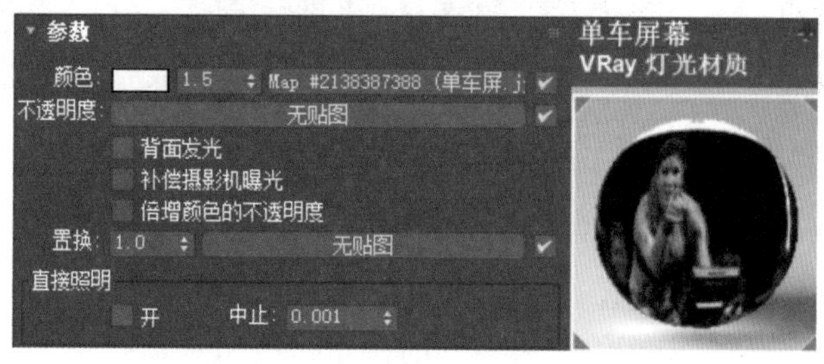

图 10.18　单车屏幕材质参数设置及效果

10.2.2　摄像机设置

本实例中设置了两台摄像机，分别从右侧面和左侧面展示健身房的设计效果。

1. 架设健身房右侧面角度摄像机

选择 3ds Max 的目标摄像机，在顶视图中创建一个摄像机 Camera001，从右向左拖动目标点至动感单车的位置。同时选中摄像机和目标点，在左视图或前视图中移动摄像机到合适位置，摄像机的高度一般与人的视线高度相同，如图 10.19 所示。

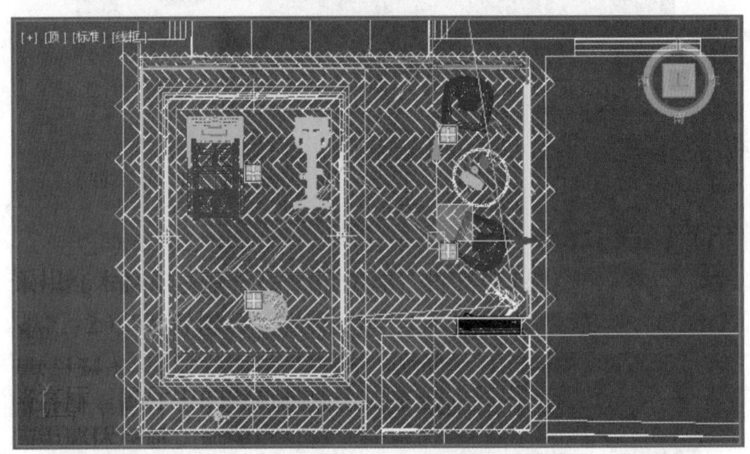

图 10.19　架设健身房右侧面角度摄像机

选择摄像机 Camera001，进入修改面板，设置焦距为 20mm，其他值保持默认设置。切换到摄像机视图，观察摄像机视图，如图 10.20 所示。

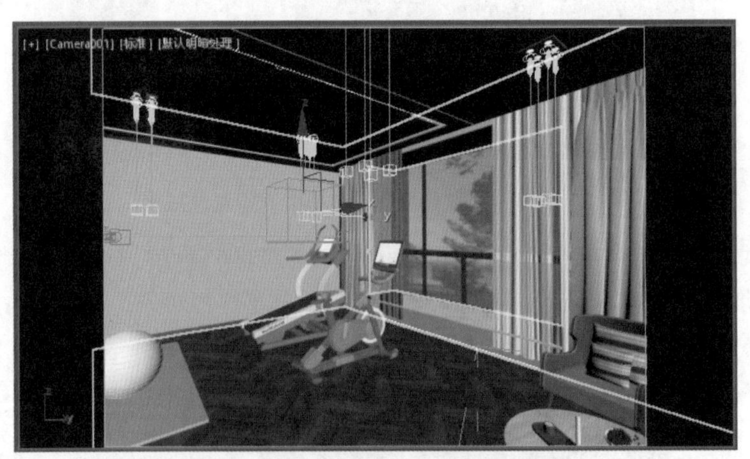

图 10.20　健身房右侧面角度效果

2. 架设健身房左侧面角度摄像机

选择 3ds Max 的目标摄像机，在顶视图中创建一个摄像机 Camera002，在卫生间后部从左向右拖动目标点至动感单车的位置。同时选中摄像机和目标点，在左视图或前视图中移动摄像机到合适的高度，如图 10.21 所示。

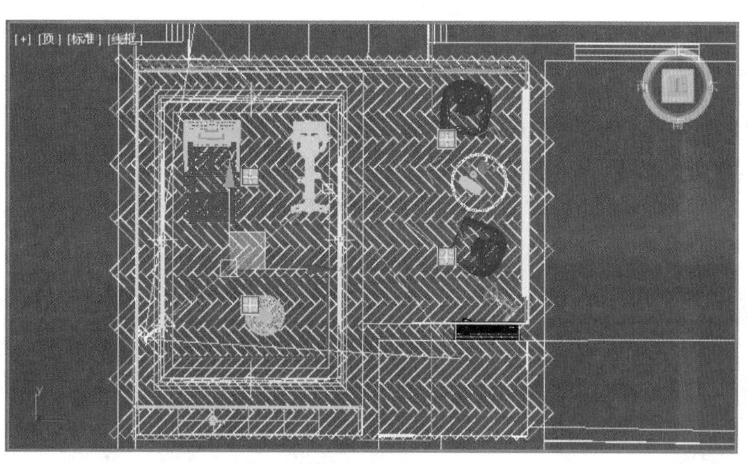

图 10.21 架设健身房左侧面角度摄像机

选择摄像机 Camera002，进入修改面板，设置焦距为 20mm，其他值保持不变。切换到摄像机视图，观察摄像机视图，如图 10.22 所示。

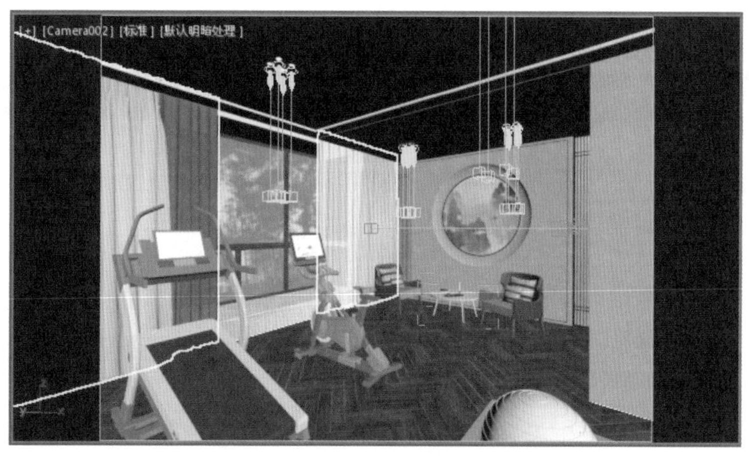

图 10.22 健身房左侧面角度效果

10.2.3 布置灯光

本实例要表现健身房日景灯光效果，室内灯光设计为无主灯，主要包含射灯组及灯带。

1. 制作室内射灯组效果

为场景添加射灯组光源，照亮场景。在左视图中，选择“创建”→“灯光”→“VRay灯光”→ VRayIES 灯光，按照某一射灯模型位置创建一盏 VRayIES 灯光。进入修改面板，设置灯光 IES 文件为“经典筒灯”，强度值为 350，颜色为白色，其他值保持默认设置，如图 10.23 所示。按照射灯位置，复制该灯光到所有射灯。

2. 制作灯带光源

室内吊顶内设有灯带，灯带效果由四个 VRay 灯光组成。在顶视图中，根据灯带空间位置创建第一个 VRay 灯光，将其命名为“VR- 灯光 001”，在左视图中移动灯光高低位置至吊顶中灯带位置。进入修改面板，将“类型”修改为“平面灯”，调整灯光长宽尺寸为灯带合适尺寸，倍增设置为 3.0，颜色为暖白色。在“选项”卷展栏中勾选“不可见”复选框，取消勾选“影响高光”“影响反射”，其他值保持默认设置。按照吊顶灯带位置实例复制、调整该灯光到吊顶中灯带合适位置，参数设置如图 10.24 所示。

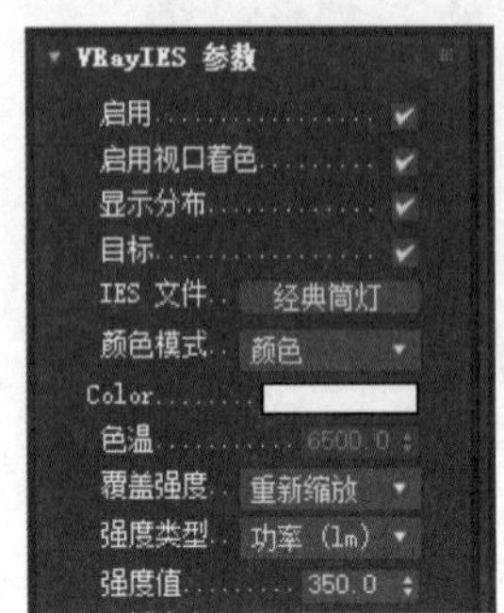

图 10.23　室内射灯组光源参数设置

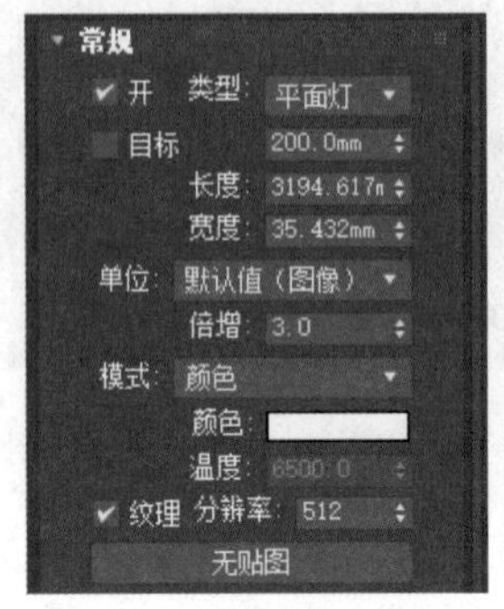

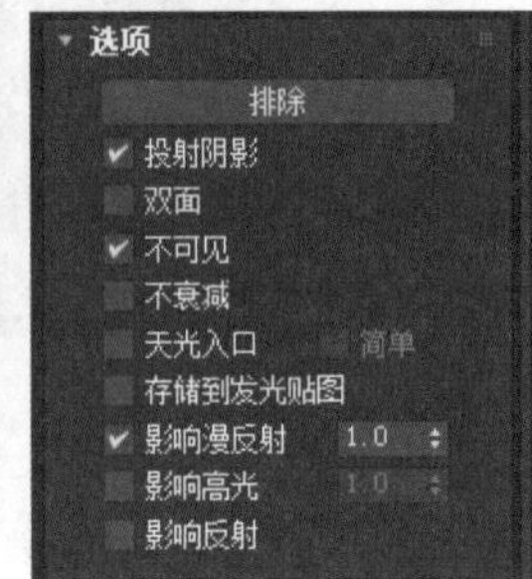

图 10.24　创建射灯光源

10.2.4　细调材质

架设灯光后，继续对材质进行细调，主要包括渲染参数、反射光泽度、凹凸贴图等参数。首先优化渲染参数设置。在“渲染设置”窗口中，单击 VRay 选项卡，将图像采样器类型设置为“渐进式”。

再次设置调整材质反射光泽度等参数。在贴图通道中设置为“反射贴图通道”贴入衰减贴图，衰减类型选择 Fresnel，使反射效果更加柔和；受环境光影响，调整颜色为天光浅蓝色。

受灯光影响，凹凸贴图相关参数也需要进一步细调。选择“瑜伽垫”材质球，在贴图通道中调整凹凸参数，将该参数设置为 60。

其他的材质的细调方法与上述方法相似，如有需要，读者可以尝试细调每一种材质。

材质、灯光等参数设置完成后，参考前面的章节内容，设置渲染参数渲染出图。

10.3　别墅欧式琴房

家庭琴房是一个充满艺术氛围的个性空间，视觉效果适合选用温暖、明快的色彩。通常墙壁采用环保防火的吸音材料，房间布局应结合功能来确定。如果是大型钢琴，首先需要考虑摆放的位置，一般应不影响走路，保证开门顺畅，演奏完毕可以打开窗户远眺远方景色为宜。本章将以欧式琴房为例展开介绍，其欧式风格可采用华丽的吊顶灯饰、精美的弧形门窗造型来营造整体效果，如图 10.25 所示。

图 10.25 欧式琴房效果

10.3.1 初调材质

打开“别墅琴房 - 原始 .max”场景文件。我们已经在场景中设置好了摄像机。在初调材质之前，首先匹配渲染器，打开“渲染设置”窗口，将“产品级”渲染器设置为 VRay 5。

1. 调制墙纸材质

新建空白材质球，将其命名为“墙纸”。设置漫反射颜色为浅蓝色，RGB 值为（215，234，244），漫反射贴图为“欧式蓝壁纸 .jpg”，反射颜色为浅灰色，灰度值为 164。设置反射颜色为灰色，反射光泽度为 0.7，勾选“菲涅尔反射”复选框，反射率设置为 1.4。在“清漆层参数”卷展栏中设置清漆层数量为 0.75，清漆层 IOR 为 1.4，清漆层颜色为白色。将材质赋予“琴房墙体”对象，为模型添加 UVW 贴图修改器，观察调整对象的纹理，使墙纸的纹理大小适中，如图 10.26 所示。

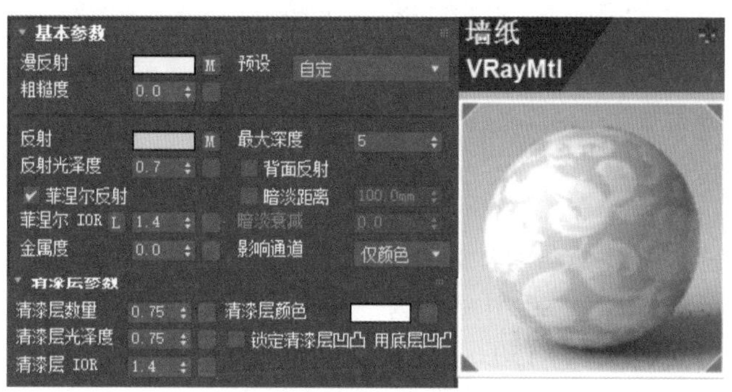

图 10.26 琴房墙纸材质参数设置及效果

2. 调制隔音板材质

在场景中，墙体装饰板欧式拱形门内为隔音板对象。新建一个材质球，将其命名为“隔音板”。设置漫反射颜色为白色，设置漫反射贴图为“隔音板 .jpg”。设置反射颜色为白色，反射光泽度为 0.75，勾选“菲涅尔反射”复选框，将折射率设置为 1.4。将材质赋予场景中的隔音板对象，为模型添加 UVW 贴图修改器，观察调整隔音板纹理，使板面的纹理大小适中，如图 10.27 所示。

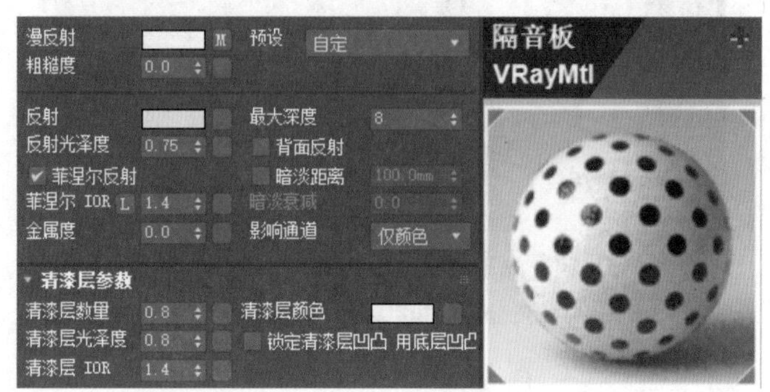

图 10.27　隔音板材质参数设置及效果

3. 调制飘窗台大理石材质

新建材质球，将其命名为“大理石”。设置漫反射颜色为白色，漫反射贴图为“大理石 .jpg”。设置反射颜色为黑色，反射贴图为衰减贴图，反射光泽度为 0.8。将材质赋予场景中的飘窗台大理石对象，为模型添加 UVW 贴图修改器，使台面的纹理大小适中，如图 10.28 所示。

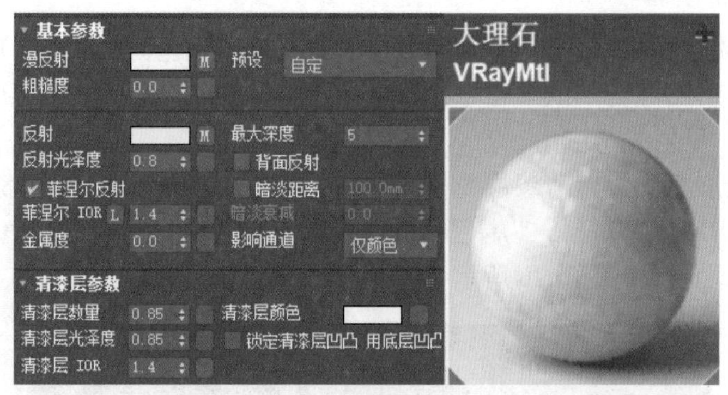

图 10.28　琴房飘窗台大理石材质参数设置及效果

4. 调制咖啡材质

新建一个材质球，将其命名为“咖啡”。设置漫反射颜色为灰色，漫反射贴图为“咖啡 .jpeg”。反射颜色为深灰色，反射贴图为“咖啡 .jpg”，反射光泽度为 0.5。添加凹凸贴图为“咖啡 .jpeg”，凹凸值设为 150.0。将材质赋予场景中的咖啡对象，为模型添加 UVW 贴图修改器，观察对象的纹理，使对象的纹理大小适中，如图 10.29 所示。

5. 调制椅子材质

新建一个材质球，将其命名为“椅子”。设置漫反射颜色的 RGB 值为（254，199，154），设置反射颜色为浅灰色，灰度值为 201，反射贴图为衰减贴图，反射光泽度为 0.8，

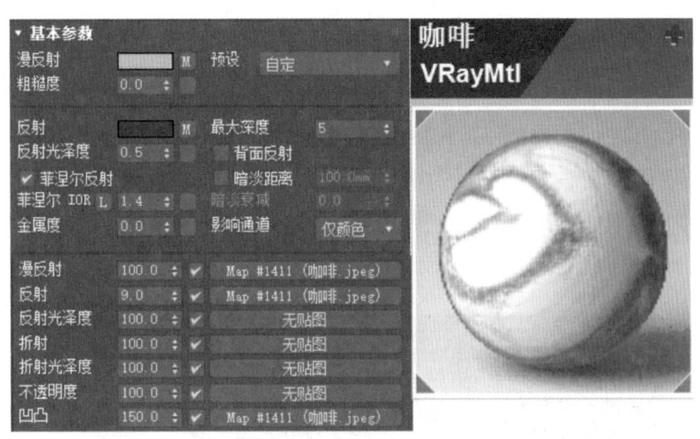

图 10.29 咖啡材质参数设置及效果

最大深度为 5。将材质赋予场景中的椅子、钢琴凳的凳面等对象，为模型添加 UVW 贴图修改器，使对象的纹理大小适中，如图 10.30 所示。

凳子和椅子的其他部分被赋予白色油漆材质。

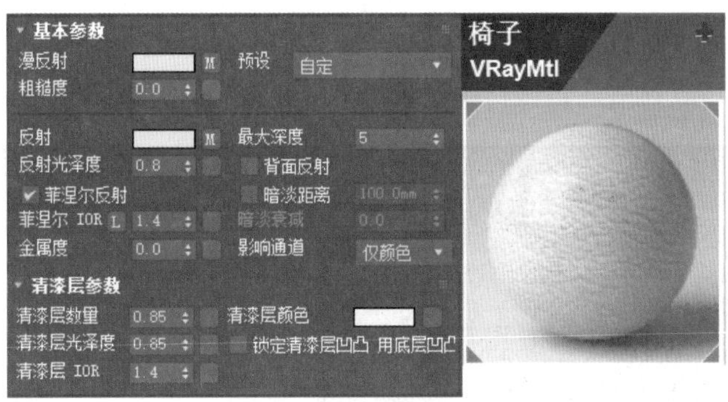

图 10.30 椅子材质参数设置及效果

6. 调制钢琴材质

“钢琴”对象的主体被赋予白色油漆材质。

下面调制钢琴金属材质。新建“钢琴金属”材质球，设置漫反射颜色的 RGB 值为（121，89，39）。设置反射颜色 RGB 值为（121，89，39），反射光泽度为 0.8，最大深度为 25。将材质赋予场景中的钢琴金属部件等对象，为模型添加 UVW 贴图修改器，使对象的纹理大小适中，如图 10.31 所示。

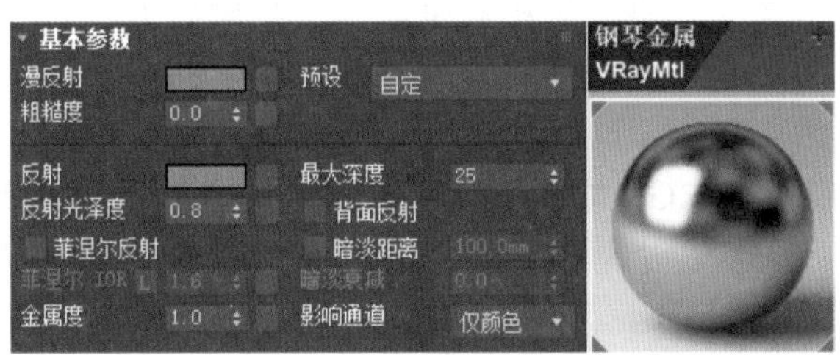

图 10.31 钢琴金属材质参数设置及效果

7. 调制水晶灯材质

（1）调制水晶灯的灯架材质。新建“水晶灯灯架”材质球，设置漫反射颜色的 RGB 值为（88，58，20），漫反射贴图为“金箔 .jpg”。设置反射颜色的 RGB 值为（189，168，146），反射光泽度为 0.85，反射贴图为衰减贴图，最大深度为 8。将材质可赋予场景中的水晶灯金属灯架，为模型添加 UVW 贴图修改器，观察调整材质对象的纹理，使金属的纹理大小适中，如图 10.32 所示。

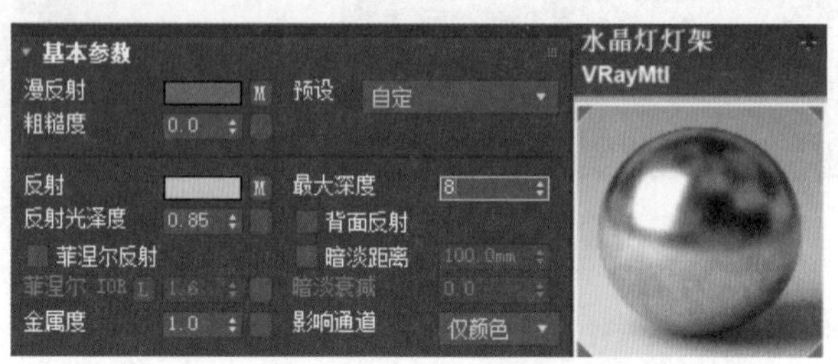

图 10.32　水晶灯灯架材质参数设置及效果

（2）调制水晶灯玻璃材质。新建“水晶灯玻璃”材质球，在“预设”材质列表框中选择“玻璃”，设置反射光泽度为 0.7，反射贴图为“玻璃 15.jpg”，折射光泽度为 0.96，最大深度为 8，其他参数保持默认值。将该材质赋予场景中的水晶灯玻璃模型对象，如图 10.33 所示。

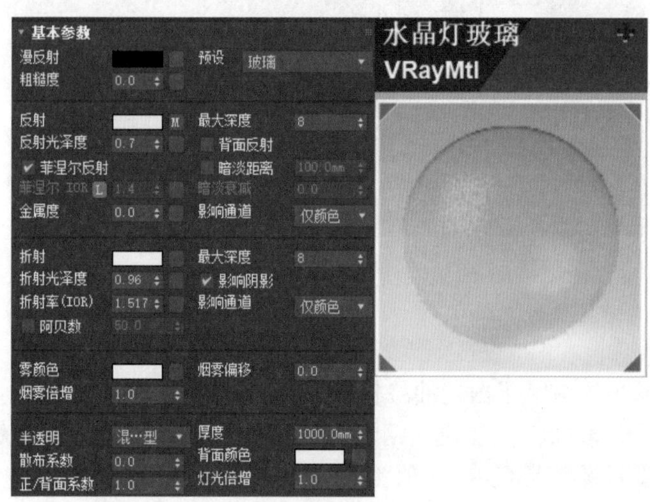

图 10.33　水晶灯玻璃材质参数设置及效果

（3）调制水晶灯烛火灯材质。新建材质球，将其命名为“烛火灯”。设置漫反射颜色的 RGB 值为（242，91，0），设置反射颜色为灰色，灰度值为 128，设置反射贴图为“火焰 .jpg”，反射光泽度为 0.95。设置折射光泽度为 0.95，最大深度为 8，勾选“影响阴影”复选框。设置自发光颜色的 RGB 值为（242，91，0），自发光贴图为“火焰 .jpg”，勾选 GI 复选框，设置倍增为 0.85。设置不透明度贴图为“火 - 透明 .jpg”，数量为 100%。将材质赋予场景中水晶灯的灯烛对象，为模型添加 UVW 贴图修改器，观察调整纹理，使纹理的 大小适中，如图 10.34 所示。

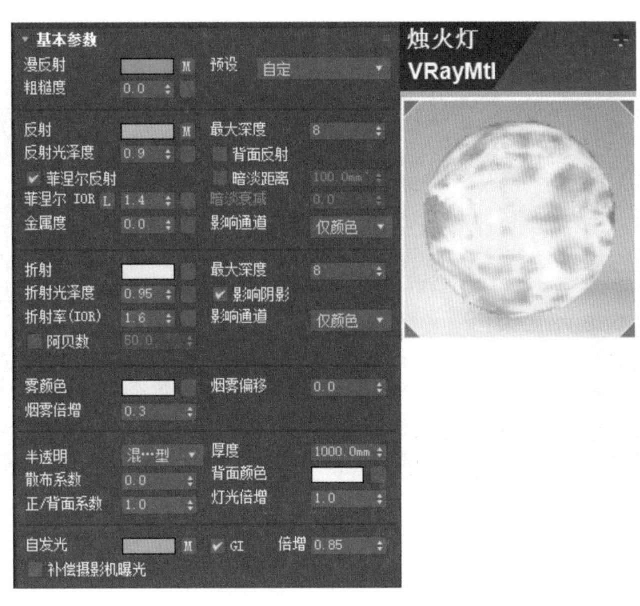

图 10.34　水晶灯烛火灯材质参数设置及效果

10.3.2　摄像机设置

本实例中设置了 1 台摄像机，从左侧面展示琴房的效果。对于琴房这种相对较小的空间，摄像机需要有大视角。视野更宽广，效果图才更有空间感。此外，要让空间更具有空间感，在视角已经足够大时，还可以使用摄像机中的“剪切平面”命令。使用“剪切平面”命令时，摄像机渲染从“近距剪切”至“远距剪切”范围内的场景。要将摄像机“远距剪切”尽量设置得远一点，同时注意摄像机的“剪切平面”视角不要碰到顶和地面或者其他物体，否则渲染时会出现黑面。

选择 3ds Max 的目标摄像机，在顶视图中创建一个摄像机 Camera001，从左向右拖动目标点架设摄像机，进入左视图或前视图，移动摄像机到人的视线高度，如图 10.35 所示。

摄影机
设置

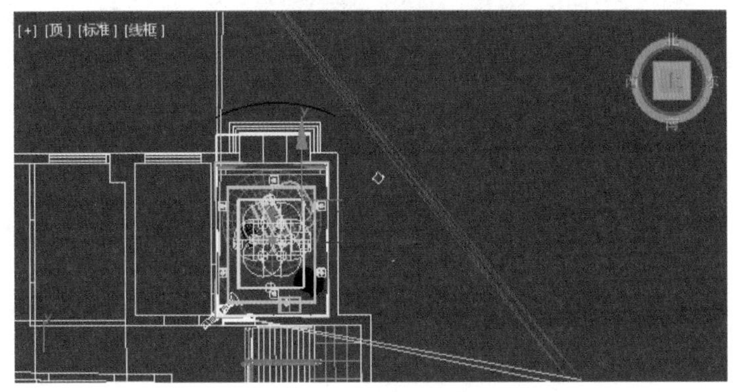

图 10.35　架设琴房侧面角度摄像机

选择摄像机 Camera001，进入修改面板，设置焦距为 15mm，其他值保持默认设置。

切换到摄像机视图，观察摄像影机视图，如图 10.36 所示。

图 10.36 琴房侧面角度摄像机效果

为了更好地表现琴房这种相对较小的空间，使用摄像机中的“剪切平面”命令。进入摄像机修改面板，勾选使用“剪切平面”命令，设置摄像机“近距剪切”值为 520，摄像机“远距剪切”尽量设置得远一点，设置摄像机“远距剪切”值为 5800，观察摄像机视图，注意设置的“剪切平面”视角不要碰到顶和地面或者其他物体出现黑面，如图 10.37 所示。

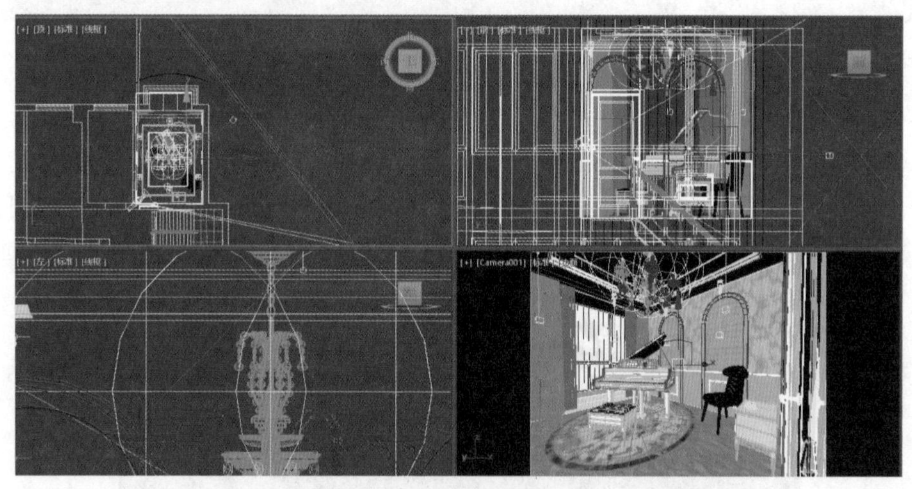

图 10.37 设置琴房摄像机“剪切平面”效果

10.3.3 布置灯光

本实例主要表现琴房日景灯光效果。灯光可以分为室内主光、室内射灯、吊顶灯带。

1. 制作室内主光效果

为场景添加室内主光源照亮场景，琴房室内主灯为水晶灯。在顶视图中，根据水晶灯烛火灯的位置，创建 VRay 灯光，将其命名为“VR 水晶灯光 01”，将“类型”修改为“球体灯”，将倍增设置为 0.2，颜色为黄色。在“选项”卷展栏中勾选“不可见”复选框，其

他值保持默认设置即可。复制该 VRay 灯光到其余水晶灯烛火灯的位置。详细的参数设置如图 10.38 所示。

2. 制作射灯光源

室内射灯由六个射灯组成，在顶视图中，根据某一射灯空间位置创建一个 VRayIES 灯光，将其命名为 VRayIES001。进入修改面板，设置灯光 IES 文件为“经典筒灯”，强度值为 300，颜色为白色，其他值保持默认设置即可，如图 10.39 所示。按照射灯位置，复制该灯光到所有射灯。

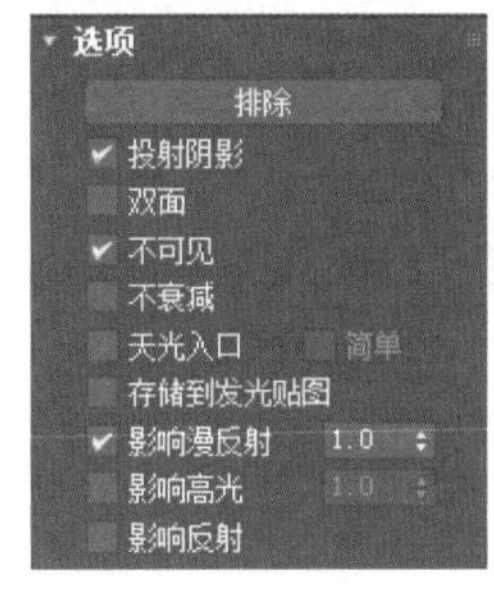

图 10.38　琴房水晶灯光源参数设置

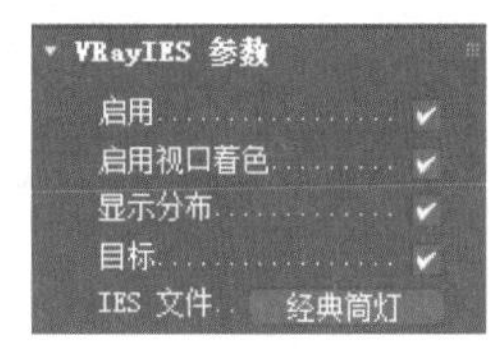

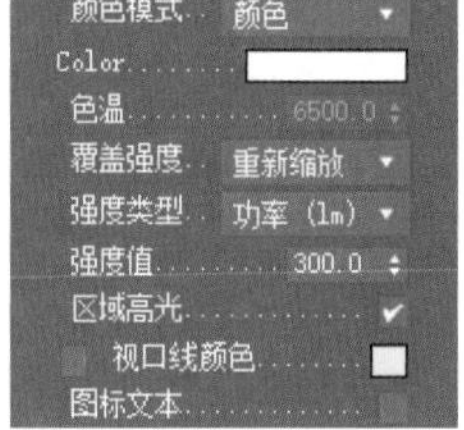

图 10.39　制作射灯光源

3. 制作灯带光源

欧式吊顶中设有发光灯带，吊顶灯带光源由 4 个 VRay 灯光分布吊顶四边组成。在顶视图中，根据吊顶灯带空间位置创建第一个 VRay 灯光，将其命名为“VR- 灯带 001”，在左视图中移动灯光至吊顶灯带位置。将“类型”中修改为“平面灯”，调整灯光长宽值，使其适合灯带，将倍增设置为 0.3，颜色设置为浅黄色。在“选项”卷展栏中勾选“不可见”复选框，其他值保持默认值不变。向吊顶灯带四边位置复制该光源，并将其命名为“VR- 灯带 002”“VR- 灯带 003”“VR- 灯带 004”调整灯光长宽值，使其分布于吊顶内。详细的参数设置如图 10.40 所示。

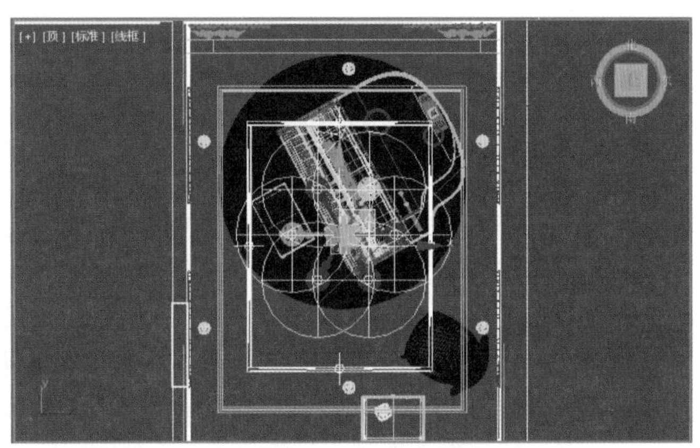

图 10.40　制作灯带光源

架设灯光后，再次细调材质，主要包括反射光泽度、凹凸贴图等参数调制。在贴图通

道中设置反射贴图，设置适当的反射光泽度参数。

材质、灯光等参数设置完成后，设置渲染参数，渲染出图。相关渲染参数设置可参考前面章节中的参数进行设置。渲染效果如图 10.41 所示。

图 10.41　琴房渲染效果

本 章 小 结

本章主要介绍了别墅文化主题房间中，中式健身房和欧式琴房的空间效果表现方法，包括文化主题房间的空间布局、家具陈设、VRay 材质、VRay 灯光、摄像机摆放设置等内容。在空间主题设计上，无论是沉稳大气的中式风格，还是精致华丽的欧式风格，都应与主题特色、环境氛围相结合，从而真正营造出相应主题的文化氛围。

实践与探究

1. 练习本章别墅文化主题房间中，中式健身房和欧式琴房的空间效果表现。

2. AO 图与彩色通道图的使用探究。

1）AO 图

在渲染的场景中，通常存在类似墙角、转角处这类块景，光线较难进入，从而导致空间变暗的情况。在 VRay 渲染时，这类细节并不能完全表现出来，这时可以用 AO 图模拟这种现象。AO 图的作用是在后期效果处理时增强墙角或转角处的图像细节。

2）AO 图的应用

在制作效果图的过程中，通常只凭借一张彩色图像并不能解决所有问题，还需要 AO

图配合使用。使用 VRay 5.0 以上版本可以直接在图层合成面板中叠加 AO 图，增加转角处的阴影，使画面更有立体感。下面介绍具体的设置方法。

首先打开 VRay“渲染设置”窗口。执行“渲染”→“渲染设置”命令，在“Rend Elements”选项卡中添加渲染元素“VRay 附加纹理”，如图 10.42 所示。

向下拖动滚动条，在下面的“纹理”选项中单击纹理贴图通道，在弹出的“材质 / 贴图浏览器”窗口中选择“VRay 污垢”贴图，如图 10.43 所示。

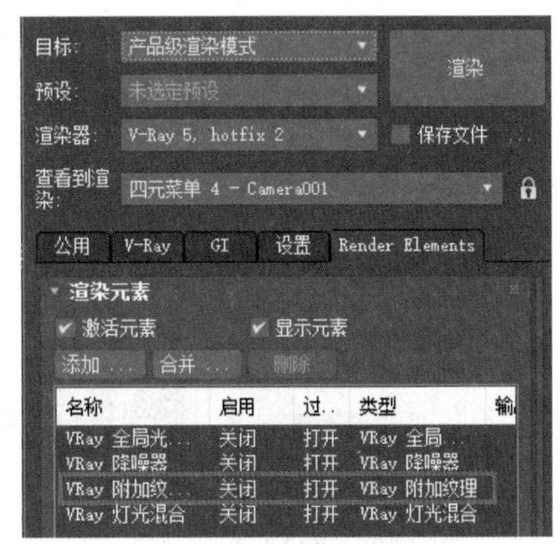

图 10.42 添加“VRay 附加纹理”渲染元素

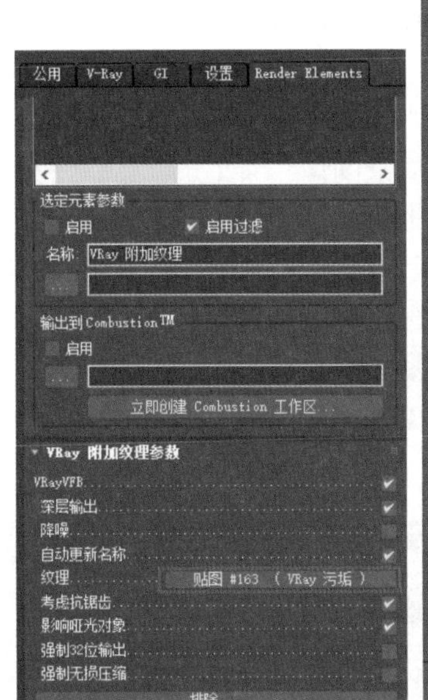

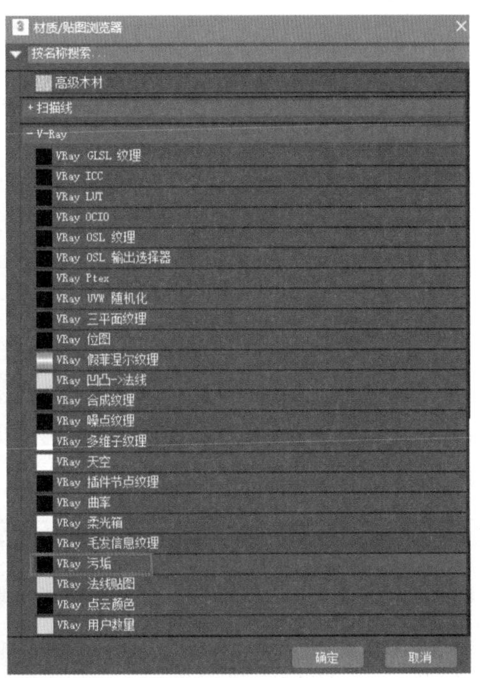

图 10.43 添加“VRay 污垢”贴图

打开材质编辑器，切换至 Slate 材质，拖动复制纹理通道的“VRay 污垢”贴图至材质编辑器的空白区域，选择“实例”复制，将其命名为“VR 污垢”，如图 10.44 所示。

单击“VRay 污垢”，调制“VRay 污垢”贴图的主要参数，如图 10.45 所示。

- “半径”参数控制污垢的范围大小。在本例中将其设置为 100.0mm。也可以使用下面的“半径”通道贴图控制污垢半径。
- “阻光颜色”参数控制阴影的颜色。也可以使用下面的“阻光颜色”通道贴图控制阴影的颜色。在本例中，将“阻光颜色”设置为 27。
- “非阻光颜色”参数控制非阴影区域的颜色。也可以使用下面的“非阻光颜色”通道贴图控制非阴影的颜色，通常为漫反射。

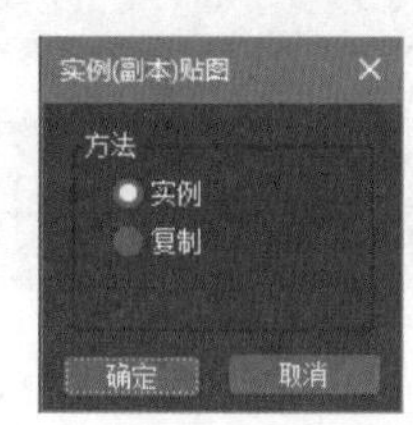

图 10.44 “实例”复制“VRay 污垢”贴图

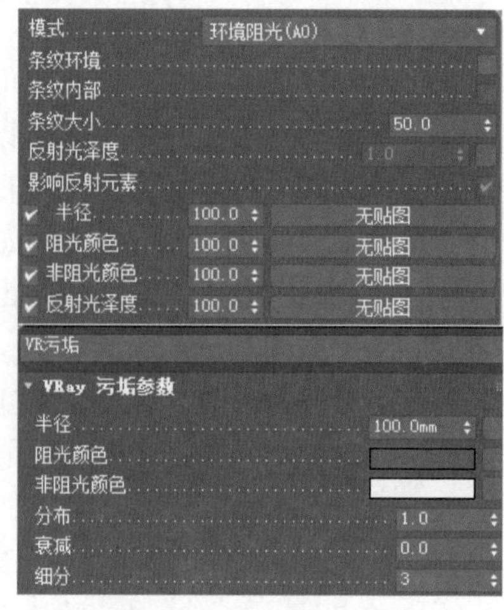

图 10.45 “VRay 污垢”贴图参数

- “分布”参数控制对象被侵蚀的比例。默认值为 1.0，表示全部被侵蚀。
- “衰减”参数控制污垢的范围衰减。
- “细分”参数控制污垢的细节，值越大细节越丰富。

上述“VRay 污垢”贴图参数设置好后，重新渲染图像。

在 VFB的合成窗口中，单击“源”图层，将其设置为“合成”模式。单击“创建图层”按钮，在下拉菜单中选择“渲染元素”，在“元素”列表框中单击，选择“VRay 附加纹理_VR 污垢”贴图。

单击“模式”列表，选择“正片叠底”，调整图像的叠加方式。

添加 AO图后的渲染效果如图 10.46 所示。可以看到图像的阴影细节更加丰富了，可以适当增加亮度。

图 10.46 添加 AO 图后的渲染效果

第11章

别墅新中式客厅、餐厅日光表现

本章学习重点

- ➢ 新中式客厅设计的特点
- ➢ 新中式餐厅空间的表现手法
- ➢ 掌握客厅接待区、休息区、聚餐区的布置方法
- ➢ 掌握客厅空间层次感的设计
- ➢ 掌握室内环境与室外环境的协调关系

本章主要讲解别墅新中式风格客厅和餐厅空间日景表现。客厅效果图如图 11.1 所示，餐厅效果图如图 11.2 所示。客厅和餐厅在别墅的一楼，是家庭中的公共空间，设计风格

(a) 客厅正面

(b) 客厅背面

图 11.1　新中式客厅效果

(a) 餐厅

(b) 过廊

图 11.2　新中式餐厅效果

与别墅一楼新中式风格一致。通过本章的学习，读者可以了解新中式客厅和餐厅的设计特点，掌握别墅公共区域中接待区、休息区、用餐区的布置方法，掌握客厅空间层次感设计方法，掌握室内环境与室外环境的协调关系。

11.1 客厅和餐厅场景分析

别墅一楼客厅和餐厅相通，是整个家庭活动、娱乐、交流、休闲、用餐等活动的主要场所，也是接待客人的地方，在设计时注意接待区、休息区、用餐区的布置，设计出空间层次感，协调好室内环境与室外环境的关系。

别墅一楼客厅和餐厅空间选择新中式设计风格。中式空间设计追求对称美、意境美、九宫格等，现代布局取其精华与西方黄金分割点进行融合，与现代人们的审美取向融合形成了现代中式风格布局。设计理念力求在传统中融入现代，现代中揉着古典，以一种东方人“留白”的美学观念控制设计节奏，墙壁上字画的数量不在多，而在于它所营造的中式意境和文化品位，一般选用具有中国风的工笔画与写意画。本章选用张大千的山水画。

别墅一楼客厅和餐厅空间把对称设计理念融入其中，沙发、电视背景墙和沙发背景墙均采用对称设计。在设置合理舒适的空间布局的同时，让居住者享受生活的美好。

在外观表现上，别墅一楼客厅和餐厅空间主要采用红木家具，沙发、博古架、电视柜背景墙的花格和窗户的木框均由红木制成。从窗户到墙面再到客厅中摆放的红木家私，都呈现出浓浓的中式风格，格调高雅，造型简朴优美，色彩浓重而成熟，能够体现生活的积淀之感。在茶几上摆放的青花瓷果盘和花瓶,配上鲜花和绿色植物,让客厅显示出勃勃生机。

在室内陈设上，设计师选用了字画、匾幅、盆景、瓷器、古玩、博古架等物品，从总体布局到物品摆放均体现对称均衡、端正稳健。采用“垭口”式博古架增加了客厅的空间层次感。在装饰细节上崇尚自然情趣，对花、鸟、鱼、虫等进行精雕细琢，使其富有变化，充分体现中国传统美学精神。

别墅一楼客厅和餐厅空间人员流动相对较大，地板既要具有防潮功能，又要耐磨、耐脏，因此应选择使用寿命比较长的材质，所以本章选择经久耐用、方便清理、不容易变形和发霉的大理石地板。

别墅一楼餐厅的窗饰是改变整个房间观感的最容易的方法，打动了众多中式风格的爱好者。窗帘的花色、图案、材质是非常重要的，质地轻柔的绸缎面料很适合在客厅中使用，而一些质地厚重的棉麻布料放在卧室则非常合适。精致的雕花窗户更能体现中式风格的特点。一个高端大气的客厅就应该选择一款适宜的窗帘，从而让别墅客厅空间更加和谐。

别墅一楼过廊在客厅与餐厅的结合部，是一楼老人房客房、洗衣房、洗手间、健身房的通道。客厅过廊宜保持整洁、清爽通畅，天花板上应安装一些射灯作为引导光源，地板上应配置波打线作为空间引导符号，过廊顶部的造型应与地板的波打线相呼应。

过廊的墙面正好与入户门相对，悬挂一幅中式油画，突出空间重心，与外界环境形成对比，给人一种安定、柔和、舒适之感，让人很快忘掉外界环境的纷乱，感受到家的温馨。

入户门作为室内与室外的连接区域，起到协调室内环境与室外环境关系的作用。本章利用室外贴图解决了室内外的过渡。

11.2 别墅一楼客厅灯光设计

照明系统是为人服务的，在进行别墅灯光设计时，主要体现以人为本的设计宗旨。别墅各部分空间是根据所需功能设置的，灯光设计充分考虑到各空间的照明需求，让别墅主人处于一个舒适的生活环境，如门厅部分的灯光应该亮一些，客厅灯光也要明亮一些，卧室要减少炫光，庭院照明不宜过亮等。下面介绍别墅各个空间灯光设计的要求。

1. 别墅一楼门厅灯光

别墅入户门灯光应该足够明亮，且灯光设计应让门厅显得更具空间感。吸顶灯搭配壁灯或射灯，会让照明显得更加优雅和谐，另外再配备感应式的照明系统，更能提升照明体验。本章主要采用射灯搭配壁灯实现门厅照明，在入户门的上方设计应急灯，作为停电时的备用照明设备。

2. 别墅一楼过廊灯光

别墅一楼过廊位于客厅和餐厅之间，是一楼二楼的连接处，同时连接一楼老人房、客房、健身房。这个空间也需要充足的光线，本章主要使用平面光源、射灯，随时调整照度。也可以在此装个应急照明灯，防止遇到停电的情况。

3. 别墅一楼客厅灯光

别墅客厅灯光设计应凸显大气，避免空间显得压抑。对于艺术品和有特色的家具，可以添加射灯，凸显重点物品，丰富层次。

4. 别墅餐厅灯光

餐厅灯光应以柔和的暖光为主，既能体现饭菜的状态，又能营造良好的就餐环境。局部照明可用壁灯或射灯，也可以安装可升降的吊灯，周围也可以装上一些壁灯来辅助照明，同时也能起到很好的装饰效果，如图 11.3 和图 11.4 所示。

图 11.3　别墅客厅白模效果

图 11.4 别墅客厅和餐厅白模效果

11.3 调制客厅材质

新中式风格客厅、餐厅中的对象材质中，木材质所占比例较大，需要掌握这些材质的调制方法。客厅中墙体材质、地板材质在前面章节已经介绍过，这里不再赘述。

11.3.1 调制客厅顶部材质

顶部分为吊顶和吊灯两部分。吊顶的材质分别由墙体材质和红木材质组成。吊灯由灯架和灯头两部分组成，灯架被赋予红木材质，灯头被赋予自发光材质。客厅顶部材质效果如图 11.5 所示。

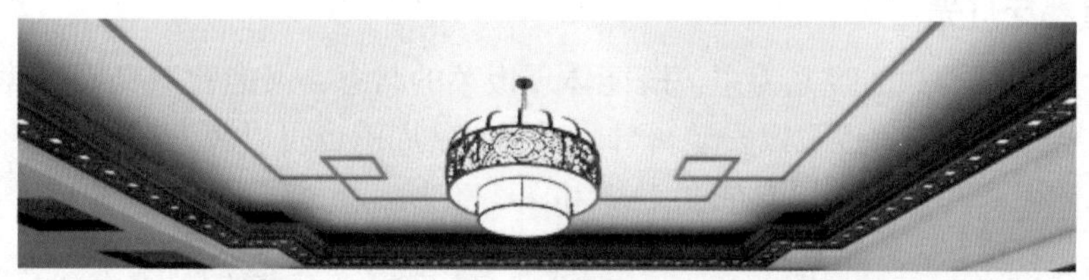

图 11.5 客厅顶部材质效果

11.3.2 调制客厅电视背景墙材质

客厅电视背景墙采用隔断的形式对称分布，左右两侧分别有花格和背板，中间是电视墙。这样的设计使电视背景墙具有立体效果，凸显客厅大气的中式设计风格。

花格和边框部分被赋予红木材质，背板被赋予墙体材质。电视墙材质可以参考 9.3.1 小节。电视材质可以参考 8.3.3 小节。客厅电视背景材质效果如图 11.6 所示。

11.3.3 调制客厅沙发背景材质

沙发背景包括博古架、花格、画、博古架物品等对象。博古架、花格被赋予红木材质。博古架上的物品多是书和陶瓷器皿，读者可以参考第 3 章相关材质参数调制材质。沙发背景材质效果如图 11.7 所示。

图 11.6 客厅电视背景材质效果

图 11.7 客厅沙发背景材质效果

11.3.4 调制客厅过廊材质

过廊地面的材料要具备耐磨、易清洗的特点。为了让过廊的区域与客厅、餐厅地面有所区别，选择在地面上铺设深颜色地板，设置铜条波打线，以此来突出过廊的特殊地位。

客厅过廊材质效果如图 11.8 所示。

图 11.8 客厅过廊材质效果

11.3.5 调制过廊背景墙材质

过廊背景墙是客厅与餐厅连接的那一面墙。这一面墙与入户门相对，起到客厅背景墙的作用，进门时就能看到，需要重点设计。本章选择将墙裙和壁画作为过廊背景墙设计元素。

图 11.9　过廊背景墙材质效果

墙裙既有装饰的作用,也对墙起到了保护作用。

壁画是比较常见的背景墙装饰方式，简单大方而且很容易匹配整体装修的格调。壁画选择张大千的水墨山水画，与一楼新中式主题风格一致，同时也提高了客厅的文化氛围。注意，壁画的尺寸既不要占据满满的墙面，要留出一些留白的区域，也不能过于紧凑，壁画面积如果太小会显得不大气。

过廊背景材质效果如图 11.9 所示。

11.3.6 应急灯材质调制

应急灯由壳体、钢化玻璃、灯头、保护网等组成。壳体是由铝硅合金压铸而成的表面喷塑的金属，内部可装入 LED 灯、白炽灯、汞灯等，灯盖与壳体为平面隔爆结构，应急装置在灯具正常工作时自动充电。当发生事故断电或停电时，应急灯自动点亮。

下面调制“上部壳体”材质。新建一个空白材质球，将其命名为“上部壳体”。设置漫反射颜色的 RGB 值为（128，128，128）。设置反射颜色值为浅灰色，RGB 值为（186，186，186），勾选“菲涅尔反射”复选框，设置反射光泽度为 0.9，金属度为 1.0。上部壳体材质参数设置及效果如图 11.10 所示。

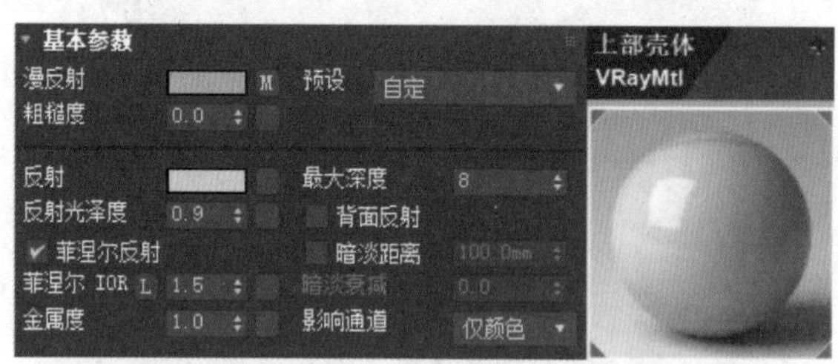

图 11.10　上部壳体材质参数设置及效果

下面调制“下部壳体”的材质。新建一个多维 / 子对象材质空白材质球，将其命名为“下部壳体”。材质 1 是带有商标信息的金属壳体，材质参数与“上部壳体”金属材质相同，贴图文件为“面板 .jpg”；材质 2 是“上部壳体”材质。下部壳体材质参数设置及效果如图 11.11 所示。

应急灯的壳体有三层，被赋予不锈钢材质。“钢化玻璃”被赋予“玻璃”材质。灯头被赋予自发光材质。应急灯材质效果如图 11.12 所示。

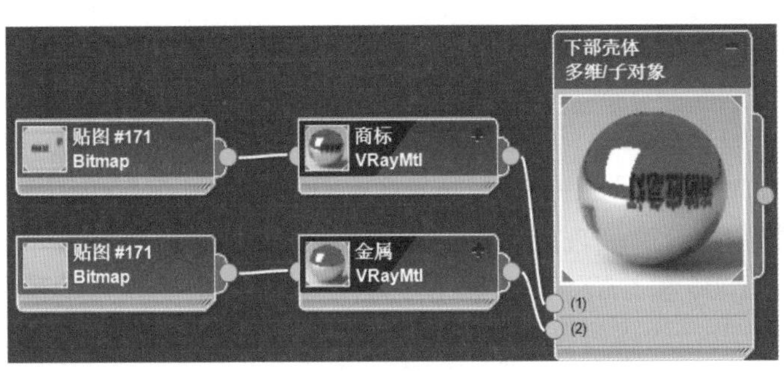

图 11.11 下部壳体材质参数设置及效果

图 11.12 应急灯材质效果

11.4 调制餐厅材质

别墅餐厅效果如图 11.13 所示。中式餐厅的吊顶、地板、吊灯与客厅款式相同，型号略小，增加了整体设计效果，使餐厅与客厅新中式风格保持一致。中式木质窗格更强化了中式元素。餐厅选用传统的中式家具，墙体使用木条勾线，使餐厅流线更生动。在墙角处放了一个西式酒柜，酒柜里摆放着许多西式餐具和红酒。在中式餐厅中嵌入西式元素，体现了一种现代生活情调。

图 11.13 餐厅材质效果

11.5 客厅和餐厅摄像机参数设置

为了完整展示别墅客厅和餐厅设计效果，我们在场景中设置了八个目标摄像机，Camera001 目标点指向电视背景墙，展现电视背景墙效果；Camera002 目标点指向博古

架，展现沙发背景墙效果；Camera003 目标点指向门口，展现客厅从室内到室外的整体效果。Camera001、Camera002、Camera003 从三个不同的角度完整地展现了客厅的整体效果。Camera004 目标点从入户门口指向室内，Camera005 目标点从过廊指向餐厅窗户，Camera004 与 Camera005 从两个方向展现餐厅效果。Camera006 目标点沿过廊指向客房和健身房门口，Camera007 目标点指向楼梯，展现楼梯的设计细节，Camera008 目标点沿过廊指向楼梯展现过廊效果。Camera006 和 Camera008 从左右两个方向完整展现过廊的效果。这样设置摄像机，能够把场景设计的精华部分全部展示出来。每个摄像机的效果如图 11.14~图 11.21 所示。

图 11.14　摄像机 Camera001 效果

图 11.15　摄像机 Camera002 效果

图 11.16　摄像机 Camera003 效果

图 11.17　摄像机 Camera004 效果

图 11.18　摄像机 Camera005 效果

图 11.19　摄像机 Camera006 效果

图 11.20　摄像机 Camera007 效果

图 11.21　摄像机 Camera008 效果

11.6　布置客厅和餐厅场景灯光

设计别墅室外灯光时，室外的灯要与整个别墅区的环境和谐，风格一致，因为这个区域的灯白天是要作为景观来使用的。夜间在用来照明的同时，还需要注意夜间灯光与别墅外墙颜色相互映衬，让别墅在夜色中看起来更加明亮，更加大气、更美。

本实例突出表现白天客厅、餐厅室内灯光的效果，灯光可以分为室外太阳光、吊灯、室内照明光、射灯、灯带、壁灯六类。下面分别介绍这六类光源。

11.6.1　制作室外太阳光

在顶视图中创建 VRay 太阳光，将其命名为“VRay 太阳光 001”。设置强度倍增为 20.0，大小倍增为 9.0，“过滤颜色”为白色，“天空模型”设置为“改进”，光子发射半径设置为 20000，其他参数保持默认值不变。在“选项”卷展栏中单击“排除”命令按钮，排除“玻璃入户门玻璃、背板玻璃”等对象。太阳参数设置如图 11.22 所示。

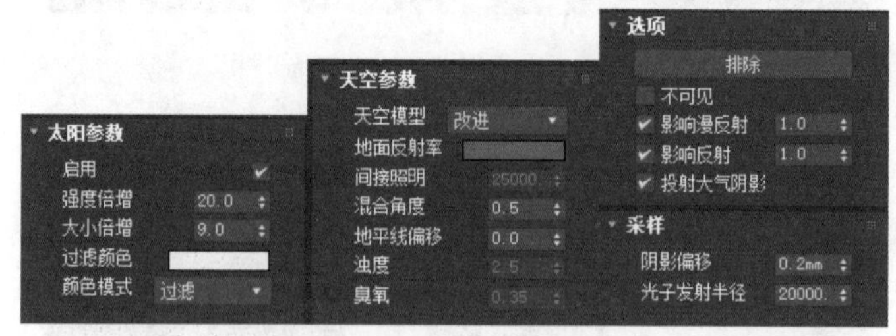

图 11.22　太阳参数设置

11.6.2　制作室内射灯

客厅中有 17 个射灯，需要为每个射灯添加一个 IES 光源。

在创建面板中，单击 VRayIES，在前视图中创建一个 IES 光源，将目标点自上向下拖动，并将其命名为 VRayIES 001。进入修改面板，单击“IES 文件”通道，选择“射灯 .ies”，颜色为白色，倍增为 1.0，其他参数保持默认值。使用移动工具，使 VRayIES 001 与射灯对齐。第一个射灯参数设置完成后，分别复制出另外 13 个射灯，复制方式为“实例”复制，使用移动、旋转工具，分别与射灯对齐。空间分布如图 11.23 所示。

制作客厅射灯

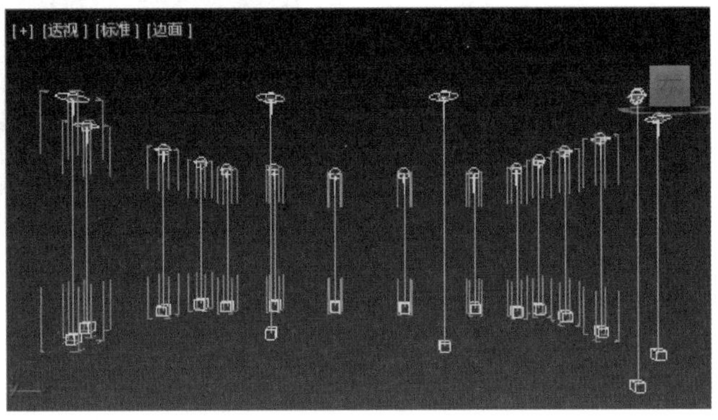

图 11.23　客厅 VRayIES 光源

过廊没有用于采光的窗户，只能采用人工照明。设计一个平面光源作为主光源，8 个射灯作为辅助光源，射灯的空间分布如图 11.24 所示。

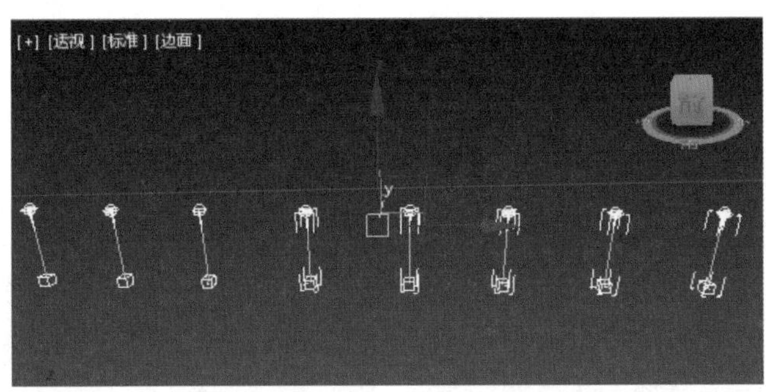

图 11.24　过廊 VRayIES 光源

餐厅中有 14 个光源，空间分布如图 11.25 所示。

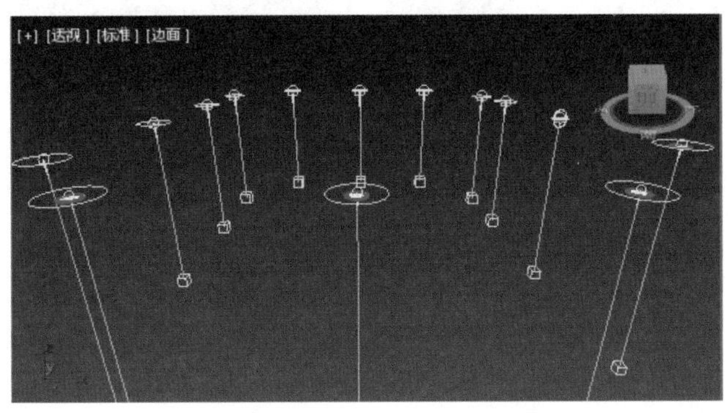

图 11.25　餐厅 VRayIES 光源

11.6.3 制作场景内主光源

室内的吊灯被赋予发光材质，实际起到照明效果的是主光源，下面为客厅场景设置主光源。在顶视图中创建 VRay 灯光 001，在前视图中移动其位置，使其位于“吊顶”对象的下方。进入修改面板，设置“倍增”为 0.4，颜色为白色。在“选项”卷展栏中勾选“投射阴影”和“不可见”复选框。其他参数保持默认设置，如图 11.26 所示。

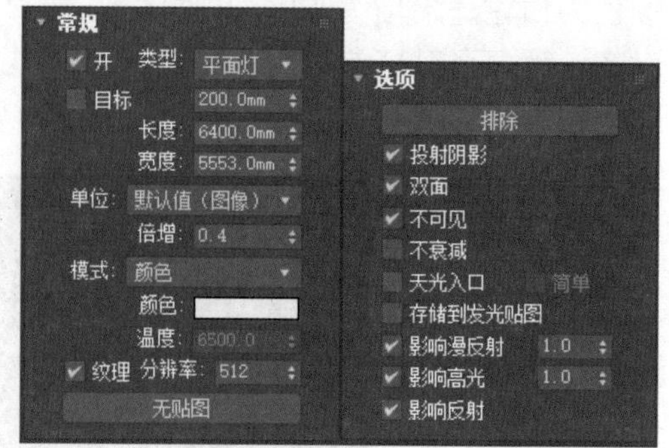

图 11.26 客厅主光源参数设置

（1）为过廊设置主光源。过廊没有自然光源，应该采用明亮的人造光源补充照明，过廊主光源就是用来补充自然光的。在顶视图中创建 VRay 灯光 002，在前视图中移动其位置，使其位于“吊顶”对象的下方。进入修改面板，设置倍增为 0.1，颜色为白色。在“选项”卷展栏中勾选“投射阴影”“双面”和“不可见”复选框。其他参数保持默认设置，如图 11.27 所示。

（2）为餐厅场景设置主光源。在顶视图中创建 VRay 灯光 003，在前视图中移动其位置，使其位于“吊等”对象的下方。进入修改面板，设置倍增为 0.4，颜色为白色。在“选项”卷展栏中勾选“投射阴影”“双面”和“不可见”复选框，其他参数保持默认设置，如图 11.28 所示。

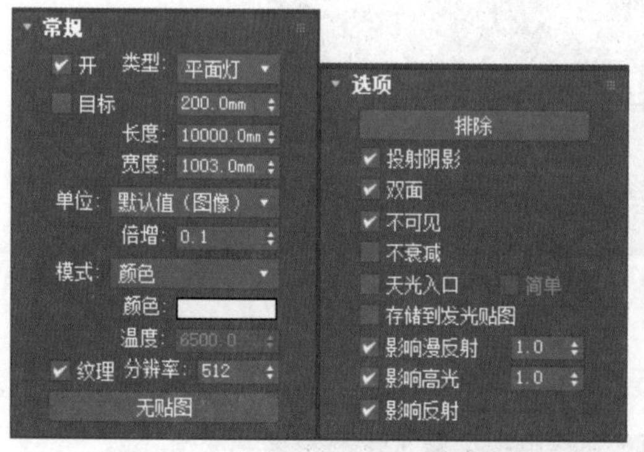

图 11.27 过廊主光源参数设置

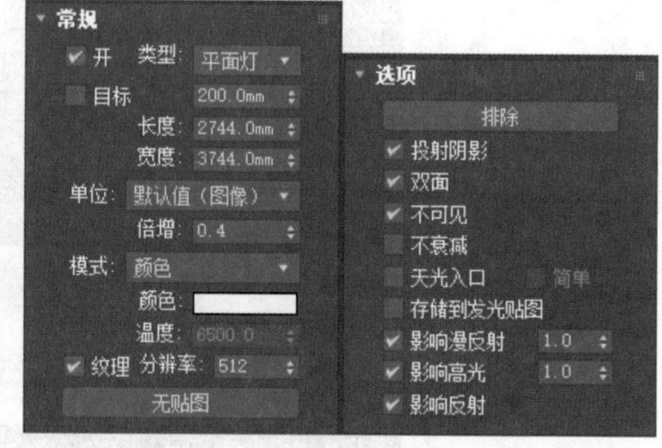

图 11.28 餐厅主光源参数设置

11.6.4 布置室内灯带

别墅客厅和餐厅中都布置有灯带，下面介绍客厅吊顶灯带的布置过程。

在顶视图中创建一个 VRay 平面光，灯光方向向上。调整平面光源的大小为 700mm × 4800mm，倍增为 10.0。单击颜色块，设置光源颜色的 RGB 值为（252，218，55），如图 11.29 所示。

调整移动光源的位置，使光源位于吊顶花格上方的位置。利用复制工具复制出另外三个光源，复制方式为“实例”复制。客厅灯带位置如图 11.30 所示。

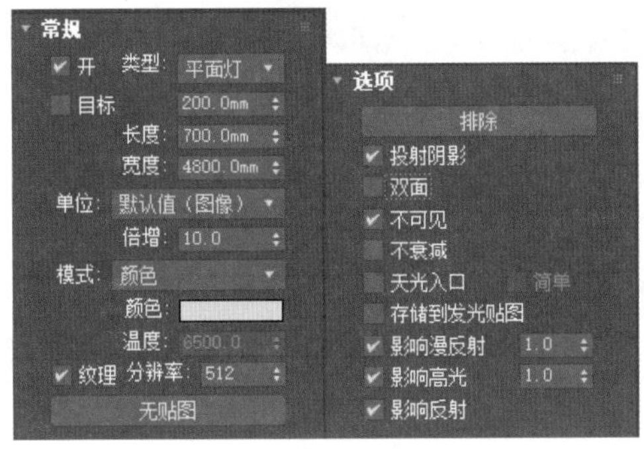

图 11.29 客厅灯带参数设置

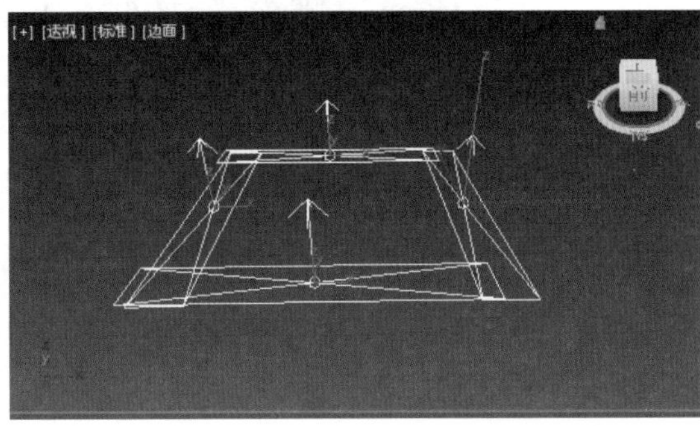

图 11.30 客厅灯带的位置

用同样的方法制作餐厅灯带。餐厅灯带的位置如图 11.31 所示。

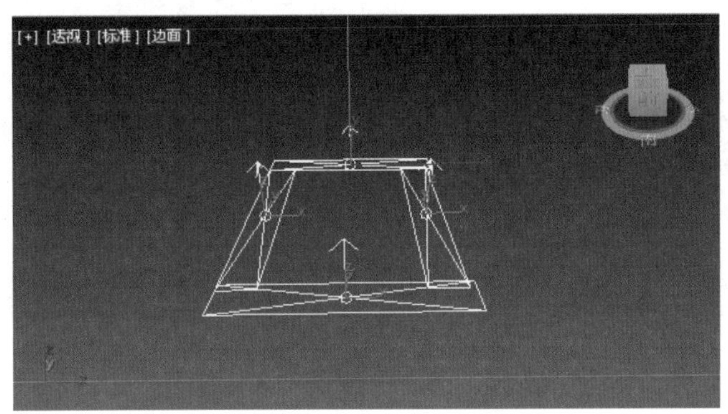

图 11.31 餐厅灯带的位置

制作客厅灯带

11.6.5 制作场景壁灯

在入户门左右两侧设计两个壁灯，目的是提高入户门厅的亮度。壁灯由灯架和灯头组成。灯架被赋予红木材质，灯头被赋予自发光材质。壁灯材质参数与材质效果如图 11.32 所示。

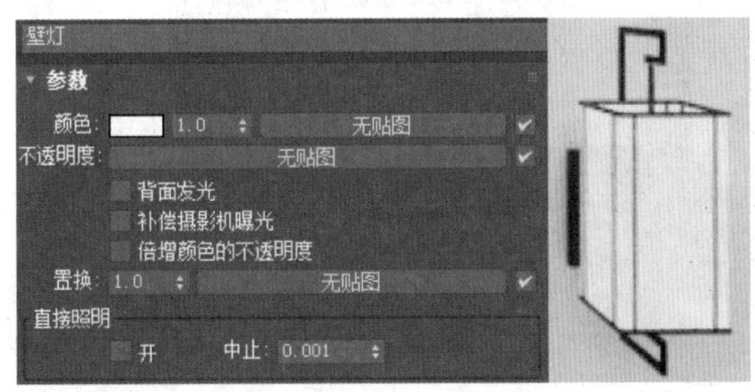

图 11.32 壁灯材质参数设置及效果

11.7 细调客厅和餐厅材质

在细调材质之前，首先在“渲染设置”窗口中，将“主要引擎”设置为“发光贴图”，在渲染元素中删除“VRay 灯光混合”元素。

本章细调材质环节主要对中高光反射对象的反射贴图、凹凸贴图进行调制。

选择“地板”材质，将反射贴图设置为衰减贴图。将最大深度提高到 16，提高地板的反射细节，如图 11.33 所示。

设置衰减贴图的折射率为 1.4，将衰减贴图的白色修改为 RGB 值为（232，243，255）的浅蓝色，以降低衰减梯度，缩短渲染时间，如图 11.34 所示。

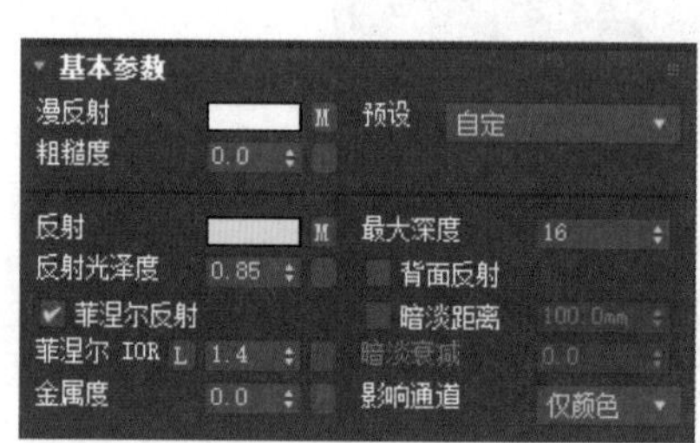

图 11.33　提高反射效果和最大深度参数

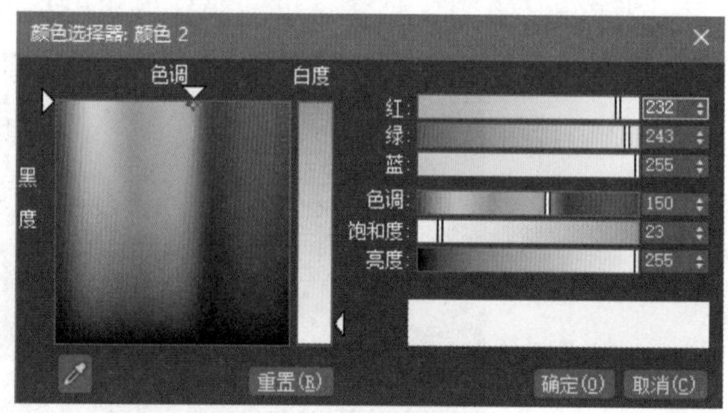

图 11.34　修改衰减贴图的颜色

利用前面几章的方法，细调场景中的红木、墙体、陶瓷等主要对象的材质。

材质、灯光、摄像机调试完成后，可以根据前面章节的方法，分别渲染摄像机视图。如果认为有必要，进行后期效果处理。图 11.35 是摄像机 002 的渲染效果图。

图 11.35　摄像机 002 的渲染效果

本章小结

本章主要介绍了别墅一楼中式风格客厅的表现方法。包括客厅、餐厅、过廊的空间布局、VRay 材质、VRay 灯光等内容，介绍中式客厅中常用的设计元素，顶部木刻造型、地面造型、中式沙发椅、实木雕花、中式油画等元素设计，都凸显了中式设计风格。

实践与探究

1. 练习本章中式客厅场景日景效果的设置。

2. 练习本章中式餐厅场景日景效果的设置。

3. “VR 毛皮”修改器的探究。

“VR 毛皮”修改器是 VRay 渲染器为用户提供的快速毛发生成器。使用这个命令，用户可以制作地毯、草地、头发等效果。下面我们来介绍这个工具的使用方法。

1）应用 1 制作草地

在顶视图中创建一个 2000mm × 2000mm 的平面，转换为可编辑多边形，如图 11.36 所示。

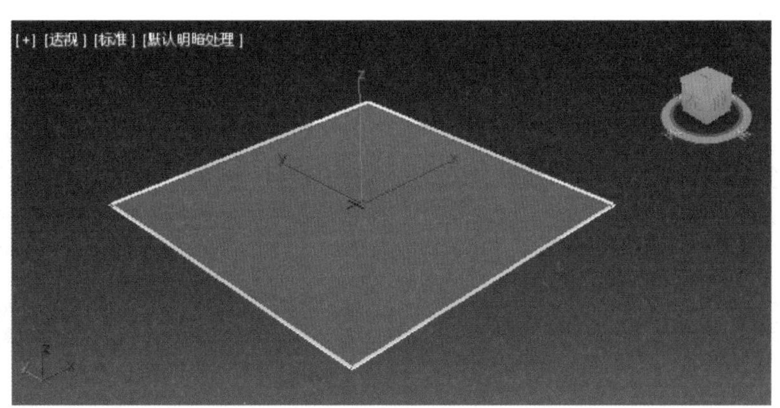

图 11.36　创建平面

保持平面处于选中状态，单击 VRay 工具条的“VR 毛皮”工具，如图 11.37 所示。

图 11.37　添加“VR 毛皮”工具

“VR 毛皮”主要参数如下。

- 源对象：需要长出毛皮的物体。
- 长度：毛发的长度。
- 厚度：毛发的粗细。
- 重力：毛发向下或向上垂的力度。
- 弯曲：注意，弯曲的值，不要设置得过大，越大反而会往下垂。
- 变化：表示参量随机变化，在各个参数，例如，方向参量表示生长方向随机，长度参量表示长度随机，就会有长有短。
- 视口预览：预览数量要调大，才能看到更多的毛发。毛发的分布，与曲面的分布有关。曲面密集的地方会有更多。

详细参数设置如图 11.38 所示。

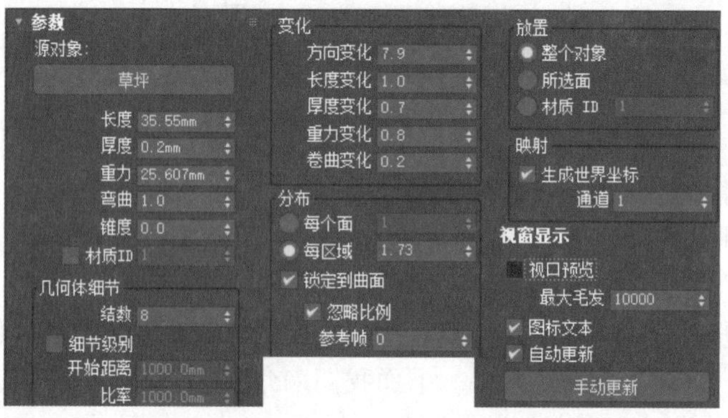

图 11.38　调整“VR 毛皮”的参数

为“VR 毛皮面板”对象赋予材质，场景效果如图 11.39 所示。

草坪渲染效果如图 11.40 所示。

图 11.39　场景效果

图 11.40　草坪渲染效果

2）应用 2 制作头发

在顶视图中创建一个半径为 200mm 的球体，将其命名为“头部”，设置分段为 16。参数设置如图 11.41 所示。

右击，转换为可编辑多边形。进入多边形级别，选择需要长出头发的多边形，设置材质 ID 为 1，将其他的多边形材质 ID 设置为 2，如图 11.42 所示。

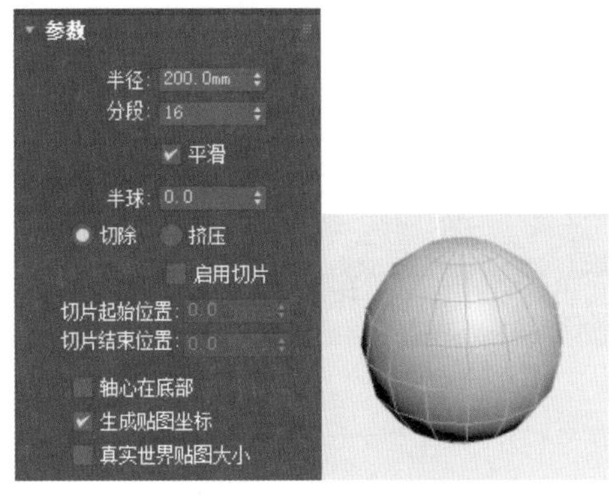

图 11.41 创建球体

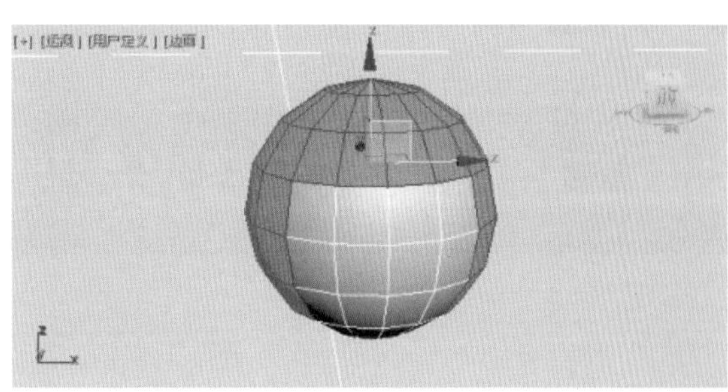

图 11.42 为头部划分多边形 ID

单击“VR 毛皮”工具，调整参数，在“放置”卷展栏中勾选“材质 ID”单选按钮。参数设置如图 11.43 所示。

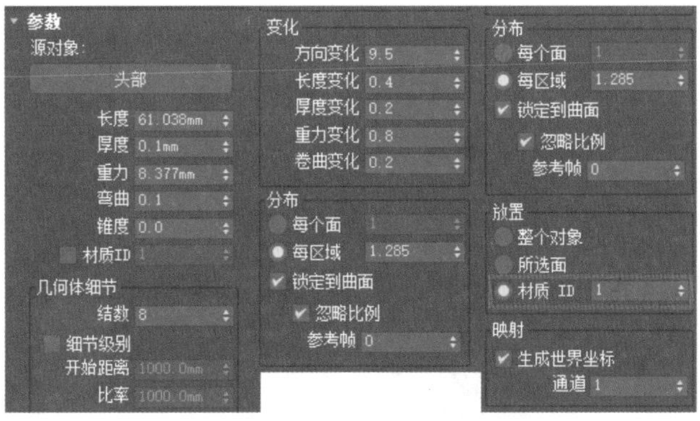

图 11.43 “VR 毛皮”命令参数设置

头发渲染效果如图 11.44 所示。

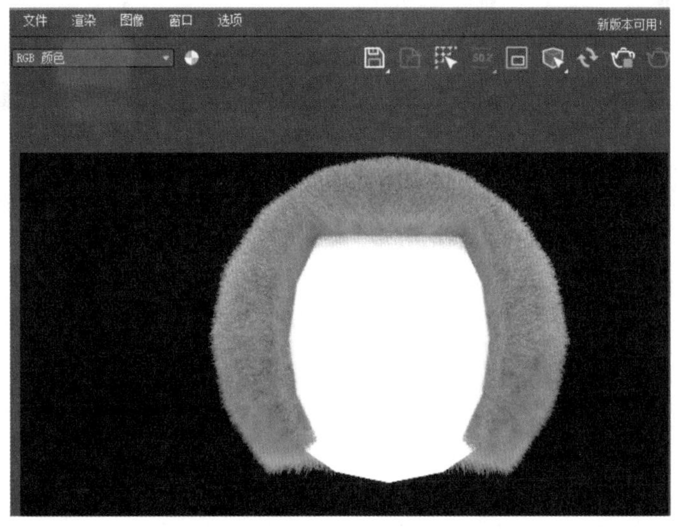

图 11.44 头发渲染效果

第 12 章

别墅二楼欧式客厅日光表现

本章学习重点

- 欧式客厅设计的特点
- 欧式客厅表现的手法
- 客厅空间灯光表现的方法
- 冷暖光源对比表现的方法

本章主要讲解别墅二楼客厅空间表现方法。介绍欧式客厅的空间表现特点，包括欧式客厅风格设计、常用的设计元素、色调、材质调制、灯光布局等内容。案例效果图如图 12.1 所示。通过本章的学习，可以了解欧式客厅空间设计中常用的设计元素，了解欧式客厅空间设计的表现手法及制作流程，掌握欧式客厅空间冷暖光源对比表现方法。

(a) Camera001渲染效果

(b) Camera002渲染效果

(c) Camera003渲染效果

(d) Camera004渲染效果

图 12.1　欧式客厅设计效果

12.1 别墅二楼客厅场景分析

别墅二楼客厅是通过楼梯上到二楼的公共区域，由于一楼客厅的存在，别墅二楼客厅虽然具有客厅的功能，但是属于更私密的客厅，是房屋主人招待关系亲密的客人的空间，更适合豪华、温馨、舒适的欧式风格。

与别墅二楼客厅相关联的区域包括楼梯、二楼过廊、电视墙、沙发墙、两个窗户、吊顶六个部分。空间设计强调线性活动的变化，颜色华美。在情势上以浪漫主义为基础，装饰材料使用大理石、精美的地毯、精巧的法国壁挂、精美的壁灯，整体风格奢华、高雅。

二楼客厅的灯具采用华美的枝形吊灯，搭配射灯、壁灯、灯带形成大型灯池，顶部灯盘雕刻有精美的图案，营造温馨浪漫的气氛。

客厅窗户上半部做成圆弧形，并用带有花纹的石膏线勾边；墙面使用欧式壁纸；地面材料使用暖色石材，并用深色石材设计波打线；这些元素都能烘托奢华的效果。

客厅内部的家具可以营建整体效果。米黄色的皮质沙发、高雅的窗帘、精美的油画，制作精良的雕塑工艺品，都是欧式客厅不可或缺的元素。

电视背景墙采用精美大理石，嵌入铜条作为装饰，增添了客厅的奢华。

沙发背景采用壁纸与油画相结合的背景墙面，中间嵌入铜条。浅色的欧式壁纸装饰以典雅的世界名画，能很好地展现欧式卧室华贵的风格。

根据上述场景分析，二楼客厅场景设计模型如图 12.2 所示。下面为场景中的对象赋材质。

(a) Camera001渲染效果

(b) Camera002渲染效果

(c) Camera003渲染效果

(d) Camera004渲染效果

图 12.2 别墅二楼客厅白模效果

12.2　初调二楼客厅材质

二楼客厅空间中的材质，使用白色和米黄色作为主色调，包括白色油漆材质、铜黄色金属、欧式布料材质等，需要重点掌握这些材质的调制方法，其中，墙体、地板、波打线、油漆、铜条、皮子等材质已在前面章节介绍过，这里不再赘述。

12.2.1　调制楼梯组件材质

楼梯组件包括楼梯、扶手、楼梯吊顶、吊灯、油画五个组件。

1. 调制楼梯材质

楼梯材质采用红木材质。新建一个材质球，将其命名为“红木”。设置漫反射颜色的RGB值为（27，7，2），设置漫反射贴图为“红木.jpg”。设置反射颜色为浅灰色，RGB值为（174，174，174），反射光泽度为0.75，设置反射贴图为衰减贴图。勾选“菲涅尔反射”复选框，将折射率设置为1.4。

在“清漆层参数”卷展栏中设置清漆层数量为0.75，清漆层IOR为1.4，清漆层颜色为白色。

在贴图通道中，复制漫反射贴图到凹凸贴图通道中，将凹凸参数设置为30。

将材质赋予场景中的楼梯和扶手等对象，为对象添加UVW贴图命令，观察对象的纹理，修改贴图类型和大小，使对象贴图的纹理大小适中，如图12.3所示。

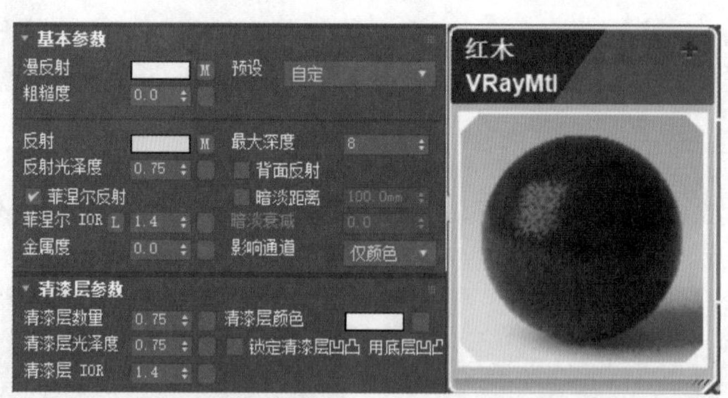

图12.3　红木材质参数设置及效果

2. 调制楼梯吊顶组件材质

楼梯吊顶模型包括吊顶1、吊顶2、灯带、射灯等多个对象。

吊顶1、吊顶2被赋予白色油漆材质。

灯带由五个平面光源组成，方向向上，每个光源的大小不同，其他参数相同。参数设置如图12.4所示。

射灯组由 16 个射灯组成。每个射灯都赋予铜材质，灯头部分被赋予自发光材质参数设置及效果如图 12.5 所示。

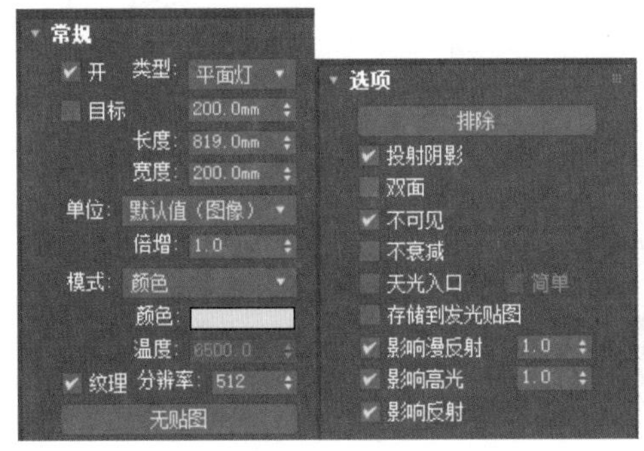

图 12.4 吊顶灯带参数设置

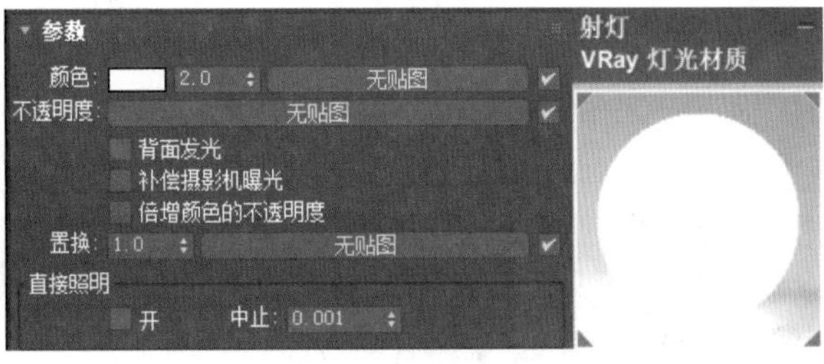

图 12.5 射灯灯头自发光材质参数设置及效果

下面调制楼梯吊灯组件材质。灯架、分枝吊绳、灯座等对象被赋予铜材质，吊坠部分被赋予玻璃材质，灯头被赋予黄色自发光材质，材质参数如图 12.6 所示。

下面调制水晶的材质。新建一个材质球，将其命名为“水晶”，设置漫反射为黄色，RGB 值为（255，205，126），如图 12.7 所示。

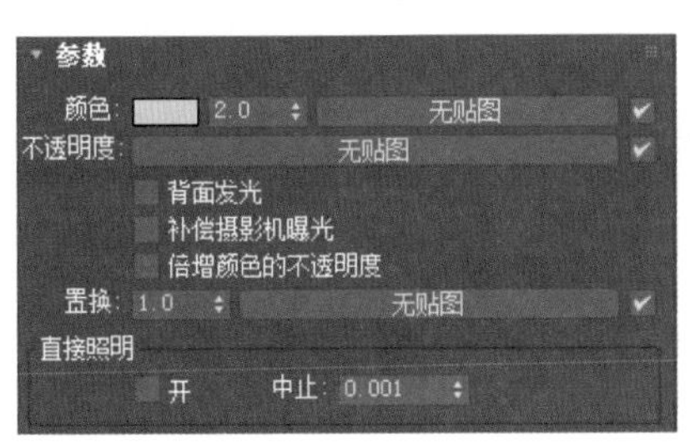

图 12.6 吊灯灯头自发光材质参数设置

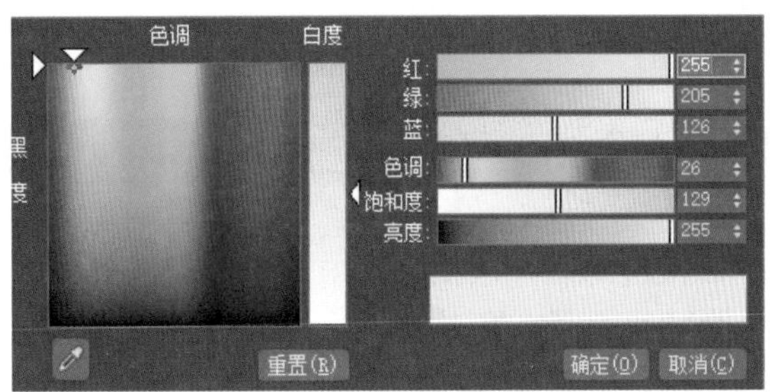

图 12.7 水晶漫反射颜色设置

设置反射颜色为灰色，RGB 值为（188，188，188），设置反射光泽度为 0.7，勾选“菲涅尔反射”，将菲涅尔 IOR 设置为 1.3。设置折射颜色为浅灰色，RGB 值为（221，221，221），设置折射光泽度为 0.95，折射率为 1.3。其他值保持默认值不变，如图 12.8 所示。将材质赋予水晶柱、水晶球对象。

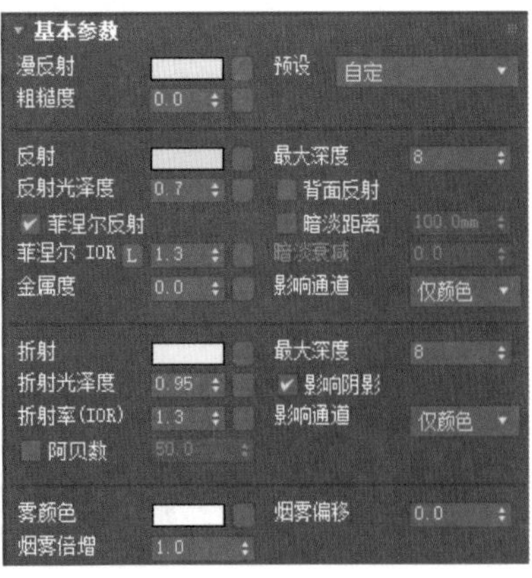

图 12.8 水晶材质参数设置

3. 调制楼梯油画组件材质

油画分为画框和油画两部分。画框被赋予铜材质。下面来调制油画材质。

新建一个材质球，将其命名为“楼梯画”。设置漫反射颜色的 RGB 值为（27，7，2），设置漫反射贴图为“张大千画 .jpg”。设置反射颜色为浅灰色，RGB 值为（174，174，174），设置反射光泽度为 0.75，设置反射贴图为衰减贴图。勾选“菲涅尔反射”复选框，

设置菲涅尔 IOR 设置为 1.4。

在清漆层参数卷展栏中设置清漆层数量为 0.75，清漆层 IOR 为 1.4，清漆层颜色为白色。

在贴图通道中，复制漫反射贴图到凹凸贴图通道中，将凹凸参数设置为 30。

将材质赋予场景中的楼梯和扶手等对象，为对象添加 UVW 贴图命令，观察对象的纹理，修改贴图类型和大小，使对象贴图的纹理大小适中，如图 12.9 所示。

楼梯组件材质效果如图 12.10 所示。

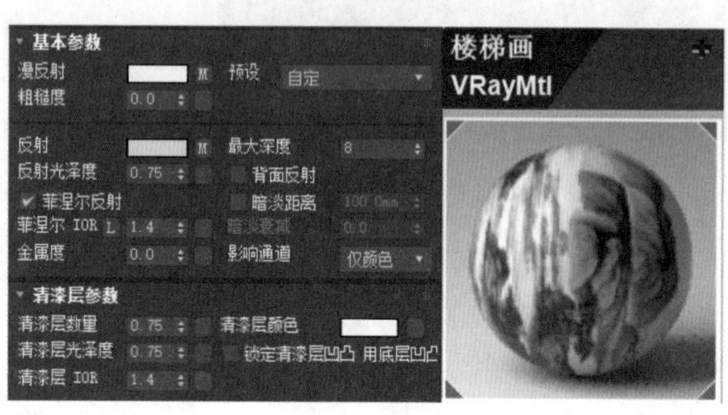

图 12.9　油画材质参数设置及效果

图 12.10　楼梯组件材质效果

12.2.2　调制二楼过廊组件材质

二楼过廊组件包括过廊吊顶、地板波打线、射灯、镜子等组件。

吊顶被赋予白色油漆材质。射灯被赋予铜材质。

二楼过廊组件材质效果如图 12.11 所示。

图 12.11　二楼过廊组件材质效果

12.2.3　调制二楼客厅吊顶材质

二楼客厅吊顶组件由吊顶、顶部雕花、吊灯、射灯等部分组成。

吊顶组件材质、顶部雕花对象被赋予白色油漆材质。吊灯组和射灯组材质参考 12.2.2 小节楼梯吊灯材质的调制。二楼客厅吊顶组件材质效果如图 12.12 所示。

调制二楼客厅吊顶材质

图 12.12　二楼客厅吊顶组件材质效果

12.2.4　调制电视背景墙组件材质

电视背景墙组件由电视背景墙、电视、电视柜等部分组成。

调制电视背景墙材质。选择“电视背景墙”组对象，依次执行“组”→“打开”命令，选择背景对象，按 M 键打开“Slate 材质编辑器”，切换到 Slate 材质编辑模式，新建一个空白材质球，将其命名为“电视背景墙”，调节漫反射颜色为白色，设置漫反射贴图为“玉石 .jpg”。设置反射颜色为浅灰色，RGB 值为（210，210，210），设置反射光泽度为 0.85，反射贴图为衰减贴图。勾选“菲涅尔反射”复选框，将菲涅尔 IOR 设置为 1.4。

在“清漆层参数”卷展栏中设置清漆层数量为 0.85，清漆层 IOR 为 1.4，清漆层颜色为白色。观察纹理，添加 UVW 贴图修改器，使纹理大小适中，如图 12.13 所示。

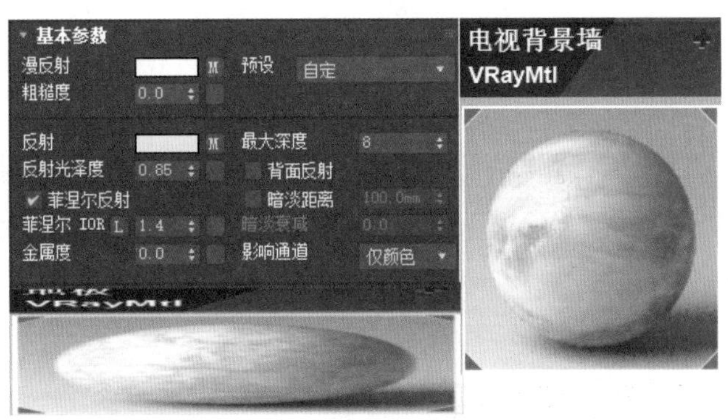

图 12.13　电视背景墙材质参数设置

边框被赋予铜材质，电视背景墙的其他背板被赋予白色油漆材质。

电视柜被赋予白色油漆材质，拉手和金属条被赋予铜材质。

二楼客厅电视背景墙材质效果如图 12.14 所示。

图 12.14　二楼客厅电视背景墙材质效果

12.2.5　调制沙发组件材质

沙发组件对象包括一套沙发、一个茶几、一个台灯组、烛台等多个摆件。

沙发对象的主体被赋予皮质材质，边框被赋予铜材质。

茶几对象被赋予白色油漆材质。

台灯组下面是一个小茶几，被赋予白色油漆材质；上面的台灯座、灯罩架被赋予铜材质；灯头被赋予白色发光材质。

下面调制灯罩的材质。灯罩被赋予半透明材质。新创建一个材质球，将其命名为“灯罩”，设置漫反射颜色为白色，漫反射贴图为“欧式布纹.jpg”，粗糙度为 0.5。

设置反射颜色深灰色，RGB 值为（39，39，39），反射光泽度为 0.5，勾选“菲涅尔反射”复选框，设置菲涅尔 IOR 为 1.6。

设置折射率为浅灰色，RGB 值为（180，180，180），折射光泽度为 0.95。在贴图通道中设置不透明度值为 70，贴图为“欧式布纹.jpg”。灯罩的材质参数设置效果如图 12.15 所示。

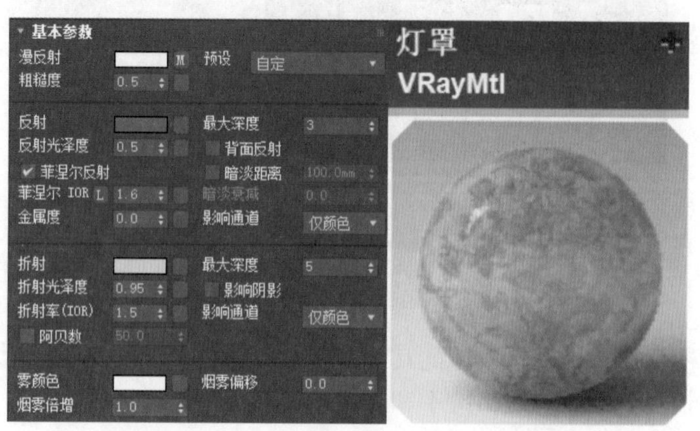

图 12.15　灯罩的材质参数设置及效果

摆件包括各种烛台、酒、酒杯、书等对象。读者可以参考前面几章的内容调制材质。

沙发对象组材质效果如图 12.16 所示。

图 12.16 沙发对象组材质效果

12.2.6 调制沙发背景墙组件材质

沙发背景墙组件由主背景、多个小背景和边框组成。

首先调制主背景材质。选择“沙发背景墙”组对象。依次执行“组”→“打开”命令，选择主背景对象，新建一个空白材质球，将其命名为“沙发背景”，设置漫反射颜色为白色，漫反射贴图为“沙发背景 .jpg”。设置反射颜色为浅灰色，RGB 值为（210，210，210），反射光泽度为 0.85，将反射贴图为衰减贴图。勾选“菲涅尔反射”复选框，将菲涅尔 IOR 设置为 1.4。

在“清漆层参数”卷展栏中设置清漆层数量为 0.85，清漆层 IOR 为 1.4，清漆层颜色为白色。观察地板的纹理，添加 UVW 贴图修改器，使地板的纹理大小适中，如图 12.17 所示。

图 12.17 二楼沙发背景材质参数设置及效果

边框被赋予铜材质，电视背景墙的其他背板被赋予白色油漆材质。

电视柜被赋予白色油漆材质，拉手和金属条被赋予铜材质。

二楼客厅电视背景墙对象组材质效果如图 12.18 所示。

图 12.18　二楼客厅电视背景墙对象组材质效果

12.2.7　调制窗户组件材质

窗户组对象包括两个窗户，每个窗户由窗框、窗帘、窗纱、玻璃等对象组成。

“窗框”对象被赋予白色油漆材质。

下面调制“窗纱”对象的材质。“窗纱”被赋予半透明材质。新创建一个材质球，将其命名为“窗纱”，设置漫反射颜色为白色，漫反射贴图为“白布 .jpg”，粗糙度为 0.8。

设置反射颜色深灰色，RGB 值为（39，39，39），反射光泽度为 0.5，勾选“菲涅尔反射”复选框，设置菲涅尔 IOR 为 1.6。

设置折射率为浅灰色，RGB 值为（180，180，180），折射光泽度为 0.95。在贴图通道中设置不透明度值为 10，不透明度贴图和凹凸贴图均为“白布 .jpg”。窗纱材质参数设置及效果如图 12.19 所示。

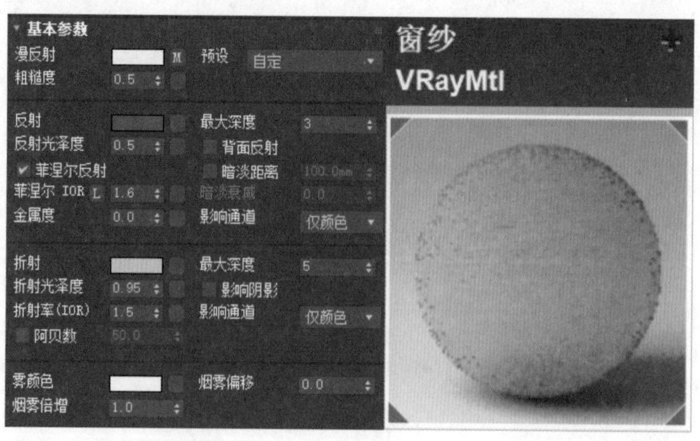

图 12.19　窗纱材质参数设置及效果

窗户对象组材质效果如图 12.20 所示。

图 12.20　窗户对象组材质效果

12.3　细调二楼客厅材质

细条材质主要体现在以下三个方面。

（1）为铜材质添加材质包裹器。

本场景白色占比较多，其他高光材质（如铜材质）会影响到白色材质。添加“VRay 材质包裹器”能解决这一问题，如图 12.21 所示。设置“生成 GI”参数为 0.1，其他参数保持默认设置。

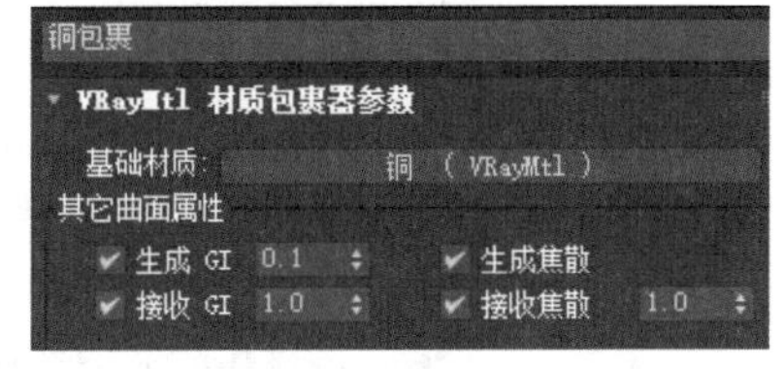

图 12.21　铜材质包裹器

（2）为墙体、地板、皮子、金属等中高反光物体添加反射贴图，贴图类型为衰减类型贴图。

（3）为布料材质添加凹凸贴图，调整凹凸值。详细参数可以参考本章的完成文件。

12.4　架设二楼客厅摄像机

别墅二楼客厅场景中设置了五个目标摄像机。Camera001、Camera002、Camera003 从不同方向展示客厅设计效果，Camera004 展示过廊设计效果，Camera005 展示楼梯设计效果。

12.4.1　架设二楼客厅 Camera001、Camera002、Camera003 摄像机

选择 3ds Max 的目标摄像机，在顶视图中创建一个目标摄像机 Camera001，从沙发背景墙向电视背景墙方向拖动目标点。同时选中摄像机 Camera001 和目标点，在前视图中将摄像机移动到人的视线高度位置。

用图中展示的相同方法创建摄像机 Camera002、Camera003。三个摄像机的位置如

图 12.22 所示。

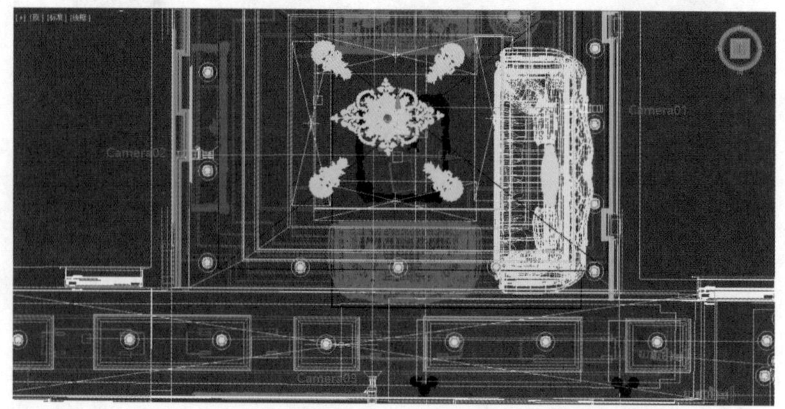

图 12.22　摄像机 Camera001、Camera002、Camera003 的位置

Camera001、Camera002、Camera003 三个摄像机的高度如图 12.23 所示。

图 12.23　摄像机 Camera001、Camera002、Camera003 的高度

选择摄像机 Camera001、Camera002、Camera003，进入修改面板，设置焦距为 20mm，其他值保持默认设置。切换到摄像机视图，观察摄像机视图，如图 12.24~ 图 12.26 所示。

图 12.24　摄像机 Camera001 视角

图 12.25　摄像机 Camera002 视角

图 12.26　摄像机 Camera003 视角

12.4.2　架设二楼客厅 Camera004 摄像机

选择 3ds Max 的目标摄像机，在顶视图中创建一个摄像机 Camera004，从楼梯口向右前方拖动目标点。同时选中摄像机和目标点，在左视图或前视图中移动摄像机到合适的高度，如图 12.27 所示。

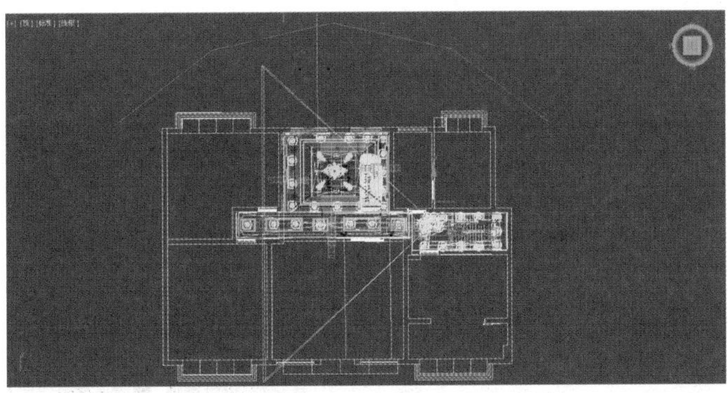

图 12.27　架设 Camera004 摄像机

选择摄像机 Camera004，进入修改面板，设置焦距为 20mm，其他值保持默认设置。切换到摄像机视图，观察摄像机视图，如图 12.28 所示。

图 12.28　摄像机 Camera004 视角

12.4.3　架设二楼客厅 Camera005 摄像机

选择 3ds Max 的目标摄像机，在顶视图中创建一个目标摄像机 Camera005，从客厅过廊向楼梯方向拖动目标点。同时选中摄像机和目标点，在左视图或前视图中移动摄像机到人的视线高度位置，如图 12.29 所示。

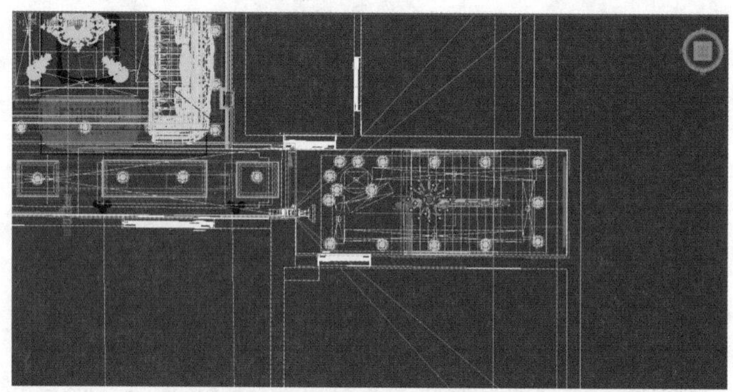

图 12.29　架设 Camera005 摄像机

选择摄像机 Camera005，进入修改面板，设置焦距为 20mm，其他值保持默认设置。切换到摄像机视图，观察摄像机视图，如图 12.30 所示。

图 12.30　摄像机 Camera005 视角

12.5 布置二楼客厅灯光

别墅二楼客厅灯光的设计思路是凸显大气，避免空间显得压抑。选择欧式奢华双层水晶吊灯，四周辅助射灯和壁灯照明，顶部辅助光带照明。二楼客厅场景内设计了两个主光源、一个吊灯、吊顶灯带、射灯、壁灯，室外环境光设计了一个 VRay 太阳光、一个自发光平面。灯带设计为米黄色，呈现暖色调，主光源、射灯、壁灯、室外太阳光设计为白色，呈现冷色调，这样形成上、下两个层次，冷暖对比，同时也形成室内室外两个层次的冷暖对比。

12.5.1 制作二楼客厅主光源

在顶视图中，创建一个 VRay 平面光“VRay 灯光 001”，作为二楼客厅中的主光源，参数设置如图 12.31 所示。移动“VRay 灯光 001”位置，使光源位于吊顶对象组的下方。

在顶视图中，创建一个 VRay 平面光“VRay 灯光 002”，作为二楼客厅中的另一个主光源，参数设置参考图 12.31。

移动“VRay 灯光 002”位置，使光源位于波打线的上方、过廊的下方，如图 12.32 所示。

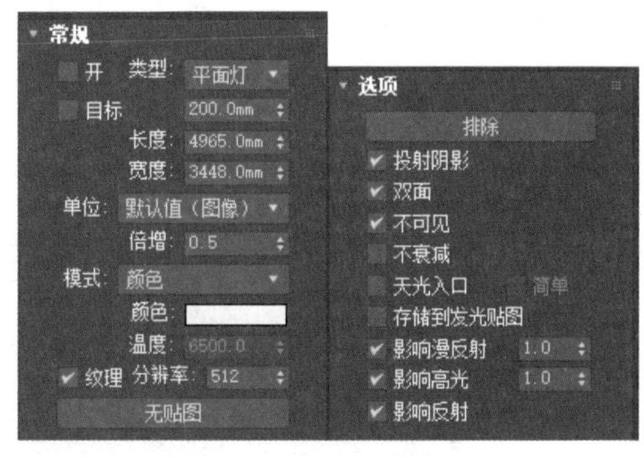

图 12.31 主光源参数设置

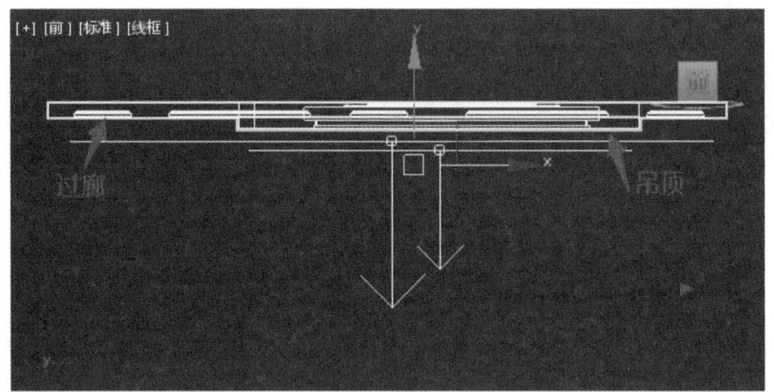

图 12.32 主光源“VRay 灯光 001”“VRay灯光 002”的位置

12.5.2 制作二楼客厅灯带

灯带包括吊顶和背景墙灯带。下面制作吊顶灯带。在顶视图中创建一个 VRay 平面光，

使用旋转工具，使光源方向向上。调整平面光源的大小和强度。单击颜色块，设置光源的颜色 RGB 值为（252，218，116），如图 12.33 所示。

设置灯带的其他参数，如图 12.34 所示。

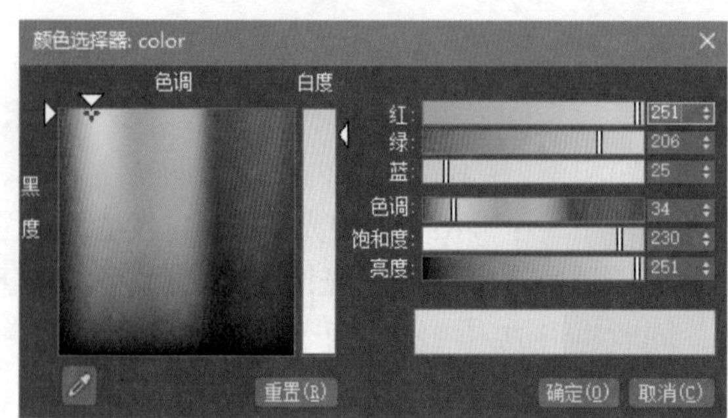

图 12.33　设置灯带的颜色

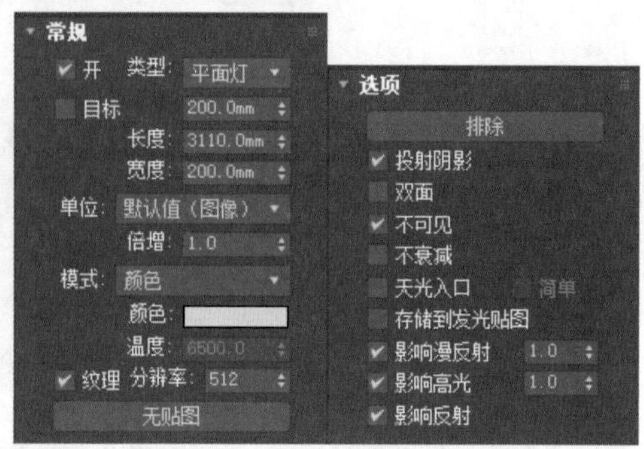

图 12.34　灯带光源参数设置

移动光源的位置，使光源位于吊顶的位置。

单击移动工具，按住 Shift 键拖动，复制出相对的一侧光源，复制方式为“实例”复制。

使用同样的方法制作出另一对灯带，如图 12.35 所示。

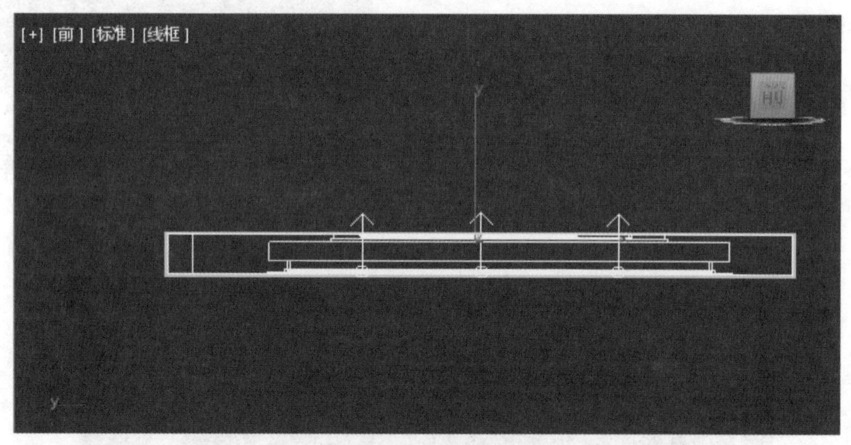

图 12.35　吊顶灯带位置

12.5.3　制作二楼客厅射灯

客厅四周分布了 14 个射灯，过廊分布了六个射灯，需要为每个射灯添加一个 IES 光源。

在创建面板中，单击 VRayIES，在前视图中创建一个 IES 光源，将目标点自上向下拖动，将其命名为 VRayIES 001。进入修改面板，单击“IES 文件”通道，选择“射灯 .ies”，将颜色设置为白色，倍增设置为 1.0，其他参数保持默认设置。使用移动工具，使 VRayIES 001 与射灯对齐。第一个射灯参数设置完成后，分别复制出另外 13 个射灯，复制方式为“实例”复制，使用移动、旋转工具，分别与射灯对齐。空间分布如图 12.36 所示。

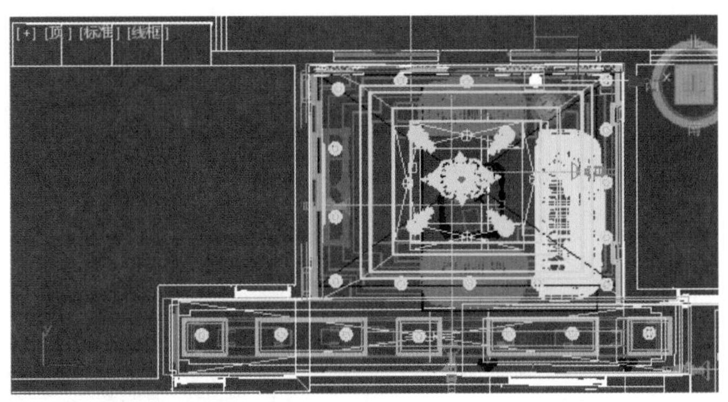

图 12.36 客厅、过廊 VRayIES 光源

12.5.4 制作过廊壁灯

在主卧室门左右两侧设计了两个欧式壁灯。壁灯由灯架和灯头组成。灯架被赋予红木材质，灯头被赋予自发光材质。壁灯材质效果如图 12.37 所示。

图 12.37 壁灯材质效果

12.5.5 制作楼梯照明效果

制作楼梯照明效果

楼梯局部空间设计了一个吊灯、吊顶灯带、射灯。灯带设计为米黄色，呈现暖设色调，主光源、射灯、壁灯、室外太阳光设计为白色，呈现冷色调，这样形成上下两个层次，冷暖对比。

楼梯吊灯与二楼客厅吊灯是同系列灯饰，大小不同，材质完全相同。

楼梯射灯有 16 个光源，采用“实例”复制生成。添加 IES 文件的过程参考 12.5.3 小节。

楼梯吊顶是不规则的造型，制作灯带时需要用 6 个大小不同的平面光源，位置分布如图 12.38 所示。每个平面光源的颜色与客厅灯带的颜色相同（图 12.33），倍增相同，但大小不同。

12.5.6 制作室外太阳光

室外照明采用 VRay 太阳光。在顶视图中创建 VRay 太阳光，在前视图中移动到相应高度。太阳参数设置如图 12.39 所示。

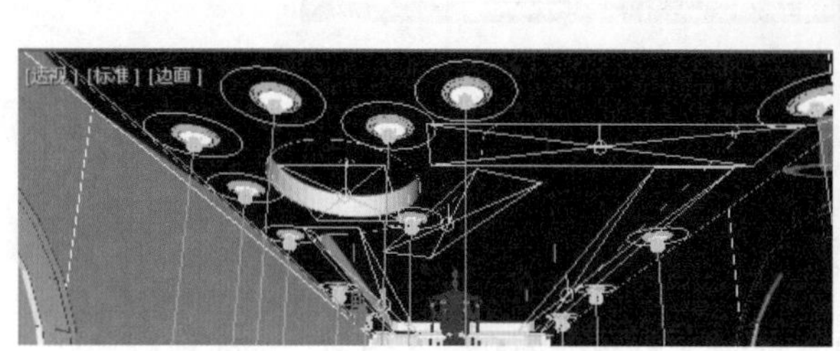

图 12.38　楼梯吊顶灯带

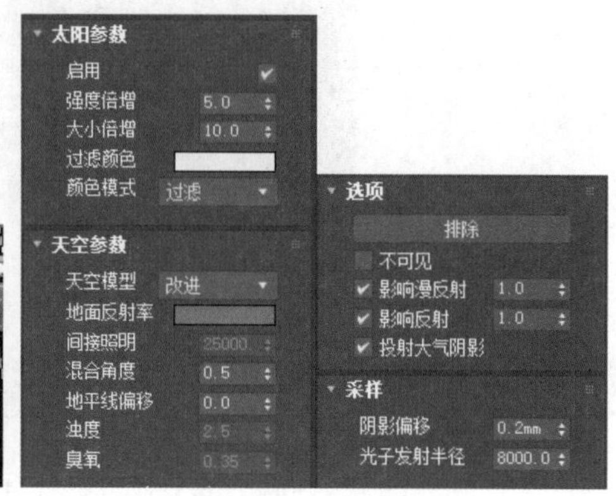

图 12.39　太阳参数设置

经过细调材质、渲染输出、后期处理等过程，可以得到最终图像。图 12.40 是摄像机 Camera003 的渲染效果。

图 12.40　摄像机 Camera003 的渲染效果

本章小结

本章主要介绍了别墅二楼客厅简欧式风格表现方法。包括客厅的空间布局、欧式客厅常用元素、VRay 材质、VRay 灯光等内容。在材质设计方面主要使用了米黄色主题材质，与白色材质混合调配，铜材质起到点缀的作用。需要注意的是，浅色调空间表现中，容易发生颜色溢出的现象，适当应用“材质包裹器”可以避免这个问题。

实践与探究

1. 练习本章欧式客厅日景效果表现。

2. 使用“VRay 物理摄像机”制作景深特效的探究。

景深是指摄像机能够获取清晰图像的范围。景深特效是利用景深原理，根据景深要求对场景进行处理，从而完善摄影作品的一种方法。

打开“景深 .max”文件，在场景中创建“VRay 物理摄像机”。未加景深特效的效果如图 12.41 所示，添加景深特效的效果如图 12.42 所示，比较这两种渲染效果的差别。探究影响景深特效的参数。

图 12.41　原始渲染效果

图 12.42　添加景深特效的效果

第 13 章

别墅室外漫游动画制作

本章学习重点

- 别墅室外模型制作的方法
- 别墅室外材质的表现
- 别墅日景灯光的表现
- 别墅室外渲染构图的方法
- Photoshop 后期处理的基本流程与方法
- 建筑漫游动画的基本流程与方法

本章主要讲解虚拟场景设计中别墅室外模型制作方法，以及室外空间表现的基本流程。通过本章的学习，可以了解异形门、玻璃窗、阳台等较为复杂模型的制作过程，掌握建模别墅过程中经常用到的模型制作方法和技巧；了解室外空间表现的一般方法，掌握别墅室外空间表现的基本知识，在实际项目中能够举一反三、融会贯通地应用。

13.1 别墅室外场景分析

别墅模型

在项目开始之前，首先要对项目的要求、背景进行充分的了解，了解的内容主要包括项目的周边环境、需要的配景、设计亮点、设计风格以及一些必要的设计要求等，这些都是在实际建筑室外空间表现过程中的参考依据，需要在制作具体模型之前认真思考，并收集相关图片资料作为参考。本案例要表现的别墅为日景人视图，其所处环境为舒适、宁静的别墅区人造自然环境，建筑外观材料主要采用玻璃、石材，要表现别墅简洁、典雅、自然的环境氛围。下面首先对图纸进行简单的分析整理。

13.1.1 分析图纸

打开本案例提供的 CAD 资料，别墅平面图与立面图如图 13.1 所示。

通过观察图纸，发现该别墅为非对称结构，主体结构为三层，车库部分结构为两层，

图 13.1 别墅平面图与立面图

墙体元素较丰富，如带有弧形结构的大门和落地窗、窗框、屋檐、阳台等，如图 13.2 中的别墅样式图所示。了解这些特点后，就可以抓住细节特点进行模型制作，首先需要对 CAD 图纸进行整理。

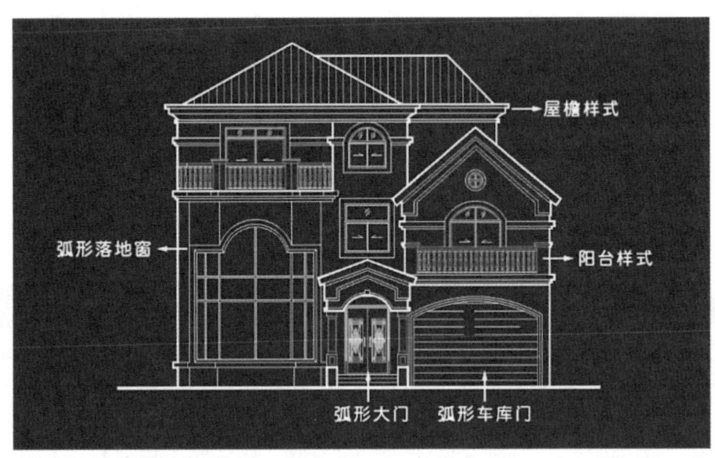

图 13.2 别墅样式图

13.1.2 整理图纸

1. 清理简化图纸

根据前面的图纸分析，需要删除一些在别墅室外建模中无用的信息，如图纸标注、图框、室内家具、装饰线等。

在删除过程中，可以打开图层管理器，如图 13.3 所示，对无用的图层进行清除，以提高工作效率。

注意有些图层可能已经和建模需要的建筑图层成组，不要误删。须先将组打散，再对其进行操作。框选所有图形，选择“修改”→“分解”菜单命令，清除所有“块”。在图层分解过程中，可能需要多次重复操作，清除所有嵌套关系，才能保证图纸后期在 3ds Max 软件中正常运行。

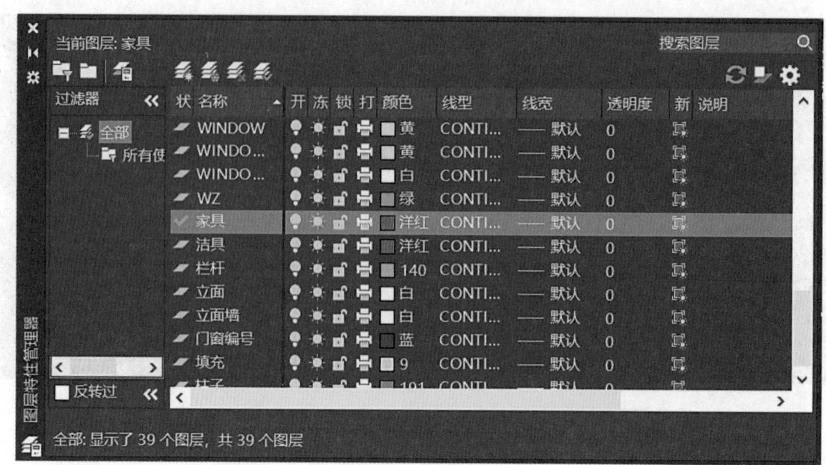

图 13.3　图层管理器

在清理完无用的图形后，在没有执行任何命令的情况下，选择所有图形，统一修改其图层、图层颜色、基线宽度和单位，将所有图形放置在同一图层中，便于后期将图纸导入 3ds Max 中进行统一确认。

2. 图形坐标归零

单击工具栏中的“移动”工具，框选所有图形，在命令面板中输入坐标为（0，0，0），按 Enter 确认，会发现整个图形位置发生了改变，已经移动到坐标原点处了。图 13.4 中的图形坐标已归零。

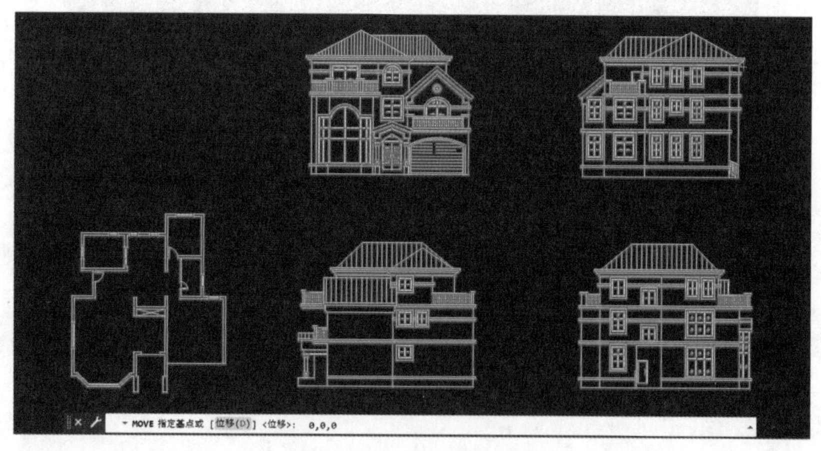

图 13.4　图形坐标归零

3. 分面导出图纸

接下来我们执行 CAD 中的最后一步操作，将图纸按照不同立面分别导出。

在命令窗口中输入 w（或 wblock）命令，在打开的“写块”操作面板中进行设置，执行“写块”操作。在“文件名和路径”列表下设置好保存的文件名和路径，并设置“单位”为毫米。完成后，单击“写块”面板中的“选择对象”按钮，在视口窗中框选相应文件名的图形，完成图纸写块文件。图 13.5 为“写块”操作界面，图 13.6 为图纸写块文件。

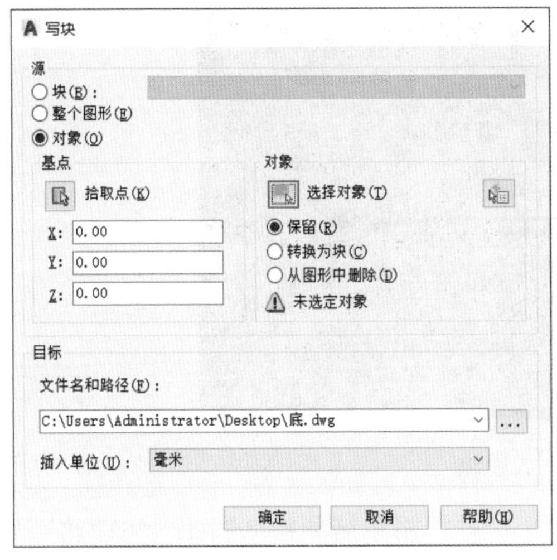

图 13.5 “写块”操作界面

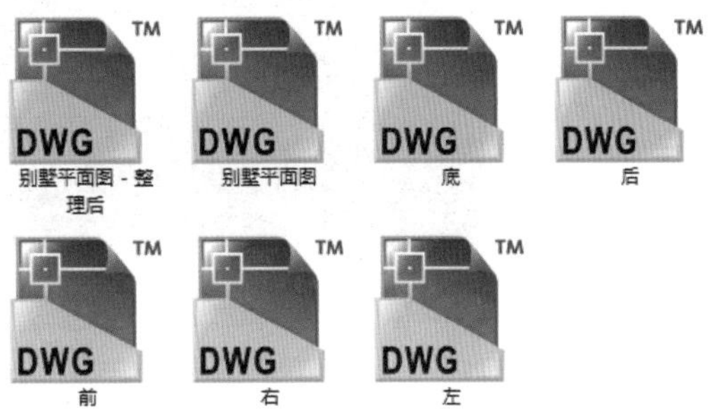

图 13.6 图纸写块文件

13.1.3 导入对位图纸

室外空间表现中的导入图纸、对位图纸以及模型制作，都是在 3ds Max 软件中完成的。在导入图纸和对位图纸前，首先要读懂图纸，了解场景中各个元素之间的位置关系。其中对位图纸是非常关键的环节，将会直接影响后续的制作工作。

打开 3ds Max 软件，设置顶视图为当前视图，选择“文件”→“导入”菜单命令，在弹出的对话框中设置导入文件类型为 .DWG 格式，导入上一节中保存好的“底 .DWG”别墅底面 CAD 图形文件，并将其名称修改为“底面”，设置颜色为棕色，如图 13.7 所示为导入底面图纸。

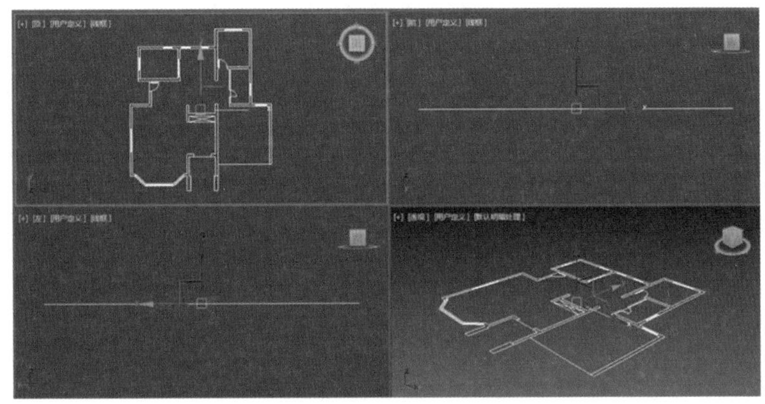

图 13.7 导入底面图纸

使用相同的方法将别墅其他面的图纸导入，并修改其名称为前面、后面、左面、右面，设置颜色为黄色。打开工具栏中三维捕捉开关和角度捕捉开关，使用“移动”和“旋转”工具，将每个图纸分别移动、旋转，与“底面”图纸位置进行对位。完成后，按图 13.8 导入对位图纸。

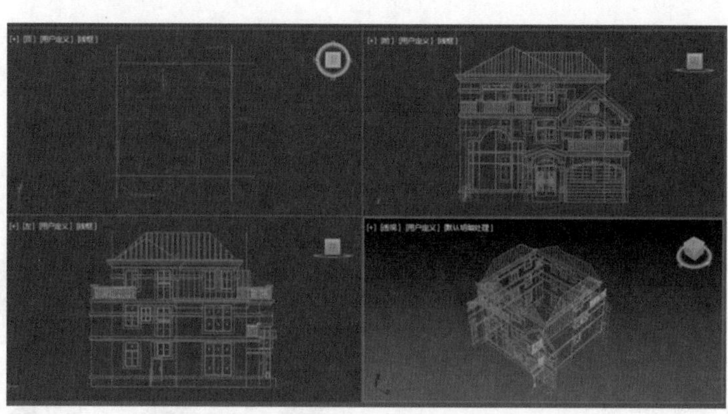

图 13.8　导入对位图纸

图纸摆放好后，为了防止误选操作使图纸发生位移，影响后期模型制作，需要将图纸冻结。单击左侧“场景资源管理器”中图纸名称后的“雪花”图标，或者框选所有图纸，右击，在弹出的菜单中选择“冻结当前选择”命令，将图纸冻结。

导入所有图纸并对好位置后，就可以进行模型的制作了。保存当前 3ds Max 文件，以备后续使用。

13.2　别墅室外建模

在开始建模前需要设置好系统单位，制作顺序由整体到局部，先制作主体墙面，再添加窗框、玻璃、屋檐、阳台等细节。

首先，设置系统单位。选择“自定义”→“单位设置”菜单命令，设置“显示单位”和“系统单位”为毫米，按图 13.9 设置系统单位。

13.2.1　创建墙体模型

在 3ds Max 中，为了便于制作观察，在制作过程中，只需要保持当前所需图纸可见即可，暂时隐藏其他图纸。单击左侧“场景资源管理器”中场景物体名称前的“眼睛”图标，即可隐藏当前场景物体。

单击工具栏中的三维捕捉开关按钮，使其呈开启状态，右击该按钮设置捕捉“选项”，勾选“捕捉到冻结对象”，按图 13.10 设置捕捉到冻结对象。

切换至右视图，保持“右面”“底面”图纸的可见性，隐藏其他图纸。选择“创建”面板下的“图形”按钮，进入“图形创建”面板，选择“线”工具，在右视图中根据“右面”墙体轮廓绘制右面墙体图形。

通过前期检查图纸，我们知道，别墅右面墙体并不在同一平面上，所以在绘制线条时需要注意，不同平面的墙体需要分开绘制。

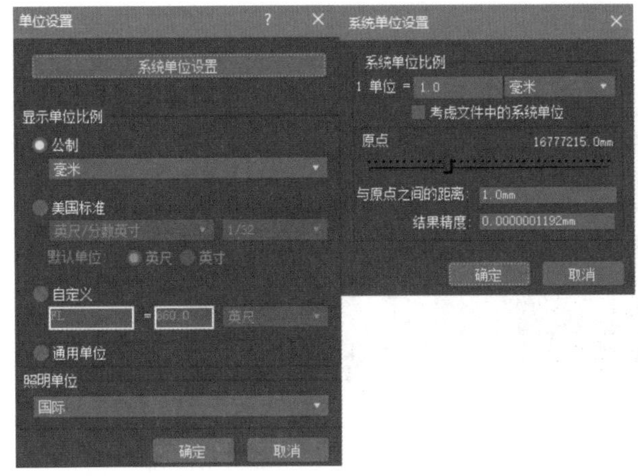

图 13.9 设置系统单位

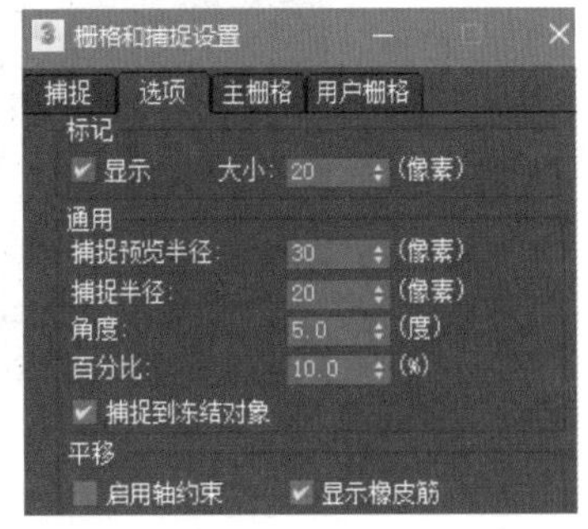

图 13.10 设置捕捉到冻结对象

右面墙体图形绘制完成后，进入“修改器”面板，为图形添加“挤出”修改器，设置挤出“数量”为 240mm，右击，在弹出的菜单中选择“转换为”→“可编辑多边形”。进入“可编辑多边形”的“元素”层级，根据“底面”图纸位置，移动右面墙体各元素至图纸位置。修改模型名称为“右墙体”，完成别墅右墙体的制作。别墅右墙体效果如图 13.11 所示。

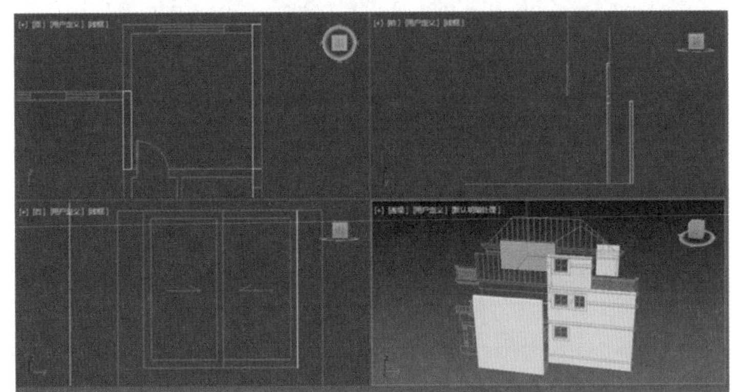

图 13.11 别墅右墙体效果

用同样的方法完成别墅左墙体和后墙体的制作，如图 13.12 和图 13.13 所示。

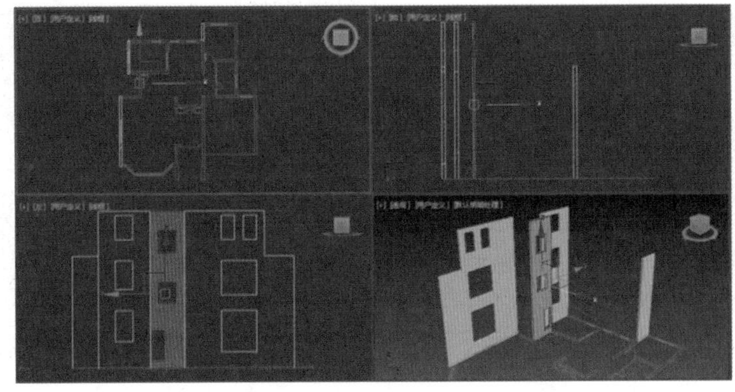

图 13.12 别墅左墙体效果

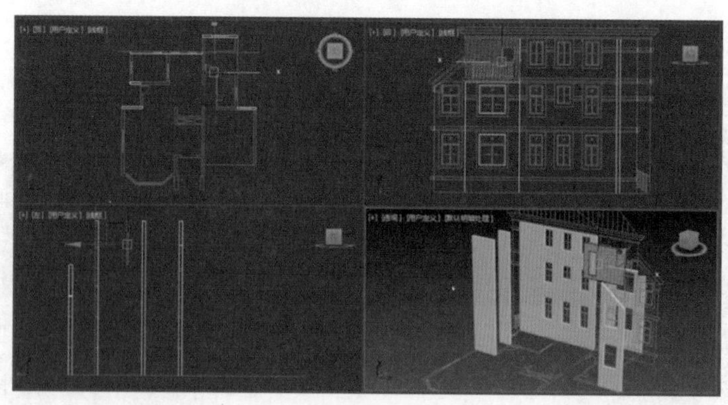

图 13.13　别墅后墙体效果

保持“前面”“底面”图纸的可见性，隐藏场景其他物体。切换至顶视图，制作别墅前面墙体的落地窗部分。选择“创建”面板下的“图形”按钮，进入“图形创建”面板，选择“线”工具，在顶视图中根据“落地窗”墙体轮廓绘制顶面落地窗墙体图形，效果如图 13.14 所示。进入“修改器”面板，为图形添加“挤出”修改器，设置挤出数量为 7500mm，图 13.15 所示为落地窗墙体。

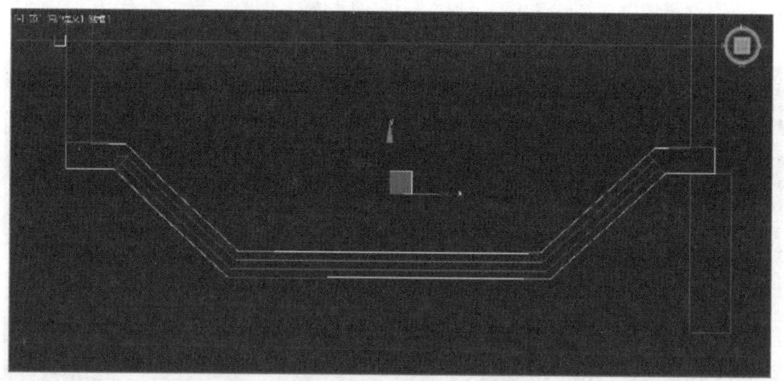

图 13.14　落地窗墙体图形

切换至前视图，选择“线”工具，在前视图中根据“落地窗”窗框轮廓绘制落地窗窗口图形,并为图形添加“挤出”修改器,设置挤出数量为 2000mm,厚度穿过前面创建的墙体，效果如图 13.16 所示。

图 13.15　落地窗墙体

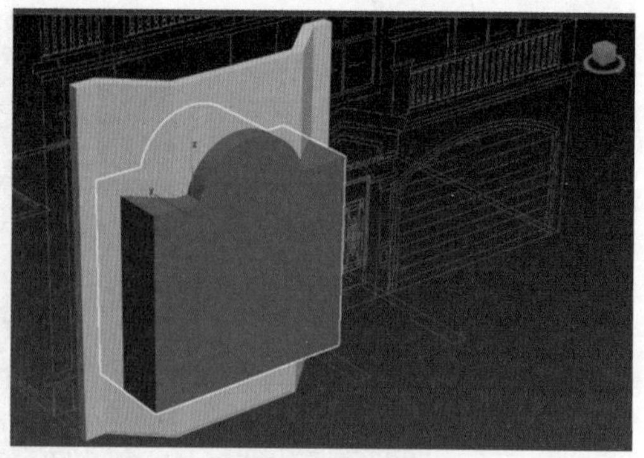

图 13.16　落地窗窗口

选择落地窗墙体模型，进入“创建”面板下的“复合对象”，选择“布尔”工具，设置运算对象参数为“差集”，选择“添加运算对象”，在视图窗口中拾取“落地窗窗口”物体，在墙体上挖出落地窗窗口。右击，在弹出的菜单中选择“转换为”→“可编辑多边形”，修改模型名称为“落地窗墙体”，效果如图 13.17 所示。

图 13.17 落地窗墙体部分

切换至前视图，保持“前面”“底面”图纸的可见性，隐藏场景其他物体。选择“线”工具，在前视图中根据“前面”墙体轮廓绘制其余前面墙体图形。注意，不同平面的墙体需要分开绘制，别墅前面墙体图形如图 13.18 所示。

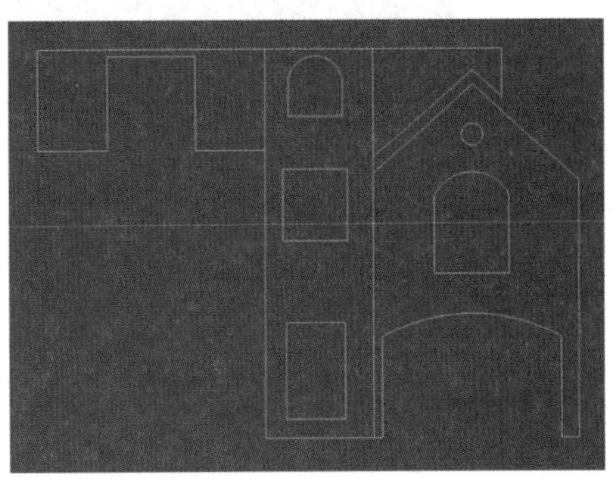

图 13.18 别墅前面墙体图形

前面墙体图形绘制完成后，进入“修改器”面板，为图形添加“挤出”修改器，设置挤出数量为 240mm，右击，在弹出的菜单中选择“转换为”→“可编辑多边形”。进入“可编辑多边形”的“元素”层级，根据“底面”图纸位置，移动前面墙体各元素至图纸位置。修改模型名称为“前墙体”，完成别墅前面墙体的制作，效果如图 13.19 所示。

图 13.19 别墅前面墙体效果

13.2.2 创建楼层板及墙体装饰模型

创建阳台层板模型。切换至前视图，保持“底面”“右面”图纸的可见性，隐藏场景其他物体，绘制别墅车库上方“阳台层板”图形，并为图形添加“挤出”修改器，设置挤出数量为 200mm，右击，在弹出的菜单中选择“转换为”→“可编辑多边形”。选择阳台层板底面的多边形，执行“插入”命令，按组方式插入，数量为 50mm；执行“挤出”命令，将挤出数量设置为 100mm；执行两次，编辑出层板错层效果，修改模型名称为“阳台层板”，完成别墅阳台层板的制作，效果如图 13.20 所示。

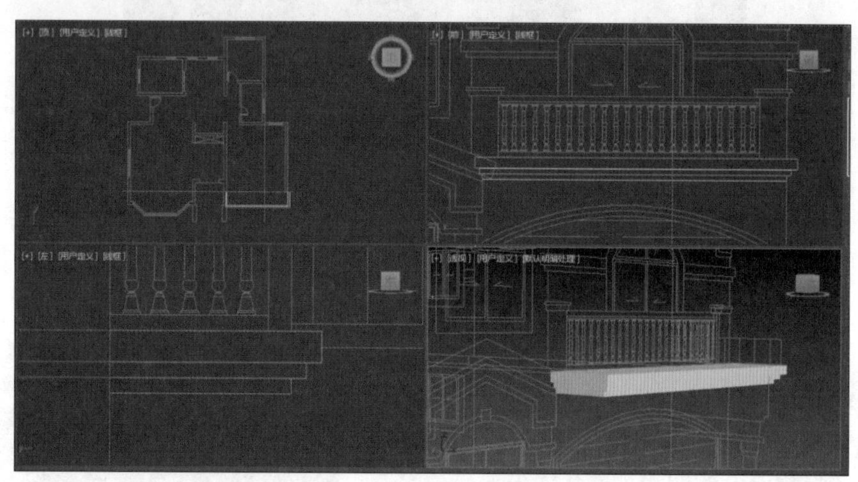

图 13.20　别墅阳台层板效果

创建楼层板。根据“底面”图纸绘制别墅“楼层板”图形，设置挤出数量为 200mm，右击，在弹出的菜单中选择“转换为”→“可编辑多边形”。选择层板底面的多边形，执行“插入”命令，按组方式插入，数量为 100mm；执行“挤出”命令，数量为 100mm；编辑出层板错层效果，修改模型名称为“楼层板”，制作出别墅二层腰线及层板效果，如图 13.21 所示。

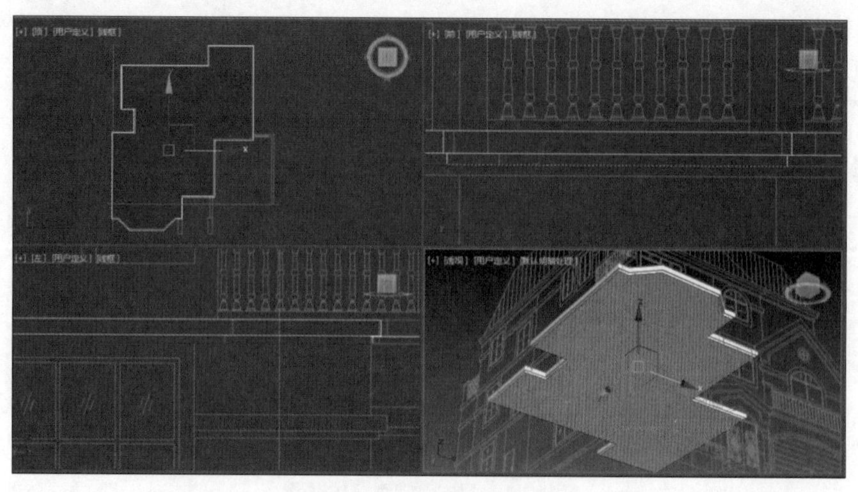

图 13.21　别墅楼层板效果

制作墙体装饰模型。在前视图，按照“前面”图纸绘制墙体装饰线条的图形。别墅墙体装饰放样图形如图 13.22 所示。顶视图绘制墙体线条，外扩轮廓 400mm。使用“放样”命令，制作完成别墅墙体装饰线条。别墅墙体装饰线如图 13.23 所示。

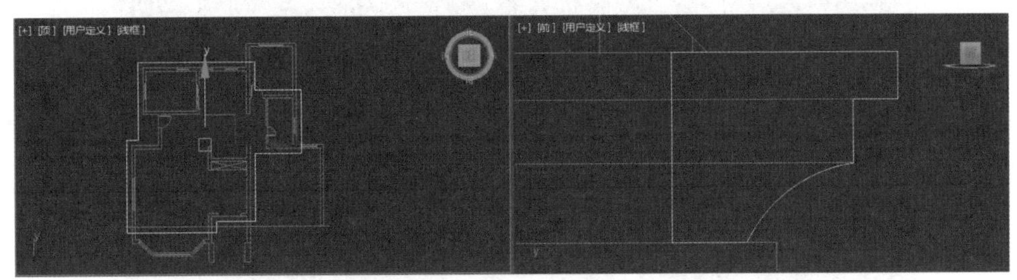

图 13.22 别墅墙体装饰线放样图形

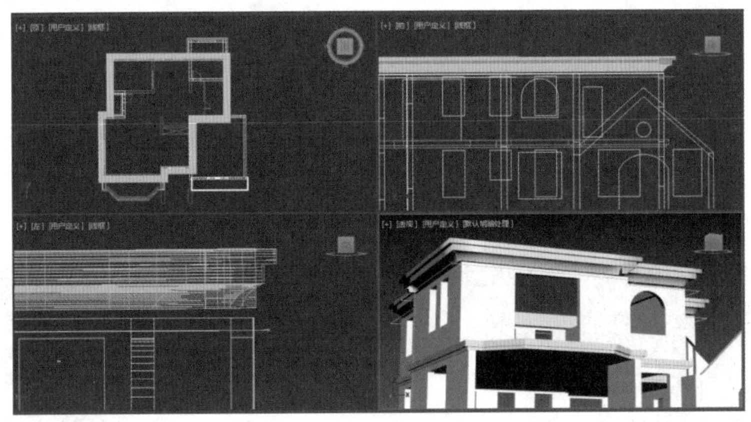

图 13.23 别墅墙体装饰线

13.2.3 制作屋顶模型

别墅屋顶的制作。根据“底面”图纸别墅屋顶图形，选择“线”工具，在顶视图绘制别墅主屋顶图形。接着，为主屋顶图形添加“挤出”修改器，设置挤出数量为 2400mm。别墅主屋顶挤出效果如图 13.24 所示。

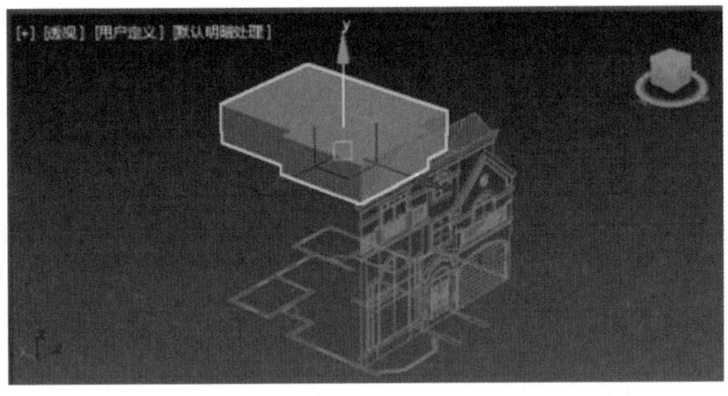

图 13.24 别墅主屋顶挤出效果

右击，在弹出的菜单中选择“转换为”→“可编辑多边形”，打开修改器面板，进入“可编辑多边形”→“点”层级，对照图纸修改屋顶形态。别墅主屋顶如图 13.25 所示。

图 13.25　别墅主屋顶

用同样的方法，在顶视图绘制别墅后方副屋顶图形，添加“挤出”修改器，设置挤出数量为 1900mm，将其转换为“可编辑多边形”，按照图纸修改，完成整个别墅屋顶的制作，效果如图 13.26 所示。

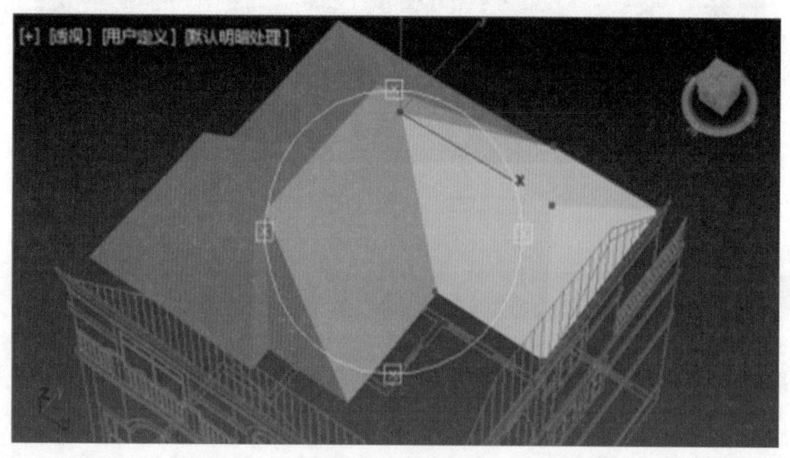

图 13.26　别墅屋顶效果

车库屋顶的制作。根据“前面”图纸车库屋顶图形，选择“线”工具，在前视图绘制车库屋顶图形。注意，屋檐错层，不同平面的屋檐需要分开绘制。接着，为车库屋顶图形添加“挤出”修改器，设置挤出数量为 −6500mm，右击，在弹出的菜单中选择“转换为”→“可编辑多边形”。打开修改器面板，进入“可编辑多边形”→“多边形”层级，选择车库屋顶的前面图形，移动错开屋檐层次。修改模型名称为“车库屋顶”，完成别墅车库屋顶的制作，效果如图 13.27 所示。

入户屋顶的制作。同样根据“前面”图纸入户屋顶图形，前视图绘制图形，添加“挤出”修改器命令，分层分结构制作。将模型附加一体，执行“转换为”→“可编辑多边形”操作，完成入户屋顶。将模型名称修改为“入户屋顶”，效果如图 13.28 所示。

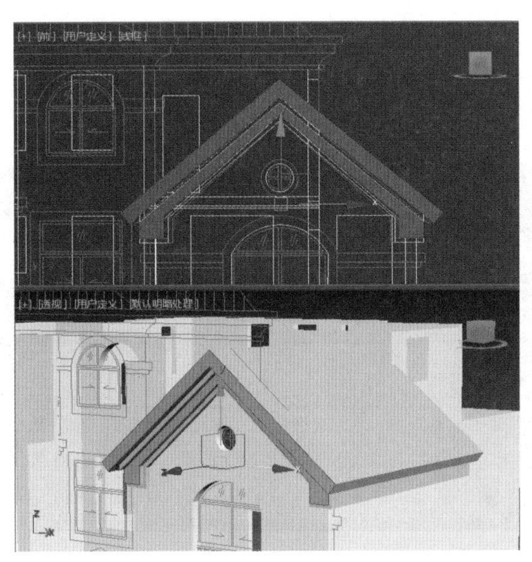
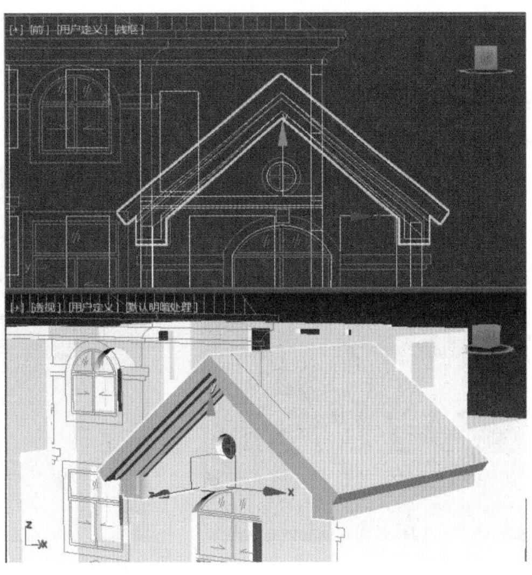

图 13.27　车库屋顶效果

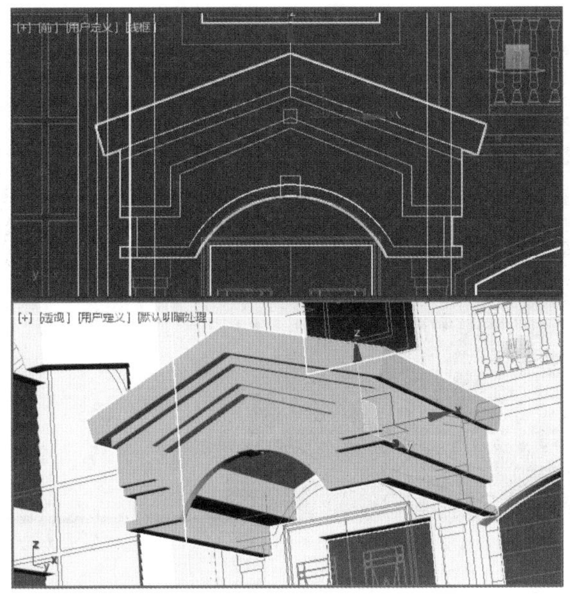

图 13.28　入户屋顶效果

13.2.4　制作阳台栏杆

在前视图，根据“前面”图纸的栏杆柱子图形，绘制栏杆柱子的半边图形，如图 13.29 所示。进入“层次面板”，开启“仅影响轴”命令，移动栏杆柱子半边图形的“轴”至柱子中心位置。

进入修改面板，为图形添加“车削”修改器命令，勾选“翻转法线”，设置“分段”数量为 6，完成栏杆柱子的制作。按照图纸，复制“栏杆柱子”，制作栏杆横梁，完成阳台栏杆的制作，效果如图 13.30 所示。

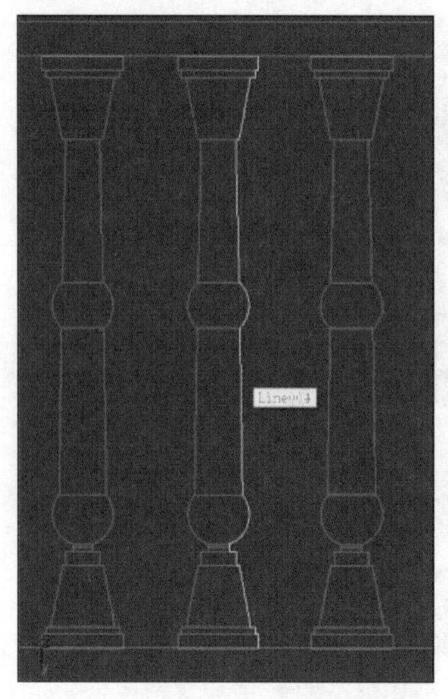

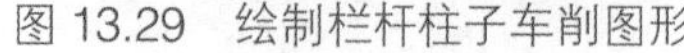

图 13.29　绘制栏杆柱子车削图形

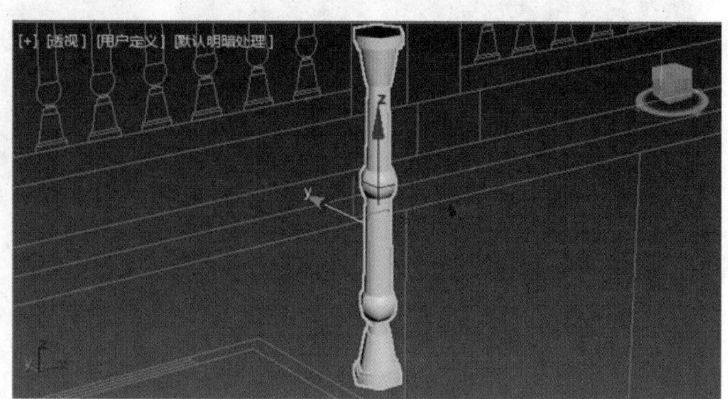

图 13.30　栏杆柱子效果

在阳台位置，复制“栏杆柱子”对象，制作阳台模型，如图 13.31 所示。

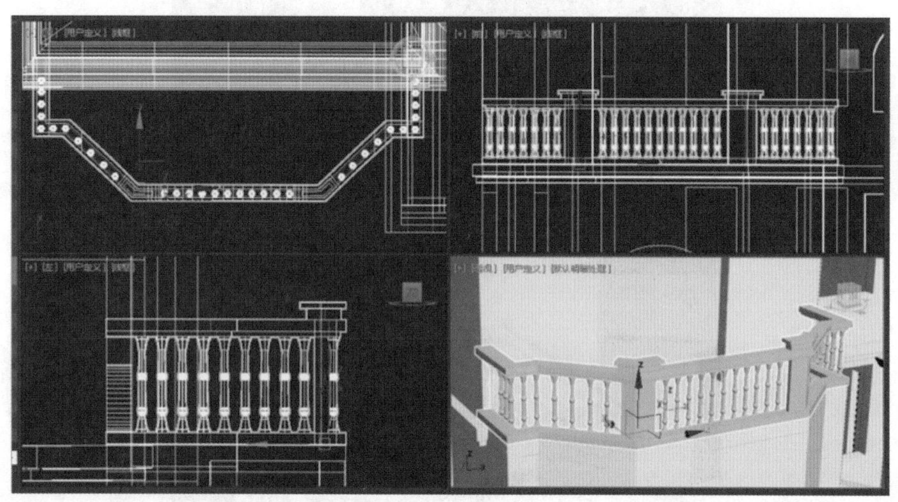

图 13.31　阳台栏杆

13.2.5　制作窗框及玻璃

制作窗框。在前视图，按照图纸绘制落地窗外窗框图形，效果如图 13.32 所示。

为图形添加“挤出”修改器，设置挤出数量为 100mm，将其转换为“可编辑多边形”，并命名为“落地窗窗框”。在顶视图中进入“点”层级，修改外窗框模型与图纸一致。用同样的方法制作窗框分隔，并将其“附加”合并入“落地窗窗框”模型，完成落地窗窗框的制作，效果如图 13.33 所示。

制作玻璃。选择前视图，根据图纸绘制落地窗中间的玻璃图形，并为图形添加“挤出”修改器，设置挤出数量为 0mm，效果如图 13.34 所示。

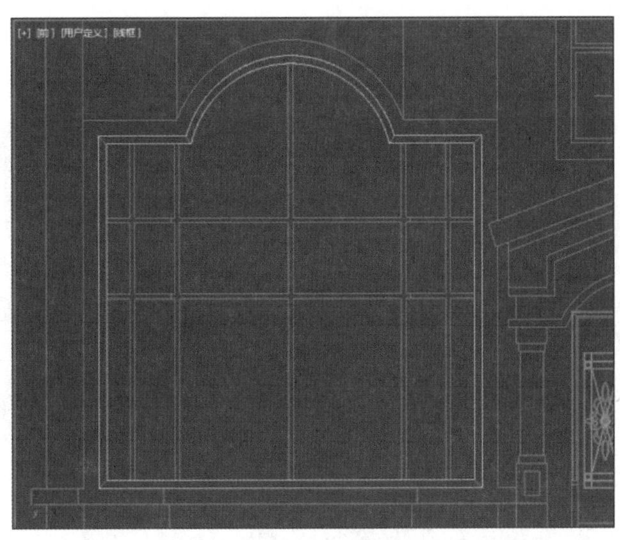

图 13.32　落地窗外窗框图形效果

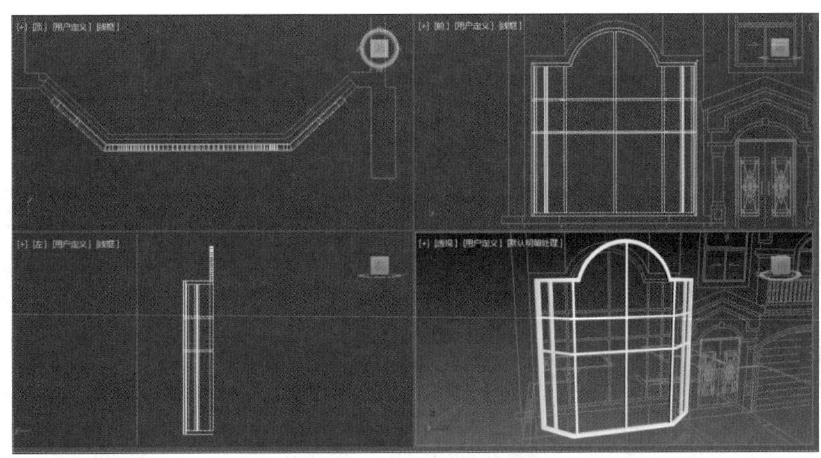

图 13.33　落地窗窗框效果

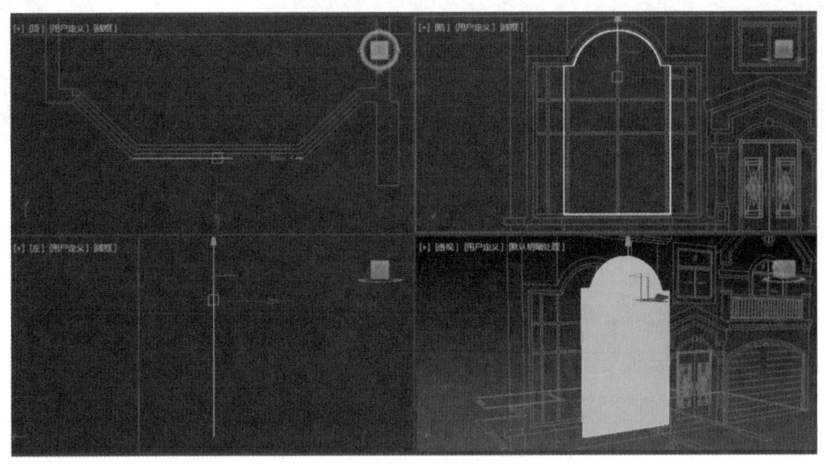

图 13.34　落地窗中间的玻璃效果

接着，继续根据图纸绘制落地窗两侧玻璃图形，进入顶视图旋转图形与图纸一致，并为图形添加“挤出”修改器，设置挤出数量为 0mm，效果如图 13.35 所示。

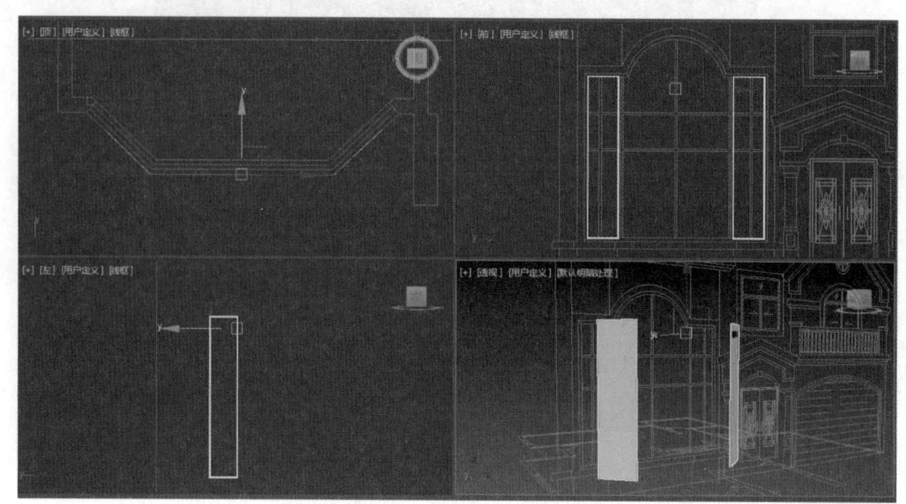

图 13.35 落地窗两侧玻璃效果

将“落地窗中间玻璃”模型转换为“可编辑多边形”，“附加”合并“落地窗两侧玻璃”为一个对象，并将其命名为“落地窗玻璃”，效果如图 13.36 所示。

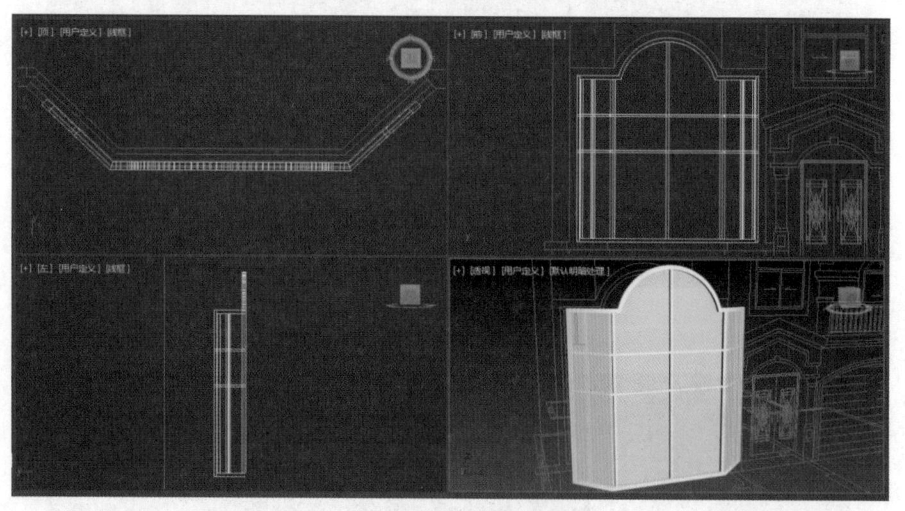

图 13.36 落地窗玻璃效果

制作窗框边饰。继续在前视图中按照图纸绘制落地窗窗框边饰图形，为图形添加“挤出”修改器，设置挤出数量为 100mm，将其转换为“可编辑多边形”，并将其命名为“落地窗窗框边饰”。在顶视图中进入“点”层级，修改外窗框模型，使其与图纸一致，完成整个落地窗的制作，效果如图 13.37 所示。

用同样的方式制作别墅其他普通窗户，以及相同材质的阳台推拉门。并将窗框、窗户玻璃、窗框边饰等相同材质的对象，合并为一个对象，方便后期编辑。别墅窗户效果如图 13.38 所示。

图 13.37　落地窗效果

图 13.38　别墅窗户效果

13.2.6 制作入户门、车库门等

制作入户门柱。在左视图中,按照图纸绘制入户门前两侧门柱图形,并为图形添加“挤出”修改器,设置挤出数量为 240mm,将其转换为“可编辑多边形”,并将其命名为“门柱”。

进入“多边形”层级,选择柱子上下侧面的多边形,将 Z 轴移动偏移 160mm,将其厚度拉宽。选择柱子上下的多边形面,向内“插入”50mm,“挤出”100mm。绘制直径为 150mm 的圆,添加“挤出”修改器,设置挤出数量为 1300mm。放置图纸位置,并将其“添加”至“门柱”模型,完成一侧的“门柱”制作。

使用“镜像”命令,镜像“X”轴,使其偏移 3440mm,复制出另一侧的门柱,并将其合并“添加”至“门柱”模型,完成入户门柱的制作,效果如图 13.39 所示。

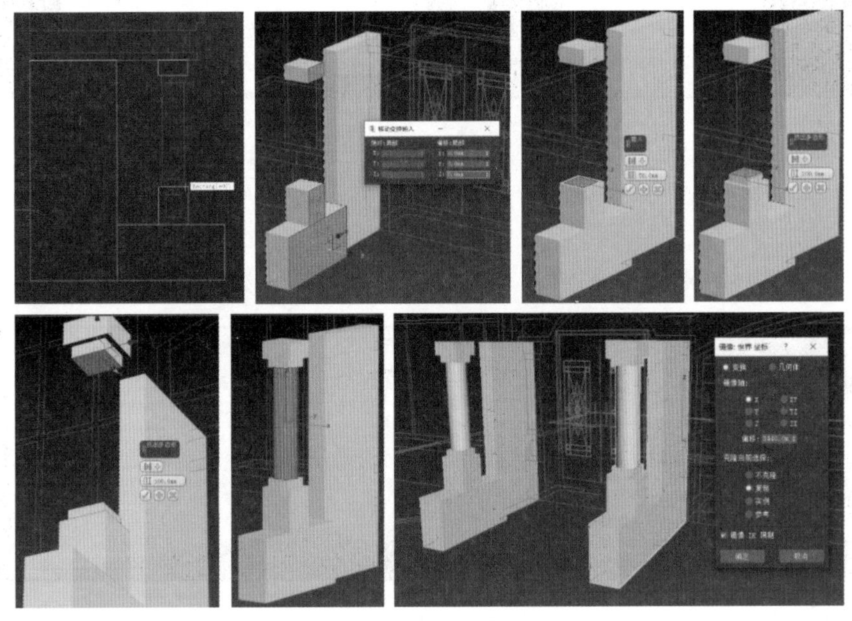

图 13.39　入户门柱效果

制作入户楼梯。在顶视图中按照图纸绘制入户门前楼梯图形，并为图形添加“挤出”修改器，设置挤出数量为250mm，将其转换为“可编辑多边形”，并将其命名为“楼梯”。

进入“多边形”层级，选择上层楼梯面，使用“挤出”命令，设置挤出值为250mm，完成入户楼梯的制作，效果如图13.40所示。

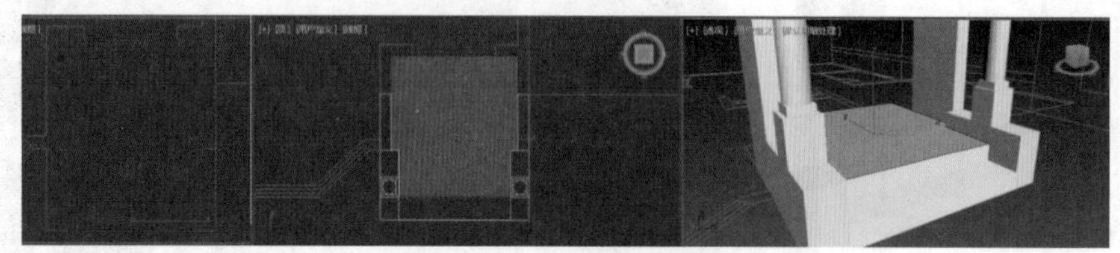

图13.40 入户楼梯效果

制作入户门和门框。前视图按照图纸分别绘制入户门、门框图形，并为图形添加“挤出”修改器，设置门的挤出数量为60mm，门框的挤出数量为250mm，并为其命名为“入户门”“入户门框”，效果如图13.41所示。

图13.41 入户门效果

制作车库门和门框。用同样的方式，在前视图中按照图纸分别绘制车库门、门框图形，并为图形添加“挤出”修改器，设置车库门的挤出数量为60mm、门框的挤出数量为250mm，并将其分别命名为“车库门”“车库门框”。车库门效果如图13.42所示。

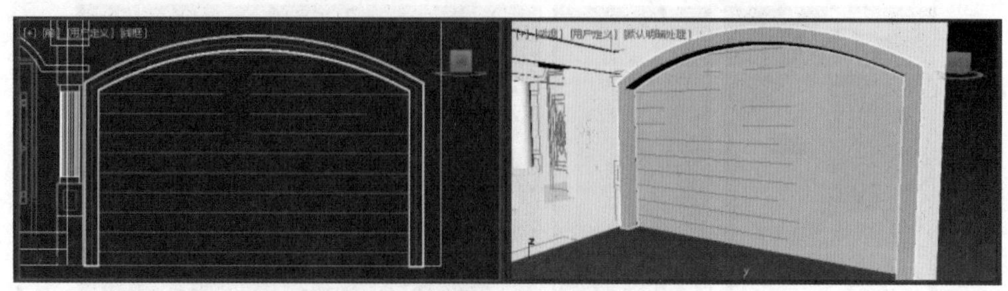

图13.42 车库门效果

用同样的方式制作其他普通门、门框，将相同材质的普通门、门框合并为一个对象，并命名为“普通门”，以方便后期编辑。普通门效果如图 13.43 所示。

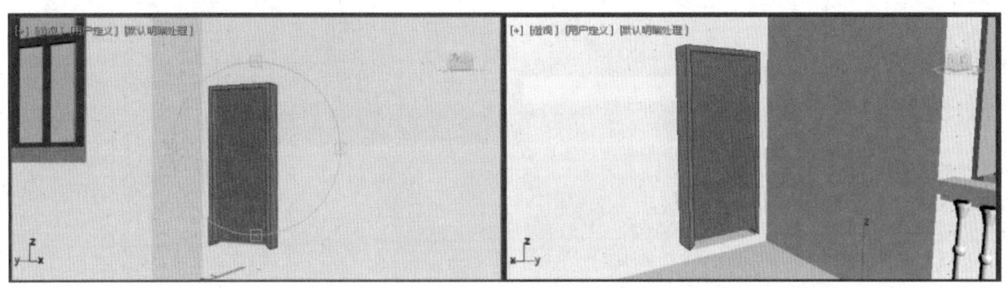

图 13.43 普通门效果

13.2.7 完善检查模型

分割墙体,合并同类材质。将前后左右四面墙体“附加”合并为一个整体“墙体”。进入“墙体”模型的“边界”层级，使用“切片平面”对墙体上下不同材质进行“切片”，切片分割墙体效果如图 13.44 所示。

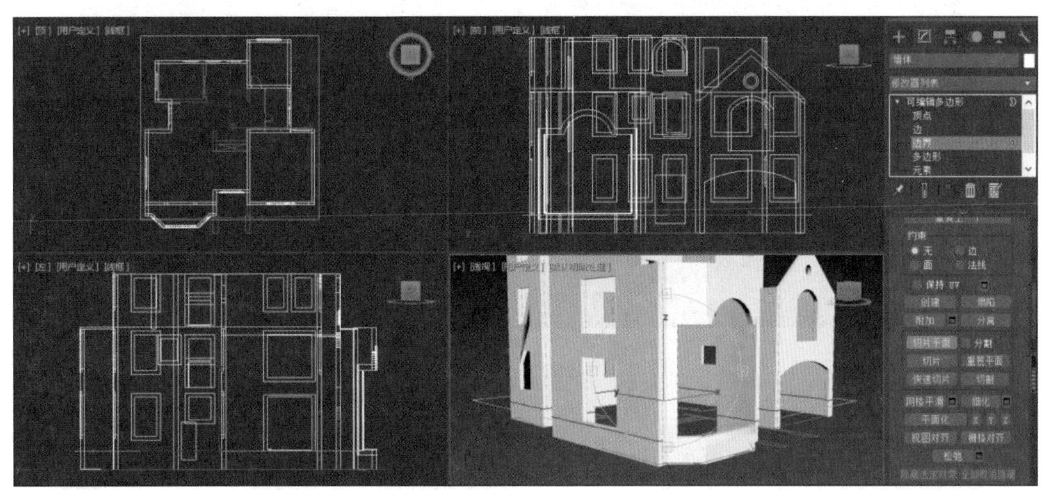

图 13.44 切片分割墙体效果

接着，进入“墙体”模型的“多边形”层级，使用“分离”命令，将选择的墙体下部分石材墙体“分离”出来，并将其命名为“石材墙体”。分离石材墙体效果如图 13.45 所示。

选择“石材墙体”模型，将相同材质的“落地窗墙体”合并为一个整体，效果如图 13.46 所示。

添加别墅配景环境。顶视图沿别墅外绘制绿化带线条，使用“轮廓”命令，扩展“2000mm”，修改方法如图 13.47 中的绿化带图形所示。为图形添加“挤出”修改器，设置挤出数量为 10mm，更改模型名称为“绿化带”，效果如图 13.48 所示。

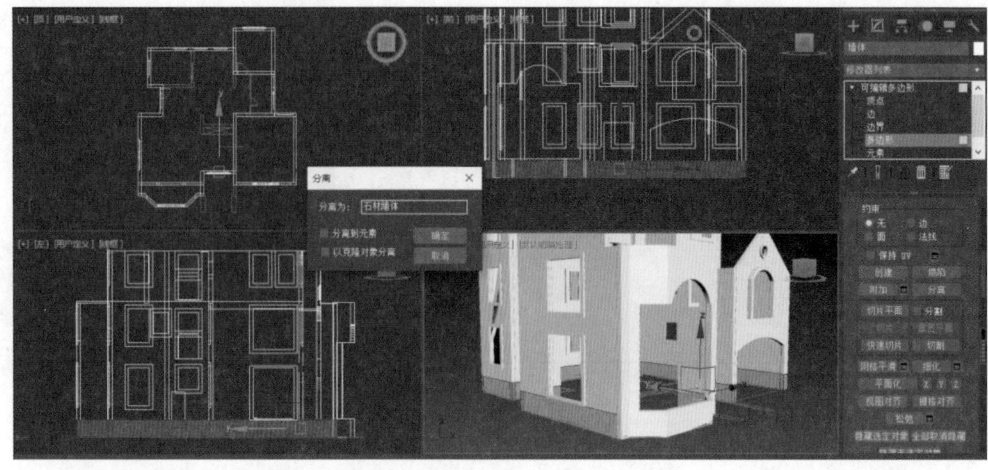

图 13.45　分离石材墙体效果

图 13.46　合并石材墙体效果

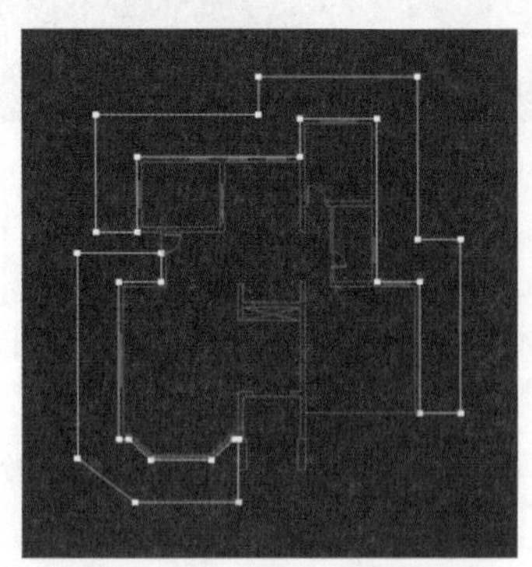

图 13.47　绿化带图形效果

图 13.48　绿化带效果

“分离”复制“绿化带”外沿样条线，将其命名为“绿化沿”，效果如图 13.49 所示。在“渲染”选项中勾选设置其“在渲染中启用”“在视口中启用”，设置其“厚度”值为

100mm，效果如图 13.50 所示。

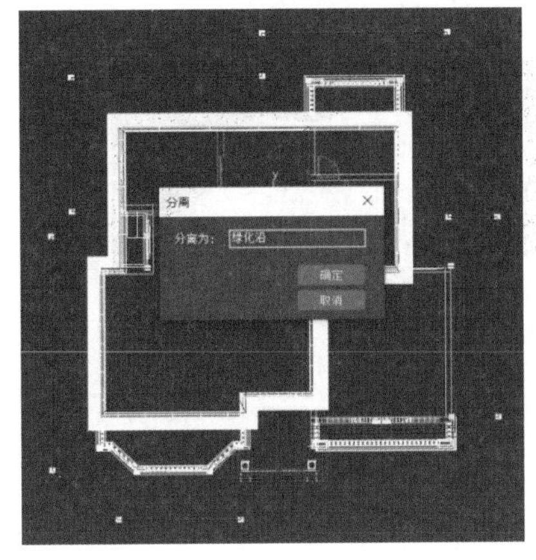

图 13.49　绿化沿图形效果

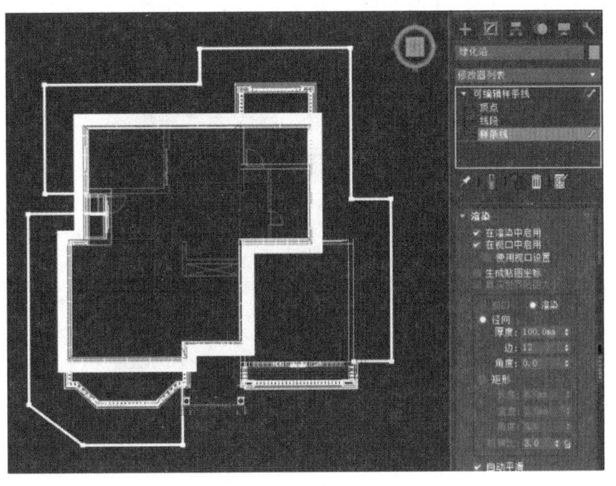

图 13.50　绿化沿效果

制作地面。绘制“矩形”样条线，添加“挤出”修改器，设置挤出数量为 1.0mm，更改模型名称为“地面”。地面效果如图 13.51 所示。这样一个简单的外部环境就制作好了。

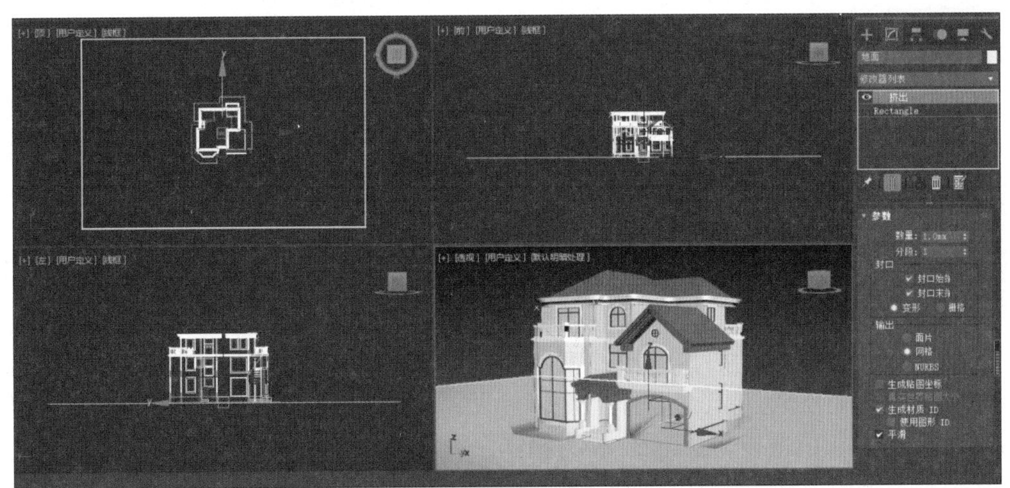

图 13.51　地面效果

模型检查。在对模型赋予材质和设置灯光之前，检查模型是否有重面、破面及漏光等现象是很有必要的。打开“渲染设置”窗口，将渲染器设置为 VRay 5.0 渲染器，在 VRay 的“全局开关”设置中，勾选“覆盖材质”复选框，并为覆盖材质赋予一个标准的 VRay 材质，如图 13.52 所示。

渲染前需要检查 VRay 渲染设置。在“环境”卷展栏中勾选“GI 环境”复选框，打开渲染环境光，如图 13.53 所示。

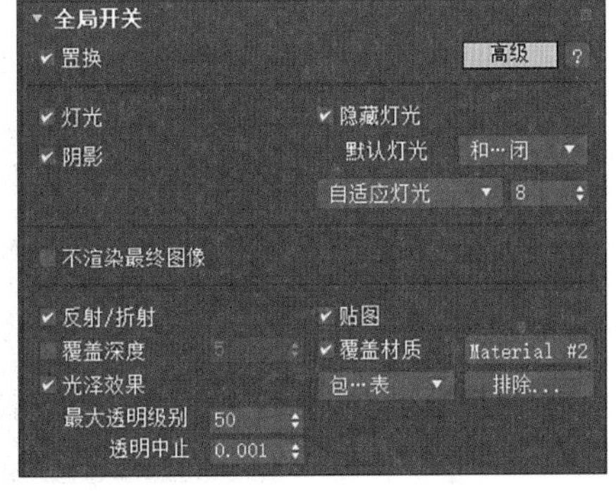

图 13.52　覆盖材质

单击“渲染”工具，查看 VRay 信息框，根据具体情况确定是否需要修改。从图像上可以看出，没有发生破面及漏光等现象，按图 13.54 所示查看渲染图像。

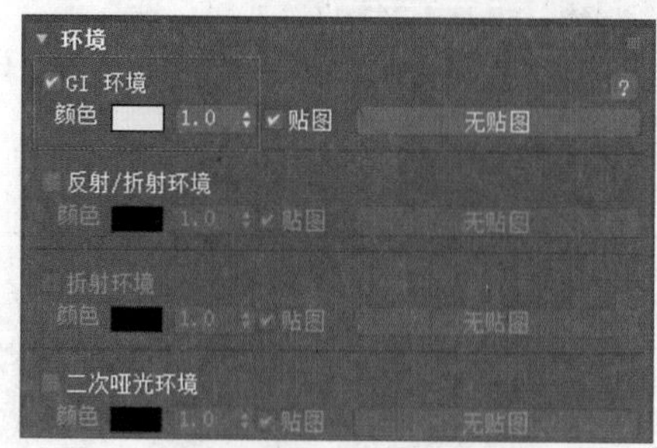

图 13.53　打开渲染环境光

图 13.54　查看渲染图像

另存一个别墅模型文件，将其命名为“别墅 - 原始 .max”。

13.3　初调别墅室外材质

打开“别墅 - 原始 .max”场景文件。在初调材质之前，首先匹配渲染器，打开“渲染设置”窗口，将“产品级”渲染器设置为 VRay 5.0。本案例材质主要有墙体材质、石材材质、瓦片材质、大理石材质、水泥材质、塑钢材质、玻璃材质等。

13.3.1　调制墙体材质

选择别墅“墙体”对象，按 M 键打开“Slate 材质编辑器”，切换到 Slate 材质编辑模式，拖动出一个空白材质球，将其命名为“墙体”。设置漫反射颜色为白色，单击“贴图”按钮，在弹出的参数面板中选择“墙 .jpg”作为墙体涂料贴图。设置反射颜色为浅灰色，灰度值为 203，反射贴图为衰减贴图。拖动漫反射贴图至凹凸贴图通道中，设置凹凸数量为 30。别墅墙体材质参数设置及效果如图 13.55 所示。将材质指定给墙体对象，观察墙体涂料纹理，设置“贴图”UV 重复值为 1.5，使墙体的纹理大小适中。

别墅材质

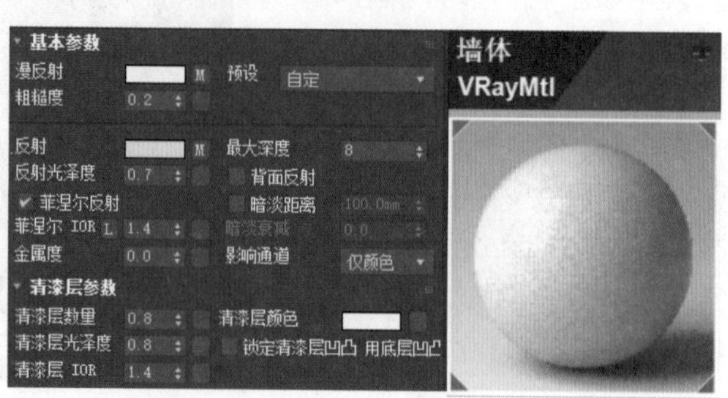

图 13.55　别墅墙体材质参数设置及效果

13.3.2 调制装饰涂料材质

在“Slate 材质编辑器”中，拖动出一个空白材质球，将其命名为“装饰涂料”，设置漫反射颜色为灰色，单击“贴图”按钮，在弹出的参数面板中选择“装饰涂料.jpg”作为装饰涂料贴图。别墅装饰涂料材质参数及效果设置如图 13.56 所示。将该材质赋予别墅装饰线、窗框边饰、楼层板等对象。

13.3.3 调制石材墙体材质

在“Slate 材质编辑器”中，拖动出一个空白材质球，将其命名为“石材墙体”。设置漫反射为灰色，灰度值为 128，单击“贴图”按钮，在弹出的参数面板中选择“石材墙.jpg”作为石材墙体贴图。单击贴图通道，打开贴图坐标，设置模糊值为 0.5，如图 13.57 所示。

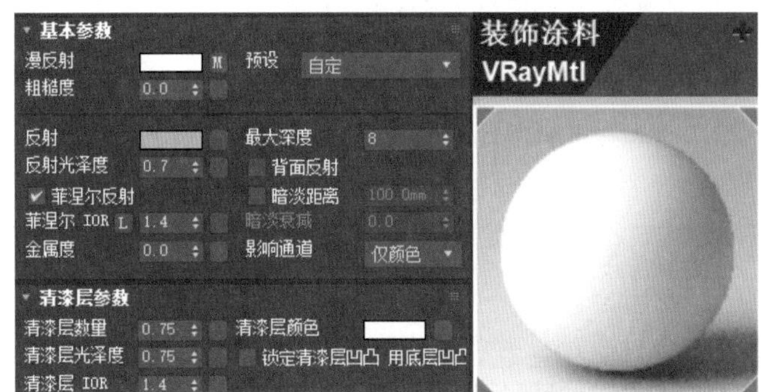

图 13.56　别墅装饰涂料材质参数设置及效果

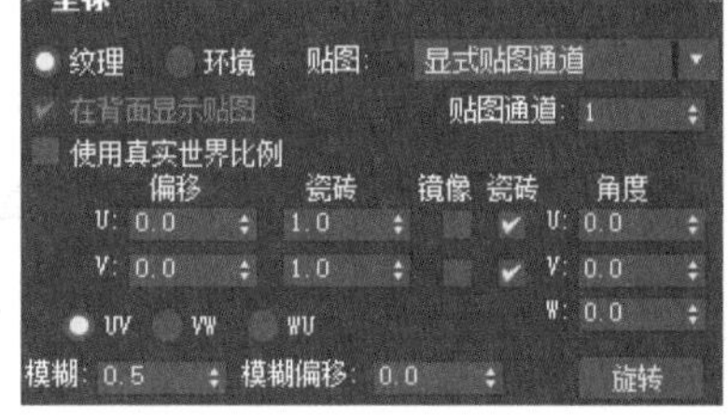

图 13.57　设置贴图模糊值

设置漫反射颜色为深灰色，灰度值为 57，反射光泽度为 0.7，反射贴图为衰减贴图。

在“清漆层参数”卷展栏中设置清漆层数量为 0.75，清漆层 IOR 为 1.6，清漆层颜色为白色。

在贴图通道中，复制漫反射贴图到凹凸贴图通道中，将凹凸参数设置为 70。将材质赋予场景中的石材墙体对象，观察对象的纹理，添加 UVW 贴图修改器，使对象的纹理大小适中，如图 13.58 所示。

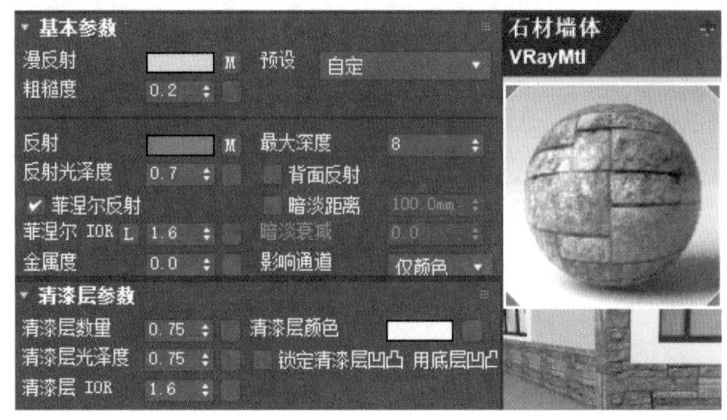

图 13.58　别墅石材墙体材质参数设置及效果

13.3.4 调制屋顶材质

别墅场景有多个不同屋顶，屋顶材质选用瓦片材质。以“入户屋顶”为例，新建一个材质球，设置漫反射颜色为浅灰色，漫反射贴图为“瓦片 .jpg”。将该材质赋予别墅各个屋顶对象，观察各屋顶对象瓦片纹理，为其添加 UVW 贴图修改器，使瓦片的纹理大小适中，入户屋顶材质参数设置及效果如图 13.59 所示。

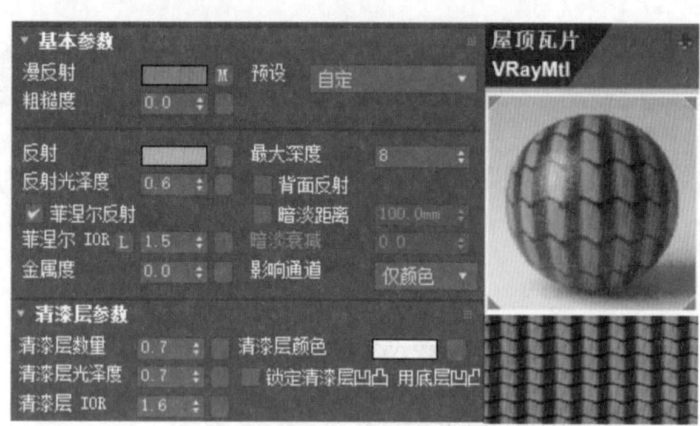

图 13.59 入户屋顶材质参数设置及效果

13.3.5 调制塑钢窗材质

别墅窗框材料为 PVC 型材。新建一个材质球，并将其命名为“塑钢”。设置漫反射颜色为浅灰色，设置漫反射贴图为“黑色塑钢 .jpg”。设置反射颜色为浅灰色，反射光泽度为 0.8，勾选“菲涅尔反射”复选框，将菲涅尔 IOR 设置为 1.4，在“清漆层参数”卷展栏中设置清漆层数量为 0.85，清漆层 IOR 为 1.4，清漆层颜色为白色。观察对象的纹理，添加 UVW 贴图修改器，使对象的纹理大小适中。塑钢窗材质参数设置及效果如图 13.60 所示。

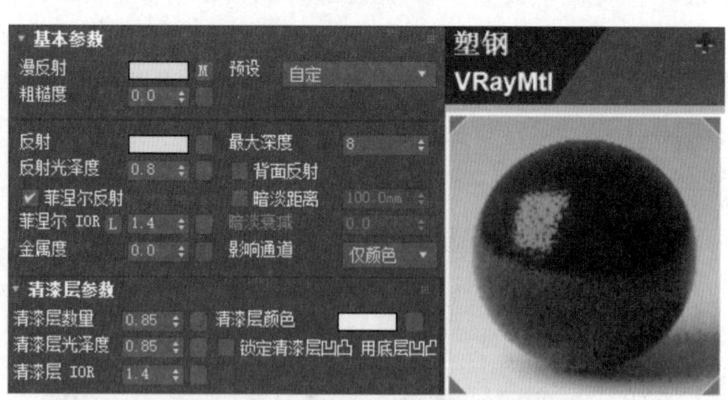

图 13.60 塑钢窗材质参数设置及效果

13.3.6 调制木门材质

新建一个材质球，将其命名为“入户门”。设置漫反射颜色为深橘色，设置漫反射贴

图为“入户门.jpg”。设置反射颜色为浅灰色，反射光泽度为 0.8，勾选“菲涅尔反射”复选框，将菲涅尔 IOR 设置为 1.4。在“清漆层参数”卷展栏中设置清漆层数量为 0.85，清漆层 IOR 为 1.4，清漆层颜色为白色。在贴图通道中，复制漫反射贴图到凹凸贴图通道中，将凹凸参数设置为 48。将材质赋予场景中的入户门对象，观察对象纹理，添加 UVW 贴图修改器，使对象的纹理大小适中。

场景中还有多个“普通门”对象使用木门材质，但纹理不同，可以再创建一个“木门”材质，设置漫反射贴图为“木门.jpg”，添加 UVW 贴图修改器，使对象的纹理大小适中。木门材质参数设置及效果如图 13.61 所示。

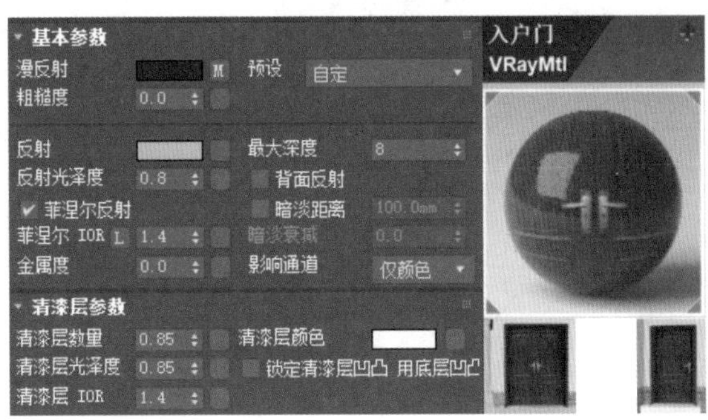

图 13.61　木门材质参数设置及效果

13.3.7　调制车库卷闸门材质

选择一个新的材质球，将其命名为“卷闸门”。设置漫反射颜色为浅灰色，灰度值为 220。设置漫反射贴图为“不锈钢.jpg”，并对贴图进行“裁剪”应用。在贴图通道中，“实例”复制漫反射贴图到凹凸贴图通道中，将凹凸参数设置为 48。设置反射颜色为浅灰色，反射光泽度为 0.8，取消勾选“菲涅尔反射”复选框，设置反射贴图为“反射贴图.jpg”，在贴图通道中设置反射参数为 48。设置金属度参数为 1.0。将材质赋予别墅车库门对象，观察对象的纹理，添加 UVW 贴图修改器，使对象的纹理大小适中。车库卷闸门材质参数设置及效果如图 13.62 所示。

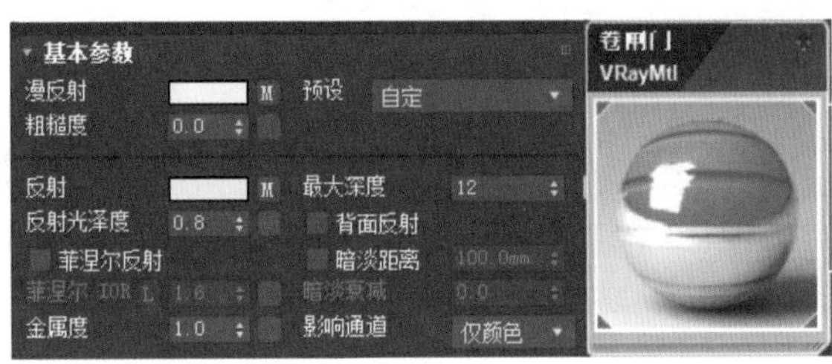

图 13.62　车库卷闸门材质参数设置及效果

13.3.8　调制水泥地面材质

新建材质球，将其命名为“水泥”。设置漫反射颜色为灰色，灰度值为 128，漫反射

贴图为“水泥贴图.jpg”，设置粗糙度为0.5。设置反射颜色为深灰色，灰度值为30，反射光泽度为0.6，反射贴图为衰减贴图。在“清漆层参数”卷展栏中设置清漆层数量为0.7，清漆层IOR为1.4，清漆层颜色为白色。在贴图通道中，拖拽漫反射贴图到凹凸贴图通道中，将凹凸参数设置为200，制作出水泥材质的凹凸质感纹理。将材质赋予场景中的地面对象，添加UVW贴图修改器，使对象的纹理大小适中。水泥地面材质参数设置及效果如图13.63所示。

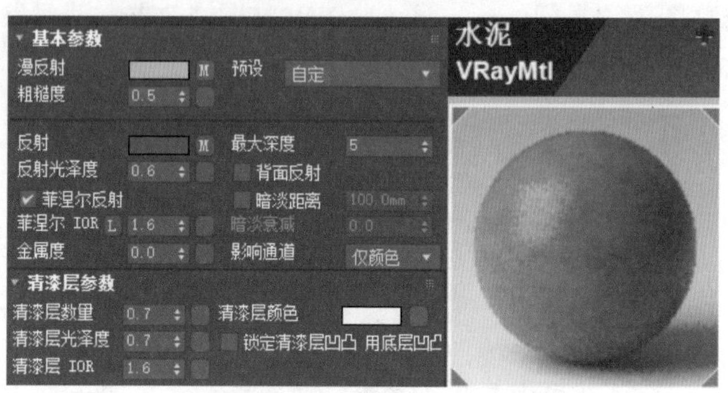

图13.63　水泥地面材质参数设置

13.3.9　调制草地材质

新建材质球，将其命名为“草地”。设置漫反射颜色的RGB值为（9，62，11），贴图为“草地.jpg”。设置粗糙度为0.5。设置反射颜色为深灰色，灰度值为30，反射光泽度为0.7，反射贴图为衰减贴图。在“清漆层参数”卷展栏中设置清漆层数量为0.7，清漆层IOR为1.6，清漆层颜色为白色。在贴图通道中，拖拽漫反射贴图到凹凸贴图通道中，制作出草地的凹凸质感纹理。将材质赋予场景中的绿化带对象，添加UVW贴图修改器，使对象的纹理大小适中。草地材质参数设置及效果如图13.64所示。

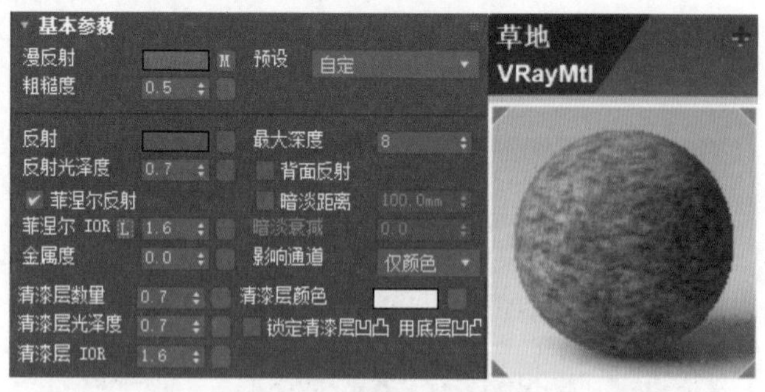

图13.64　草地材质参数设置及效果

13.3.10　调制环境材质

室外环境使用“球天”来模拟建筑周边的环境，使渲染效果更加逼真。在顶视图中

创建“球体”，使其包含整个场景，并将其转换为可编辑网格。进入“顶点”层级，删除地平面以下半球，进入“多边形”层级，在“曲面属性”栏中单击“翻转”球天模型法线，并为模型添加 UVW 贴图修改器，在参数栏中选择柱形贴图方式，效果如图 13.65 所示。

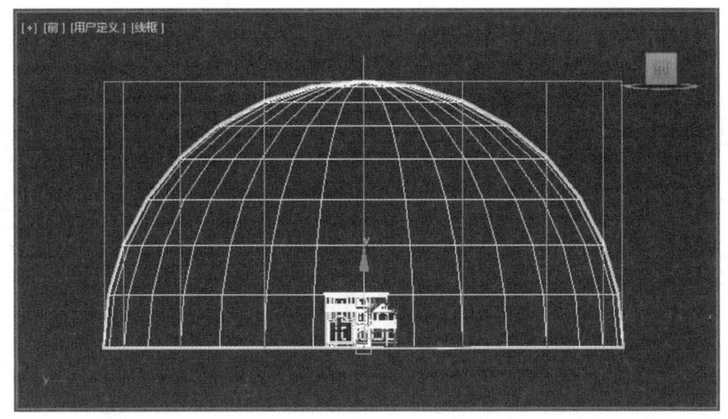

图 13.65 创建球天模型

选择一个空白材质球，将其命名为“球天”。设置漫反射贴图为“天空 .jpg”，查看图像裁剪贴图到合适位置，设置自发光颜色值为 100。

在球天上右击，选择“对象属性”命令，打开“对象属性”对话框，取消勾选“渲染控制”栏中的“对摄像机可见”“接受阴影”和“投影阴影”复选框。

室外环境球天材质参数设置及效果如图 13.66 所示。

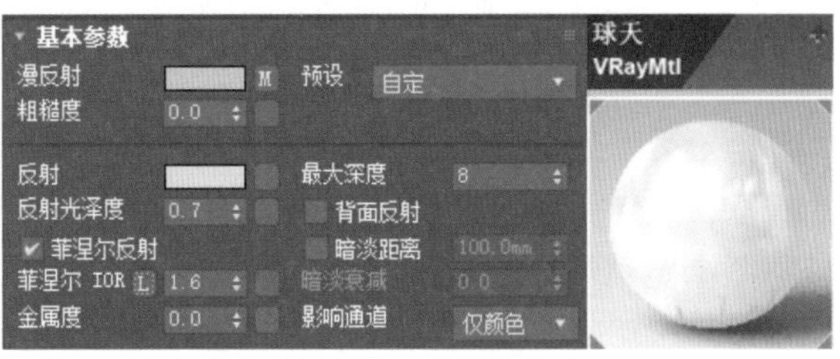

图 13.66 球天材质参数设置及效果

13.4 设置别墅室外场景灯光及摄像机

13.4.1 设置室外主光照明效果

在表现室外光照效果时，灯光的创建一般遵循与摄像机成 90° 法则，照明效果可以使场景层次、明暗感更加强烈。本案例灯光选择 VRay 提供的“VR- 太阳”灯光作为场景照明主光源。

将视图设置为前视图，在创建灯光面板中，将下拉列表切换为 VRay，选择“VR- 太阳”灯光，在场景中创建一个“VR- 太阳”灯光。创建“VR- 太阳”灯光时，系统会自动弹出对话框，询问是否自动添加一张 VR 天空环境贴图，单击“是”，完成环境贴图的创建。

分别在前视图和顶视图，调整灯光位置。进入修改面板，调整灯光参数强度倍增值为 0.05，降低其光照强度，完成灯光的设置，效果如图 13.67 所示。

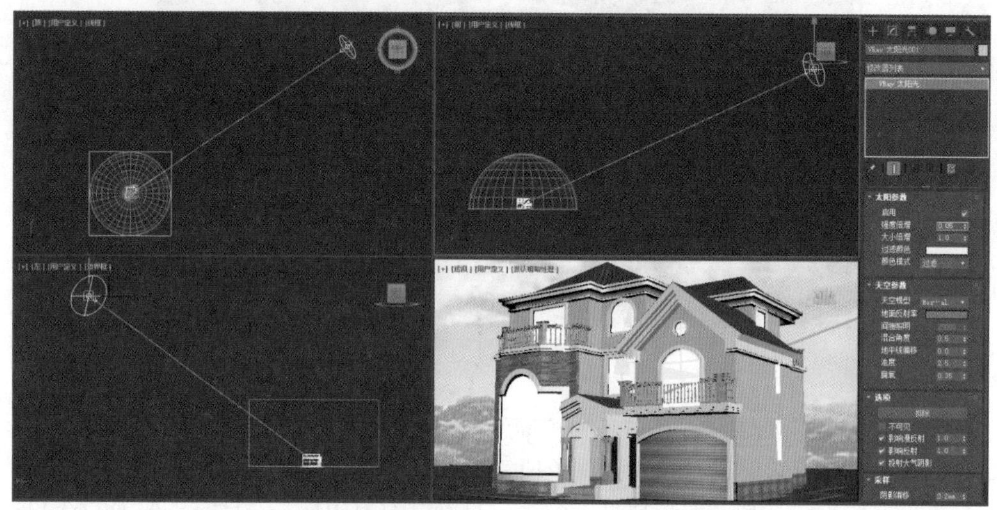

图 13.67 调整“VR- 太阳”灯光参数

13.4.2 设置环境光效果

选择“渲染”→“环境”菜单命令，打开“环境和效果”对话框，可以看到之前在“环境贴图”中自动添加的“VR 天空”环境贴图。选择“环境贴图”中的“VR 天空”环境贴图，在弹出的“材质 / 贴图浏览器”中双击“渐变”贴图，将“环境贴图”修改为“渐变”贴图。

设置“渐变”环境贴图。选择“环境贴图”中的“渐变”贴图，以“实例”复制的方式将贴图拖动到材质编辑器的空白材质球上，修改设置“渐变”贴图颜色，如图 13.68 所示。

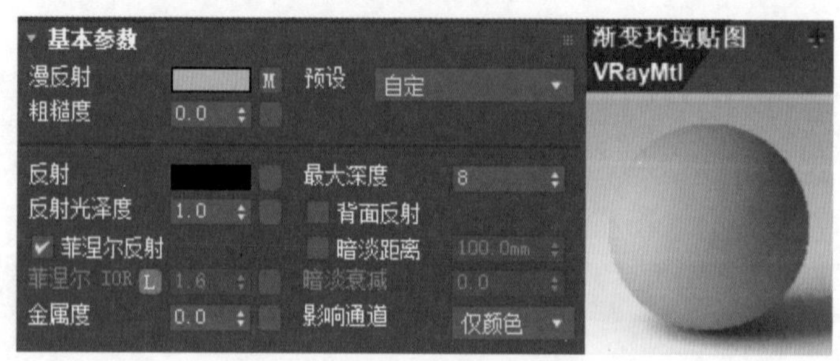

图 13.68 设置“渐变”环境贴图

当前设置好的“渐变”环境贴图只在渲染窗口显示，视口背景中无法查看设置的天空渐变效果，下面进行设置，可以在视口中查看设置的天空渐变效果。

选择材质编辑器中的天空渐变材质，打开“渐变”贴图的“坐标”卷展栏，将“环境”贴图样式切换为“屏幕”，如图 13.69 所示。

选择“视图”→“视口背景”→“环境背景”菜单命令，打开“视口配置”对话框，勾选“使用环境背景”复选框，场景渲染效果如图 13.70 所示。

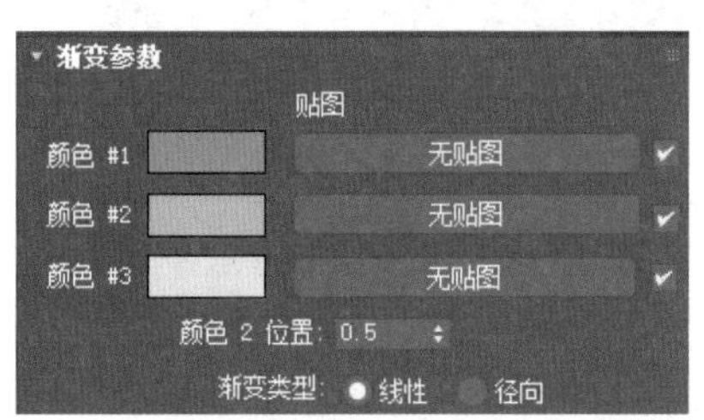

图 13.69 设置“渐变”贴图坐标

图 13.70 场景渲染贴图效果

13.4.3 设置摄像机

在创建摄像机面板中，选择“目标”摄像机，在顶视图中创建一个目标摄像机，使其与灯光成 90° 夹角，在前视图调整摄像机及摄像机目标点位置。按下快捷键 C，切换透视图为摄像机视图。进入修改面板，调整摄像机“镜头”参数值为 28mm，效果如图 13.71 所示。

图 13.71 创建摄像机

场景构图和取景位置调整。调整摄像机拍摄角度，使建筑场景两个面都在视野范围内，且主建筑在构图中心合适位置。切换至前视图，调整摄像机位置距地面高度距离为1600mm，符合人的视线高度，完成场景中摄像机的设置，效果如图 13.72 所示。

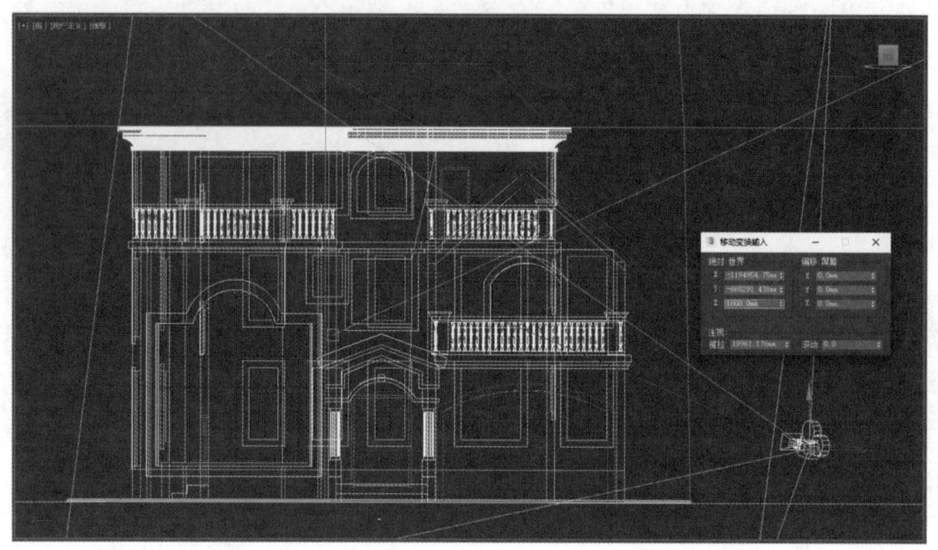

图 13.72 调整摄像机高度

13.5 别墅室外渲染输出及后期处理

在前面完成了材质、灯光和材质与灯光的综合调节，接下来进行细调材质，最终渲染的输出设置。最终渲染效果如图 13.73 所示。接下来我们介绍如何使用 Photoshop 进行后期处理。

图 13.73 最终渲染效果

后期处理的思路是由整体到局部，再回到整体来调整效果图。处理时注意分清主次、虚实及透视关系，找到场景的透视关系，按照由远及近的顺序一层层处理，这样才能明确效果图重点表达的对象。

在本案例中，首先完成效果图天空的替换，整体调节场景明暗；然后对场景增加局部细节配景；最后回到整体，对效果图整体色调、明暗效果进行调节。

1. 渲染彩色通道图

为了便于后期处理，还需要渲染彩色通道图。彩色通道图是将不同材质用一种纯色材质替换，方便后期在 Photoshop 中进行调整。

创建一个“标准”空材质球，设置“漫反射”颜色的 RGB 值为（255，0，0），设置自发光不透明度为100。编辑多个这样的高纯度颜色材质球，替换场景材质，如图 13.74 所示。

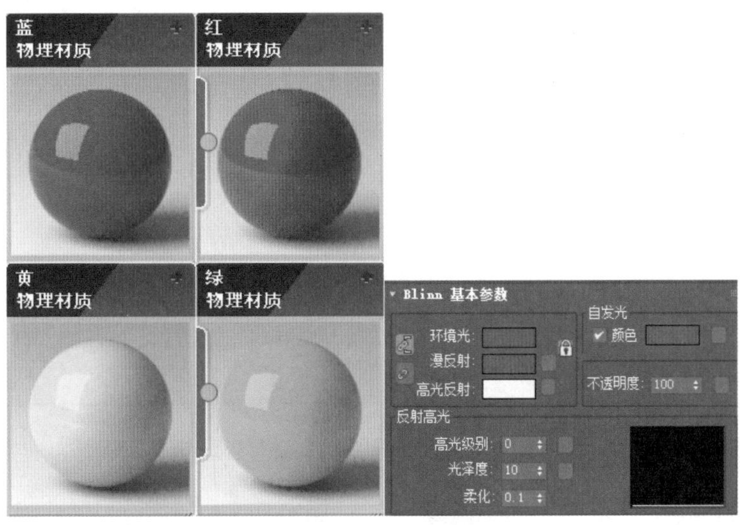

图 13.74 调制替代材质

保持渲染输出尺寸与成品图完全一致，渲染输出彩色通道图，如图 13.75 所示。

2. 替换天空

利用彩色通道图，选择天空部分，删除替换天空，调整整体明暗效果，如图 13.76 所示。

图 13.75 彩色通道图

3. 添加配景

将提供的配景绿植图片，合并入效果图合适位置，注意配景前后关系，调整其明暗效果，如图 13.77 所示。

4. 整体调整

场景细节添加完成后，返回整体进行调整，使效果图主次分明、色调统一，最终效果，如图 13.78 所示。

图 13.76 替换天空

图 13.77 添加配景

图 13.78 调整后效果

13.6 制作别墅漫游动画

别墅漫游动画

建筑漫游动画就是将虚拟现实技术应用在城市规划、建筑设计等领域，近几年在国内外应用广泛。像电影一样，建筑漫游动画运用丰富的画面、优美的音效等多种表现形式，逼真地展示建筑项目，其前所未有的人机交互性、真实的建筑空间感、大面积三维地形仿真等特性，都是传统方式无法比拟的。

建筑漫游动画按照不同的表现内容，主要分为城市规划、城市宣传、地产宣传、建筑设计表现、建筑复原等。其制作流程主要分为项目分析、资料收集、创作构思、模型制作、材质灯光、场景分镜、渲染输出、后期剪辑及输出等。

本节我们使用前面章节制作的别墅场景来制作别墅漫游动画，学习建筑漫游动画的基本流程与方法。

13.6.1 添加漫游场景配景

通常在设计室外的建筑场景时，都会加入一些衬托主体建筑的辅助性配景。如在表现一栋大楼、一栋别墅或是地产项目时，它们都不会是单一的存在，在它们的周围也会有一些其他类型的建筑或配景。在添加配景前，需要详细了解场景及制作要求，这样才能在配景制作时少走弯路。为了更好地表现本案例的别墅漫游动画，我们需要在别墅场景中添加一些配景来细化丰富场景。

扩展草地配景。根据漫游动画脚本设计，将前期别墅场景的草地范围扩大，细化延伸出道路，设置相应的路沿，如图 13.79 所示。

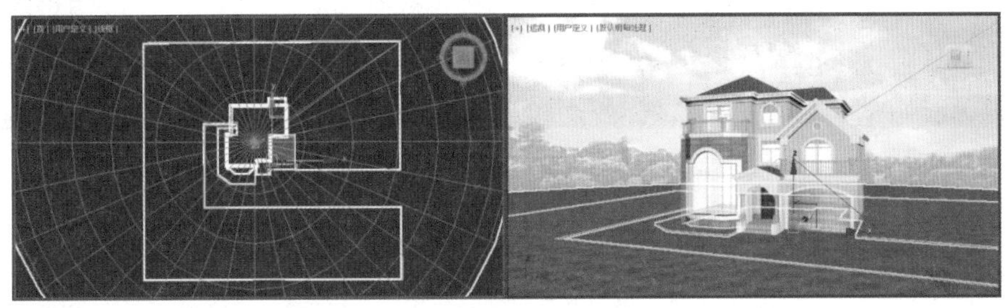

图 13.79　扩展草地配景

添加灌木配景。执行“文件”→“导入”命令，导入“灌木 .max”文件，重新设置模型材质贴图路径。复制多个灌木，调整移动其大小、方向，将其摆放至场景的合适位置，完成场景中灌木配景的设置，如图 13.80 所示。

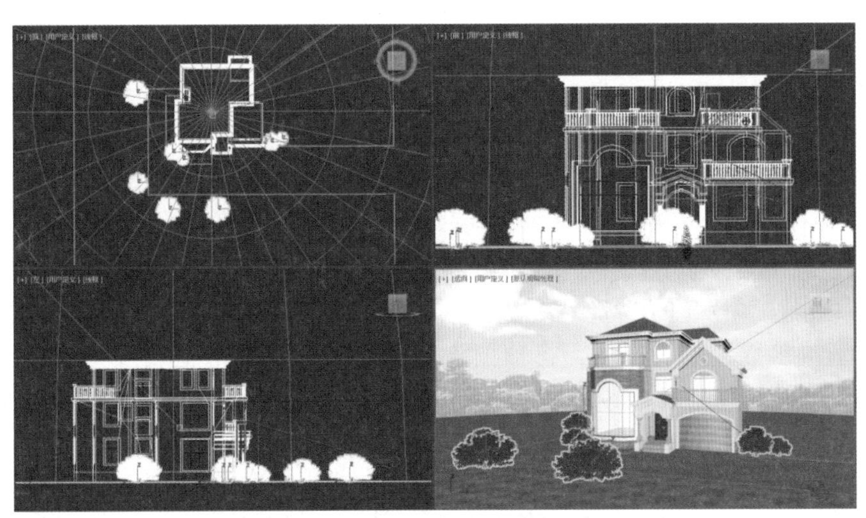

图 13.80　添加灌木配景

添加树木配景。再次执行“文件”→“导入”命令，导入“树木 1.max”“树木 2.max”文件，同样复制出多棵树木，调整移动摆放至场景合适的位置，完成场景中树木配景的设置，如图 13.81 所示。

图 13.81　添加树木配景

13.6.2　制作场景漫游动画

模型场景完成后，接下来将按照动画脚本的设计和表现方向，调整设置摄影机，制作场景漫游动画。

摄影机分为目标摄影机和自由摄影机。目标摄影机由摄影机控制点和目标点组成，容易对观察物体进行定位；控制点和目标点可以分别设置动画，运动方式也更加丰富。自由摄影机只有一个摄影机图标，制作路径摄影机动画更方便。

摄影机根据镜头运动方式，可以分为推镜头、拉镜头、摇镜头、移镜头、跟镜头、升降镜头和综合运动镜头等几种基本镜头运动类型。

1. 制作树叶飘落动画

选择“创建”→“几何体”→“粒子系统”→“超级喷射”命令，在视图中创建一个“超级喷射”粒子，根据场景需要移动调整粒子位置，使粒子从树梢往道路方向喷射。

选择“超级喷射”粒子，进入修改面板，调整设置粒子参数。

在“基本参数”卷展栏中，将轴偏离值设置为 10，扩散值设置为 30，平面偏离值设置为 180.0，扩散值设置为 180.0。视口显示设置为“网格”，调整粒子数百分比为 100.0%，方便在视口中观察场景动画效果，如图 13.82 所示。

在“粒子生成”卷展栏中设置粒子数量方式为“使用总数”，为 260，将粒子运动中的速度设置为 0.2mm，变化设置为 50.0。将粒子计时中的发射开始设置为 −30，发射停止设置为 200，显示时限设置为 200，寿命设置为 100，使叶子飘落的动画在镜头动画时间内都可以看得到。继续调节，粒子大小为 0.4mm，变化为 50.0，增长耗时和衰减耗时为 0，观察视口动画效果，如图 13.83 所示。

分离复制出“树”模型的一片“树叶”，将其命名为“叶子”。

继续在修改面板设置粒子参数。在“粒子类型”卷展栏中选择“实例几何体”类型，在“实例参数”下单击“拾取对象”按钮，拾取前面分离复制的模型“叶子”，如图 13.84 所示。

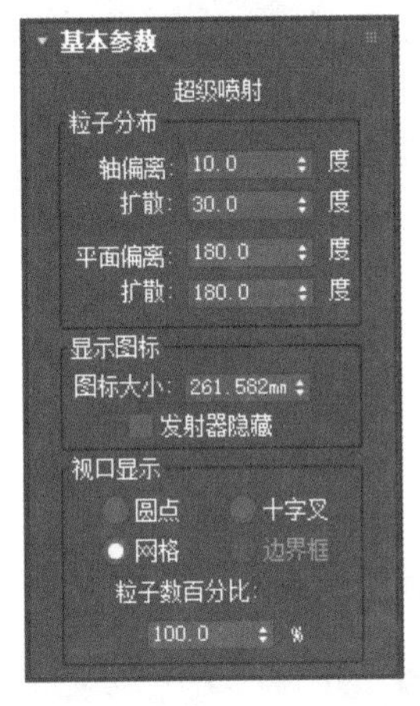

图 13.82 设置粒子基本参数

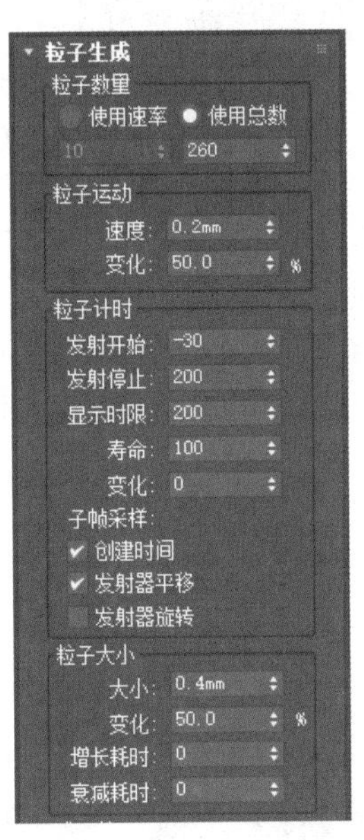

图 13.83 设置粒子生成参数

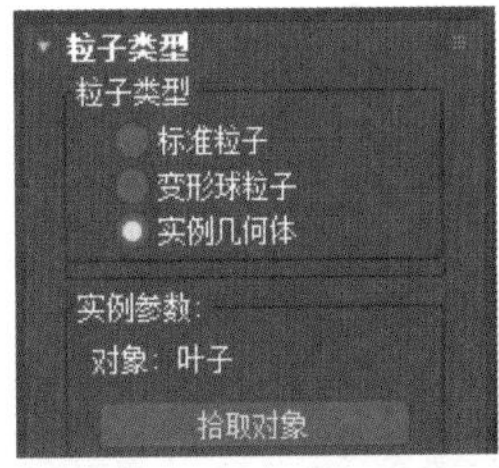

图 13.84 拾取粒子对象

单击时间配置按钮，设置动画帧速率为 PAL，调整结束时间为 200。右击视图名称，在弹出的菜单中选择“显示安全框”，并在“渲染”场景中设置渲染输出的输出大小为“PAL D-1（视频）”，宽度为 720，高度为 576，如图 13.85 所示。完成后单击动画“播放”按钮，在视口中观察树叶飘落动画效果。

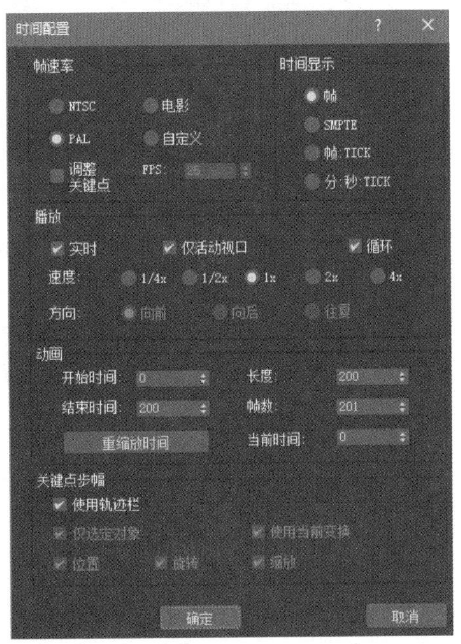

图 13.85 设置时间配置、渲染大小参数

2. 制作目标摄影机镜头动画

选择“目标摄影机”，在顶视图中拖动鼠标，创建目标摄影机“Camera002”，进入修改面板，将“镜头”参数设置为 24。

打开动画自动关键点自动关键点按钮，将时间滑块拖动到 200 帧，单击运动→“运动路径”按钮，在顶视图中选择摄影机控制点，将摄影机从 A 位置移动到 B 位置，如图 13.86 所示。

调整摄影机动画。将时间滑块拖动到 100 帧

图 13.86　设置摄影机动画

位置。在“运动”→“运动路径”面板中，单击“子对象”按钮下的“添加关键点”按钮，设置添加摄影机动画关键点 C，移动调整摄影机位置。观察摄影机动画效果，根据需要可以设置添加、删除动画关键点。

用同样的方法设置“目标点”从 A 位置移动到 B 位置的动画效果，如图 13.87 所示。

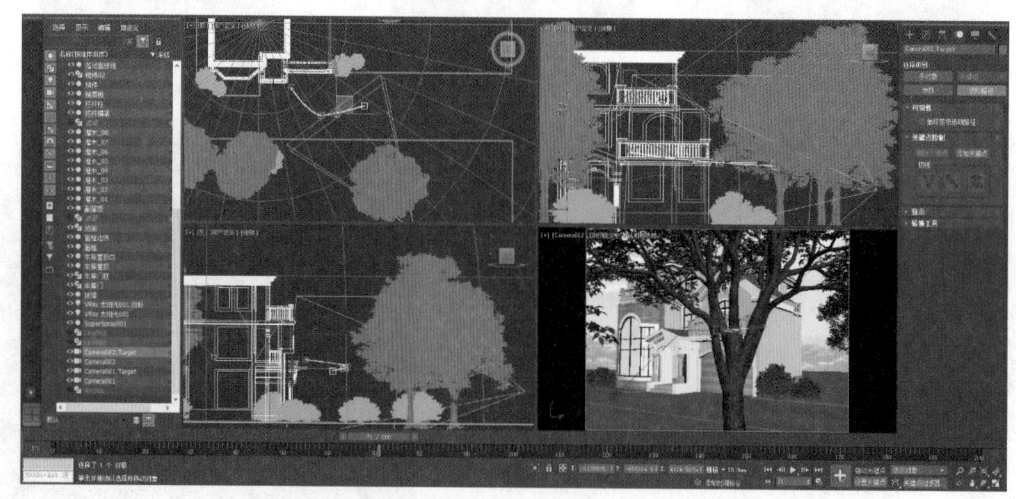

图 13.87　调整摄影机动画

生成动画预览。移动调整好摄影机，选择“工具”→“预览 - 抓取视口”→“创建预览动画”菜单命令，打开“生成预览”对话框。

如果场景较大，渲染较慢，可以修改“渲染级别”为“线框”模式。单击“创建”按钮，生成预览完成后会自动弹出系统默认播放，播放刚刚生成的动画预览。选择“工具”→“预览 - 抓取视口”→“打开‘预览动画’文件夹…”菜单命令，即可查看保存的预览文件。

如果对镜头效果不满意，可以再次调整，重新生成预览。

3. 制作自由摄影机轨迹动画

选择“自由摄影机”，左视图创建自由摄影机 Camera003，进入修改面板设置“镜头”参数的值为 24，如图 13.88 所示。

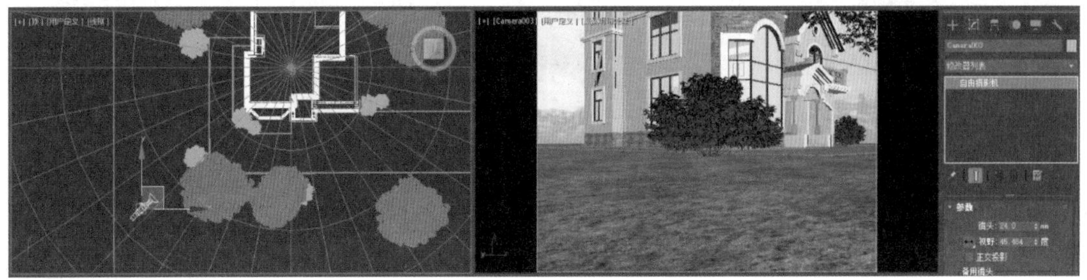

图 13.88 创建自由摄影机

根据动画脚本设计，选择“创建”→“线”命令，在场景中创建一条二维线，作为摄影机的运动轨迹线，如图 13.89 所示。

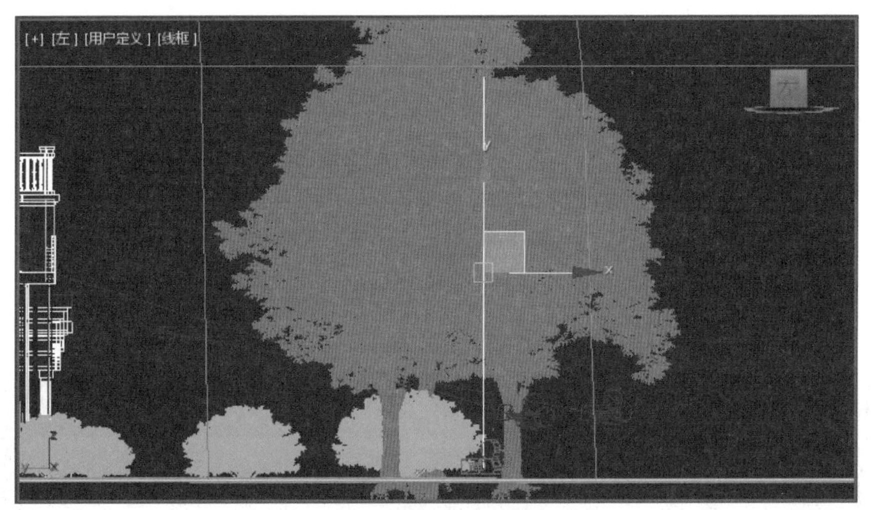

图 13.89 创建运动轨迹线

设置摄像机轨迹动画。进入“运动”→“参数”面板，选择“指定控制器”→“位置”选项，单击指定控制器按钮，在弹出的“指定位置控制器”对话框列表中选择“路径约束”，单击“添加路径”按钮，拾取之前创建的运动轨迹路径线，如图 13.90 所示。

拖动时间滑块观察动画效果，使用“移动”“旋转”工具调整设置动画关键帧。调整好动画效果后，可以使用前面同样方法创建生成镜头预览动画，如图 13.91 所示。

渲染输出动画序列。动画制作完成后，需要对每段动画分别进行渲染输出。打开“渲染场景”对话框，选择输出“活动时间段”，设置输出大小为“PAL D-1（视频）”，在“渲染输出”中勾选“保存文件”，单击后面的“文件”按钮，设置保存文件的位置，将保存类型设置为 .tga 文件格式，执行“渲染”命令，等待渲染输出。

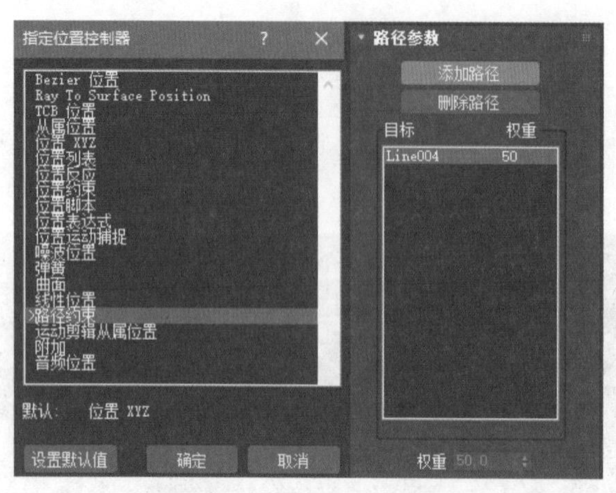

图 13.90　设置摄像机轨迹动画

图 13.91　调整生成动画预览

13.6.3　制作视频效果

Premiere 是 Adobe 公司非线性视音频编辑软件，广泛应用于电视、广告、电影后期剪辑，也是建筑动画表现常用的后期编辑软件。下面简单介绍视频后期编辑合成的一般流程。

1. 导入动画素材

双击“项目”窗口空白区域，弹出“导入”素材对话框，找到输出的动画序列，选择第一张序列图片，同时勾选“图像序列”复选框。软件将自动导入序列图像作为动态素材，将前面输出的动画素材全部导入。

用鼠标拖动“项目”窗口中的动画素材至“时间线”编辑窗口，按照视频脚本编辑排列好素材顺序，如图 13.92 所示。

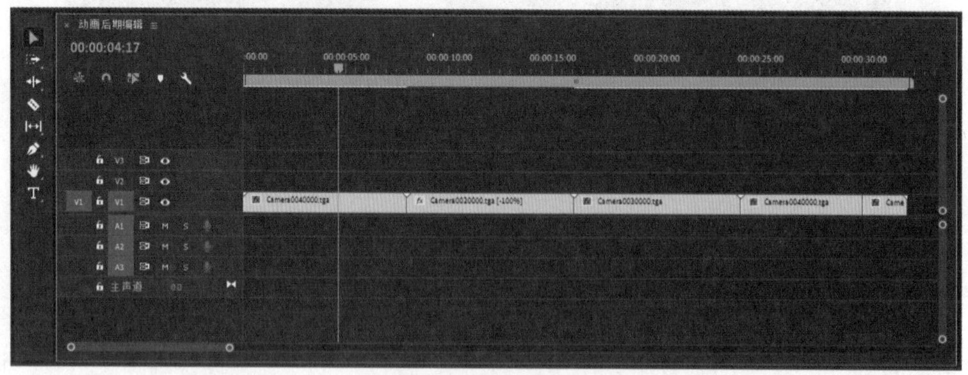

图 13.92　编辑时间线

2. 调整视频画面效果

使用“效果”面板下的“颜色校正”命令，对素材进行调色，拖曳合适的颜色校正命令至需要校正的时间线素材上，在“效果控件”窗口中即可查看调整该命令参数，如图 13.93 所示。

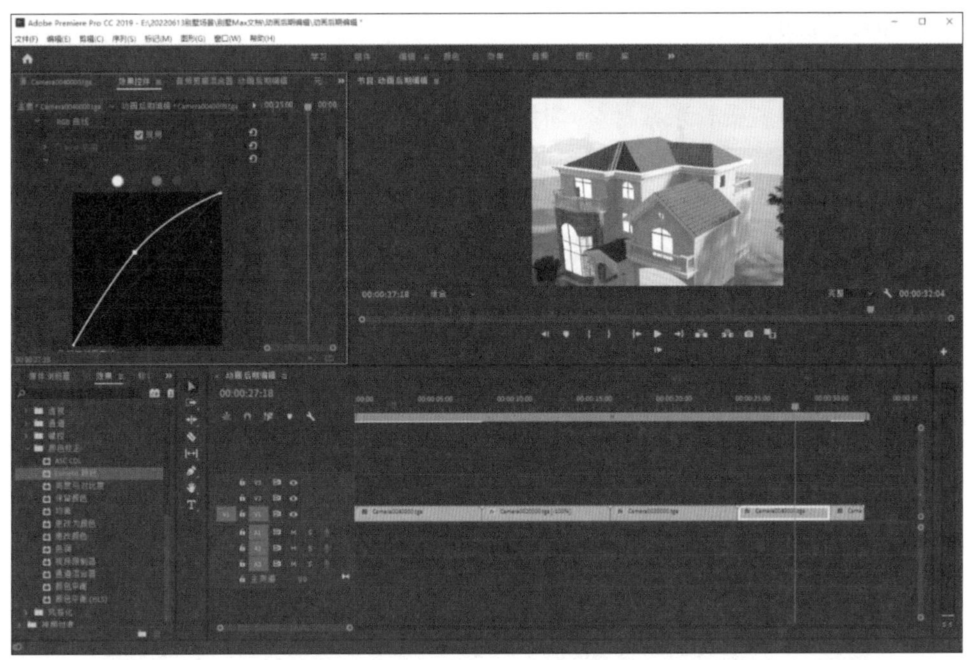

图 13.93　调整视频画面效果

3. 添加转场特效

使用“视频过渡”选项下的命令为素材添加转场过渡特效，拖曳合适的转场命令至时间线两个素材之间即可，在“效果控件”窗口中可以查看调整该转场效果参数，如图 13.94 所示。

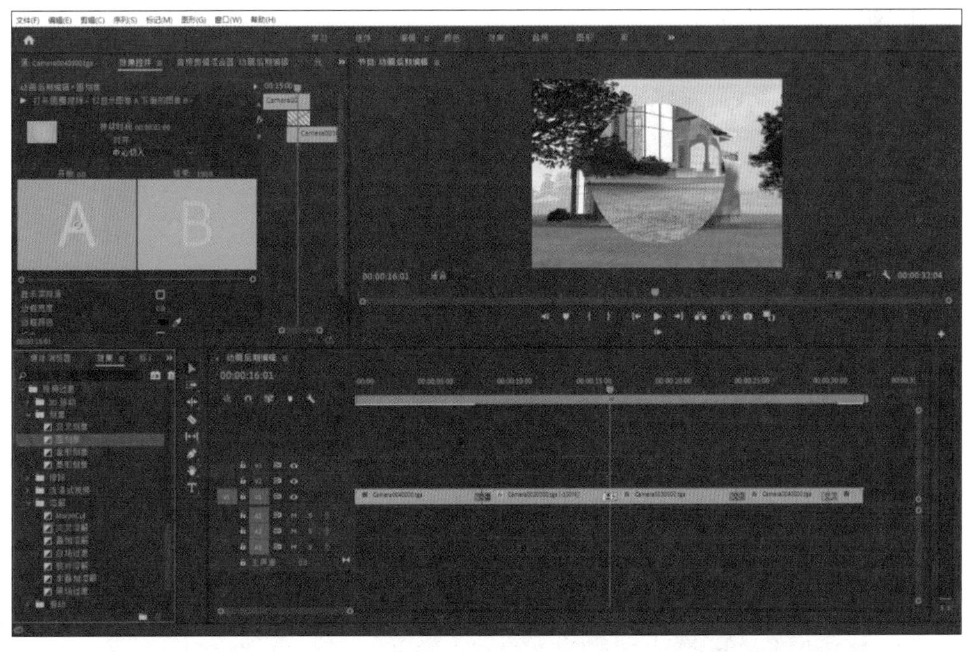

图 13.94　添加转场特效

4. 添加背景音乐

双击“项目”窗口空白区域,弹出“导入”素材对话框,将视频背景音乐素材导入“项目”窗口。鼠标拖曳背景音乐素材至“时间线”编辑窗口的音频轨道,对照视频画面编辑排列音频素材,并为音频素材添加音频过渡效果,如图 13.95 所示。

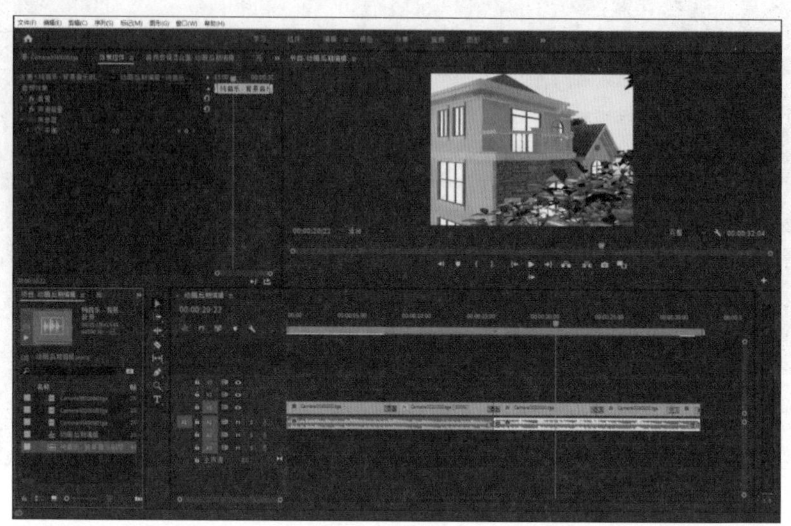

图 13.95　添加背景音乐

5. 导出视频

音视频编辑完成后,确定“时间线”窗口为当前窗口,选择“文件”菜单下的“导出”→“媒体”命令,弹出“导出设置”对话框,设置导出视频格式、输出名称,单击“导出”按钮,等待视频导出,如图 13.96 所示。

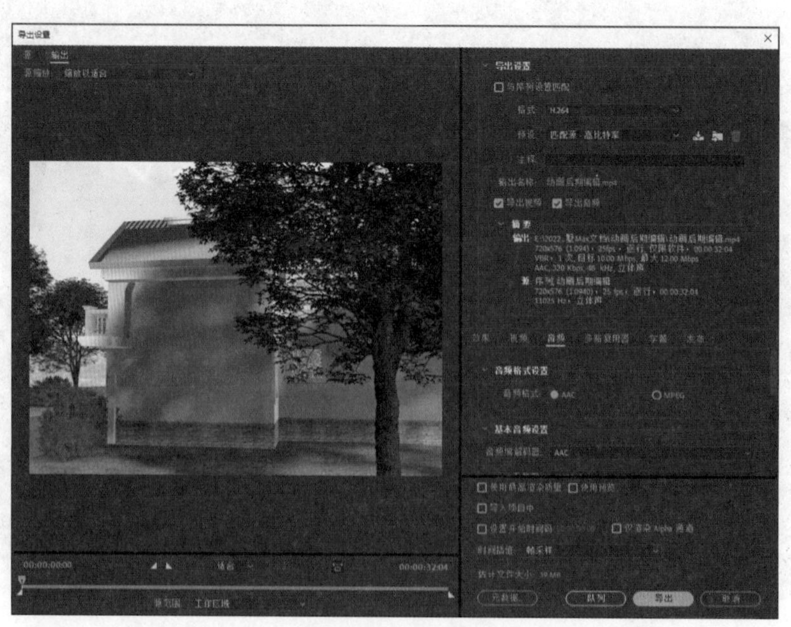

图 13.96　导出视频

本章小结

本章主要讲解了别墅室外空间表现方法。讲述了根据 CAD 图纸制作别墅室外模型制作方法，以及室外空间表现的基本流程。

在把 CAD 图纸导入 3ds Max 之前，首先，需要设置 3ds Max 的系统单位，与 CAD 图纸单位保持一致。其次，需要对图纸进行必要的整理，删除不需要的图层对象，只保留主要墙体线条。导入图纸后，为了防止误修改，有必要对图纸进行冻结。

在建模过程中，可以按键盘的 G 键取消网格显示，并设置捕捉选项，以帮助准确建模。在经过描线、修改、轮廓、转换为可编辑多边形、挤出等复杂的建模过程后，可以得到别墅的主体建筑。

别墅外观风格选择朴实、典雅的中式风格；色彩搭配主要根据周围环境选择淡黄色，体现传统与现代相结合的韵味。

实践与探究

1. 练习本章别墅室外空间表现方法，制作别墅室外漫游小动画。

2. VRay 旧材质的探究。

一些物体随着时间的推移，表面会被风化，表皮剥落。VRay 旧材质用于模拟这些老旧物体的表面。为了模拟这种对象，通常使用“VRay 混合材质”。下面通过一个实例探索“VRay 混合材质”的应用方法。

打开本书配套“犀牛 - 原始 .max”场景文件。选择“犀牛”对象，按 M 键打开“Slate 材质编辑器”，切换到 Slate 材质编辑模式，选择“VRay 混合材质”，拖动出一个空白材质球，将其命名为“犀牛”，如图 13.97 所示。

单击“基础材质”通道，在弹出的材质浏览器中选择 VRayMtl，将其命名为“锈金属”。设置漫反射颜色为灰色，灰度值为 128，单击“贴图”按钮，在弹出的参数面板中选择“锈金属 .jpg”，作为犀牛的漫反射贴图。

设置反射颜色为浅灰色，灰度值为 181，设置反射光泽度为 0.85，单击“贴图”按钮，在弹出的参数面板中选择“锈金属 1.jpg”。设置反射贴图为衰减贴图，将衰减类型设置为 Fresnel，衰减方向设置为“查看方向（摄像机 Z 轴）”。

拖动“反射”通道贴图至“反射光泽度”通道，如图 13.98 所示。

在图 13.97 中单击第一个“涂层材质”，在弹出的材质浏览器中选择 VRayMtl，命名为“锈金属”。该材质起到遮罩材质的作用。设置漫反射颜色为灰色，灰度值为 183，单击“贴图”按钮，在弹出的参数面板中选择“铜绿 .jpg”，作为犀牛的漫反射贴图。

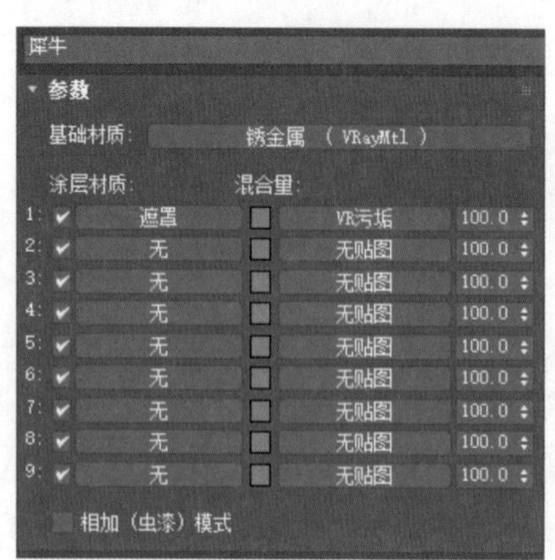
图 13.97　VRay 混合材质

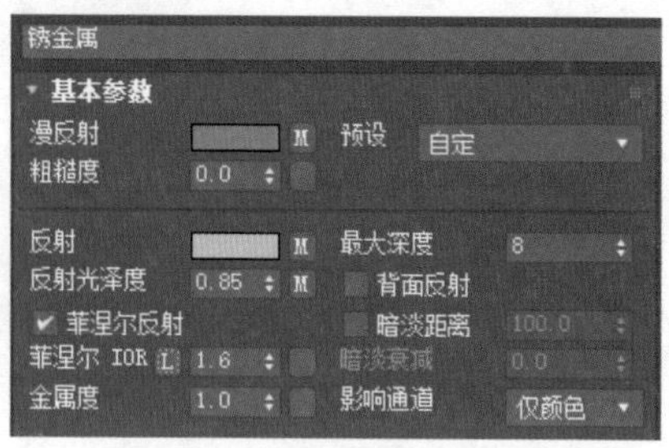
图 13.98　基础材质

设置反射颜色为浅灰色，灰度值为 181，设置反射光泽度为 0.85，单击“贴图”按钮，在弹出的参数面板中选择“锈金属 2.jpg”。拖动“漫反射”通道贴图至“反射”贴图通道和“反射光泽度”贴图通道，如图 13.99 所示。

在图 13.99 中单击第一个“涂层材质”右侧的贴图通道，在弹出的材质浏览器中选择“VR 污垢”贴图。该贴图也是起到遮罩的作用。“VR 污垢”贴图参数如图 13.100 所示。

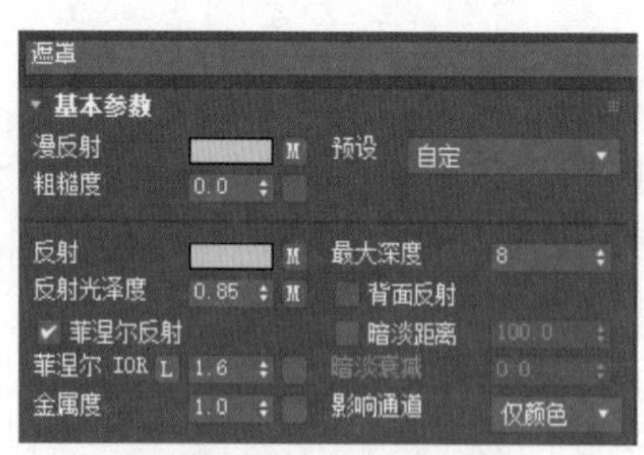
图 13.99　遮罩材质参数

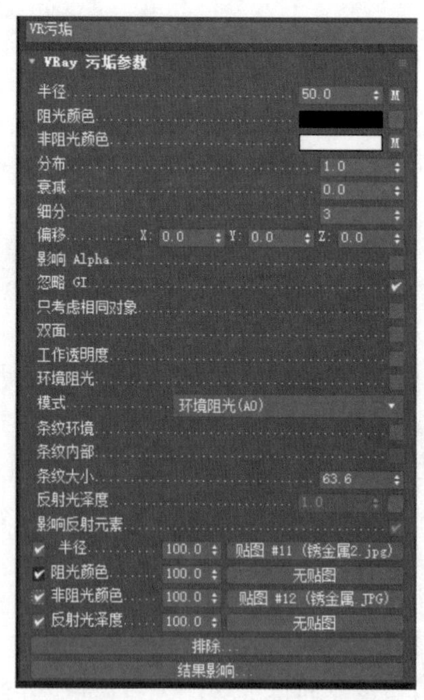
图 13.100　“VR 污垢”贴图参数

“VRay 混合材质”效果如图 13.101 所示。

将材质指定给“犀牛”“眼 1”“眼 2”对象。观察瓷砖的纹理，添加 UVW贴图修改器，分别设置为长方体和球形贴图类型。渲染效果如图 13.102 所示。

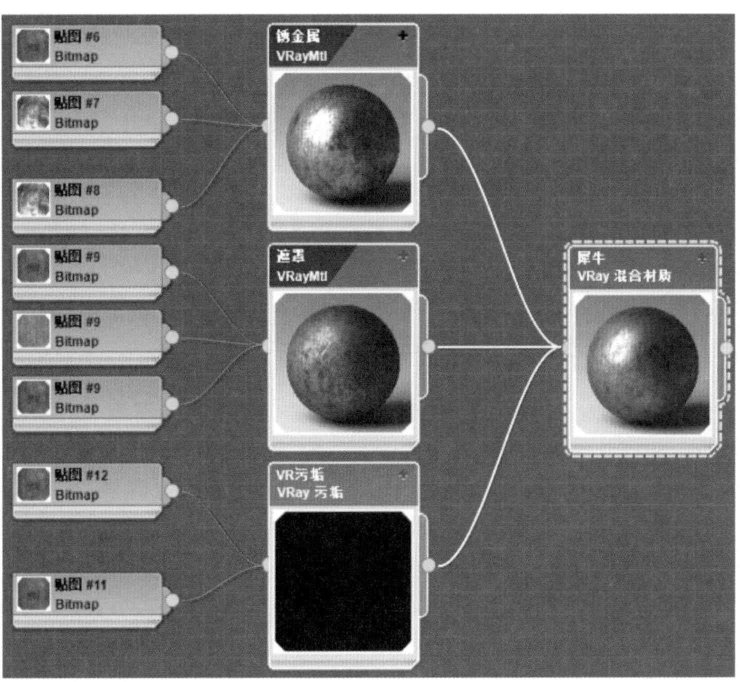

图 13.101 “VRay 混合材质”效果

图 13.102 犀牛渲染效果

参 考 文 献

[1] 来阳 . 3ds Max+VRay 效果图制作从新手到高手 [M]. 北京：清华大学出版社 , 2021.

[2] 焦涛 . 建筑装饰设计原理 [M]. 北京：机械工业出版社 , 2011.

[3] 张泊平 . 三维数字建模技术 [M]. 北京：清华大学出版社 , 2019.

[4] 林正军 . 渲染王 3ds Max/VRay 建筑动画技术精粹 [M]. 北京：清华大学出版社 , 2011.

[5] 火星时代 . 3ds Max & VRay 室内渲染火星课堂 [M]. 北京：人民邮电出版社 , 2014.

[6] 王强 , 牟艳霞 , 李少勇 . 3ds Max 2014 动画制作 [M]. 北京：清华大学出版社 , 2015.

[7] 腾龙视觉 . 3ds Max 2011 高手成长之路 [M]. 北京：清华大学出版社 , 2011.

[8] 张凡 , 谌宝业 . 3ds Max 游戏场景设计 [M]. 北京：中国铁道出版社 , 2009.

[9] 唯美映像 . 3ds Max 2014 入门与实战经典 [M]. 北京：清华大学出版社 , 2014.

[10] 龙马工作室 . AutoCAD+3ds Max+Photoshop 建筑设计 [M]. 北京：人民邮电出版社 , 2015.